全国高等美术院校建筑与环境艺术设计专业教学丛书

Logic System of Building Structure

基本概念体系

建筑结构基础（第二版）

郑 琪 编著

中国建筑工业出版社

图书在版编目（CIP）数据

基本概念体系　建筑结构基础／郑琪编著．—2版．
北京：中国建筑工业出版社，2016.9
（全国高等美术院校建筑与环境艺术设计专业教学丛书）
ISBN 978-7-112-19670-8

Ⅰ．①基…　Ⅱ．①郑…　Ⅲ．①建筑结构－高等学校－教材　Ⅳ．①TU3

中国版本图书馆CIP数据核字（2016）第194949号

责任编辑：李东禧　唐　旭
责任校对：王宇枢　张　颖

全国高等美术院校建筑与环境艺术设计专业教学丛书
基本概念体系
建筑结构基础
（第二版）
郑　琪　编著
*
中国建筑工业出版社出版、发行（北京西郊百万庄）
各地新华书店、建筑书店经销
北京嘉泰利德公司制版
北京中科印刷有限公司印刷
*
开本：787×1092毫米　1/16　印张：$19^1/_4$　字数：517千字
2016年12月第二版　2016年12月第二次印刷
定价：48.00元
ISBN 978-7-112-19670-8
（29046）

《全国高等美术院校建筑与环境艺术设计专业教学丛书》

编 委 会

ORDER 1

序 1

背负强烈的社会责任感和对中国建筑学未来的憧憬，北京市建筑设计研究院和中央美术学院于 2002 年的深秋合作创办了建筑学院，在美术类院校中设立建筑学专业还是首次尝试。在大学里开办建筑学院是一件并不容易的事情，更何况我们面对的是艺术学校的传统文化背景和知识爆炸的全球开放的现实，可想而知建筑学院自从成立之初到现在所走过的每一步都是非常艰难的。

值得庆幸的是，参与合作办学的双方领导和所有教师们都有一个坚定的信念，始终将建筑文化的繁荣与发展作为己任，致力于向社会输送多元化的建筑人才。面对经济全球化和中国改革开放的格局，如何培养具有国际视野和原创能力的建筑师，这是中国建筑教育必须回答的问题。随着教学工作的不断推进，很多需要落实的工作逐渐得以完成，这其中一项重要的内容就是出版适应艺术类院校建筑学专业的基础教材。我们之所以没有沿用现行建筑教育的传统教材，其中主要原因就是希望通过我们的努力，突破过去各专业之间的独立与封闭，从培养建筑师执业所需的知识结构的角度出发，对之重新进行梳理，从而形成专业领域的新的教科书。当然，目前仍在初创阶段，还有许多问题存在，并不能代表这方面探索的终结。

《基本概念体系　建筑结构基础》是《全国高等美术院校建筑与环境艺术设计专业教学丛书》中的一本，由北京市建筑设计研究院年轻的教授级高级结构工程师郑琪先生主编。他在建院工作的十多年时间内完成了大量的结构设计工作，在与市场的接触和与建筑师的交流过程中，重新审视建筑结构教育对建筑师执业的必要知识。这部教材由外及内、从简单到复杂地介绍结构知识，努力用建筑师的眼光去看待建筑结构问题，将相关的内容从形式上联系起来，改变过去一味地将结构专业知识生硬地移植到建筑学的教学内容中的做法，强调整体分析思路，希望建筑师们在设计中不要只见树木不见森林；强调建筑师要将结构视为建筑的整体组成部分来看待，要将建筑形式与结构视为一个整体来看待。

这部教材，虽是一个专业的内容，但也是与建筑学教育紧密连接，而且是从事建筑设计的人员必须掌握的，必将会受到广大建筑学专业师生的认可与欢迎。

北京市建筑设计研究院　院长

总建筑师

朱小地

2005 年 10 月

ORDER 2

序 2

当前我国对建筑设计指导方针仍然是综合考虑适用、经济、美观的原则。要满足这三方面的要求，需要建筑师和工程师相互理解，共同解决。

人类文化进展和科学技术进步，都会影响建筑设计思潮和建筑风格。结构工程师要面向新建筑形式的不断挑战，要与建筑师同心协力创造既满足安全、经济要求又能表现建筑风格的新形势。结构设计要考虑抗御各种灾害作用，是非常复杂的问题，工程师对这些问题进行大量研究，发现一些规律，提出一些措施，更重要的是建筑师要掌握结构设计和一些重要概念，特别是一些有关结构安全的要求，要善于把这一概念贯穿在设计的构思阶段。

本书的作者在设计实践的过程中，通过研究和总结，逐步提炼出一些重要的概念，发现了一些结构形式之间的潜在规律。力求用通俗的而不是专业的语言对它们加以介绍。

这本书简明地解释建筑结构设计有关概念，包括结构体系、结构材料、力的作用和概念设计。其中某些章节可能专业性强一些。但是通过工程实践，相互沟通，加深理解，对提高总体设计水平，对满足我国建筑设计指导方针的要求，将会起到很大的作用。

结构设计大师

2005年8月25日

第二版
前 言

这是一本有情节的结构教材，所说的情节就是贯穿全书的认识逻辑的线索。这个认识过程是递进的，第一部分介绍的是结构工程学的分析思路，第二部分则具体到每一种结构材料和由其搭建的结构体系，第三部分更加深入地介绍结构形式的演变过程。这是一个越来越深入的过程，始终强调了形式之下的内在联系，因此这个过程也是一个透过表面逐步深入的过程。第四部分介绍了结构设计的现代方法，使我们对结构设计的认识思路一下拓宽了，在对于建筑形式认识的基础上增加了理论认识内容。

这本书并无高深的理论，只是将我们平日里读书时经常忽略掉的一些东西，积攒起来，重新梳理，并从中获得新的认识和新的启迪。通过这本书的写作，我深刻感受到：学习重要，思考重要，实践重要，在实践中学习与思考，提高认识更加重要。学习的过程不仅仅要认真读书，还要重视设计、研究等实践环节，而且要特别重视相互交流，交流的过程也是学习提高的过程。

写作的过程很辛苦，感谢我的家人！她们承担了很多家里的活儿，并默许我从中逃脱，专心于书稿的内容之中。从她们那儿，我增添了很多信心和勇气。

还有很多朋友纷纷帮忙，虽未一一细数，但却时时谨记在心。在写作的过程中，还回想起很多工作中的趣事，有时候竟一下乐出声来。

书终于写好了，算作一段时间以来学习、实践与思考的总结吧，希望能对大家的工作和学习有所帮助。

郑琪

2016 年春节

CONTENTS

目 录

第 1 章　结构概论

关于建筑结构与建筑的关系，可以形象地与人作类比——如果将一幢建筑视为一个人，建筑结构则是其骨骼。骨骼对于一个人而言，既撑起了外表造型，又形成了内部空间，保护各种器官。建筑结构对于建筑来说，其作用是相同的。这也正是二者的联系。

概论部分重点介绍几个概念。首先介绍建筑与自然环境的关系，然后讲述建筑结构的作用，使读者能够对建筑和建筑结构二者之间的关系有整体认识。第三部分讲述结构工程师的职业历程，其目的在于告诉读者，关于建筑结构，从结构专家和建筑师的不同视角看，会有很大不同。第四部分概述在学习建筑结构的过程中，概念为什么如此重要。

1.1 建筑属于自然环境的一部分

人类的工作生活每时每刻都在与自然环境打交道，我们就生活在自然环境之中。从古至今，人类在不断探索改变生活环境的过程中，伴随着对环境认识的深入和对自然规律认识的深入，这种探索改变的能力也在不断提升。其中一个表现即是建筑的体量和形式变得愈发庞大和复杂。然而，当我们静下心来，将建筑放到自然之中去看待它时，可以清楚地发现，建筑只是自然中的一部分。它植根于环境中，受到各种环境作用。可以将一幢高大的建筑看作一棵参天的大树，它们同样植根于土壤中，承受风霜雨雪等自然作用，其区别在于建筑在内部为人类活动提供的空间远远好于树洞空间。通过对比发现，建筑不仅受到自然作用，而且受到人类活动的影响。依照这个思路，渐渐发现研究建筑结构并无玄机可言，跟随自然规律可以很好地理解其中奥妙。

人类运用智慧在努力减少环境对人类活动影响的同时，不可避免地破坏着自然的原生态。建筑作为自然环境的一部分，在从自然界汲取能源、影响环境的同时，设计者有责任努力做到绿色节能设计，实现人类与自然环境之间的和谐平衡。

1.2 关于建筑结构的两个问题：空间造型问题和建筑安全问题

建筑结构在整体建筑中担当的角色，决定了在研究建筑结构过程中始终应关注的两个问题：一个是空间造型问题，另一个是建筑安全问题。

首先讨论空间造型问题。建筑结构形成了建筑的外部造型和内部空间，因而使建筑具有了独特的形式和功能，悉尼歌剧院是典型的代表。悉尼歌剧院（Sydney Opera House）是丹麦建筑师约恩·伍重的作品，位于澳大利亚新南威尔士州首府悉尼的贝尼朗岬角。这座建筑在现代建筑史上被认为是巨型雕塑式的典型作品，是澳大利亚的象征，被列入《世界文化遗产名录》。整个建筑占地 1.84hm^2，长 183m，宽 118m，高 67m。建筑的外部造型由三组巨大的壳片组成，耸立在钢筋混凝土基座上。这个基座长 186m，最宽处达到 97m。三组巨大的壳片像三个三角形翘首于海边，屋顶造型犹如贝壳，有"翘首遐观的恬静修女"的美称。如图 1–1、图 1–2 所示。

与此同时，歌剧院的内部空间也为世界上众多一流的艺术家和数以万计的观众带来了美妙的享受。建筑内部分为三个部分：歌剧厅、音乐厅和贝尼朗餐厅。歌剧厅拥有 1547 个座位，主要用于演出歌剧、芭蕾舞。音乐厅则可以容纳 2679 位观众，通常用于举办交响乐、室内乐、歌剧、舞蹈、合唱、流行音乐和爵士乐等多种表演。贝尼朗餐厅每天晚上可以接纳 6000 人以上用餐。其他活动空间设在底层基座上，其中包括：话剧厅、电影厅、大型陈列厅、接待厅，以及 5 个排练厅、65 个化妆室、图书馆、展览馆、

图 1–1 悉尼歌剧院外部造型一（图片来源：http://www.nipic.com）

图 1–2 悉尼歌剧院外部造型二（图片来源：http://www.3d1vyou.com）

演员餐厅、咖啡厅、酒吧间等 900 多个厅室。悉尼歌剧院的内部空间为无数观众和参观者留下了深刻的印象。这个美妙的空间正是由巨大的结构体系创造出来的，结构造就了外部造型与内部空间的统一。如图 1-3 ~图 1-5 所示。

拥有独特造型和丰富内部空间的悉尼歌剧院，其结构设计异常复杂。从 1957 年到 1963 年，结构工程师反复尝试了 12 种不同的关于壳体的设计方法，在 1961 年中期，工程师们通过统一的球体的方法解决了壳片的设计工作，这项结构设计也是最早采用

图 1-3　悉尼歌剧院室内空间一（图片来源：http://zhidao.baidu.com）

图 1-4　悉尼歌剧院室内空间二（图片来源：http://m.ctrip.com）

图 1-5　悉尼歌剧院室内空间三（图片来源：http://www.huitu.coml）

计算机进行结构分析的工程之一。最终，这个美丽的造型得以展现在世人面前，珍贵的历史照片记录了当时的施工场景。如图1-6、图1-7所示。

建筑安全问题是另一个研究重点，建筑要求其结构应具备足够的强度和刚度，为人类活动提供安全保证。

这里插入一个小话题，即建筑物与构筑物的区别。构筑物是不具备、不包含或不提供人类活动功能的人工建造物，如纪念碑、水塔等（图1-8）。建筑物与构筑物的区别在于是否为人类活动提供空间，这也是建筑结构价值的重要体现。

建筑物作为自然环境的一部分，当然会受到自然环境的影响和作用。其中首先是重力的作用，结构必须具有足够的能力承受重力作用。接下来，建筑结构还要能承受外部环境作用，例如风、雪和外部环

图1-6　悉尼歌剧院壳体拼接施工场景（图片来源：http://news.to8to.com）

图1-7　悉尼歌剧院当年施工现场场景（图片来源：http://news.to8to.com）

境温度变化的作用，以及内部人类活动的各种作用。这些作用出现的概率不尽相同，有些作用虽然是瞬时的，但破坏极大，例如地震作用。根据相关资料统计，1976 年发生在中国唐山的地震，造成 24.2 万人死亡，16.4 万人重伤，4200 多名孤儿无家可归，7200 个家庭在地震中全家死亡。倒塌房屋 530 万间，直接经济损失达 54 亿元人民币（图 1–9、图 1–10）。1995 年发生在日本关西地区的阪神大地震，由于发生在人口密集的神户市，加之地震作用时间又在清晨，因此共造成 6500 人死亡，2.7 万人受伤，30 万人无家可归。10.8 万幢建筑物受到破坏，高速公路和铁路中断，港湾设施、电力设施遭到破坏，给水排水设施也遭到

图 1–8　方尖碑
（图片来源：http://www.my9166.com）

图 1–9　唐山地震后实景图一
（图片来源：http://tupian.baike.com）

图 1–10　唐山地震后实景图二
（图片来源：http://www.hbjjrb.com）

破坏。各种损失累计达1000亿美元，总损失达日本国民生产总值的1%～1.5%（图1-11、图1-12）。

由此可见，建筑结构的安全问题是至关重要的。一方面其要为人类提供安全的活动空间，另一方面由于现代社会科技高度发达，对各种设备设施的保护也变得极为重要，设备设施的破坏对社会经济的冲击同样难以估量。日本东北部于2011年3月11日发生9级大地震，是日本有观测记录以来规模最大的地震，地震引起高达40.5m的海啸，洪水所到之处，满目疮痍，东北地方部分城市遭受毁灭性破坏，期间所引发的福岛核泄漏事故，更被日本原子能安全

图1-11　阪神地震后实景图一（图片来源：http://img.blog.163.com）

图1-12　阪神地震后实景图二（图片来源：http://www.quzhe.net）

保安院列入国际核事故中最严重的第七级，与苏联切尔诺贝利核灾难看齐。大地震导致大规模的地方机能瘫痪和经济活动停止，时任首相菅直人政府因被指救灾不力最终倒台，政府亦要追加预算，推动震后重建。至 2011 年 6 月，311 大地震的经济损失已达 2100 亿美元，为阪神地震的 1.8 倍。如图 1–13、图 1–14 所示。

建筑结构有时还要考虑可能受到的突如其来的影响，例如海啸的冲击、飞行器的撞击等。2006 年 7 月 17 日，印度尼西亚爪哇岛南部的印度洋海域发生海啸，海水从海底到海面发生整体波动，能量惊人。海啸掀起的惊涛骇浪高度可达十几米到几十米，如同水墙。同时，因为海啸传播广，可以传播几千千米而能量损失很小，所以对宽广的区域造成严重的破坏。 如图 1–15 所示。

2001 年 9 月 11 日，两架被劫持的民航客机分别撞向美国纽约市的世界贸易中心一号楼和二号楼，两座建筑在遭到攻击后相继倒塌。世界贸易中心其余 5 座建筑也

图 1–13　日本福岛核电站震害
（图片来源：http://www.slit.cn）

图 1–14　日本福岛核电站破坏造成核泄漏
（图片来源：http://times.clzg.cn）

图 1-15　海啸掀起的巨浪
（图片来源：http://www.taopic.com）

因受震而坍塌损毁。这一灾难造成 2996 人遇难。如图 1-16、图 1-17 所示。联合国报告称，“9 · 11 事件”造成的美国经济损失达 2000 亿美元，相当于其国民生产总值的 2%。此次事件给全世界造成的经济损失达到 10000 亿美元左右。

图 1-16　“9 · 11 事件”
（图片来源：http://www.kankanews.com）

图 1-17　世贸中心倒塌
（图片来源：http://www.cnjxol.com）

关于建筑结构的两个重要问题，不仅是结构设计中的重要问题，也是全体设计者的责任。众多的优秀建筑共同印证了一个道理，只有当建筑的空间造型与结构体系和谐统一时，才能造就不朽的建筑作品。

1.3 建筑师与工程师差异认识

建筑师对建筑的认识大多是从造型开始的。从外部造型到内部空间。通过功能的梳理，再深入到细部的艺术设计。

结构工程师学习设计的过程则有点像搭积木的过程。他们在学校里首先学习的是数学和力学方面的课程，通过这些课程提升他们的严密分析和逻辑推理能力。然后开始基本理论的学习，诸如建筑材料、钢筋混凝土结构、钢结构、地基基础等课程。在此基础上，开始尝试完成一些基本构件的设计工作，如连续梁的设计、钢屋架的设计等。最后系统学习相关的结构理论，包括地震工程、高层结构设计等。在最后的毕业设计中，完成一幢简单结构的设计工作，或者一幢复杂结构的一部分设计工作。因此，结构工程师在学校里比较系统地掌握了从局部构件到整体结构的理论分析方法、计算方法和结构设计的初步能力。然而在职业生涯的开始阶段，他们遇到的第一个问题是如何将复杂的建筑方案简化为结构模型。其中包括：确定结构选型，确定构件的支撑条件，判断荷载取值。跨过这个过程，才能顺利地将学校所学知识“翻译”到现实中来。这个时候才真正开始进入到结构设计当中。

从这个过程可以看出，结构工程师对于建筑的认识，是从局部到整体的过程，他们更加重视整体结构的内在逻辑。

学习过程的区别与认识角度的区别，使得建筑师和结构工程师会从不同的角度去看待一个建筑。尽管如此，他们最终的设计成果仍然是统一的，统一于建筑设计的每一个细节中。因此，建筑师和结构专家要分别从各自的视角做一个变换，去学习和理解对方的观点及思维模式。这项工作是有难度的。本书从概念入手，帮助建筑师逐步树立起对结构的整体认识。同时，也帮助结构工程师梳理分散的结构概念，形成具有相互联系的整体逻辑。

1.4 结构概念搭建的认识体系

对于建筑结构的认识过程有三个层次：第一个层次是要完成从众多个体差异化的外部形象抽象成为具有共同特征的结构模型的认识过程。这个过程由外及内，首先从建筑坐落的环境开始，认识环境对建筑的关系，切实解决建筑植根于环境中的问题。接下来则开始研究环境和人类活动对于建筑的影响，这当中涉及最多的是如何将各种影响量化并简化为力的作用。然后的重点是分析结构在外力作用下的反应。建筑材料的差异、结构体系的差异以及连接方式的差异，会使不同的房子在同样的外力作用下产生不同的变形特点，进而导致内力状态完全不同。不同的内力状态又会产生不同的破坏形态，这对于建筑的安全是极其重要的。因此，最后介绍建筑安全的判断标准，告诉设计者如何去把握和判断一个建筑是否处于安全状态。

这个过程重点强调的是认识的逻辑体系，具体而言就是认识过程的阶段性，以及各阶段之间的联系。然而在这个体系中，我们并没有深入到结构计算的方法之中，因为我们认为那些内容更适合结构专家做深入的研究。但是必须强调的是，任何精确的计算都是建立在准确的结构模型基础上的，因此结构模型的抽象过程非常重要。这个层次的认识有点像工程师们在大学里的学习，认识了建筑的结构，但还没有真正感知到建筑的存在。

第二个层次是细细的感知的过程。这有点像文物专家的工作。他会将每件瓷器或者书画作品，细细过目。有时甚至只是轻轻拿起，再轻轻放下。然而在这个过程当中，他已经将其各自特点记在心里。我们会首先介绍那些可以用于制作结构构件的材料，介绍材料的特点。这种介绍的对比性非常突出，使读者能够在差异的比较中，了解材料各自性状。当然关键还在于介绍不同材料搭建的结构的区别。对于木材和砖石材料，直接介绍了其发展历程和未来展望。对于钢筋混凝土和钢材，则着重介绍了材料和结构的发展历程。然后在第三部分分别介绍竖向结构、水平结构和基础结构的变换，介绍的方法仍然是通过对比，分析差异。在这个部分，读者可以看到，建筑高度逐渐增长、建筑跨度逐渐加大的过程。

第三个层次是对结构设计方法的认识。随着对结构认识的深入，伴随着建筑高度和跨度的增加，会接触到很多结构理论的概念。因此，在这部分中首先介绍常规的结构设计方法，然后进一步介绍抗震概念设计、减震和隔震、防止连续倒塌的概念。

通过这个过程，我们对建筑结构的认识不但知其然，也知其所以然了。这其中涵盖了结构设计的许多重要思想和关键问题。当然，这个由概念而建立起来的认识体系还有待于通过实践、研究、阅读和交流的过程，使之能够不断深入，不断提升，不断丰富，不断简化。

结构设计的逻辑思想

结构设计重视逻辑，因此在学习结构设计方法的过程中同样要重视其中的逻辑关系。学习的过程也是建立认识逻辑的过程。建筑结构涉及的学科门类众多，知识内容丰富，在众多的问题中如何抓住关键的线索是学习的重要环节。因此，在接下来的部分，会将结构设计的过程类比为树木栽种的过程——从选址到栽树，再分析树木可能遇到的风雨，以及风雨之下大树内部的变化。总之，顺着认识的过程进行介绍，希望读者从中可以有所启发，从而建立自己的认识逻辑。

第 2 章　场地选择

建筑是自然环境的一部分，因此在修建一座建筑之前一定要首先选择适合建造的场地。这不仅会影响到建造过程，而且关系到建筑物未来可能经受的环境影响。关于场地，有一个从大到小的认识过程，从地壳的演变，地貌的形成，到具体的场地，进而深入到场地土层的特点。我们就这样一层一层地揭示地球构造的奥秘，通过科学的方法为建筑寻找宜居的场地。

2.1 地质构造

地球的内部结构为一同心状圈层构造，半径约为 6371km。由地心至地表依次分为地核、地幔、地壳。其分界面主要依据地震波传播速度的急剧变化推测而定。1909 年，奥地利科学家莫霍洛维奇发现，在大陆以下 33km 左右和海洋底下 10km 左右的深处，地震传播速度发生巨大变化。1914 年，德国科学家古登堡发现同样的突变也发生在地面以下 2885km 深处。根据这些发现，可以推测出地下有两个明显的界面，界面上下的物质以及其物理性质有很大差异。因此，地球内部三个层次的界面分别为：地壳与地幔的分界面称为莫霍面，地幔与地核的分界面称为古登堡面。如图 2-1、图 2-2 所示。

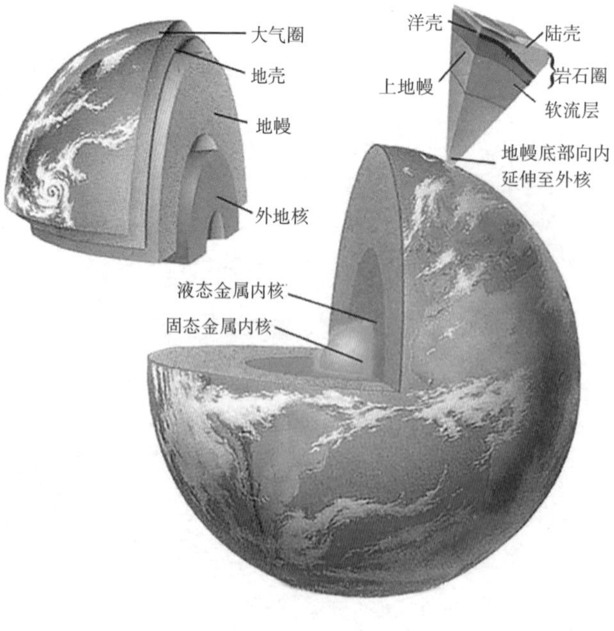

图 2-1　地球构造
（图片来源：http://zhidao.baidu.com）

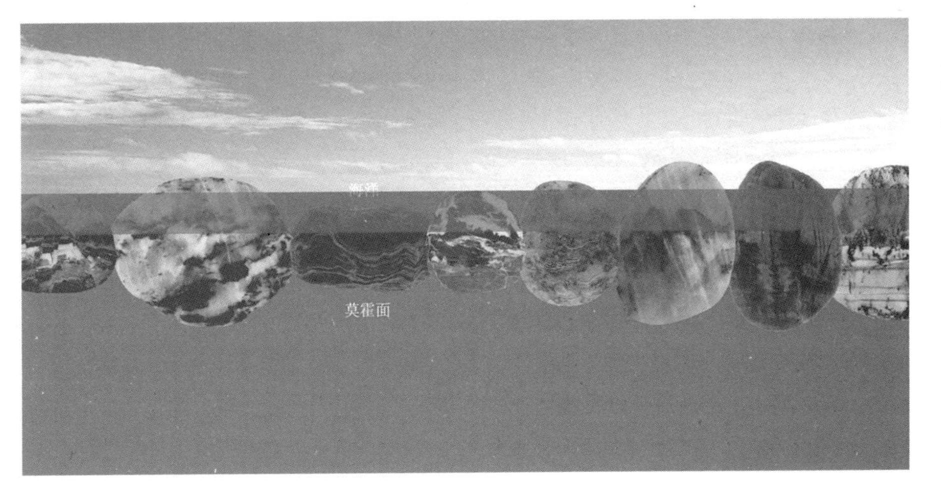

图 2-2　地球内部层面
（图片来源：http://blog.sina.com.cn）

地壳的平均厚度约 17km，大陆部分平均厚度约 33km，海洋部分平均厚度约 6km。地壳上层为沉积岩和花岗岩层，主要由硅铝氧化物组成。地壳下层为玄武岩或辉长岩类层，主要由硅镁氧化物构成。海洋地壳几乎完全没有花岗岩，一般在玄武岩上面覆盖一层沉积岩，厚度约 0.4 ~ 0.8km。地壳内部的温度一般随深度增加而逐步升高如图 2-3 所示。

地幔的厚度约 2900km，在靠近地壳部分，其组成物质主要是硅酸盐类的物质，而靠近地核的部分，则主要是由铁镍金属氧化物组成。地幔又可分成上地幔和下地幔两层。上地幔顶界面距地表 33km，密度 3.4g/cm^3；下地幔顶界面距地表 1000km，密度为 4.7g/cm^3。一般认为上地幔顶部存在一个软流层，是放射性物质集中的地方，由于放射性物质分裂的结果，整个地幔的温度都很高，大致在 1000 ~ 3000℃之间，这样高的温度足可以使岩石熔化，可能是岩浆的发源地。但这里的压力很大，约 50 万 ~ 150 万个标准大气压。在这样大的压力下，物质的熔点要升高。在这种环境下，地幔物质具有一些可塑性，但没有熔成液体，可能局部处于熔融状态，这点已经从火山喷发出来的来自地幔的岩浆得到证实。如

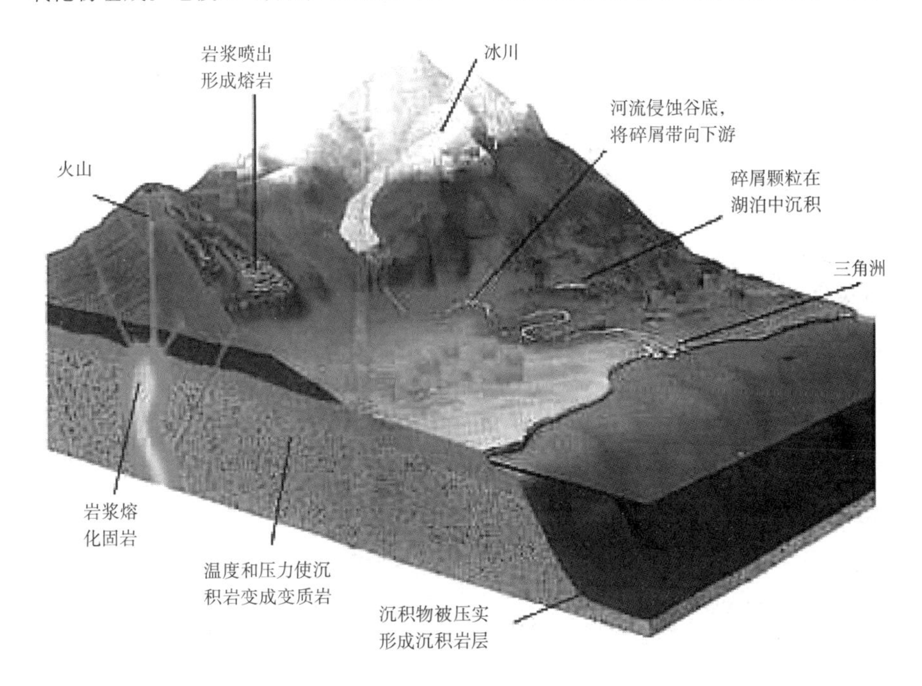

图 2-3　地壳构造
（图片来源：http://baike.baidu.com）

图 2-4 所示。下地幔温度、压力和密度均增大，物质呈可塑性固态。

地核又称铁镍核心，其物质组成以铁、镍为主，又分为内核和外核。内核的顶界面距地表约 5100km，约占地核直径的 1/3，可能是固态的，其密度为 10.5 ~ 15.5g/cm³。外核的顶界面距地表 2900km，可能是液态的，其密度为 9 ~ 11g/cm³。推测外地核可能由液态铁组成，内核被认为是由刚性很高的，在极高压下结晶的固体铁镍合金组成。地核中心的压力可达到 350 万个标准大气压，温度约 6000℃。

人们对地球内部结构的探索始终没有停止过，最近美国科学家发布了他们最新的研究成果，展现在人们面前的是地球内部的另一番模样。如图 2-5 所示。

美国普林斯顿大学教授杰罗恩·特鲁普领导的研究小组利用地震波的速度绘制的模拟图揭示地下结构。这幅模拟图展示了太平洋下方的地幔。监测过程中，他们对地震震动的速度进行分析。地震波穿过固态岩石时的速度较快，穿过岩浆时的速度较慢。在科学家绘制的 3D 模拟图中，较慢的地震波呈红色和橙色，较快的地震波

图 2-4　岩浆喷发
（图片来源：http://tech.gmw.cn）

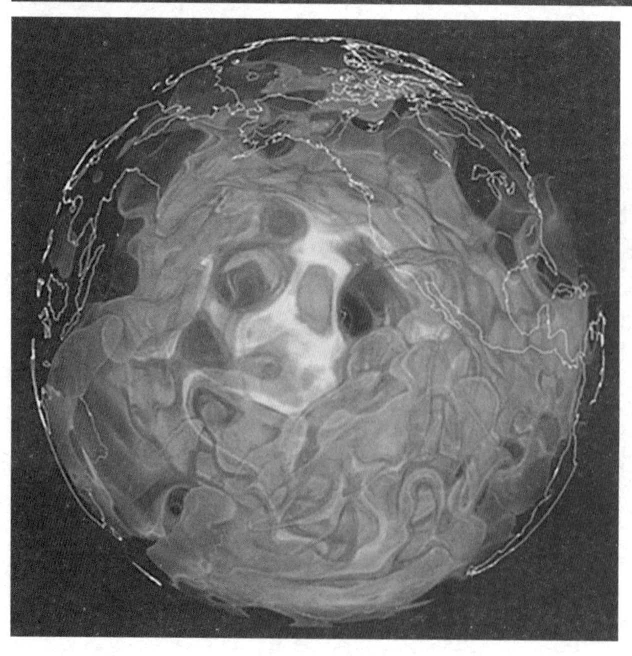

图 2-5　地球内部结构 3D 模拟图
（图片来源：http://www.kankan8.net）

呈绿色和蓝色。地幔的深度达到3000km。特鲁普的研究小组利用田纳西州橡树岭国家实验室的超级计算机“泰坦”对地震波进行分析。“泰坦”每秒可进行近20千万亿次运算。迄今为止，研究小组已经对3000次5.5级以上地震的地震波进行分析，所用数据来自于全球的数千个地震监测站。这些监测站绘制的地震动图揭示了地震波的移动。通常情况下，地震波的速度可达到每秒数英里，可持续数分钟。特鲁普教授表示：“我们对地幔上升流和地幔热柱的结构充满浓厚兴趣。我们将对获取的图像进行分析，了解与众不同的特征。”特鲁普等人绘制的3D模拟图揭示了构造板块的精确位置。构造板块之间的碰撞导致地震。此外，这些图还揭示了岩浆的位置。岩浆涌上地表导致火山喷发。

2.1.1 地壳演变

在概括了解地球构造的基础上，我们将目光聚焦在地壳部分，深入了解地壳的演变和进化过程，从而能够了解今天的地形地貌的形成机理，感受到地壳正在发生的变化。

地壳演变至今，经历了漫长的发展过程，其发展历史的详细资料就存储在地质时期形成的岩石记录中，特别是成层岩石的记录。所谓地层是一切成层岩石的总称。对于地层的研究往往是从一个地区开始的。在一个地区地层层序确立以后，随着地层的扩展和相互比较，逐渐形成地质年代的概念。由于全球各地地层的差异性和多样性，因此一般采用地层中所含生物化石的方法确定地质年代。这主要是基于生物界进化由简单到复杂、由低级到高级的发展过程难以出现完全重复。更为重要的是，由于生物能够适应环境，具有多种形式的迁徙能力，因此在同一时期生物的总体面貌大致具有全球的一致性。按照这种方法，人类将构成地壳的一层一层岩石叫做地层系统。“宇、界、系、统”分指地层系统的第一级、第二级、第三级和第四级。与之对应的地质事件发生的时代称为地质年代，划分为“宙、代、纪、世”。地层系统和地质年代的划分是一致的。见表2–1、表2–2所列。

在表2–2中有许多奇怪的名称，我们大概介绍一下其来历。

白垩纪：按英吉利海峡两岸主要由白垩土地层构成而命名。

侏罗纪：按法国、瑞士交界地方侏罗山（现译为汝拉山）地层而命名。

三叠纪：当初按德国南部地层的三分性特点而命名。

二叠纪：最初得名于乌拉尔山西坡的彼尔姆州，“二叠”根据德国南部地层可分为上下两套而得名。

石炭纪：因英格兰的高山灰岩及其含煤层而得名。

泥盆纪：因英国西南部泥盆州（现译为德文郡）海相岩系而得名。

志留纪：名称来自大不列颠的古老部落（志留部落）。

奥陶纪：名称来自大不列颠的古老部落（奥陶部落）。

寒武纪：因英国的寒武山脉而得名。

震旦纪：很早以前，在中国（特别在北方）

地层系统与地质年代对应表　　表2–1

地层系统		地质年代	
宇 Eonthem		宙 Eon	
界 Erathem		代 Era	
系 System		纪 Period	
统 Series	上 Upper	世 Epoch	晚 Late
	中 Middle		中 Middle
	下 Lower		早 Early

地质年代表 表 2–2

地质年代、地层单位及其代号				同位素年龄（百万年 Ma）		构造阶段		生物演化阶段			中国主要 地质、生物现象
宙（宇）	代（界）	纪（系）	世（统）	时间间距	距今年龄	大阶段	阶段	动物		植物	
显生宙（PH） Phanerczric	新生代（Kz） Cenozok	第四纪（Q） Quatemary	全新世（Q_4/Q_h） Holocene	约 2 ~ 3	0.012	联合古陆解体	喜马拉雅阶段（新阿尔卑斯阶段）	人类出现	无脊椎动物继续演化发展	被子植物繁盛	
			更新世（$Q_1Q_2Q_3/Q_p$） Pleistocene		2.48（1.64）						冰川广布，黄土生成
		新近纪（N） Neogene	上新世（N_2） Plioene	2.82	5.3			哺乳动物繁盛			西部造山运动，东部低平，湖泊广布
			中新世（N_1） Miocene	18	23.3						
		古近纪（E） Paleogene	渐新世（E_3） Oligocene	13.2	36.5						哺乳类分化
			始新世（E_2） Eocene	16.5	53						蔬果繁盛，哺乳类急速发展
			古新世（E_1） Palaeocene	12	65						（我国尚无古新世地层发现）
	中生代（Mz） Mesozoic	白垩纪（K） Cretaceous	晚白垩世（K_2）	70	135（140）		燕山阶段（老阿尔卑斯阶段）	爬行动物繁盛			造山作用强烈，火成岩活动矿产生成
			早白垩世（K_1）							裸子植物繁盛	
		侏罗纪（J） Jurassic	晚侏罗世（J_3）	73	208						恐龙极盛，中国南山俱成，大陆煤田生成
			中侏罗世（J_2）								
			早侏罗世（J_1）								
		三叠纪（T） Triassic	晚三叠世（T_3）	42	250						中国南部最后一次海侵，恐龙哺乳类发育
			中三叠世（T_2）			联合古陆形成	印支–海西阶段；印支阶段				
			早三叠世（T_1）								
	石生代（Pz） Palaoozoic；晚古生代（Pz_2）	二叠纪（P） Pemian	晚二叠世（P_2）	40	290		海西阶段	两栖动物繁盛			世界冰川广布，新南最大海侵，造山作用强烈
			早二叠世（P_1）							蕨类植物繁盛	
		石炭纪（C） Carboniferous	晚石炭世（C_3）	72	362（355）						气候温热，煤田生成，爬行类昆虫发生，地形低平，珊瑚礁发育
			中石炭世（C_2）								
			早石炭世（C_1）								

续表

地质年代、地层单位及其代号					同位素年龄（百万年 Ma）		构造阶段		生物深化阶段		中图主要 地质、生物现象
宙（宇）	代（界）		纪（系）	世（统）	时间间距	距今年龄	大阶段	阶段	动物	植物	
显生宙（PH）Phanerczric	古生代（Pz）Palaoozoic	晚古生代(Pz_2)	泥盆纪（D）Devonian	晚泥盆世（D_3）	47	409	联合古陆形成	印支—海西阶段；海西阶段	鱼类繁盛；无脊椎动物继续演化发展	蕨类植物繁盛	森林发育，腕足类鱼类极盛，两栖类发育
				中泥盆世（D_2）						裸蕨植物繁盛	
				早泥盆世（D_1）							
		早古生代(PZ_1)	志留纪（S）Ordovician	晚志留世（S_3）	30	439		加里东阶段	海生无脊椎动物繁盛	藻类及菌类繁盛	珊瑚礁发育，气候局部干燥，造山运动强烈
				中志留世（S_2）							
				早志留世（S_1）							
			奥陶纪（O）Ordovician	晚奥陶世（O_3）	71	510					地势低平，海水广布，无脊椎动物极繁，末期华北升起
				中奥陶世（O_2）							
				早奥陶世（O_1）							
			寒武纪（E）Cambrian	晚寒武世（E_3）	60	570（600）			硬壳动物繁盛		浅海广布，生物开始在量发展
				中寒武世（E_2）							
				早寒武世（E_1）							
元古宙（PT）Protorozoie	元古化（Pt）Protorozoie	新元古代(Pt_3)	震旦纪（Z/Sn）Sinian		230	800			裸露动物繁盛		地形不平，冰川广布，晚期海侵加广
			青白口纪		200	1000	地台形成	晋宁阶段		真核生物出现	沉积深厚造山变质强烈，火成岩活动矿产生成
		中元古代(Pt_2)	蓟县纪		400	1400					
			长城纪		400	1800					
		古元古代(Pt_1)			700	2500		吕梁阶段		（绿藻）	早期基性喷发，继以造山作用，变质强烈，花岗岩侵入
太古宙（AR）Archacan	太古代（Ar）Archaoozok	新太古代(Ar_2)			500	3000	2800 陆核形成			原核生物出现	早期基性喷发，继以造山作用，变质强烈，花岗岩侵入
		古太古代(Ar_1)			800	3800			生命现象开始出现		
冥古宙（HD）						4600					地壳局部变动，大陆开始形成

就发现古老的变质岩系之上，含有丰富化石的寒武系之下，发育了一套极厚的、完整的、没有变质或变质程度很低的沉积岩系，其中除含有大量藻类化石外，很少发现其他生物遗迹，当初就把这套地层命名为震旦系，其时代称震旦纪。中国是震旦系发育最好的国家。

这里需要特别说明一下第四纪。最初人们把地壳发展历史分为第一纪（大致相当于前寒武纪，即太古宙元古宙）、第二纪（大致相当于古生代和中生代）和第三纪，相对应的将地层自下而上划分为第一系、第二系和第三系。1829 年，法国学者德努瓦耶在研究巴黎盆地的地层时，将第三系上部的松散沉积物划分出来命名为第四系，其时代为第四纪。随着地质科学的发展，第一纪和第二纪，因细分而被废弃了，仅保留下第三纪和第四纪的名称，被合称为新生代。之后，第三纪又被分为古近纪和新近纪，因此仅留有第四纪的名称。在第四纪，人类在地球上出现了，并开始在自然环境中创建自己的生活方式。第四纪是特别需要关注的历史时期。

地质历程图，如图 2-6 所示。

2.1.2 地壳运动

地壳自形成以来在不断运动着。这种运动据推断是由地壳内部应力变化，地壳地幔相互作用引起的。地壳的运动引起地壳结构与构造的变化，地壳的各种地质构造现象也是地壳运动形成的，因此地壳运动又称构造运动。构造运动留下的形迹称为构造形迹，也称为地质构造现象，简称地质构造。构造运动又分为水平运动和垂直运动。

水平运动指地壳在水平方向起主要作用的力，即与地面成切线方向的力作用下（包括地壳的压缩和拉张），地壳岩层所发生的运动。这种运动使相邻块体受到挤压，或者被分离拉开，或者剪切错动，甚至旋转。水平运动主要使地壳的岩层弯曲和断裂，形成巨大的褶皱山脉和断裂构造。因此，水平运动又称为造山运动。如图 2-7 所示。

垂直运动是指地壳块体沿着地球半径方向发生的上升或下降的运动。垂直运动常常表现为规模很大的隆起或凹陷，从而

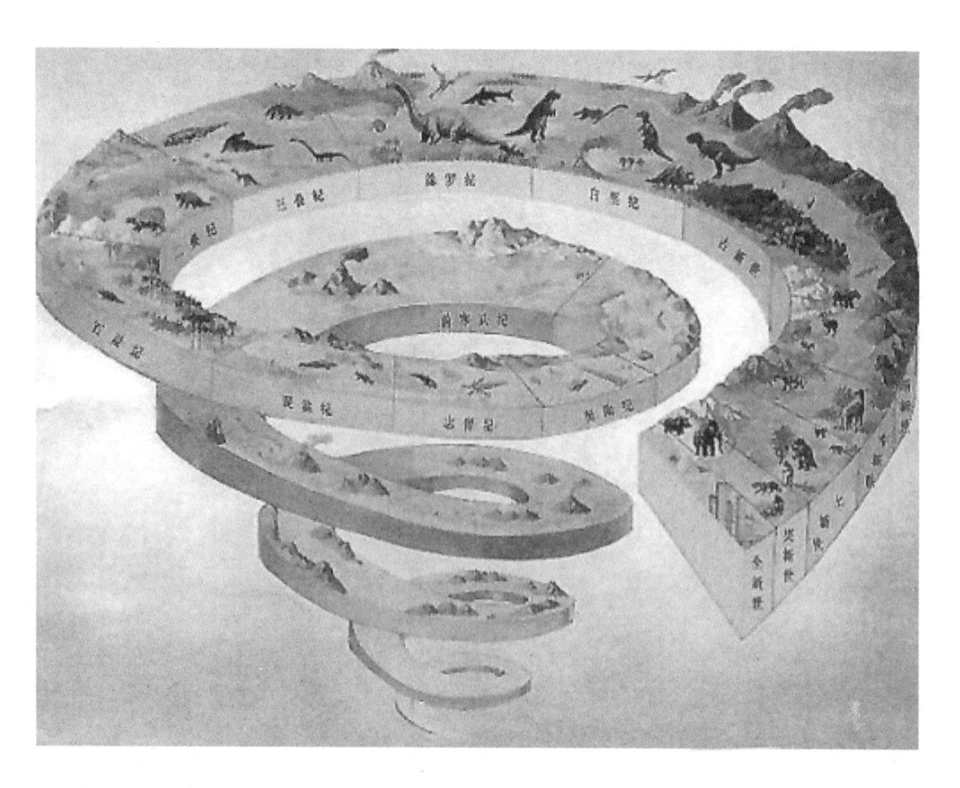

图 2-6 地质历程图（图片来源：http：//zhongxue.k618.cn）

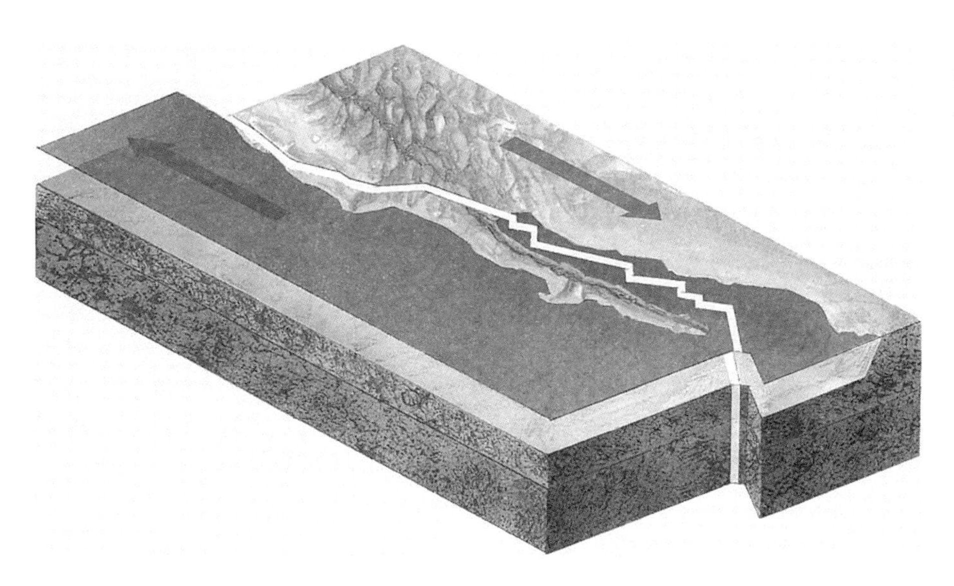

图 2-7　造山运动
（图片来源：http://wapbaike.baidu.com）

造成海陆变迁和地势高低起伏。由于地壳上升使海水退却，一部分海底成为陆地；地壳下降，海水侵入，原来的陆地变为海洋。因此，垂直运动又称为造陆运动。

水平运动和垂直运动是分析地形形成的基础，但是应该指出的是，这两种运动常常相伴而生，运动的结果不能简单地加以分隔和区分，实际上两者是相互联系、相互影响的。

在漫长的地壳演变过程中，构造运动不断进行，其中有几次重要的构造运动。

（1）加里东运动：古生代早期地壳运动的总称，主要指志留纪至泥盆纪形成山地的褶皱运动，加里东运动的完成标志着早古生代的结束。

（2）海西运动：当加里东运动终结后，整个地壳比较稳定。这时没有褶皱运动，海西早期（泥盆纪至石炭纪）只有升降运动，形成了许多陷落盆地群。从石炭纪末到二叠纪，为海西运动的后半期，海西褶皱运动，它将俄罗斯地块和西伯利亚地块连接起来，这样就形成了亚欧大陆的雏形。

（3）印支运动：三叠纪中期至侏罗纪早期的地壳运动。印支运动对中国古地理环境的发展影响很大，它改变了三叠纪中期以前“南海北陆”的局面。包括川西、甘肃和青海南部等地的“雪山海槽”全部褶皱升起；海水退至新疆南部、西藏和滇西一带，仍属特提斯型海域；长江中下游和华南地区大部分已由浅海转为陆地。从此中国南北陆地连为一体，全国大部分地区处于陆地环境。

（4）燕山运动：侏罗纪和白垩纪期间中国广泛发生的地壳运动。该运动形成了大量褶皱断裂山地和大量小型断陷盆地，并伴以岩浆活动，特别在东南沿海一带花岗岩侵入和火山岩的喷发尤为剧烈，显示了太平洋沿岸地带构造活动的加强。经过燕山运动，中国地貌的构造格局已清晰地显现出来。

（5）喜马拉雅运动：新生代地壳运动的总称。因形成喜马拉雅山而得名（图 2-8）。这一运动对亚洲地理环境产生重大影响。西亚、中东、喜马拉雅、缅甸西部、马来西亚等地山脉及包括中国台湾岛在内的西太平洋岛弧均告形成，中印之间的古地中海消失。

普遍的地壳运动是长期地、缓慢地进行的。人们甚至难以察觉，只有通过仪器长期观测才能发现。例如，长期水准资料证明，喜马拉雅山脉至今仍以每年 0.33 ~ 1.27cm 的速度在不断上升。过去的地质运动虽因年代久远无法直接量测，但在地壳中却留下了地壳运动的痕迹。南京雨花石就是古河床的天然遗物。雨花台堆积的大量雨花石说明这里过去曾有河流，后因地壳上升，河道废弃，才形成了今天比长江水面高出很多的雨花台。

形成今天的构造现象的构造运动称为新构造运动。对于划分新构造运动的时间界限一般有两种观点。一种认为自新近纪以来，另一种认为自第四纪以来。地球表面地形轮廓的形成主要取决于新近纪以来的构造运动，第四纪以来的构造运动十分活跃，至今也没有停止。图 2-9 中，汶川地震地质构造的变化对比正好说明了这一点。

地壳运动不仅包括构造运动，而且包括岩浆作用、变质作用和地震作用。

图 2-8 喜马拉雅山形成示意图
（图片来源：http://b.hiphotos.baidu.com）

岩浆作用是岩浆从形成、运动直到冷凝成岩的全过程。岩浆是地下岩石的高温（800 ~ 1200℃）熔融体。它不连续地发源于地幔顶部或地壳深部。岩浆形成后循软弱带从深部向浅部运动，在运动中随温度、压力的降低，本身也发生变化，并与周围岩石相互作用。

变质作用是岩石在风化带以下，受温度、压力和流体物质的影响，在固态下转变成新的岩石的作用。岩石变质后，其原有构造、矿物成分都有不同程度的变化，有的可完全改变原岩特征。

下面要重点谈谈地震作用，包括地震的影响、地震的成因等。首先，要明确地震的概念。地震是地壳快速释放能量过程中造成震动，期间会产生地震波的一种自然现象。

地球内部直接产生破裂的地方称为震源，它是一个区域，但研究地震时常把它看成一个点。地面上正对着震源的那一点称为震中，它实际上也是一个区域。根据地震仪记录测定的震中称为微观震中，用经纬度表示；根据地震宏观调查所确定的震中称

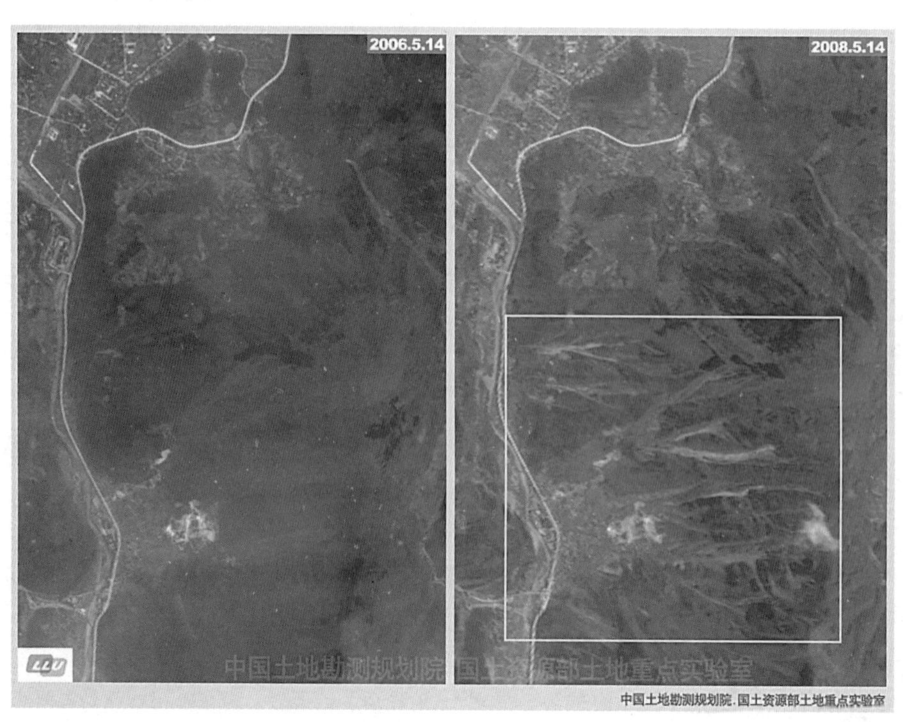

图 2-9 汶川地震前后构造变化
（图片来源：http://blog.sina.com.cn）

为宏观震中，它是极震区的几何中心，也用经纬度表示。由于方法不同，宏观震中与微观震中往往并不重合。

从震中到地面上任何一点的距离叫做震中距。从震源到地面的距离叫做震源深度。

地震相关名词解释，如图 2-10 所示。

据统计，地球上每年约发生 500 多万次地震，即每天要发生上万次地震。其中，绝大多数太小或太远以至于人们感觉不到；真正能对人类造成严重危害的地震大约有一二十次；能造成特别严重灾害的地震大约有一两次。人们感觉不到的地震，必须用地震仪才能记录下来。不同类型的地震仪能记录不同强度、不同远近的地震。世界上运转着数以千计的各种地震仪器日夜监测着地震的动向。

地震类型按照地震形成的原因分类，可以划分为：构造地震、火山地震、陷落地震和诱发地震。构造地震是由于岩层断裂，发生变位错动，在地质构造上发生巨大变化而产生的地震，所以叫做构造地震，也叫断裂地震。火山地震，是由火山爆发时所引起的能量冲击，而产生的地壳震动。火山地震有时也相当强烈。但这种地震所波及的地区通常只限于火山附近的几十千米远的范围内，而且发生次数也较少，只占地震次数的 7% 左右，所造成的危害较轻。陷落地震，由于地层陷落引起的地震。这种地震发生的次数更少，只占地震总次数的 3% 左右，震级很小，影响范围有限，破坏也较小。诱发地震，在特定的地区因某种地壳外界因素诱发而引起的地震。在深井中进行高压注水以及大水库蓄水后增加了地壳的压力，有时会诱发地震。地下核爆炸、炸药爆破等人为引起的地面震动称为人工地震，人工地震是由人为活动引起的地震。

地震类型按照震源深度分类，可以划分为：浅源地震、中源地震和深源地震。浅源地震是震源深度小于 60km 的地震，大多数破坏性地震是浅源地震。中源地震是震源深度为 60 ~ 300km 的地震。深源地震是震源深度在 300km 以上的地震，到目前为止，世界上记录到的最深地震的震源深度为 786km。

一年中，全球所有地震释放的能量约有 85% 来自浅源地震，12% 来自中源地震，3% 来自深源地震。破坏性地震一般是浅源地震。同样大小的地震，由于震源深度不一样，对地面造成的破坏程度也不一样。震源越浅，破坏越大，但波及范围也越小，反之亦然。1976 年的中国唐山地震的震源深度只有 12km。

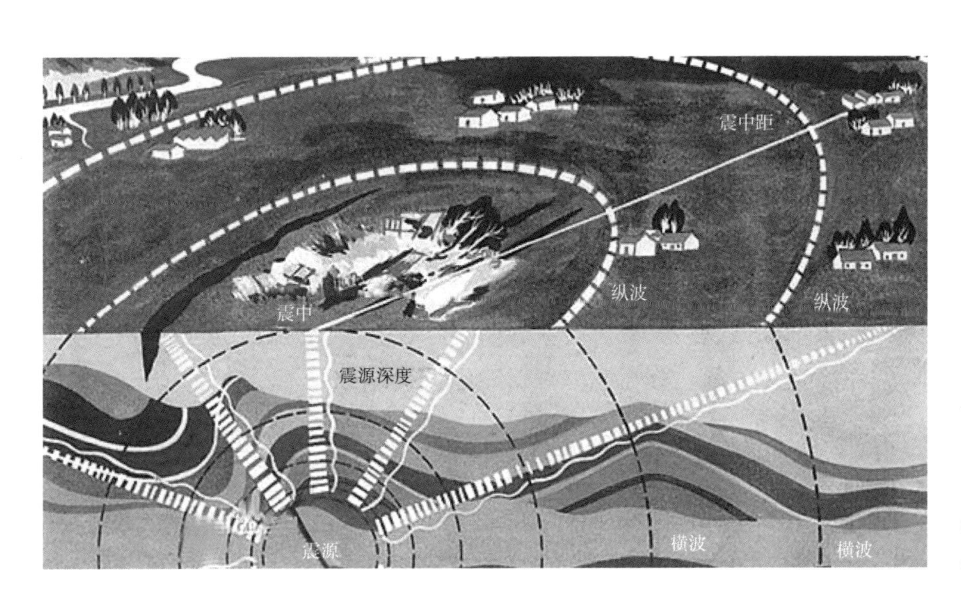

图 2-10　地震名词解释
（图片来源：http：//www.fjkpjd.com）

地震类型按照地震的远近分类，可以划分为：近震和远震。近震是震中距为100 ~ 1000km的地震。远震是震中距大于1000km的地震。

地震传播通过波的形式进行，具体分为体波和面波。在地球内部传播的地震波称为体波，分为纵波和横波。地震波的振动方向与传播方向一致的波为纵波（P波）。来自地下的纵波引起地面上下颠簸震动。震动方向与传播方向垂直的波为横波（S波）。来自地下的横波能引起地面的水平晃动。由于纵波在地球内部传播速度大于横波，所以地震时，纵波总是先到达地表，而横波总是落后一步。这样，发生较大的近震时，一般人们先感到上下颠簸，过数秒到十几秒后才感到有很强的水平晃动。

当体波到达岩层界面或地表时，会产生沿界面或地表传播的幅度很大的波，称为面波，面波沿地面传播，分为勒夫波和瑞利波。面波传播速度小于横波，所以跟在横波的后面。如图2–11所示。

地震评价一般通过震级和烈度两个指标。震级是地震大小的一种度量，根据地震释放能量的多少来划分，用“级”来表示。震级的标准最初是美国地震学家里克特（C.F.Richter）于1935年研究加利福尼亚地方性地震时提出的，规定以震中距100km处，通过标准地震仪（或称安德生地震仪，周期0.8s，放大倍数2800，阻尼系数0.8）所记录的水平向最大振幅（单振幅以μm计）的常用对数为该地震的震级。后来发展为远台及非标准地震仪记录经过换算也可用来确定震级。用里克特的测算办法计算，到2000年已知的最大地震没有超过8.9级的；最小的地震通过高倍率的微震仪测到的是–3级。地震由地震仪测量震级，地震的震级表示由震源释放出来的能量，以“里氏地震规模”来表示。地震释放的能量决定地震的震级，释放的能量越大震级越大。震级相差一级，能量相差约30倍。震级相差0.1级，释放的能量平均相差1.4倍。1995年日本大阪神户7.2级地震所释放的能量相当于1000颗第二次世界大战时美国向日本广岛、长崎投放的原子弹的能量。

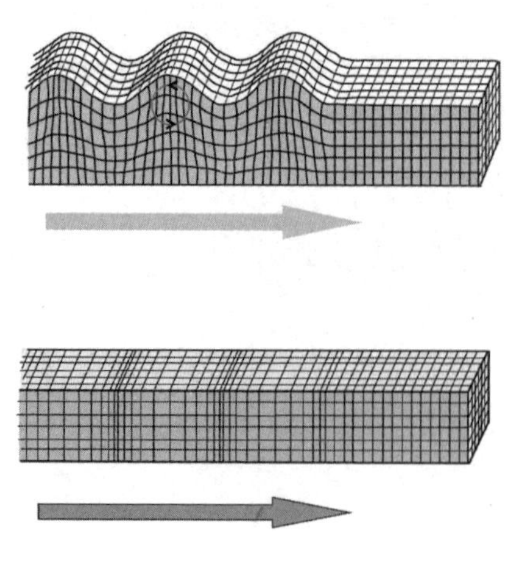
图2–11　地震传播方式示意图
（图片来源：http：//blog.sina.com.cn）

同样大小的地震，造成的破坏不一定相同；同一次地震，在不同的地方造成的破坏也不同。为衡量地震破坏程度，于是引入了地震烈度的概念。地震破坏力通过地震烈度表示。在中国地震烈度表上，对人的感觉、一般房屋震害程度和其他现象作了描述，可以作为确定烈度的基本依据。影响烈度的因素有震级、震源深度、距震源的远近、地面状况和地层构造等。

一般情况下，仅就烈度和震源、震级间的关系来说，震级越大震源越浅，烈度也越大。一般震中区的破坏最重，烈度最高，这个烈度称为震中烈度。从震中向四周扩展，地震烈度逐渐减小。所以，一次地震只有一个震级，但它所造成的破坏在不同的地区是不同的。即一次地震，可以划分出好几个烈度不同的地区。烈度不仅跟震级有关，而且还跟震源深度、地表地质特征等有关。一般而言，震源浅、震级大的地震，破坏面积较小，但震中区破坏程度较重；震源较深、震级大的地震，影响面积较大，而震中区烈度则较小。

为了在实际工作中评定烈度的高低，有必要制定一个统一的评定标准。这个规定的标准称为地震烈度表。在世界各国使用的有几种不同的烈度表。欧洲国家比较通行的是改进的麦加利烈度表，简称 M.M. 烈度表，从Ⅰ～Ⅻ度共分 12 个烈度等级。日本将无感定为 0 度，有感则分为Ⅰ～Ⅶ度，共 8 个等级。中国和前苏联均按 12 个烈度等级划分烈度表。

地震分布主要从时间分布和地理分布两个维度研究。通过对历史地震和现今地震大量资料的统计，发现地震活动在时间上的分布是不均匀的：一段时间发生地震较多，震级较大，称为地震活跃期；另一段时间发生地震较少，震级较小，称为地震活动平静期；表现出地震活动的周期性特点。每个活跃期均可能发生多次 7 级以上地震，甚至 8 级左右的巨大地震。地震活动周期可分为几百年的长周期和几十年的短周期；不同地震带活动周期也不尽相同。当然，有的地震是没有周期的，这主要与地质情况有关。地震周期性的主要原因在于处于断层带的地壳移动是有规则的，当地下的能量积累到必须使地壳发生移动时，地震就发生了，这种地震是有周期的。但绝不是所有的运动都是有规则的，规则之外的运动，就促生偶然的地震，偶然的地震往往能量巨大，瞬时引发，并不在周期内。周期性也有差别，以中国大陆为例，东部地震活动周期普遍比西部长。东部的活动周期大约 300 年，西部为 100 ~ 200 年左右。以陕西渭河平原地震带为例，从公元 881 年（唐末）到 1486 年的 606 年间，就没有破坏性地震的记载。1556 年华县 8 级大地震后几十年，地震比较活跃。1570 年以后这一带就没有 6 级以上地震，连 5 级左右的地震也很少见了。

从全世界地震地理分布数据统计来分析，全球有 85% 的地震发生在板块边界上，仅有 15% 的地震与板块边界的关系不那么明显。而地震带是地震集中分布的地带，在地震带内，地震密集；在地震带外，地震分布零散。

世界上主要有三大地震带。如图 2-12 所示。

环太平洋地震带：分布在太平洋周围，包括南北美洲太平洋沿岸和从阿留申群岛、堪察加半岛、日本列岛南下至中国台湾省，再经菲律宾群岛转向东南，直到新西兰。这里是全球分布最广、地震最多的地震带，所释放的能量约占全球的四分之三。

欧亚地震带：从地中海向东，一支经中亚至喜马拉雅山，然后向南经中国横断山脉，过缅甸，呈弧形转向东，至印度尼西亚。另一支从中亚向东北延伸，至堪察加半岛，分

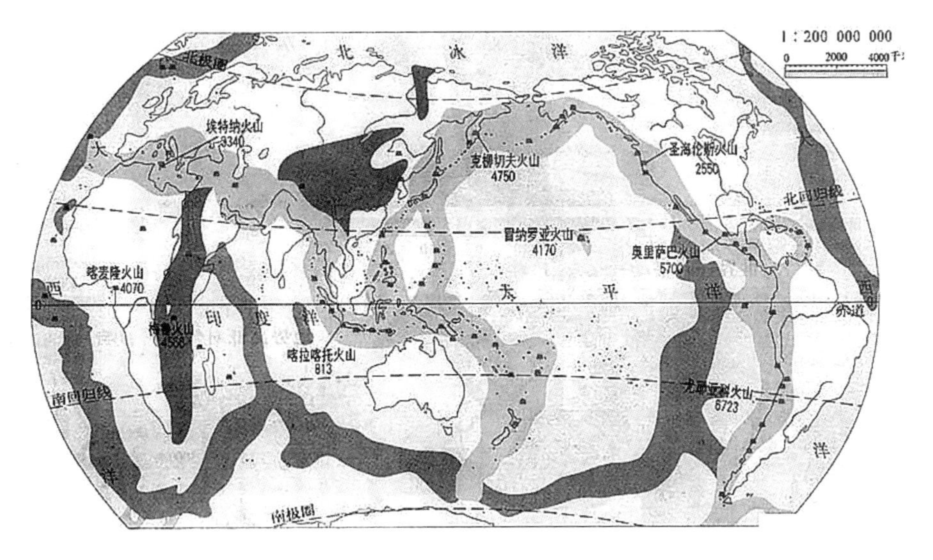

图 2-12　世界地震带分布

（图片来源：http://news.qujing.fang.com）

布比较零散。

大洋中脊地震活动带：此地震活动带蜿蜒于各大洋中间，几乎彼此相连。总长约65000km，宽约1000～7000km，其轴部宽100km左右。大洋中脊地震活动带的地震活动性较之前两个地震带要弱得多，发生的大多为浅源地震，尚未发生过特大的破坏性地震。

与上述三个地震带相比，大陆裂谷地震活动带规模最小，不连续分布于大陆内部。在地貌上常表现为深水湖，如东非裂谷、红海裂谷、贝加尔裂谷、亚丁湾裂谷等。

中国的地震活动主要分布在5个地区：台湾省及其附近海域；西南地区，包括西藏、四川中西部和云南中西部；西部地区，主要在甘肃河西走廊、青海、宁夏以及新疆天山南北麓；华北地区，主要在太行山两侧、汾渭河谷、阴山至燕山一带、山东中部和渤海湾；东南沿海地区，广东、福建等地。

其中青藏高原地震区包括兴都库什山、西昆仑山、阿尔金山、祁连山、贺兰山—六盘山、龙门山、喜马拉雅山及横断山脉东翼诸山系所围成的广大高原地域。涉及青海、西藏、新疆、甘肃、宁夏、四川、云南全部或部分地区，以及前苏联、阿富汗、巴基斯坦、印度、孟加拉国、缅甸、老挝等国的部分地区。这个地震区是中国最大的一个地震区，也是地震活动最强烈、大地震频繁发生的地区。据统计，这里发生过9次8级以上地震；发生过78次7～7.9级地震。这些指标均居全国之首。

华北地震区是中国东部大陆地区地震活动最强烈的一个地震区，也是中国晚第四纪构造活动强烈的地区，8级以上的地震就发生了5次，最大的地震为1668年郯城8.5级大地震。华北地震区自西向东断裂活动具有明显的分带性，具体分为4个地震带，潜在震源区就沿这些地震带分布。其中仅华北平原地震带就有2个8级潜在震源区，7个7.5级潜在震源区，7个7级潜在震源区；而郯庐地震带有1个8.5级潜在震源区，5个7.5级潜在震源区，8个7级潜在震源区。

从中国地震区分布的情况可以发现，从中国的宁夏，经甘肃东部、四川中西部直至云南，有一条纵贯中国大陆、大致呈南北走向的地震密集带，历史上曾多次发生强烈地震，被称为中国南北地震带。2008年5月12日汶川8.0级地震就发生在该带中南段。这条地震带向北可延伸至蒙古境内，向南可到缅甸。

地震破坏分为直接灾害和次生灾害。地震直接灾害是地震的原生现象，如地震断层错动以及地震波引起地面震动，所造成的灾害。主要包括地面的破坏，建筑物与构筑物的破坏，山体等自然物的破坏，海啸等。地震造成的灾害首先是破坏房屋和构筑物，造成人畜的伤亡，如1976年中国河北唐山地震中，70%～80%的建筑物倒塌，人员伤亡惨重。地震对自然界景观也有很大影响。最主要的后果是地面出现断层和地裂缝。大地震的地表断层常绵延几十至几百千米，往往具有较明显的垂直错距和水平错距，能反映出震源处的构造变动特征，这一点在浓尾大地震、旧金山大地震最为明显。但并不是所有的地表断裂都直接与震源的运动相联系，它们也可能是由于地震波造成的次生影响。特别是地表沉积层较厚的地区，坡地边缘、河岸和道路两旁常出现地裂缝，这往往是由于地形因素，在一侧没有依托的条件下晃动使表土松垮和崩裂。地震的晃动使地表土下沉，浅层的地下水受挤压会沿地裂缝上升至地表，形成喷沙冒水现象。大地震还能使局部地形改观，或隆起，或沉降，使城乡道路破裂、铁轨扭曲、桥梁折断。

在现代化城市中，由于地下管道破裂和电缆被切断可能造成停水、停电和通信受阻。燃气、有毒气体和放射性物质泄漏可导致火灾和毒物、放射性污染等次生灾害。地震次生灾害是直接灾害发生后，破坏了自然或社会原有的平衡或稳定状态，从而引发出的灾害。其中火灾是次生灾害中最常见、最严重的。海啸是地震时海底地层发生断裂，部分地层出现猛烈上升或下沉，造成从海底到海面的整个水层发生剧烈“抖动”，这就是地震海啸。瘟疫指强烈地震发生后，灾区水源、供水系统等遭到破坏或受到污染，灾区生活环境严重恶化，造成的疫病流行。社会条件的优劣与灾后疫病是否流行，关系极为密切。滑坡和崩塌等地震的次生灾害，主要发生在山区。由于地震的强烈震动，使得原已处于不稳定状态的山崖发生崩塌或滑坡。这类次生灾害虽然是局部的，但往往是毁灭性的，使整村整户人财全被埋没。崩塌的山石堵塞江河，在上游形成堰塞湖。1923年日本关东大地震时，神奈川县发生泥石流，顺山谷下滑，远达5km。水灾是由于地震引起水库、江湖决堤，或是由于山体崩塌堵塞河道造成水体溢出等情况造成的。此外，社会经济技术的发展还带来新的继发性灾害，如通信事故、计算机事故等。这些灾害是否发生或灾害大小，往往与社会条件有着更为密切的关系。

无数次地震当中，有些堪称地震之最，被记录在了人类社会历史发展的档案中。

（1）古今中外地震死亡人口之最大约发生在1201年7月，近东和地中海东部地区的所有城市都遭地震破坏，死亡人口估算约达110万。1556年1月23日发生在中国陕西华县的8.0级地震造成的死亡人数比前者确凿一些，广大灾民病死、饿死，数百里山乡断了人烟，估计死亡83万余人。

（2）世界上第一次成功地预报并取得明显减灾实效的地震是1975年2月4日的中国海城地震。中国的地震工作者成功地预报，被世界科技界称为“地震科学史上的奇迹”。

（3）世界上最大的地震海啸于1971年4月24日发生在日本琉球群岛中的石垣岛，估计巨大海浪的波峰高达84.7m，排山倒海的巨浪将重量达850t的整珊瑚礁抛出2.092km以上。这次海啸所击起的海浪，据推测其行进速度达到788.557km/h。

（4）世界上有仪器记录的最大地震是1960年5月22日19时11分的智利地震，一说8.9级，因计算方法不同，也有9.5级的说法。

（5）世界最典型的城市“直下型地震”是1995年发生的日本阪神地震。

（6）中国最早的地震记录见于《竹书记年》，距今已有四千多年历史。

（7）西方记载最早的地震灾难是1755年葡萄牙里斯本地震。

地震成因，在古代世界很多地震区人民对地震都有宗教性的解释。中国常以“天人感应”将地震与社会的变动相联系，日本则认为地震是由地下一个状似鲶鱼的神灵所控制。然而，早在希腊科学发展的早期，其实践者已开始考虑用地震的物理原因取代民间传说和神话提示的神学原因。传说公元前526年逝世的Anaximenes认为地球的岩石是震动的原因：当岩体在地球内部落下时，它们将碰撞其他岩石，产生震动。一些自然现象，诸如杰里科城墙的倒塌和红海的开裂，曾被那些不迷信超自然事件的人解释为地震的结果。Zechariah的书中甚至有一段对地震成因的卓越描述：“橄榄山将从中间劈开，一半向东，另一半向西，那里将出现一个大谷；山的一半将向北移，另一半向南移动。”这一段文字叙及的岩石滑动和地震之间的物理联系直至20世纪末才被人们理解，这表明古希腊人已经对地震成因的物理学理解迈出了第一步。第一个关于地震物理原因的全面解释是由希腊学者亚里士多德（Aristotle）（公元前384—前322年）提出的。他不是从宗教或占星术中寻找地震成因的解释，而认为地下火将烧毁地下洞穴的支护，洞顶坍塌将导致像地震一样的震动。18世纪，受艾萨克·牛顿爵士有关波和力学著述的强烈影响，自然科学的新时代开始了。在牛顿力学影响下的科学家和工程师开始发表研究报告，把地震和穿过地球岩石的波联系起来。这些研究报告很重视山崩、地面运动、海平面变化等地震地质效应和建筑物毁坏。里斯本地震是现代“地震学之父”之一的英国工程师米歇尔（Michell，1724—1793年）灵感的主要源泉。他试图用牛顿的力学原理讨论地震动，相信“地震是地表以下几英里岩体移动引起的波动”。1899年，印度地质调查所发表了一份描述1897年6月12日印度东北部阿萨姆地震的报告，调查所所长Oldham在报告中非常仔细地描述了地面晃动的情况，做出地面晃动速度的推断，并应用仪器记录了地面上升的数据。他掌握的证据支持了岩石的大规模翘曲和断裂产生地震的假说。理解地震成因的转折点来自对1906年4月18日震撼美国加利福尼亚州的旧金山地震的研究。地震调查委员会的报告指出，强烈的地面摇动是由圣安德烈斯大断层突然错动产生的，该断裂从墨西哥边界一直延伸到旧金山以北达400多千米，断裂西侧的岩块向北错动了好几英尺。关于地震成因的认识逐步进入科学认识阶段。

现代关于地震成因的解释基于大陆漂移与板块运动学说。大陆漂移说认为大陆之间相互移动的猜测可追溯到20世纪以前，早期的世界地图已清楚地表明非洲和南美洲相对海岸线的“锯齿状拟合”。远在1801年，洪堡（Humboldt）及其同时代的科学家们已经提出，大西洋两岸的海岸线和岩石都很相似。1912年，德国气象学家魏格纳（Wegener）对大陆漂移做出了系统论述，他假定一个超级泛大陆于3亿年前破裂，其碎块漂移出去形成现今的七大洲，同时提出了大陆的外形、古气候学、古生物学、地质学、古地极迁移等大量证据。 在北大西洋两岸的两块大陆，有一条非常重要的古山系，被称为加里东山脉。如今在大西洋东岸的挪威看到的是山系的西段，这条山系通过爱尔兰以后似乎淹没在大西洋下。可是在加拿大的纽芬兰则有一个古山系仿佛从大西洋里爬上来，它和欧洲的加里东山脉有许多相同之处。这个在北美出现的山系被称之为老阿巴拉契亚山脉。魏格纳认为北美的阿巴拉契亚山脉曾一度和欧洲的加里东山脉相连。如果把大陆拼合在一起，就形成一条连续的山系。岩石中含有的磁性矿物，在地球磁场的影响下，岩石形成时就受到磁化，从而保存了它们关于形成时间、地点和地球磁场方向的古地磁记录。人们从各个大陆不同时代的地层里测出几千个古磁极的位置，连接任一大陆不同时期的古磁极的线，就是那个大陆的视极移曲线。将各大陆视极移曲线比较，调整的结果表明，在2亿年前的所有大陆曾是一块共同的大陆。大陆漂移说能够解释许多地质学问题，但在大约10年时间内没有受到地质学界的重视。受当时地球内部构造和动力学知识的局限，大陆漂移及其动力学机制得不到物理学上的支持，在几十年间遭到许多地质学家的强烈反对，始终是辩论的焦点。魏格纳最后因寻找证据而去世，直到第二年才被人们发现。大陆漂移学说如图2-13所示。

20世纪60年代，随着抛弃洋底稳定不动的海底扩张学说提出，人们对大陆漂

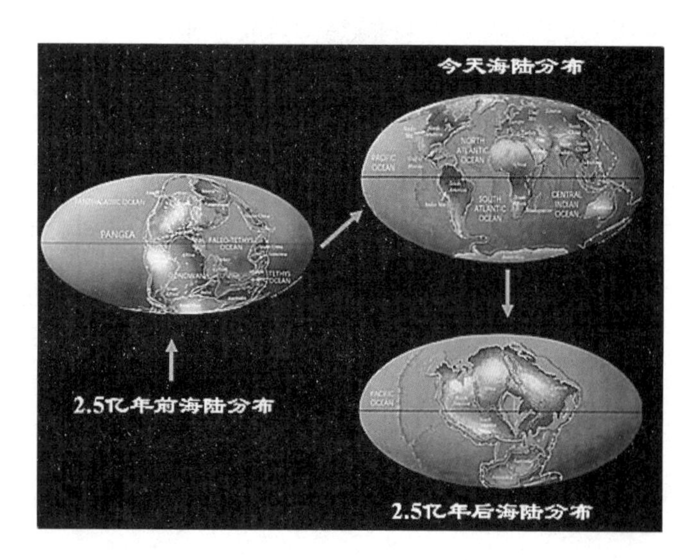

图2-13 大陆漂移说
（图片来源：http://blog.sina.com.cn）

移的兴趣又复萌了。大陆漂移的支持者们认真地提出了地球内部软弱带支承着刚性较大的地质“筏”的概念。接近熔融状态的软流圈比岩石圈软，刚性岩石圈浮在这层黏性物质上，以百万年的时间尺度缓慢地移动。这一解释不再像50年前那样因受到批评而沉默，在此基础上发展了板块构造原理。

板块构造原理认为地球的岩石圈分裂成为若干巨大的板块，岩石圈板块在塑性软流圈之上发生大规模水平运动；板块与板块之间或相互分离，或相互汇聚，或相互平移，引起了地震、火山和构造运动。板块构造说囊括了大陆漂移、海底扩张、转换断层、大陆碰撞等概念，为解释全球地质作用提供了颇有成效的理论框架。1960～1962年期间，美国科学家赫斯（Hess）、迪茨（Dietz）在大陆漂移和地幔对流说的基础上创立海底扩张说。1965年，加拿大学者威尔逊（Wilson）建立转换断层概念，并首先指出，连绵不绝的活动带将地球表层划分为若干刚性板块。1968年，科学家Sykes等进一步阐述了地震与板块活动之间的联系，并将这一新兴理论称作“新全球构造”。目前常用的术语“板块构造”，是法国科学家勒·皮雄（Le Pichon）、美国科学家麦肯齐（McKenzin）和摩根（Morgan）在1969年提出的。20世纪70年代以来，板块学说逐步渗透到地球科学的许多领域。板块是由地震带所分割的岩石圈单元，因横向尺度比厚度大得多而得名。狭长而连续的地震带勾画出了板块的轮廓，是板块划分的首要标志。全球岩石圈可划分为六大板块：亚欧板块、非洲板块、美洲板块、印度板块（或称印度洋板块、澳大利亚板块）、南极洲板块和太平洋板块。有人将美洲板块分为北美板块和南美板块，则全球有七大板块。根据地震带的分布及其他标志，人们进一步划出纳斯卡板块、科科斯板块、加勒比板块、菲律宾海板块等次一级板块。板块的划分并不遵循海陆界线，也不一定与大陆地壳、大洋地壳之间的分界有关。如图2–14所示。

大多数板块包括大陆和洋底两部分。太平洋板块是唯一基本上由洋底岩石圈构成的大板块。海底扩张是板块运动的核心，板块从大洋中脊轴部向两侧不断扩张推移。就板块的相对运动方向而言，海沟和活动造山带是板块的前缘，大洋中脊则是板块的后缘。脊轴是软流圈物质上涌，岩石圈板块生长的地方，其热流值很高，岩石圈极薄仅数千米厚，水深较浅平均在2500m左右。随着板块向两侧扩张，热流值与地温梯度降

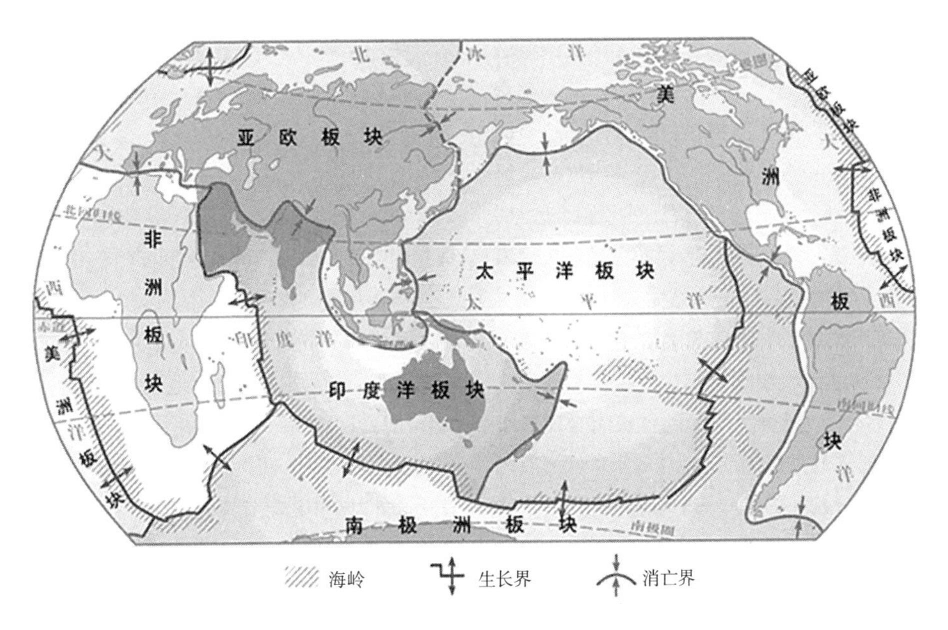

图2–14 板块学说
（图片来源：http://d.hiphotos.baidu.com）

图 2-15 板块理论示意
（图片来源：http：//www.lc115.com）

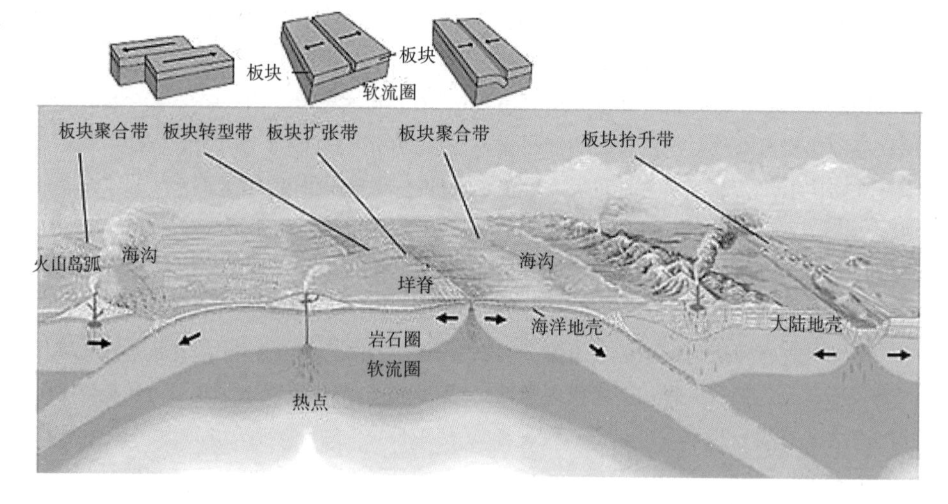

低，岩石圈逐渐增厚，密度升高，洋底冷缩下沉。大洋边缘的古老洋底岩石圈的厚度约 100km，水深可达 6000m 左右。新生的洋底岩石圈下沉最快，下沉作用随时间呈指数衰减。这解释了以下事实：大洋中脊斜坡在靠近脊顶处坡度较陡，远离脊顶坡度逐渐减缓；快速扩张的洋脊边坡较缓，如东太平洋海隆，慢速扩张的洋脊边坡较陡，如大西洋中脊。若大陆与洋底组成同一板块，这时陆—洋过渡带构成稳定或被动大陆边缘；若大洋板块在洋缘俯冲潜入地幔，则形成活动或主动大陆边缘。周缘广泛发育被动大陆边缘的大洋逐渐扩张展宽，周缘广泛发育活动大陆边缘的大洋则收缩关闭。在面积不变的地球上，一些大洋的张开必然伴随着另一些大洋的关闭。因此，大洋的开合与大陆漂移都是板块分离和汇聚的结果。引起板块运动的机制是当前尚未解决的难题，许多学者提出不同的看法，一种认为是主动驱动机制，认为下插板块因温度较低和相变导致密度增大，可以把整个板块拉向俯冲带；或设想上侵于大洋中脊轴部的地幔物质能把两侧板块推出去；板块还可以沿中脊侧翼倾斜的软流圈顶面顺坡滑移。在这些机制中，板块与下伏软流圈相互脱离，板块的移动是主动的，而不是由软流圈地幔流所带动；板块的持续运动导致地幔中产生反方向的补偿回流。另一种则主张板块由地幔对流所驱动，可称被动驱动机制。但是，还缺乏地幔对流的直接证据，也不了解对流的确切性质、涉及范围和具体形式。板块构造说以极其简洁的形式深刻地解释了地震和火山分布，地磁和地热现象，岩浆与造山作用；它阐明了全球性大洋中脊和裂谷系、环太平洋和地中海构造带的形成，也阐明了大陆漂移、洋壳起源、洋壳年轻性、洋盆的生成和演化等重大问题。地球科学第一次对全球地质作用有了一个比较完善的总的理解。板块构造说还存在一些有待解决的难题。除驱动机制这一最大难题外，现有的板块构造模式不能有效地解释板块内部的地震、火山和构造活动，包括水平变形、隆起和陷落。目前，板块构造说仍在不断修正和发展中。如图 2-15 所示。

2.1.3 地质作用

实际上地壳运动只是形成今天的地形地貌的一部分原因，还有很多因素可以引起地壳构造和地表形态的变化。由自然动力引起，使地壳构造、地表形态等不断变化和形成的作用称为地质作用。地质作用分为内力作用和外力作用。内力作用主要指前文介绍的地壳运动、岩浆活动、变质作用和地震作用。外力作用则包括风化作用、侵蚀作用、搬运作用、斜坡重力作用、沉积作用和固结成岩的过程。内外力地质作用互有联系，但发展趋势相反。内力作用使地球内部和地壳的组成与结构复杂化，造成地表高低起伏。外力作用使地壳原有的组成和构造改变，夷平地表的起伏，向单一化发展。一般而言，内力作用控制着外力作用的过程和发展。

风化作用是地表环境中，矿物和岩石因大气温度的变化，以及水分、氧、二氧化碳和生物的作用在原地分解、碎裂的作用。

侵蚀作用是河流、地下水、冰川、风等在运动中对地表岩石和地表形态的破坏和改造的总称。

搬运作用是地质营力将风化、剥蚀作用形成的物质从原地搬往他处的过程。搬运作用一般通过流水和风化作用完成。

斜坡重力作用是斜坡上的土和岩石块体在重力作用下顺坡向低处移动的作用。重力是主要营力，斜坡是必要条件，暴雨、地震、人为开挖往往起诱发作用。块体物质的运动方式分为崩落、滑移、流动和蠕动。前三者运动较快，后者较慢。

沉积作用是各种被外营力搬运的物质因营力动能减小，或介质的物化条件发生变化而沉淀、堆积的过程。

硬结成岩作用是松散沉积物转变为坚硬岩石的过程。这种过程往往是因上覆沉积物的重荷压力作用使下层沉积物减少孔隙，排除水分、碎屑颗粒间的联系力增强而发生；也可以因碎屑间隙中的充填物质具有粘结力，或因压力、温度的影响，沉积物部分溶解并再结晶而发生。

地表地貌的形成多数时候是各种地质作用共同作用的结果。例如，我们在自然界中所见，沟谷、瀑布和溶洞很多就是通过流水的搬运作用和侵蚀作用共同形成的。流水的搬运作用和沉积作用结合则形成了冲积扇和冲积平原。风力的搬运作用与侵蚀作用结合形成了河口三角洲、洼地。搬运作用与沉积作用结合，又形成了戈壁荒漠、沙丘等自然景观。下面介绍几种典型的地貌及其形成机理，充分说明地质作用的重要意义。

雅丹，维吾尔语原意为“陡壁的小丘”。现在指干燥地区一种风力侵蚀地貌。如图2-16所示。在极干旱地区的干涸的湖底中，常因干缩裂开，风沿着这些裂隙吹蚀，裂隙愈来愈大，原来平坦的地面发育成许多不规则的背鳍形龙脊和宽浅沟槽；或者一开始在沙漠里有一座基岩构成的平台形高地，高地内有节理或裂隙发育，沙漠河流的冲刷使得节理或裂隙加宽扩大。一旦有了可乘之机，风的吹蚀就开始起作用，由于大风不断剥

图2-16　雅丹地貌（图片来源：http：//dp.pconline.com.cn）

蚀，风蚀沟谷和洼地逐渐分开了孤岛状的平台小山，后者演变为石柱或石墩。这种支离破碎的地貌就是雅丹地貌。其实质是河湖相土状沉积物所形成的地面，经风化作用、间歇性流水冲刷和风蚀作用，形成的与盛行风向平行、相间排列的风蚀土墩和风蚀凹地地貌组合。这种地质现象在新疆罗布泊东北发育很典型。世界各地的不同荒漠，都有雅丹地形。雅丹地貌是干燥地区的一种特殊地貌。旅行到了这样一个地方，就像到了一个颓废了的古城：纵横交错的风蚀沟谷是街道，石柱和石墩是沿街而建的楼群，地面形成似一条一条龙脊、一座一座城堡的景状。这样的"城"称"魔鬼城"，古书中又称为"龙城"。在柴达木盆地、准噶尔盆地内部有"魔鬼城"，有的规模还不小，令人惊叹不已。

其中的石柱继续遭受风的吹蚀会变成各种形状。如果岩层近于水平且硬、软岩层相间，软岩层容易被剥蚀掉，硬岩层相对突出，像屋檐那样，称石檐。如果软、硬层相间的岩层是陡倾斜的，那么就形成锯齿状的雅尔当地形。如果组成石柱的岩石下软上硬，兼之低处的风携带的沙多且沙粒粗大，高处的风携带的沙少且沙粒细小，风的吹蚀和磨蚀作用在石柱的上部和下部表现出明显不同的结果，下部变得很细，像蘑菇把，上段则成了蘑菇伞，形成蘑菇石。最后的结果，蘑菇把也被剥蚀掉了，蘑菇伞只靠着很小的一点接触面积坐落在基岩上，看上去摇摇晃晃的，称摇摆石。在球状风化的配合下，两块大石头只靠一个切点互相接触，上面的圆石似乎风都吹得动，叫风动石。

丹霞地貌系指由水平或平缓的层状铁钙质混合不均匀胶结而成的红色碎屑岩，主要是砾岩和砂岩，受垂直或高角度解理切割，并在差异风化、重力崩塌、流水溶蚀、风力侵蚀等综合作用下形成的有陡崖的城堡状、宝塔状、针状、柱状、棒状、方山状或峰林状的地貌特征。如图 2-17 所示。丹霞地貌发育始于第三纪晚期的喜马拉雅造山运动。这次运动使部分地层发生倾斜和舒缓褶曲，并使盆地抬升，形成外流区。流水向盆地中部低洼处集中，沿岩层垂直节理进行侵蚀，形成两壁直立的深沟，称为巷谷。巷谷的崩积物在流水不能全部搬走时，形成坡度较缓

图 2-17 丹霞地貌
（图片来源：http://blog.sina.com.cn）

的崩积锥。随着沟壁的崩塌后退，崩积锥不断向上增长，覆盖基岩面的范围也不断扩大，崩积锥下部基岩形成一个和崩积锥倾斜方向一致的缓坡。崖面的崩塌后退还使山顶面范围逐渐缩小，形成堡状残峰、石墙或石柱等地貌。随着进一步的侵蚀，残峰、石墙和石柱也将消失，形成缓坡丘陵。在砂岩中，因有交错层理所形成锦绣般的地形，称为锦石。河流深切的岩层，可形成顶部平齐、四壁陡峭的方山，或被切割成各种各样的奇峰，有直立的、堡垒状的、宝塔状的等。在岩层倾角较大的地区，则侵蚀形成起伏如龙的单斜山脊；多个单斜山脊相邻，称为单斜峰群。岩层沿垂直节理发生大面积崩塌，则形成高大、壮观的陡崖坡；陡崖坡沿某一组主要节理的走向发育，形成高大的石墙；石墙蚀穿形成石窗；石窗进一步扩大，变成石桥。各岩块之间常形成狭陡的巷谷，其岩壁因红色而名为“赤壁”，壁上常发育有沿层面的岩洞。

喀斯特地貌是具有溶蚀力的水对可溶性岩石，进行溶蚀作用等所形成的地表和地下形态的总称，又称熔岩地貌。如图 2–18 所示。除溶蚀作用以外，还包括流水的冲蚀、潜蚀，以及塌陷等机械侵蚀过程。喀斯特地貌形成石灰岩地区地下水长期溶蚀的结果。石灰岩的主要成分是碳酸钙，在有水和二氧化碳时发生化学反应生成碳酸氢钙，后者可溶于水，于是空洞形成并逐步扩大。这种现象在南欧亚得利亚海岸的喀斯特高原上最为典型，所以常把石灰岩地区的这种地形笼统地称为喀斯特地貌。

黄土地貌在中国黄土高原最为突出。如图 2–19 所示。中国黄土高原素有“千沟万壑”之称，多数地区的沟谷密度在 3 ~ 5km/km^2 以上，最大达 10km/km^2，比中国其他山区和丘陵地区大 1 ~ 5 倍。沟谷下切深度为 50 ~ 100m。沟谷面积一般占流域面积的 30% ~ 50%，有的地区达到 60% 以上，将地面切割为支离破碎的景观。地面坡度普遍很大，大于 15°的约占黄土分布面积的 60% ~ 70%，小于 10°的不超过 10%。黄土地貌受到水力、风力、重力的侵蚀、沟蚀、潜蚀、泥流、块体运动和挖掘、运移土体等作用。其中潜蚀作用造成的陷穴、盲沟、天然桥、土柱、碟形洼地等，称为“假喀斯特”。强烈的沟谷侵蚀或地下水浸泡软化土体，使上方土体随水向下坡形成的泥流，只有在黄土区才易见到。黄土的抗蚀力极低，因而黄土地貌的侵蚀过程十分迅速。黄土丘陵坡面的侵蚀速率为 1 ~ 5cm/ 年，高原区北部沟头前进速率一般为 1 ~ 5m/ 年，个别沟头达到 30 ~ 40m/ 年，甚至一次暴雨就冲刷成一条数百米长度的侵蚀沟。黄河每年输送到下游的大量泥沙中，有 90% 以上来自黄土高原。

图 2–18　喀斯特地貌
（图片来源：http://bbs.photofans.cn）

图 2–19　黄土地貌
（图片来源：http：//wshunl-yuncai.blog.sohu.com）

2.2
场地选择

在深入研究地形地貌及其成因之后，我们可以着手为建筑选择一块适宜建造的场地了。场地选择会涉及很多因素，这里重点研究自然条件的影响和地质构造条件的影响。场地选择涉及的法律问题和能源问题同样需要引起设计者的关注。

2.2.1　地质构造影响

地质构造对于场地选择极为重要，特别是在地震区进行场地选择时。在《建筑抗震设计规范》GB 50011—2010 中规定，对于稳定的基石，坚硬土、开阔平坦密实均匀的中硬土的地段，在建筑场地选择中被认为是有利地段。对于软弱土，液化土地段，条状突出的山嘴，高耸孤立的山丘，陡坡，陡坎，河岸和边坡的边缘等地段，以及平面分布上成因、岩性、状态明显不均匀的土层，包括故河道、疏松的断层破碎带、暗埋的塘浜沟谷和半挖半填地基，还有高含水量的可塑黄土，地表存在结构性裂缝等地区，均被认为是建筑场地中的不利地段。对于地震时可能发生滑坡、崩塌、地陷、泥石流及地震断裂带上，可能发生地表错位的部位，则被认为是危险地段。

2.2.2　自然因素影响

影响场地选择的自然因素包括：日照、温度、风向风速、水流方向和地面坡度等因素。

日照对于建筑功能有非常重要的影响，对于幼儿园、医院和住宅等建筑，日照时间和日照面积极为重要。对于博物馆、图书馆，则要选择避光设计，保护书籍和文物。对于油库和危险品库，更要注意避免由日照引起的燃烧和爆炸。

温度，特别是环境温度对人体感觉有很大影响，对于工作环境也有很重要的影响。因此，很多数据中心就选择建在温度较低的地区。在场地选择时，不仅要考虑场地全年温度分布，而且还要考虑最低、最高温度的极值天气。

风向风速在一个地区不是一成不变的，一般采用风向频率作为统计指标，来标明一个地区的风向特点。风速在气象学上常用空气每秒钟的流动距离来表示，风速大小决定风力大小。

因此，一般建筑不宜建在山顶和山脊

处，这些地方风速很大。也要避开隘口地区，因为这种地形条件容易造成气流集中，风速会成倍增加，形成风口。还要尽量避免选择山谷盆地，这些地方风速过小，容易造成不流动的沉闷的覆盖气层，出现严重的空气污染。比较理想的场地则是受冬季主导风向较小，夏季主导风向常来，以及近距离内常年主导风向上无大气污染源的地方。

场地年降水量和水流方向以及汇水区域对建筑场地影响非常大，通过数据分析可以对一个场地的水流情况作出判断。地区降水量划分，见表 2–3 所列。

地面坡度也是场地选择过程中需要考虑的重要因素，场地选择与各种坡地的关系从表 2–4 中可以一目了然。

2.2.3 场地数字模型

近年来，随着计算软件的发展，在建筑场地选择的过程中，数字化分析技术被广泛使用。软件通常通过场地的地形等高线、经纬度坐标等数据，直接建立大范围场地数字模型，并在此基础上进行日照、温度、风向风速、水流方向和地面坡度的分析，帮助建筑师合理选择宜建区。下面的工程实例是利用 Autodesk 公司的 Civil 3D 软件，建立的场地数字模型和宜建区分析工作。如图 2–20 ~图 2–26 所示。

在城市建筑设计的过程中，场地选择经常被一带而过了，但我们必须强调，场地选择是建筑设计的开始，也是建筑生命的

地区降水量划分表　　　　表 2–3

地带	正常年降水量（mm）	地区
丰水带	>1600	台湾、福建、广东大部，浙江、湖南、广西的一部分，四川、云南、西藏的东南部
多水带	800 ~ 1600	淮河、汉水以南广大的长江中下游地区，广西、贵州、四川大部分地区，以及东北长白山区
过渡带	400 ~ 800	淮河、汉水以北，包括华东、陕西和华北

坡度分级与建筑的关系　　　　表 2–4

类别	坡度值	建筑布置及设计特征
平坡地	0 ~ 3%	基本是平地，道路房屋自由布置，注意排水
缓坡地	3% ~ 10%	车道自由布置，建筑布置不受影响，不需梯级
中坡地	10% ~ 25%	需设梯级，建筑布置受影响，车道不宜垂直等高线
陡坡地	25% ~ 50%	车道与等高线成较小锐角，建筑布置受较大限制
急坡地	50% ~ 100%	车道需曲折盘旋而上，梯道与等高线成斜角，建筑设计需特殊处理
悬崖地	100%	车道及梯道布置极困难，修建房屋工程费用大，一般不适于作建筑用地

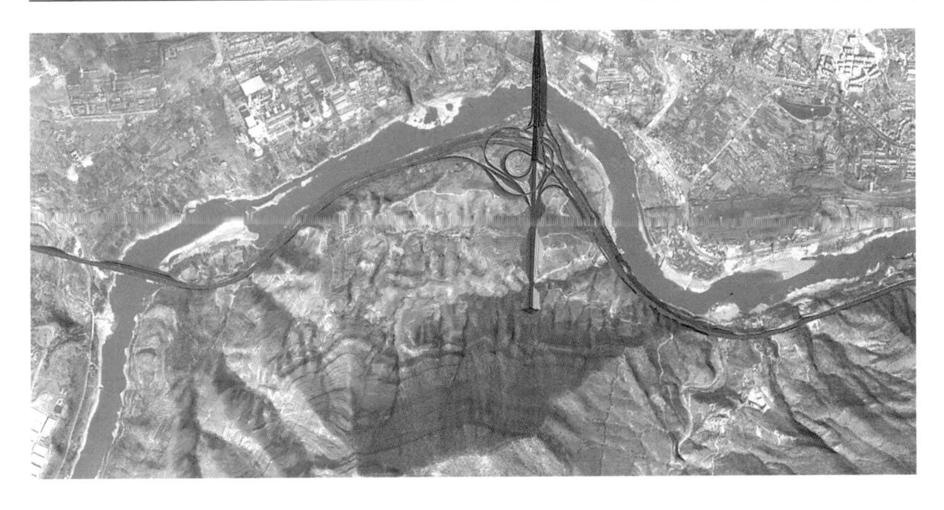

图 2–20　数字场地模型与原地形拟合（图片来源：由 Autodesk公司提供）

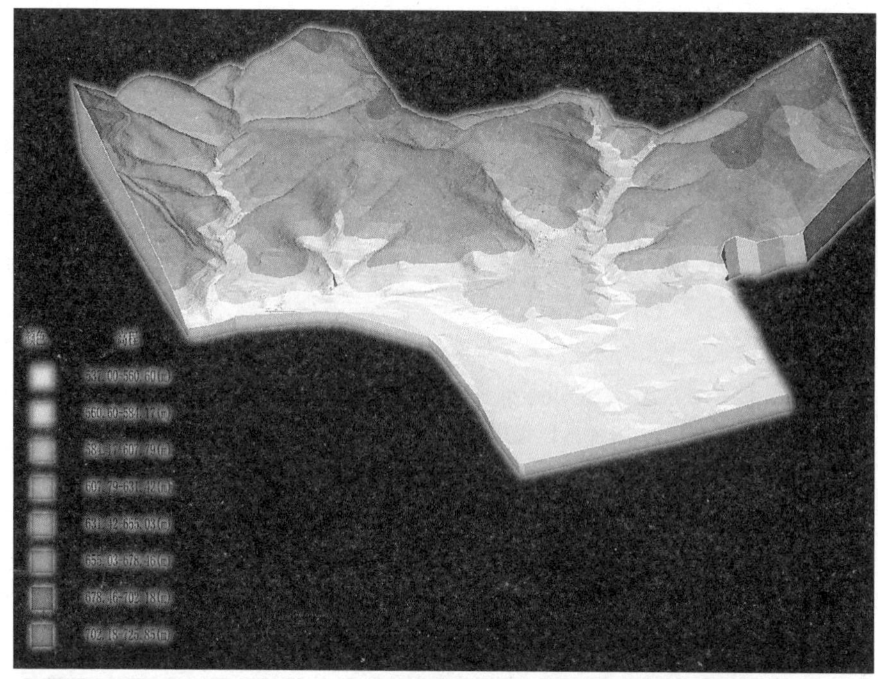

图 2-21 Civil 3D 软件建立的数字场地模型
（图片来源：由Autodesk公司提供）

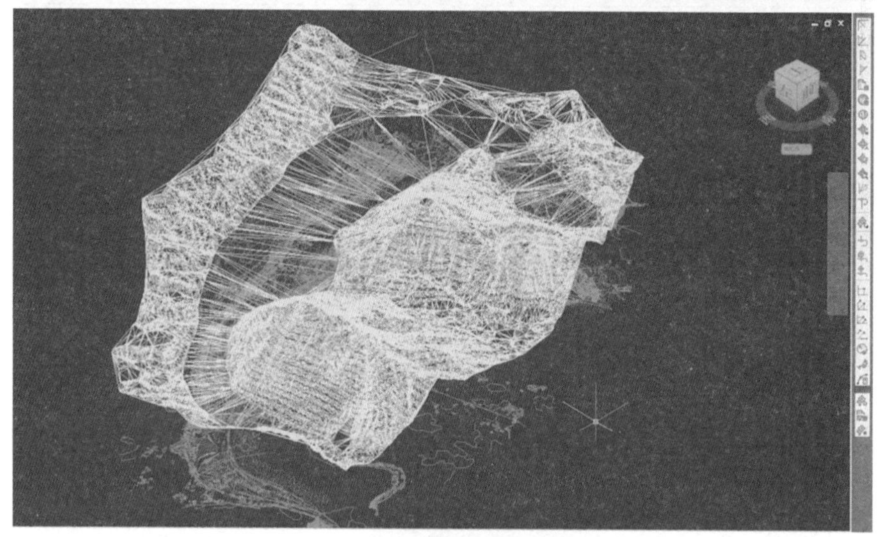

图 2-22 等高线及数据点对场地模拟
（图片来源：由Autodesk公司提供）

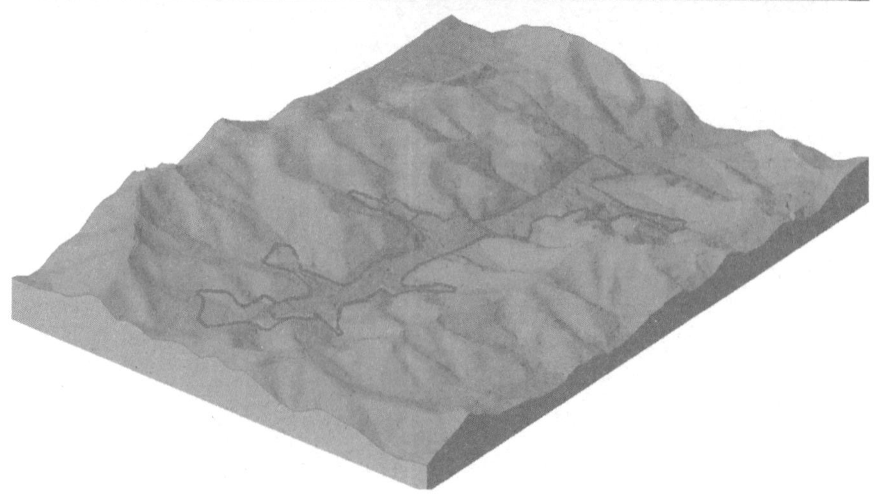

图 2-23 数字场地模型高程分析
（图片来源：由Autodesk公司提供）

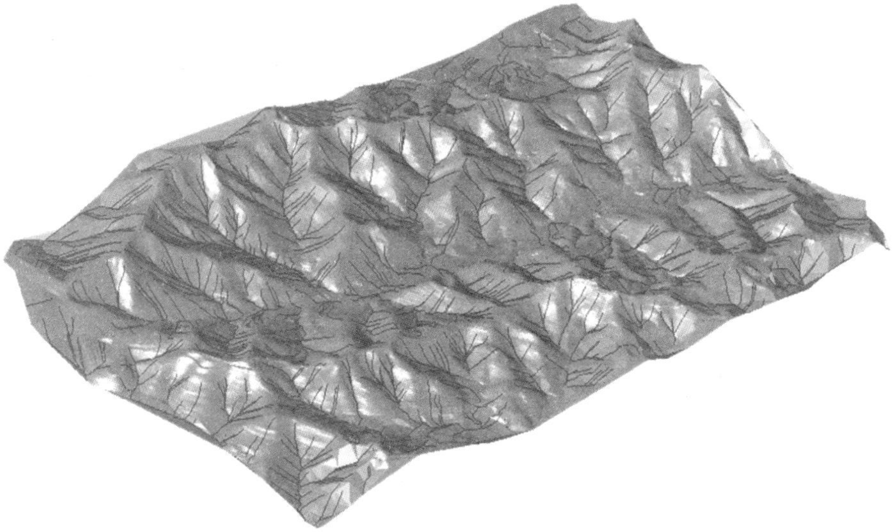

图 2-24 数字场地模型径流分析
（图片来源：由Autodesk公司提供）

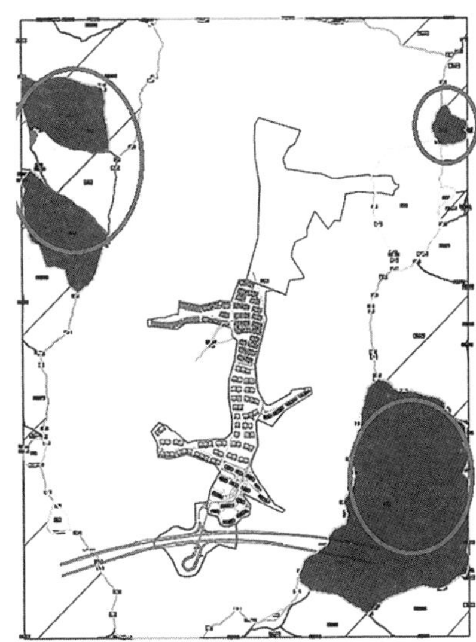

图 2-25 数字场地模型坡度分析（左）
（图片来源：由Autodesk公司提供）

图 2-26 数字场地模型流域分析（右）（下）
（图片来源：由Autodesk公司提供）

流域表					
编号	类型	滚入	边界显示	区域显示	面积
61	凹地	72，79		53.12m^2	53.12
62	凹地	10，72		39.41m^2	39.41
63	凹地	5，72		1780.16m^2	1780.16
64	凹地	65，72		18.53m^2	18.53
65	凹地			479004.30m^2	479004.30
66	凹地			105339.88m^2	105339.88
67	凹地	72，142		5051.22m^2	5051.22
68	凹地	72，137		34.78m^2	34.78
69	凹地			95496.31m^2	95496.31
70	凹地	23，72		120.12m^2	120.12
71	凹地	72，120		523.15m^2	523.15
72	凹地			3135407.66m^2	3135407.66
73	凹地			19420.49m^2	19420.49
74	平面面积	1，72		580.43m^2	580.43
75	平面面积	1，72		12.58m^2	12.58

根基。因此，场地选择是一个值得深入研究的课题。

2.3
场地土层

从对于地壳的研究，深入到场地的选择，已经可以为建筑确定建造的场地了。然而建筑不是摆在地面上，而是植根于场地的土层之中。因此，下一步的工作是研究场地的土层，进一步为建造工作和建筑全生命周期的稳定打下基础。

2.3.1 土的概念

土是岩石经过风化、剥蚀、搬运、沉积等进程后的产物，由不同直径的土粒组合而成。土粒的孔隙中还存在气体、液体，因此土被称作三相体系。

土的来源是岩石，岩石按照其成因分为岩浆岩、沉积岩和变质岩。岩浆岩是从地壳下面喷出的熔融的岩浆冷凝结晶而成的。岩石如果破碎成土后，继而又被压紧，随着化学胶结作用、再结晶作用和硬结成岩作用等过程，再一次形成岩石，这种岩石称之为沉积岩。沉积岩基本是在常温常压下完成的。如果温度、压力足以使原来的岩石结构、矿物成分发生改变，形成一种新的岩石，这种岩石则称之为变质岩。变质岩基本是在高温高压下形成的。

岩石在构造运动的影响下，逐步开裂，同时受到风化作用。岩石受到的风化作用包含了机械破碎作用、化学作用和生物影响作用。在经过风化和搬运过程后，逐渐破碎成更小的碎块，继而成土。同一粒径的颗粒聚集在同一地区，细小的颗粒被带到较远的地方沉积下来。在地壳漫长的演变过程中，岩石和土交替反复形成，周期性地破碎及集合。

第四纪土按照其成因又可以细分为残积物、坡积物、洪积物、冲积物、海洋沉积物、湖泊沉积物、冰川沉积物和风积物。

残积物是残留在原地未被搬运的那一部分原岩风化剥蚀后的产物，而另一部分则被风和降水所带走。残积层组成物质多为棱角状的碎石、角石、砂砾和黏性土。残积层裂隙多，不均匀。作为建筑地基容易发生不均匀沉降和土坡稳定问题。

坡积物是雨雪水流的地质作用将高处岩石风化产物缓慢地洗刷剥蚀、顺着斜坡向下逐渐移动，沉积在较平缓的山坡上而形成的沉积物。坡积层土颗粒由坡顶向坡脚逐渐变细，表面坡度逐渐平缓。其土层厚度不匀，土质不匀。孔隙大，压缩性高。作为建筑地基同样存在不均匀沉降和土坡稳定问题。

洪积物的搬运作用主要来自暴雨或大量融雪骤然集聚而成的暂时性山洪急流。水流具有很大的剥蚀和搬运能力，冲刷地表，挟带着大量碎屑物质堆积于山谷冲沟出口或山前倾斜平原而形成洪积物。由相邻沟谷口的洪积扇组成洪积扇群。如果逐渐扩大以致连接起来，则形成洪积冲积平原。由于山洪暴发的周期性，以及每次大小不同，洪积物常呈现不规则交错的层理构造，往往有黏性土夹层、透镜体等。作为建筑地基，应注意不均匀沉降问题。

冲积物是河流流水的地质作用将两岸基岩及其上部覆盖的坡积、洪积物质剥蚀后搬运、沉积在河流坡降平缓地带形成的沉积物。其中，平原河谷冲积层包括了河床沉积层、河漫滩沉积层、河流阶地沉积层及古河道沉积层。山区河谷冲积层中，河谷冲积层多为漂石、卵石和圆砾，厚度一般在 10 ~ 15m。山间盆地冲积层则主要为含泥的砾石。山前平原冲积层在近山一带为粗粒物质，平原低地区域主要为砂土和黏性土。三角洲沉积层面积很大，厚度达几百米，水上部分为砂或黏性土，水下部分与湖海堆积物混合组成，这种沉积层含水量高，承载力低。

海洋沉积物在滨海区、浅海区和陆坡区的情形分别不同。在海水高潮与低潮之间的地区称为滨海区。沉积物主要为卵石、圆砾和砂土。在海水深度小于 200m、宽度约 100 ~ 200m 之间的地区称为大陆架浅海区。沉积物主要为细砂、黏性土、淤泥和生物化学沉积物。在浅海区与深海区的过渡地带称为陆坡区，水深约 200 ~ 1000m，宽度约 100 ~ 200km。这个区域的主要沉积物是有机质淤泥。

湖泊沉积物包括粗颗粒的湖边沉积物和细颗粒的湖心沉积物。后者主要是黏土和淤泥，强度低，压缩性高。湖泊逐渐淤塞和陆地沼泽化，演变为沼泽。沼泽沉积物主要由半腐烂的植物残余物一年年积累起来形成的泥炭所组成。泥炭的含水量高，压缩性很大，不宜作为永久建筑的地基。

冰川沉积物皆由碎屑物组成，大小混杂，缺乏分选性，经常是巨大的石块或细微的泥质物的混合物。碎屑物无定向排列，扁平或长条状石块可以呈直立状态。无成层现象，绝大部分棱角鲜明。有的角砾表面具有磨光面或冰擦痕，擦痕的长短不一，大的擦痕长数十厘米以上，小的擦痕细似头发丝。

风积物是指在风的行进途中，由于挟带物自身重力而沉降下来，一般不受地形限制。主要是沙粒和更细的粉沙。风成沙的分选性较好，沙粒均匀，圆度和球度较高，表面常有一些相互撞击而形成的麻坑，常堆积成沙丘和沙垅等地形，沙层常形成高角度的斜交层理，厚度从数米到近百米。风积物是干旱与半干旱地区分布最广、最具有代表性的一种。

2.3.2 地下的水

水可以以各种物态存在于土中，其中水蒸气对土的性质影响不大，冰可以使地基土冻胀或融陷，使建筑产生不均匀沉降。对土的性质影响最大的是液态水。液态水在土中的存在方式主要有结合水和自由水两种。

结合水是土颗粒表面吸附的一层较薄的水，结合水作用于土颗粒之间，对土的性质影响很大。

自由水是指在土颗粒表面电场影响范围以外，服从重力规律的土孔隙中的水。由于土具有的渗透性，因此这种水在重力作用下在土孔隙中可以从高处向低处自由流动，传递静水压力。自由水有两种状态，重力水和毛细水。重力水在土的孔隙中只受重力作用而自由流动，一般只存在于地下水位以下的透水层中。毛细水则是土孔隙中受到表面张力作用而存在的自由水，一般存在于地下水位以上的透水层中。

理论上将土的孔隙大、水能自由透过的土层称为透水层。相反，将土的孔隙小、能含水但难于透过的土层称为隔水层。根据地下水埋藏位置不同，地下水可分为三类。如图 2-27 所示。

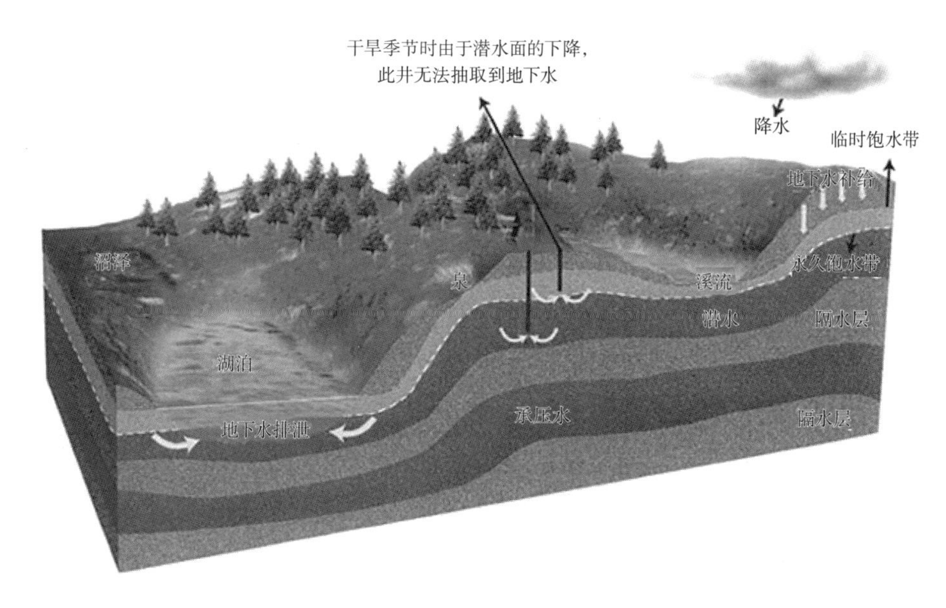

图 2-27　地下水埋藏示意图
（图片来源：http://amuseum.cdstm.cn）

潜水是埋藏在地表以下第一个连续分布的稳定隔水层以上，具有自由水面的重力水。其自由水面为潜水面，水面标高称为地下水位。地面至潜水面的垂直距离为地下水的埋藏深度。潜水由雨水和河水补给，水位也有季节性变化。

承压水埋藏在两个连续分布的隔水层之间，是完全充满的有压地下水。承压水通常存在于卵石层中，卵石层呈倾斜状分布，在地势高处卵石层水位高，对地势低处产生静水压力。如果打穿承压水上面的第一隔水层，则承压水因有压力而上涌，压力大的可以喷出地面。

上层滞水是指地表水下渗，积聚在局部透水性小的黏性土隔水层上的水。这种水靠雨水补给，有季节性。雨季存在，旱季可能干涸。在勘察时要注意与潜水的区分。

地下水的状况对于建筑在设计和施工阶段会产生不同的影响。在这里将这些问题归结为重点分析的八个问题。

第一个问题是要研究地下水埋深对基础埋深的影响。一般情况尽量将建筑基础置于地下水位以上，特别是对于寒冷地区，如果基础底面与地下水位之间是粉砂或黏性土，还要考虑冬季由于毛细水上升引起的地基冻胀和基础被顶起问题。

第二个问题是地下水位升降对地基变形的影响。地下水上升会导致黏性土软化、湿陷性黄土下沉和膨胀土吸水膨胀。地下水下降又会导致建筑出现明显的沉降。因此在设计过程中，要认真研究地下水稳定状况。

第三个问题是地下水对建筑的浮托作用。当基础底面低于地下水位时，地下水对基础底面会产生静水浮力，如控制不当，会造成建筑上浮，可以对建筑造成极大的不利影响。

第四个问题是地下室防水设计问题。当基础底面低于地下水位时，有地下室的建筑要进行地下室外墙和底板的防水设计，防止地下水渗入建筑内部，对内部设施造成影响。如图 2-28 所示。

第五个问题是地下水的侵蚀性。地下水的流动会破坏土的结构，形成空洞。同时，地下水溶解土中的易溶盐分会破坏土颗粒间的结合力，也会形成空洞。因此水的侵蚀作用会破坏地基强度，形成空洞，影响建筑的稳定性。

第六个问题是施工降水问题。当基础底面低于地下水位时，施工过程中往往要组织降水。降水可能对周围建筑和路面产生影响。因此降水设计非常重要。如图 2-29 所示。

第七个问题是防止出现流砂问题。流砂是地下水自下而上渗流时土产生流动的现象。也就是当地下水的动水压力大于土

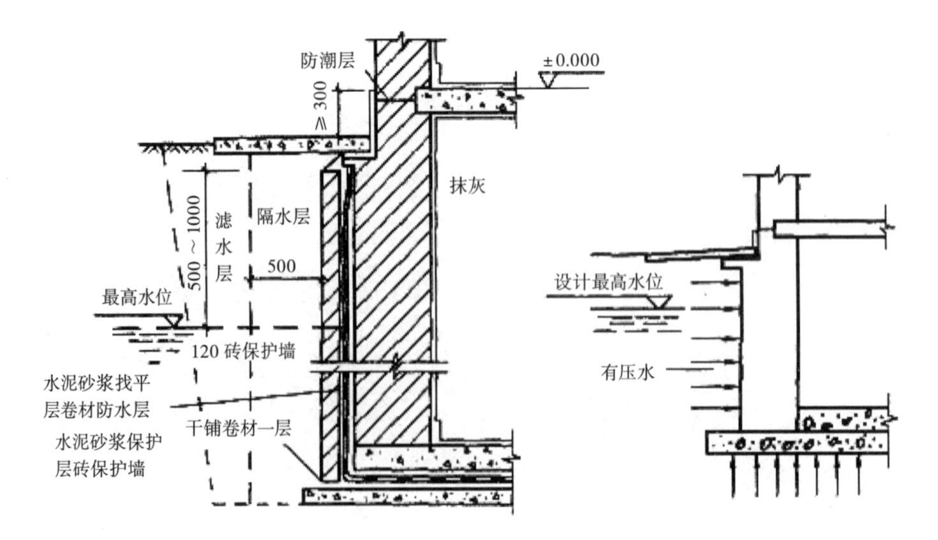

图 2-28　地下室防水示意图
（图片来源：http://baike.baidu.com）

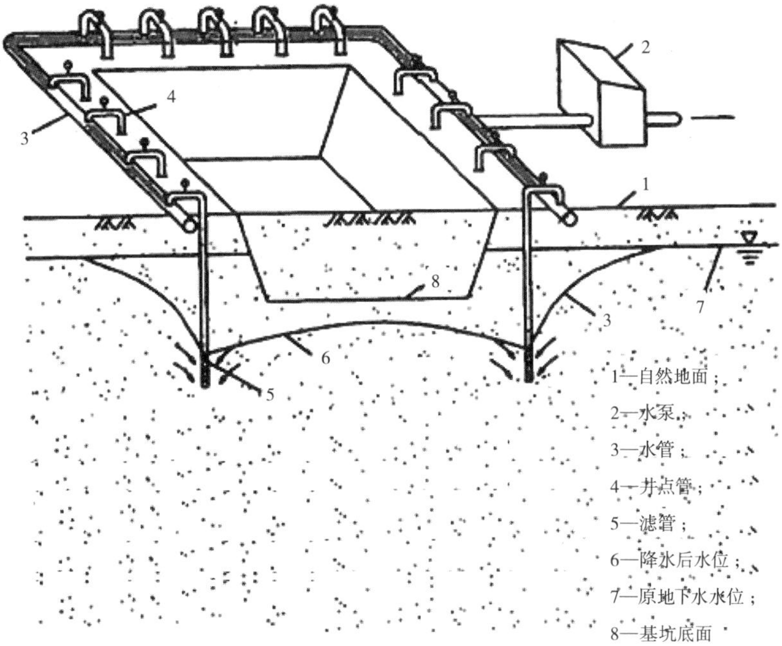

1—自然地面；
2—水泵；
3—水管；
4—井点管；
5—滤管；
6—降水后水位；
7—原地下水水位；
8—基坑底面

图 2-29 施工降水示意图
（图片来源：http://down6.zhulong.com）

的浮重度时，就会出现流砂问题，流砂会导致地面塌陷和建筑地基破坏。因此在分析土层时应避开流砂层，或对流砂层进行处理。

第八个问题是防止出现基坑突涌问题。当基坑下有承压含水层时，开挖基坑减小了底部隔水层的厚度。当隔水层重力小于承压水向上的压力时，承压水会冲破基坑底板，这就造成了基坑突涌。有效的方法是通过设计保证向下的重力始终大于承压水向上的压力。

从以上的分析可以看出，地下水位的确定是非常重要的问题。一般采用两种方法确定地下水位。

第一种方法是实测水位。勘探钻孔时，当钻头带上水时，此水位为初见水位。待24h后，再测钻孔中的水位为稳定水位，即实测地下水位。但是地下水位不是固定的，夏季高，冬季低，因此在现场施工中要加以注意。

第二种方法是研究历年最高水位。地下水位除了在一年各季节有差别之外，各年之间也有丰水年和枯水年的区别。在同一地区进行长年地下水位观测，将测得的数据以时间为横坐标，水位深度为纵坐标，绘制地下水位时程曲线，在各年的峰值中，找出最高值，即为历年最高水位。对重大工程，必须考虑历年最高水位，以保证工程顺利进行。

地下水位示意图，如图 2-30 所示。

非饱和区域
饱和区域
土壤层
中间层
含水层
地下水
不可渗透层

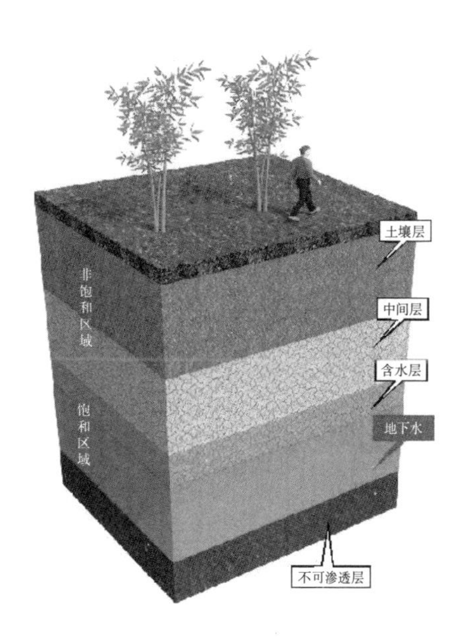

图 2-30 地下水位示意图
（图片来源：http://pic.baike.soso.com）

2.3.3 土的性质

将土的三相组成用图的形式表现出来（图 2–31），可以看出，土的三相比例不同，会使土的状态和性质也随之不同。如果只有固体和气体，则土为干土，干黏土坚硬，干砂松散。如果固体、气体、液体都存在，土则为湿土，湿的黏土多为可塑状态。如果只有固体和液体，土则为饱和土，饱和粉细砂受振动可能产生液化，饱和黏土地基需很长时间才能稳定。

在土力学中，一般通过以下六个指标来评价和说明土的物理性质。通过对指标的分析，也可以对土的性质做出判断。

（1）土的天然重度（kN/m^3）

表达公式：$\gamma=\dfrac{\text{土的总重力}}{\text{土的总体积}}=\dfrac{W}{V}$

物理意义：土的天然密度与重力加速度的乘积，即天然状态下土的重力密度。

常见数值：$16\sim22kN/m^3$

（2）土的含水量（%）

表达公式：$\omega=\dfrac{\text{水重}}{\text{固体颗粒重}}=\dfrac{W_w}{W_t}\times100\%$

物理意义：土中含水的数量，水重与固体土重的比值。

常见数值：砂土 0~40%，黏性土 20%~60%。黏性土含水量越高，其压缩性越大，强度越低。

（3）土的孔隙比 e

表达公式：$e=\dfrac{\text{孔隙体积}}{\text{固体体积}}=\dfrac{V_y}{V_t}$

物理意义：土中孔隙与固体的体积比。

常见数值：黏性土在 $e<0.6$ 时，为密实的，低压缩性土。

黏性土在 $e>1.0$ 时，为松软的，高压缩性土。

（4）土的饱和度 S_r

表达公式：$S_r=\dfrac{\text{水的体积}}{\text{孔隙体积}}=\dfrac{V_w}{V_v}$

物理意义：水在孔隙中充满的程度。

常见数值：0~1

（5）干重度 γ_d（kN/m^3）

表达公式：$\gamma_d=\dfrac{\text{固体重力}}{\text{总体积}}=\dfrac{W_s}{V}$

物理意义：单位体积的土在水分烘干后的重力，即干土的重力密度。

常见数值：$13\sim20kN/m^3$

（6）有效重度 γ'（kN/m^3）

表达公式：$\gamma'=\gamma_{sat}-\gamma_w$

物理意义：地下水位以下，土体受水的浮力作用时单位体积的重力。即土的有效重度。

常见数值：$\gamma'=8\sim13kN/m^3$

与此同时，必须强调土颗粒的重要性。土颗粒是形成土体的骨架，土粒大小和形状、矿物成分及其排列和连接特征是决定土的物理力学性质的重要因素，自然界里的天然土往往由几种颗粒组混合而成，各种粒组的相对含量称为土的粒径级配，并以土的粒径级配作为土分类的标准。因此先对各种土颗粒的粒径进行定义。如图 2–32 所示。

之前谈到土的分类是根据沉积的过程，现在根据土颗粒的组成和土的性质可以对土层做出更加精细的分类。根据土的粒径级配和土的性质，一般将土分为以下几类。

（1）岩石：颗粒间牢固连接、呈整体或具有节理裂缝的岩体称岩石。按坚固性分为硬质岩石和软质岩石。按风化程度分为微风化、中等风化和强风化。其中，微风化的硬质岩石为最优良的地基，强风化的软质岩石工程性最差。

（2）碎石土：粒径 $d>2mm$ 的颗粒含量超过全重 50% 的土称为碎石土。根据土的颗粒级配、颗粒含量及颗粒形状进行分类定名。见表 2–5 所列。常见的碎石土强度大、

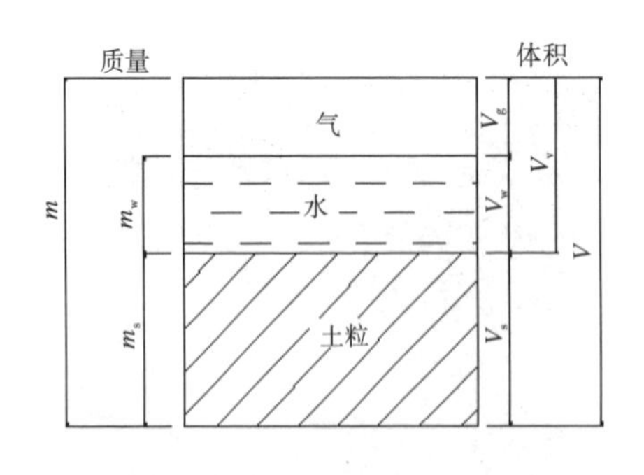

图 2–31 土的三相示意图
（图片来源：http://tmxy.ycit.cn）

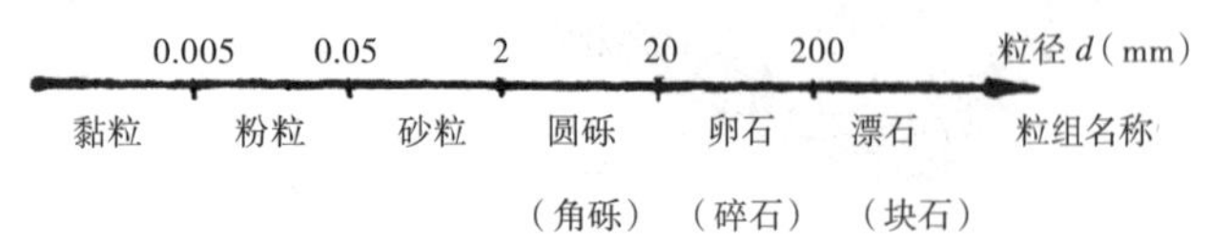

图 2–32 土的粒径分组
（图片来源：http://www.edu24ol.com）

压缩性强、渗透性大，为良好的地基。

（3）砂土：粒径 d>2mm 的颗粒含量不超过全重 50%，且 d>0.075mm 的颗粒超过全重 50% 的土，称砂土。根据粒组含量定名。见表 2–6 所列。常见的砾砂、砂、中砂为良好地基；粉细砂要具体分析，如为饱和疏松状态，则为不良地基。

（4）粉土：粒径 d>0.075mm 的颗粒含量不超过全重 50%，且塑性指数 $I_p \leq 10$，称粉土。粉土的性质介于黏性土和砂土之间。根据 d<0.005mm 的颗粒含量是否超过全重 10%，分为黏质粉土和砂质粉土。密实粉土性质好，饱和稍密的粉土在地震时容易产生液化，为不良地基。

（5）黏性土：按塑性指数的大小来定名。塑性指数 I_p>10 的土，称为黏性土；I_p>17 为黏土；$10<I_p \leq 17$ 为粉质黏土。黏性土随其含水量的大小，处于不同的状态。密实硬塑状态黏性土为良好地基，疏松流塑状态的黏性土为软弱地基。

在黏性土的含义中遇到几个指标：液限、塑限、塑性指数和液性指数，下面分别加以介绍。

1）液限 ω_L：黏性土液态与塑态之间的分界含水量称为液限。

2）塑限 ω_p：黏性土塑态与半固态的分界含水量称为塑限。

3）塑性指数 I_P：黏性土液限与塑限的差值称塑性指数。

$$I_P=\omega_L-\omega_p$$

当一种黏性土 ω_L 与 ω_p 之间范围大则 I_P 大。说明这种土能吸附的结合水多，即土的颗粒细，或矿物成分吸水能力强。因此，I_P 可以反映黏性土的工程性质。

4）液性指数 I_L：黏性土的液性指数亦称相对稠度。将土的天然含水量 ω 与 ω_L、ω_p 相比较，用来判断黏性土的相对稠度。

$$I_L=\frac{\omega-\omega_p}{\omega_L-\omega_p}$$

根据 I_L 大小不同，黏性土可分为五种软硬不同的状态。I_L=0~1 之间为塑态，可以细分为硬塑、可塑和软塑三种。液性指数的大小表示土的软硬程度，这是确定黏性土承载力的重要指标。如图 2–33 所示。

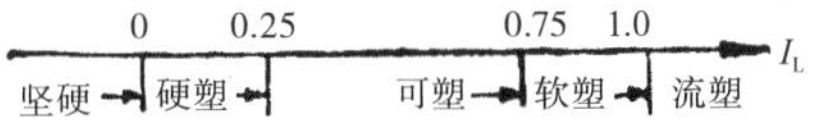

图 2–33　黏性土的稠度标准
（图片来源：http://tmxy.ycit.cn）

（6）人工填土：人类活动堆填形成的各类土称为人工填土，与上述五大类由大自然生成的土相区别。如果按照组成物质分类，可以分为以下三种：

碎石土定名　　表 2–5

土的名称	颗粒形状	粒组含量
漂石	圆形及亚圆形为主	粒径大于 200mm 的颗粒超过全重 50%
块石	棱角形为主	
卵石	圆形及亚圆形为主	粒径大于 20mm 的颗粒超过全重 50%
碎石	棱角形为主	
圆砾	圆形及亚圆形为主	粒径大于 2mm 的颗粒超过全重 50%
角砾	棱角形为主	

砂土定名　　表 2–6

土的名称	粒组含量
砾砂	粒径大于 2mm 的颗粒占全重 25% ~ 50%
粗砂	粒径大于 0.5mm 的颗粒占全重 50%
中砂	粒径大于 0.25mm 的颗粒占全重 50%
细砂	粒径大于 0.075mm 的颗粒占全重 85%
粉砂	粒径大于 0.075mm 的颗粒占全重 50%

1）素填土：由碎石、砂土、粉土、黏性土等组成的填土，经分层压实者统称为压实填土。这种填土不含杂物。

2）杂填土：含有建筑垃圾、工业废料、生活垃圾等杂物的土。

3）冲填土：由水力冲填泥砂形成的沉积土。

如果按照堆积年代分，则可以分为以下两种：

1）老填土：黏性土填筑年代超过 10 年，粉土超过 5 年。

2）新填土：黏性土填筑年代小于 10 年，粉土小于 5 年。

新人工填土因堆积年代很新，通常工程性质不良。其中压实填土相对稍好。杂填土因成分杂，分布很不均匀，工程性质最差。

（7）淤泥和淤泥质土：这种土在静水或缓慢的流水环境中沉积，经生物化学作用形成。其天然含水量大于液限，天然孔隙比 $e>1.5$ 的土，称为淤泥。而当 $\omega>\omega_L$ 且 $1.0<e<1.5$ 时，为淤泥质土。

以上七种类别的土，由于其生成条件不同，因此对它们的性质有很大影响。特别是土形成过程中的搬运、沉积条件，沉积的自然地理环境，以及沉积年代。沉积的年代越长，土的工程性质越好。第四纪更新世及其以前沉积的黏性土，称老黏性土，密实、强度大、压缩性小。第四纪全新世沉积的黏性土，为常见的黏性土，工程性质好坏要具体试验分析。在湖、塘、沟、谷与河漫滩地段新近沉积的黏性土和五年以内人工新填土，强度低，压缩性大，在工程中要严格判别。

土的分类示意图，如图 2-34 所示。

直接支承建筑物的土层称之为地基。地基的选择与设计最重要的两个关注点是这一特殊土层的两个性质，一个是地基的承载力取值，另一个是地基的变形特性，以下分别加以介绍。

2.3.4 地基的承载力

地基承载力是指地基承担荷载的能力。地基承载力是地基土抗剪强度的一种宏观表现。在上部结构传至基础的荷载作用下，地基开始变形。荷载增加，地基变形增大。土是有弹性的材料，因此在荷载作用初期，地

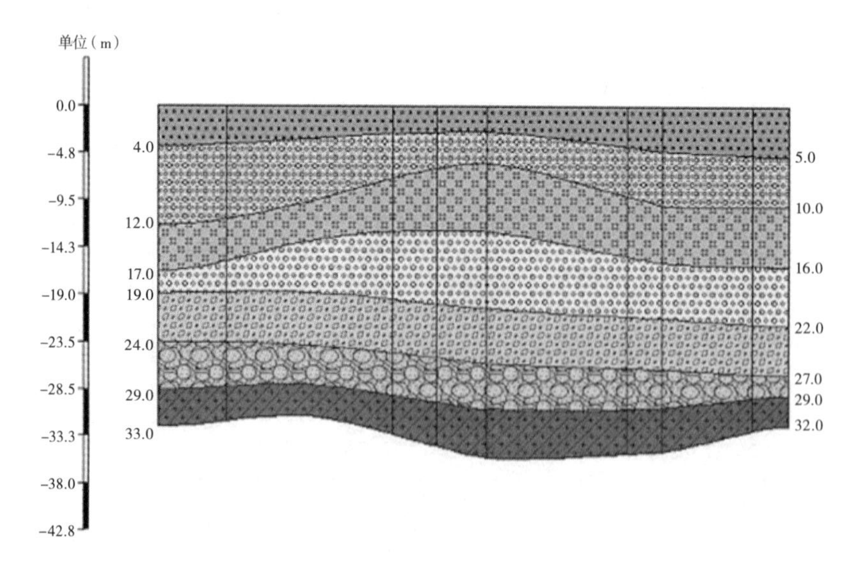

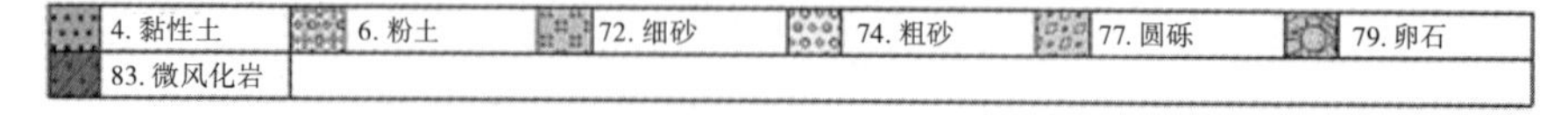

图 2-34 土分类示意图
（图片来源：http://down6.zhulong.com）

基处于弹性平衡阶段，具有安全承载的能力，当荷载进一步增加时，地基内某点或某几点达到土的抗剪强度，土中应力重分布。这种点或几个点连接的小区域，称为塑性区。此时，如果上部荷载减小，还可以恢复弹性平衡状态。因此在这一阶段地基仍具有弹性承载能力。但这个阶段要进行地基变形验算，防止地基产生过大变形，直至丧失承载力，造成地基破坏，地基达到极限承载能力。

由于不同地区地基的性质差别很大，因此确定地基承载力是一个比较复杂的问题。一般可以通过四种途径获得地基承载力值，其分别为：现场原位试验方法、强度理论计算方法、模型试验方法、参考周围建筑地基条件的经验判别方法。地基容许承载力是指地基稳定有足够安全度的承载能力，它相当于地基极限承载力除以一个安全系数，这个方法即定值法确定的地基承载力。地基承载力特征值是指地基稳定有保证可靠度的承载能力，因此，地基容许承载力或地基承载力特征值的定义是，在保证地基稳定的条件下，使建筑物基础沉降的计算值不超过允许值的地基承载力。

按照承载力定值法计算时，基底压力 p 不得超过修正后的地基容许承载力 $[\sigma]$，按照承载力极限状态计算时，基底荷载效应，相应于荷载效应基础底面值的平均压力值 p_k 不得超过修正后的地基承载力特征值 f_a。所谓修正后的地基容许承载力和承载力特征值，均指所确定的承载力包含了基础埋深和宽度两个因素，如理论公式法确定的地基承载力均为修正后的地基承载力 $[\sigma]$ 或 f_a。而原位试验法和规范表格法确定的地基承载力未包含基础埋深和宽度两个因素，则分别称为地基容许承载力 $[\sigma_0]$ 或地基承载力特征值 f_{ak}，再经过深宽修正，为修正后的地基容许承载力 $[\sigma]$ 和修正后的地基承载力特征值 f_a。只有符合上述条件，才能够判断场地是否符合建筑结构对地基承载力的要求。地基强度满足要求，还要对场地进一步进行变形分析。

加拿大特朗斯康谷仓事故是由于地基承载力不足造成建筑物地基破坏的典型工程案例。

加拿大特朗斯康谷仓平面呈矩形，长 59.44m，宽 23.47m，高 31m。容积 $36368m^3$。谷仓为圆筒仓，每排 13 个，共 5 排 65 个圆筒仓组成。谷仓的基础为钢筋混凝土筏基，厚 61cm，基础埋深 3.66m。谷仓于 1911 年开始施工，1913 年秋完工。谷仓自重 20000t，相当于装满谷物后满载总重量的 42.5%。1913 年 9 月起往谷仓装谷物，仔细地装载，使谷物均匀分布。10 月，当谷仓装了 $31822m^3$ 谷物时，发现 1h 内垂直沉降达 30.5cm。结构物向西倾斜，并在 24h 内谷仓倾倒，倾斜度离垂线达 26.9°。谷仓西端下沉 7.32m，东端上抬 1.52m。1913 年 10 月 18 日谷仓倾倒后，上部钢筋混凝土筒仓坚如磐石，仅有极少的表面裂缝。

分析事故原因发现，谷仓的地基土事先未进行调查研究。根据邻近结构物基槽开挖试验结果，计算承载力为 352kPa，应用到这个仓库的设计中。谷仓的场地位于冰川湖的盆地中，地基中存在冰河沉积的黏土层，厚 12.2m。黏土层上面是更近代沉积层，厚 3.0m。黏土层下面为固结良好的冰川下冰碛层，厚 3.0m。这层土支承了这地区很多更重的结构物。1952 年从不扰动的黏土试样测得：黏土层的平均含水量随深度而增加，从 40% 到约 60%；无侧限抗压强度 q_u 从 118.4kPa 减少至 70.0kPa，平均为 100.0kPa；平均液限 ω_L=105%，塑限 ω_p=35%，塑性指数 I_p=70。试验表明这层黏土是高塑性的。

按太沙基公式计算承载力，地基承载力远小于谷仓地基破坏时的实际压力。因此，加拿大特朗斯康谷仓发生地基滑动强度破坏的主要原因是，采用的设计荷载超过地基承载力，因而才导致这一严重事故。如图 2-35 所示。

在地震作用下，场地土还有可能发生液化。这种情况主要发生在饱和的松砂和

图 2-35　加拿大特朗斯康谷仓案例（图片来源：http://wiki.zhulong.com）

饱和的粉土土层中。由于疏松的砂土和粉土颗粒的孔隙完全被水充满，因此受地震作用影响移动的砂粒和粉粒漂浮在孔隙水中，使地基失去承载力，甚至喷砂冒水，造成建筑物地基破坏。《建筑抗震设计规范》GB 50011—2010 对液化土层作了详细的规定，强调要对土层液化可能性进行提前判别。对于有可能液化的土层，需要全部或部分消除液化土的影响，并通过计算和构造措施减小土层液化对建筑的危害。

2.3.5　地基变形特点

土与钢材、混凝土材料相比，颗粒分散，因此在受力作用下，其变形有两个特征。第一个特征，土的压缩变形是由三个部分变形引起的，其中包括：土颗粒的压缩，土孔隙中水和封闭气体的压缩，土孔隙中水和空气被排出产生的压缩。由于这个特点导致第二个特点：土的压缩需要一定时间才能完成。当然，土在外力作用下，除了压缩变形以外，还会产生侧向变形、剪切变形，但是在工程中讨论的作为建筑物地基的土的变形以压缩变形为主，称为地基沉降或基础沉降。

地基变形受到两个因素的影响：一个是地基土沉积历史的影响，另一个是上部荷载的影响。

沉积历史的影响指土层沉积过程中，先期固结压力影响。天然土层在历史上受过最大的固结压力，指土体在固结过程中所受的最大有效压力，称为先期固结压力，按照它与现有压力相对比的状况，可将土，主要为黏性土和粉土，分为正常固结土、超固结土和欠固结土三类。如图 2–36 所示。图 2–36（a）中 A 类覆盖土层是逐渐沉积到现在地面上，由于经历了漫长的地质年代，在土的自重作用下已经达到固结稳定状态，其先期固结压力 p_c 等于现有覆盖土自重 $p_1=\gamma h$，其中 γ 为均质土的天然重度，h 为现在地面下的计算点深度，所以 A 类土是正常固结土。B 类覆盖土层在历史上是相当厚的覆盖沉积层，在土的自重作用下也已达到稳定状态，图 2–36（b）中虚线表示当时沉积面的地表，后来由于流水或冰川等的剥蚀作用而形成现在的地表，因此先期固结压力为 $p_c=\gamma h_c$，其中 h_c 为剥蚀前地面下的计算点深度，超过了现有的土自重 p_1，所以 B 类土是超固结的。C 类土层也和 A 类土层一样是逐渐沉积到现在地面的，但不同的是没有达到固结稳定状态。例如新近沉积黏性土、人工填土等，由于沉积后经历年代时间不久，其自重固结作用尚未完成，图 2–36（c）中虚线表示将来固结完毕后的地表，因此 p_c 还小于现有的土自重 p_1，所以C类土是欠固结的。尽管土中前期固结压力不同，但在建筑物施工前，土中已有应力作用。施工时挖去部分土体，相当于卸去部分荷载，上部结构的重量相当于新加

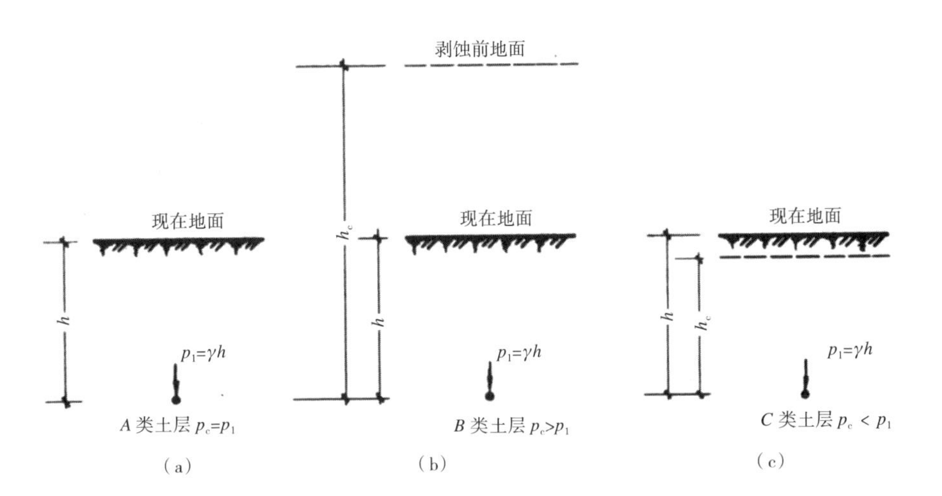

图 2-36　沉积土层按先期固结压力分类
（图片来源：http://baike.sogou.com）

至地基持力层的荷载，新加荷载如果小于卸去土的重量，则地基会向上隆起。新加荷载如果大于卸去土的重量，则地基会产生沉降。

另一个因素是上部结构荷载的差异。由于建筑物荷载差异，基础各部分的沉降或多或少总是不均匀的，使得上部结构相应地产生额外的应力和变形。地基不均匀沉降超过了一定的限度，将导致建筑物的开裂、歪斜甚至破坏。

瑞典皇宫（图 2-37）建于 18 世纪，使用若干年后，侧厅向外朝东倾斜。1920 年采用 1m 厚混凝土板加在侧厅下，但沉降速率反而增加。20 世纪 50 年代沉降观测表明，每年沉降量为 2.5mm。1963 年在侧厅下加混凝土桩，打至基岩，倾斜方才止住。这是一个典型的由于地基变形导致建筑出现问题的工程实例。

2.4 场地勘察

大量的工程实践证明，场地选择对于一幢建筑，甚至对于一座城市都是极为重要的。1985 年墨西哥地震的经验足以证明场地选择的重要性。1985 年 9 月 19 日晨墨西哥城发

图 2-37　瑞典皇宫
（图片来源：http://360.mafengwo.cn）

生 8.1 级地震之后,第二天又发生 6.5 级地震，之后又出现 5.5 ~ 3.8 级余震 38 次。在这场大地震中，受灾面积达到 $32km^2$，8000 幢建筑物受到不同程度的破坏,7000 多人死亡,1.1 万人受伤，30 多万人无家可归，经济损失达 11 亿美元。损失最惨重的是首都的心脏地区，这里集中了国家重要的政府机关和私人企业的办事机构。这里的政治、文化、新闻和通信以及其他公共设施遭到严重破坏，造成停水、停电，交通和电信中断，使墨西哥城全市陷入瘫痪，整个城市一片混乱。9 月 19 日被称为“墨西哥城最悲惨的一天”。

墨西哥城是阿兹特克人 1325 年在特斯科湖心岛上建立的首府，建成后简称 Mexico，意为月亮湖的中间。这个湖心中所建立的城市，蕴藏着巨大的隐患与灾难。这次地震的主要原因与墨西哥城的场地地质条件有关。在距墨西哥城西部 320km 的太平洋水域，有两个小板块，板块中间有一条北起墨西哥、南至巴拿马的地沟，这两个板块大约每 60 年有一次大的碰撞，因此，该地区大约每 60 年发生一次大的地震。墨西哥城又是由湖泊沉积而成的封闭式盆地，南北两边是火山岩，地下水的过度开采使得无比坚硬的岩石依托的地表处于相对真空状态。当震动达到一定强度时，地表便严重塌陷。墨西哥的地震专家利用此次地震的强地面运动记录和脉动记录，给出了墨西哥城湖积层地面运动放大作用的定量结果。湖积层和丘陵地区进行比较，地面运动放大 8 ~ 50 倍，而墨西哥城丘陵场地的地面运动比海岸震中区硬岩石场地的地面运动放大 7.5 倍。市中心较周边地区破坏严重，仍与特定的场地条件有关。盆地周围是硬介质，而盆地内是软介质，地震波在盆地内多次反射和折射，并与盆地内的超松软沉积层发生共振，使得地面震动的幅度比基岩增大 5 倍。这就造成了墨西哥城市中心地面建筑、特别是 10 ~ 15 层建筑的严重破坏。

美国著名学者斯纳教授形象地说，墨西哥城是在“一个碗中装上果冻”那样的地基上建造起来的大城市。不难看出，墨西哥城遭受破坏的主要元凶就是墨西哥城“果冻”般的湖积层地基。墨西哥工程协会会长乔治·普林斯说：“一个城市建在多地震灾害的、不坚实的地基上，那是灾害必降的。我们将遭受更强、破坏性更大的地震。那将是很可怕的事。”因此，场地选择一方面要重视地质构造分析和自然条件分析，从总体上把握区域建造条件。另一方面要重视每一座建筑的场地勘察工作，确保建筑场地的地基条件确实可靠，从而保证建筑的稳定安全。

场地勘察工作通常由有资质的勘察部门负责，并向设计师提交工程地质勘察报告。勘察工作一般可分为四个阶段：

（1）可行性研究勘察。也称选址勘察。选址勘察的目的，是为了取得拟选场址的主要工程地质资料，对拟选场址在地质上的稳定性和适宜性作出评价。选址勘察主要通过搜集资料、现场调查和必要的勘探工作来进行。

（2）初步勘察。目的是为了基本查明选定场区的工程地质条件，对建筑场区各地段的稳定性作出评价，为确定建筑总平面布置、主要建筑物地基基础设计方案及不良地质现象的防治工程方案作出论证并提出岩土工程结论。

（3）详细勘察。目的是在初步设计完成后，为施工图设计提供资料。因此，详细勘察是对具体的建筑物地基或具体的地质问题进行勘察。勘察的主要内容包括：

1）查明建筑物范围内的地层结构、岩石和土的物理力学性质，并对地基的稳定性、压缩性和承载力作出评价。

2）查明地下水的埋藏条件和腐蚀性，必要时还需测试地层的渗透性和水位变化规律。

3）提供不良地质现象防治工程所需的计算指标及资料。

4）判定地基岩土和地下水在建筑物施工和使用期间可能产生的变化及对建筑物的影响。

（4）施工勘察。施工勘察不是一个固定

的勘察阶段，应根据工程的实际需要决定，其目的是配合设计和施工，解决与施工有关的工程地质问题，并提供相应的勘察资料。它不仅包括施工阶段的勘察工作，还包括可能在施工完成后进行的测试工作。

通过分析勘察工作成果，应该重点掌握四个方面的工程地质资料，从而对建筑物所在的场地作出正确的判断。

首先，判别地基类型及可能发生的问题。对一般土的判别容易且定名准确，但对地区性或特殊类土判别易于失误。因此，只有从各个方面，包括对已建房的调查，进行综合判别，才有可能得出正确的结论，才有可能预见发生的问题。

其次，研究土层分布，包括竖向分布及横向分布两个方面，这直接关系到地基设计的成功或失败。

第三，查明地下水及地面水的活动规律。

第四，调查拟建建筑物周围及地下的情况。在城市内施工时常常因遇到地下防空洞、各种管道、邻近建筑物等情况，往往被迫停工或者改变设计；在某些城市中对施工噪声有严格的规定；在古建筑物附近修建时还有保护古建筑的要求。所有这些问题都必须在设计前有所了解，掌握资料。只有对以上内容认真分析，才能判断拟建场地是否安全。

验槽工作是场地勘察工作的最后一个环节。当基槽开挖完毕后，应由勘察、设计、施工和业主四个方面的负责人，共同到现场进行验槽。验槽一方面要检查有限的钻孔与全面开挖的地基是否一致，勘察报告的结论和建议是否正确。另一方面要解决新发现的问题和遗留问题。验槽的主要内容包括：核对基槽开挖位置及槽底标高是否与勘察设计相符；检验槽底持力层土质与勘探是否相符；当基槽土质显著不均匀，或局部有古井、菜窖、坟穴时，可用钎探的方法查明范围和深度；确认地基基础方案。

第 3 章　地基设计

地基设计经常与基础设计放在一起讨论，并没有单独予以分析，其原因在于地基与基础是相互作用的。我们在这里将地基设计单独论述，重点是要强调以下六个问题：地基破坏形态，地基受力分析，地基变形设计，抵抗倾覆设计，基础埋深设计以及土坡稳定设计。地基设计的目的是将建筑安稳地放在地基上，使建筑与地基有效完整地结合在一起，同时使建筑自身获得稳定的根基。

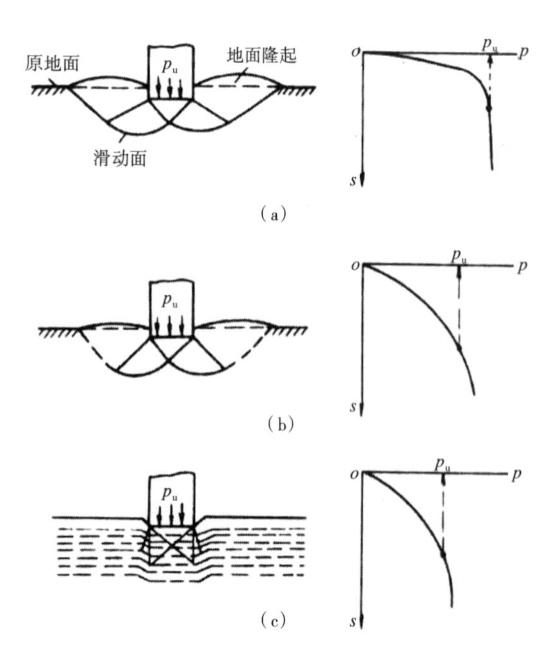

图 3–1　地基破坏模式
(a) 整体剪切破坏；
(b) 局部剪切破坏；
(c) 冲切剪切破坏
(图片来源：http://elearning.shu.edu.cn)

3.1 地基破坏形态

直接支承建筑物的土层称之为地基。在场地确定以后，重要的工作是进行地基设计，因为地基破坏对于建筑而言是致命破坏。地基破坏是由于地基上的剪切破坏而造成的，一般有三种形式：整体剪切破坏、局部剪切破坏和冲切剪切破坏。如图 3–1 所示。

整体剪切破坏是一种在基础荷载下地基发生连续剪切滑动面的地基破坏模式，其破坏特征表现为：当剪切破坏区在地基中形成一片，成为连续的滑动面时，基础就会急剧下沉并向一侧倾斜、倾倒，挤出两侧的地面向上隆起，地基发生整体剪切破坏，地基基础失去了继续承载能力。整体剪切破坏一般在密砂和坚硬的黏土中最有可能发生。

局部剪切破坏是一种在基础荷载作用下地基某一范围内发生剪切破坏区的地基破坏形式，其破坏特征表现为：随着荷载的继续增大，地基变形增大，剪切破坏区继续扩大，基础两侧土体有部分隆起，但剪切破坏区滑动面没有发展到地面，基础没有明显的倾斜和倒塌。基础由于产生过大的沉降而丧失继续承载能力。

冲切剪切破坏是一种在荷载作用下地基土体发生垂直剪切破坏，是基础产生较大沉降的一种地基破坏模式，也称刺入剪切破坏。其破坏特征表现为：在荷载作用下，基础产生较大沉降，基础周围的部分土体也产生下陷，破坏时基础好像“刺入”地基土层中，不出现明显的破坏区和滑动面，基础没有明显的倾斜。在压缩性较大的松砂、软土地基或基础埋深较大时，相对容易发生冲切剪切破坏。

为了保证建筑长久的安定，因此要对建筑场地的土层进行深入分析，其中最重要的内容是分析地基承载力和地基变形特点。

3.2 地基受力分析

地基受力分析的核心工作是保证建筑通过基础传到地基上的基底压力值应小于地基承载力的数值。基底压力的大小可以通过基础形式进行调节，这将在基础设计部分进行详细介绍。

但是需要特别强调的是，要注意软弱下卧层的设计问题。在地基设计中经常被忽略的问题是持力层的承载力能够满足设计受力要求，但是有时在持力层下面却存在一个软弱下卧层，其承载能力不能满足设计要求。这种情况下应认真研究如何处理下卧层的问题，稍不留意就会造成地基受力不足的问题。如图 3-2 所示。

3.3 地基变形设计

由于地基的变形特点，因此在建筑重力的作用下，地基会发生沉降，地下水的作用有时还会造成建筑上浮。地基设计的一个重要原则就是控制地基变形，保持结构竖向平衡。后面将通过工程实例来介绍结构失去竖向平衡产生的严重后果。目的在于说明，在地基设计过程中，通过精细的地基沉降分析、抗浮设计和有效施工组织，是完全可以控制地基变形，从而解决造成建筑竖向失去平衡的问题。一般通过控制地基变形保证建筑的竖向稳定。建筑物的地基变形容许值，见表 3-1 所列。

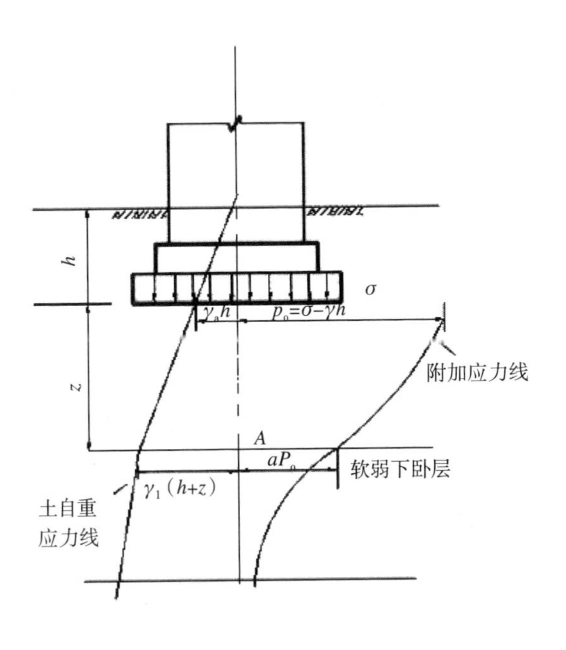

图 3-2 软弱下卧层设计
（图片来源：http://down6.zhulong.com/tech）

建筑物的地基变形允许值　　　　表 3-1

变形特征	地基土类别	
	中低压缩性土	高压缩性土
砌体承重结构基础的局部倾斜	0.002	0.003
工业与民用建筑相邻柱基的沉降差 (1)框架结构 (2)砌体墙填充的边排柱 (3)当基础不均匀沉降时不产生附加应力的结构	 $0.002l$ $0.0007l$ $0.005l$	 $0.003l$ $0.001l$ $0.005l$
单层排架结构(柱距为 6m)柱基的沉降量(mm)	(120)	200
桥式吊车轨面的倾斜(按不调整轨道考虑) 纵向 横向	 0.004 0.003	
多层和高层建筑的整体倾斜 $H_g \leq 24m$ $24m<H_g \leq 60m$ $62m<H_g \leq 100m$ $H_g>100m$	 0.004 0.003 0.0025 0.002	
体形简单的高层建筑基础的平均沉降量(mm)	200	
高耸结构基础的倾斜 $H_g \leq 20m$ $20m<H_g \leq 50m$ $50m<H_g \leq 100m$ $100m<H_g \leq 150m$ $150m<H_g \leq 200m$ $200m<H_g \leq 250m$	 0.008 0.006 0.005 0.004 0.003 0.002	

在同一整体大面积基础上建有多栋高层和低层建筑，应该按照上部结构、基础与地基的共同作用进行变形计算。

3.3.1　地基沉降

当建筑物通过它的基础将荷载传给地基以后，在地基中将产生附加应力和变形，从而引起建筑物基础的下沉，在工程上将荷载引起的基础下沉称为基础的沉降。土体受力后引起的变形可分为体积变形和形状变形。变形主要是由正应力引起的，当剪应力超过一定范围时，土体将产生剪切破坏，此时的变形将不断发展。通常在地基设计中是不允许发生大范围剪切破坏的。这部分内容研究的基础沉降主要是由正应力引起的体积变形。因此，研究合理地计算地基的变形，保证建筑物不发生过度沉降，对保证建筑物的安全和正常使用是极其重要的。

1954 年兴建的上海工业展览馆中央大厅是发生过度沉降的工程实例(图 3-3)。由于建筑基础下面的地基大约存在 14m 厚的淤泥质软黏土，因此尽管采用了箱形基础，但是建成后当年建筑就下沉了600mm。1957 年 6 月，展览馆中央大厅四角的沉降最大达 1465.5mm，最小沉降量为 1228mm。1957 年 7 月，经鉴定沉降属于均匀沉降，对裂缝修

图 3-3　上海工业展览馆
(图片来源：http://tupian.baike.com)

补后建筑可以继续使用。1979 年 9 月时，展览馆中央大厅平均沉降达 1600mm，直到此时地基沉降才逐渐趋向稳定。

墨西哥首都墨西哥城艺术宫，是一座巨型的具有纪念意义的早期建筑。此艺术宫于 1904 年落成，至今已有 110 余年的历史。该市处于四面环山的盆地中，古代原是一个大湖泊。因周围火山喷发的火山沉积和湖水蒸发，经漫长年代，湖水干涸形成目前的盆地。地表层为人工填土与砂夹卵石硬壳层，厚度 5m；其下为超高压缩性淤泥，天然孔隙比高达 7 ~ 12，天然含水量高达 150% ~ 600%，为世界罕见的软弱土，层厚达 25m。因此，这座艺术宫严重下沉，沉降量竟高达 4m。邻近的公路下沉 2m，公路路面至艺术宫门前高差达 2m。参观者需步下 9 级台阶，才能从公路进入艺术宫。下沉量相当于一般房屋一层的层高，造成室内外连接困难和交通不便，内外网管道修理工程量增加。这也是地基设计不当，地基出现过度沉降的典型实例。如图 3-4 所示。

地基变形大不仅表现为沉降量过大，更糟糕的是出现不均匀沉降问题，造成建筑物倾斜甚至倒塌。对于地基变形的设计除了要重视土层的压缩性之外，还必须注意周围场地环境对地基的影响。环境影响会造成地基出现长期的不均匀沉降。

著名的意大利比萨斜塔，全塔共 8 层，高度 55m。向南倾斜，塔顶离中垂线达 5.27m。北侧沉降量约 90cm，南侧约 270cm，塔倾斜约 5.5°。比萨斜塔在工程开始后不久便由于地基不均匀和土层松软而倾斜，由于斜塔倾斜角度的逐渐加大，到 20 世纪 90 年代，斜塔已濒于倒塌。

1990 年 1 月 7 日，意大利政府关闭了斜塔对游人的开放，1992 年成立比萨斜塔拯救委员会，向全球征集解决方案。斜塔的拯救，曾有很多的方案。最终的拯救方案，是一项看似简单的新技术——地基应力解除法。其原理是，在斜塔倾斜的反方向，即其北侧塔基下面掏土，利用地基的沉降，使塔体的重心后移，从而减小倾斜幅度。该方法于 1962 年，由意大利工程师 Terracina 针对比萨斜塔提出，当时称为“掏土法”，由于显得不够深奥而遭长期搁置，直到该方法在墨西哥城主教堂的纠偏中成功应用，才决定采用这个方法为比萨斜塔纠偏。拯救工程于 1999 年 10 月开始，采用斜向钻孔方式，从斜塔北侧的地基下缓慢向外抽土，使北侧地基高度下降，斜塔重心在重力的作用下逐渐向北侧移动。2001 年 6 月，倾斜角度回到安全范围之内，关闭了十年的比萨斜塔又重新开放。如图 3-5 所示。

图 3-4　墨西哥城艺术宫
（图片来源：http://www.bokee.net）

图 3-5 意大利比萨斜塔
（图片来源：http://blog.sina.com.cn）

图 3-6 中国苏州虎丘塔
（图片来源：http://www.chinanews.com）

苏州市虎丘塔，全塔共 7 层，高度 47.5m，向东北倾斜，塔顶离中垂线达 2.31m，底层塔身出现不少裂缝。这是又一个不均匀沉降的工程案例。经勘察，虎丘塔所在的虎丘山是由火山喷发和造山运动形成，为坚硬的凝灰岩和晶屑流纹岩。山顶岩面倾斜，西南高，东北低。虎丘塔地基为人工地基，由大块石组成，块石最大粒径达 1000mm。人工块石填土层厚 1～2m，西南薄，东北厚。下为粉质黏土，呈可塑至软塑状态，也是西南薄，东北厚。底部即为风化岩石和基岩。塔底层直径 13.66m 范围内，覆盖层厚度西南为 2.8m，东北为 5.8m，厚度相差 3.0m，这是虎丘塔发生倾斜的原因之一。此外，南方多暴雨，源源不断的雨水渗入地基块石填土层，冲走块石之间的细粒土，形成很多空洞，这是虎丘塔发生倾斜的重要原因。在十年"文化大革命"期间，无人管理，树叶堵塞虎丘塔周围排水沟，大量雨水下渗，更加剧了地基不均匀沉降，危及了塔身安全。

虎丘塔第一期加固工程是在塔四周建造一圈桩排式地下连续墙，其目的是为减少塔基土流失和地基土的侧向变形。第二期加固工程进行钻孔注浆和树根桩加固塔基。通过两期纠偏工作，才使虎丘塔恢复原貌。如图 3-6 所示。

3.3.2 基础上浮

建筑不仅有向下失稳的危险，而且也有向上浮起的可能。如图 3-7 所示。前面在介绍地下水对建筑的影响时曾经谈到，当基础底面低于地下水位时，由于静水压力的作用，基础会受到浮力的作用。引起地下室上浮的原因是地下水浮力大于建筑物当时的上部荷重，造成这种情况可能是设计上的疏失，也可能是施工的大意。特别是设计人员忽视了大体积地下室主体建筑外上部荷重较轻的受力单元的浮力验算，或者浮力的设计地下水位标高取值有误。在施工过程中，太早停止人工降低地下水的措施，地下室回填土的回填质量太差无法形成有效摩擦力，以及施工场地排水不畅，地表水倒灌等都是地下室发生上浮事故的主要原因。

尽管我国现行的规范不论在设计方面还是在施工方面，都对地下室抗浮作了相应的规定，但是通过查阅文献，可以看出地下室上浮造成结构严重受损的事故却屡屡发生。特别是在地下土层含水丰富的沿海城市，由地下水浮力所造成的地下室不均匀上浮、上部结构倒塌、倾斜、严重受损的事故时有发生，给国家造成了巨大的经济损失。因此，对于地下室上浮事故应仔细分析其原因，并针对性采取相应的应急技术处理措施，最大程度减小其对结构造成的不利影响。

南方一个住宅项目基础采用人工挖孔桩和箱形地下室基础，地下室埋深 14.00m，长 150.00m，宽 71.50m（局部 99.85m）；上部建筑为框剪结构，包括 5 层裙楼和双塔楼（A 区主塔楼 39 层，D 区塔楼 24 层）；E 区部位只有地下室，没有裙楼。工程完工后进行系统沉降观测时，发现 -0.05m 板上浮，最大点达 149mm，位于 E 区；此时在 E 和 C 区段一些近柱边的框架梁端出现上宽下窄的贯穿性结构裂缝。发生地下室上浮事故后，一方面尽快采取了措施增加压重和降低地下水位，减少水浮力，停止地下室的上浮趋势；另一方面分析了地下

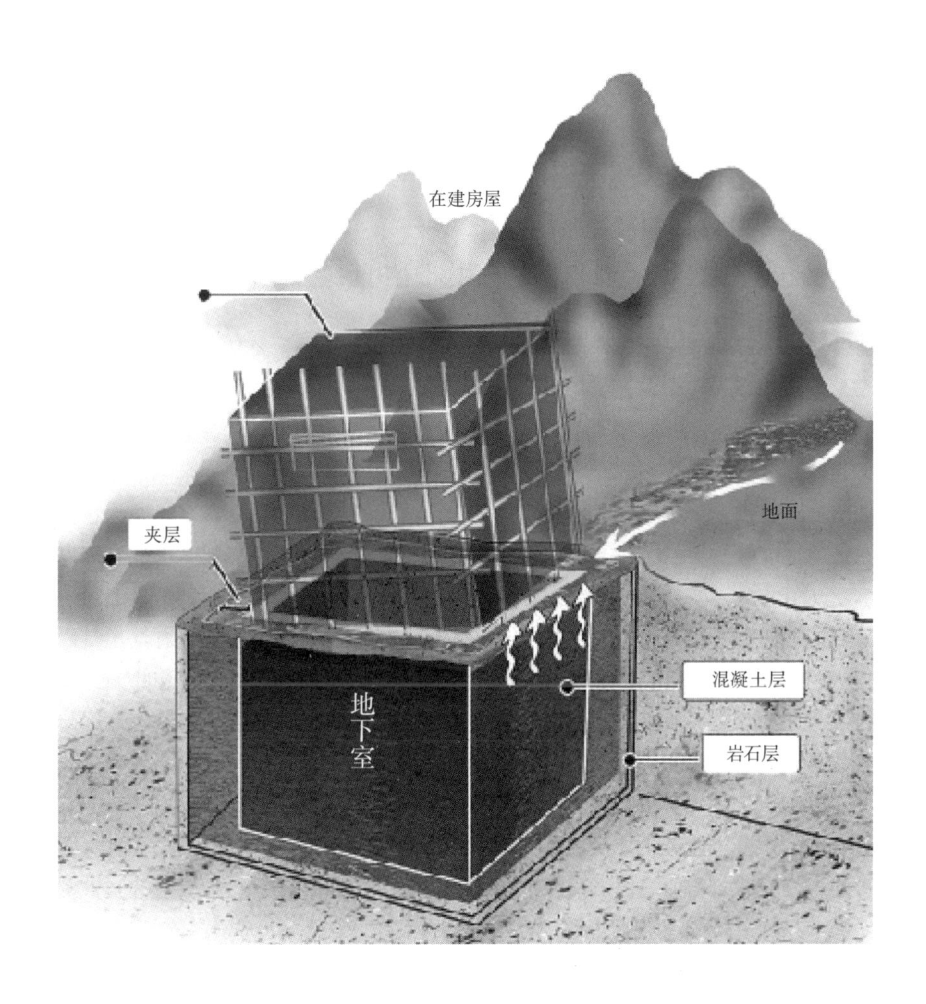

图 3-7　地下室上浮示意图
（图片来源：http://news.subaonet.com）

室上浮造成建筑结构的破坏现象，确定破坏的程度，制定加固修复方案。通过以上补救措施，虽然建筑仍然可以利用，但是造成了严重的损失。

通过对大量基础上浮案例的分析发现，由于地下室上浮是一种趋势性发展，上浮变形较缓慢，因此上浮对结构的破坏大部分虽然可以修复，但是造成的损失常常是巨大的。

3.3.3 变形观测

建筑的变形观测既包括沉降观测又包括上浮的观测，只是大多数时候人们习惯于将地基基础的变形观测称之为沉降观测。建筑的沉降观测能反映地基的实际变形以及地基变形对建筑物的影响程度。因此，系统的沉降观测资料是验证地基基础设计是否正确、分析地基事故以及判别施工质量的重要依据，同时也是确定建筑物地基的容许变形值的重要资料。通过对沉降计算值和实测值的对比，还可以对沉降计算假设和计算方法加以改进。

《建筑地基基础设计规范》GB 50007—2011 规定，对大面积填方、填海等地基处理工程，应对地面沉降进行长期监测，直到沉降达到稳定标准。施工过程中，还应对土体位移、孔隙水压力等进行监测。同时，规范还强制规定对以下建筑在施工期间及使用期间进行沉降变形观测。其中涵盖：地基基础设计等级为甲级的建筑物；软弱地基上的地基基础设计等级为乙级的建筑物；处理地基上的建筑物；加层扩建的建筑物；受邻近深基坑开挖施工影响或受场地地下水等环境因素变化影响的建筑物。

变形观测的方法，一般而言现场沉降观测通常设置不少于两个水准点，埋设在坚实的土层上，离开建筑物 30 ~ 80m 范围内，并妥善加以保护，不受外界影响和干扰。观测点的布置应能满足查明建筑物沉降的要求，根据建筑物的规模形式和结构特征，以及场地的地质水文条件确定，要求便于实施，不易损坏。观测点尽量设在以下位置：建筑物的四周角点、中点和转角处；沿建筑物每边每隔 10 ~ 20m 可设一点；沉降缝的两侧；新建与原有建筑物连接处的两侧；伸缩缝的任一侧；宽度大于 15m 的建筑物内部承重墙和柱上；同时宜设在纵横轴线上；重型设备基础和动力设备基础四角；具有相邻荷载影响处；受振源振动影响的区域；基础下有暗浜等处；框架结构的每个或部分柱基上；沿箱形基础的周边和纵横轴线上。

为取得比较完整的资料，在灌注基础时测量工作就应同时开始，施工阶段的观测工作可以根据施工进度确定。竣工后，前 3 个月每个月测量一次，以后根据沉降速率，则每 2 ~ 6 个月测量一次，至沉降稳定为止。沉降稳定可以采用半年沉降量不超过 2mm 作为标准。遇到地下水位升降、打桩、地震、洪水淹没现场等情况，应及时观测。当建筑物出现严重裂缝，甚至倾斜时，应连续观测沉降量和裂缝发展情况。

3.4 抵抗倾覆设计

结构侧向平衡主要是指保证结构在水平力作用下不产生整体倾覆。这里说到的水平力包括风荷载、地震作用，也包括作用在建筑地下部分的水平土压力和水平水压力。这里介绍的整体倾覆与建筑物在大震作用下，由于楼层位移大而产生的倒塌不是同一概念。侧向平衡强调的是通过合理的地基基础设计，使建筑具有抵抗整体倾覆的能力。大量的工程案例说明，设计、施工中的问题可以导致建筑整体倾覆，而且此类事故一旦发生，损失极为惨重。如图 3-8 所示。

2009 年 6 月 27 日 5 时 30 分许，上海市闵行区莲花南路罗阳路口，一个在建楼盘工地发生楼体倒覆事故，造成一名工人死亡。

事故发生在淀浦河南岸的“莲花河畔景苑”小区。此楼上部结构为钢筋混凝土剪力墙结构，它不可思议地连根拔起，整体性突然倒掉，没有出现粉碎性破坏，如此惊心动魄，确实十分罕见。东南大学吕志涛院士称“53 年从未见过房子这么倒的”。调查结果显示，造成倾覆的主要原因是，楼房北侧在短期内堆土高达 10m，南侧正在开挖 4.6m 深的地下车库基坑，两侧压力差导致土体产生水平位移，过大的水平力超过了桩基的抗侧能力，导致房屋倾倒。事故调查专家组组长、中国工程院院士江欢成说，事发楼房附近有过两次堆土施工：半年前第一次堆土距离楼房约 20m，离防汛墙 10m，高 3 ~ 4m；第二次从 6 月 20 日起施工方在事发楼盘前方开挖基坑堆土，6 天内即高达 10m，致使压力过大。

《建筑抗震设计规范》GB 50011—2010 明确规定：在地震作用效应标准组合下，对高宽比大于 4 的高层建筑，基础底面不应出现拉应力，即零应力区面积为零;其他建筑，基础底面与地基土之间，零应力区面积不大于基础底面面积的 15%。

《高层建筑混凝土结构技术规程》JGJ3—2010 第 12.1.7 条规定：对高宽比大于 4 的高层建筑，基础底面不宜出现零应力区。对高宽比不大于 4 的高层建筑，基础底面零应力区面积不应超过基础底面面积的 15%。

规范的规定介绍了一种分析抵抗倾覆的设计方法。一般假设上部建筑嵌固在基础顶面，作用在基础结构以上结构的水平荷载引起的可能导致建筑倾覆的力矩，完全由基础承担。在这个力矩作用下，基础边缘必然产生一侧出现拉应力、另一侧出现压应力的情况。将其与竖向荷载作用产生的压应力叠加,就出现了上述两本《规范》叙述的情形，限制基础底面零应力区范围，实际上是保证基础底面与地基不能离开，或者离开的部分只有很小的一个区域，这就保证了建筑不会出现整体倾覆。如图 3-9 所示。

依照这样的思路我们会联想到，对于高层建筑而言，为了抵抗倾覆力矩，基础的尺寸就要做得很大，这非但是不经济的，同时也是不合理的。于是就引出另一个话题，合理选择基础埋置深度。

图 3-8　上海某楼房倾覆
（图片来源：http：//news.h0591.com）

图 3-9 抵抗倾覆设计
（图片来源：《结构概念和体系》林同炎）

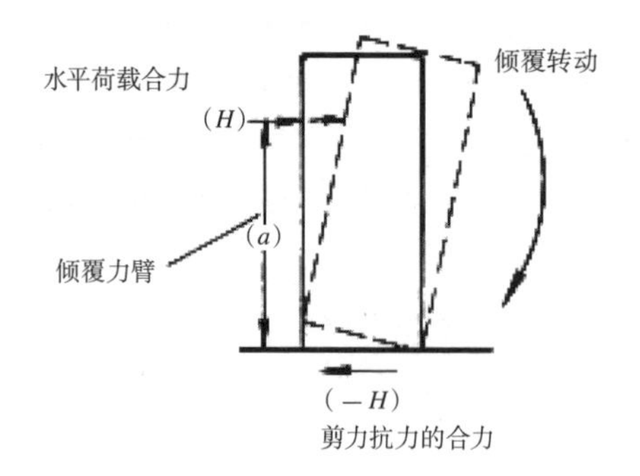

覆力矩。因此，设置一定的基础埋深，实质相当于将建筑物嵌固在土层中，保证了建筑的侧向平衡。

在地震区，这种嵌固作用还有利于减小建筑物的地震反应。因为地下结构的振动变形受周围的土层约束显著，一般不表现出明显的自振特性，所以比较好地起到了对上部建筑的嵌固作用。为了充分体现周围土层对地下结构的嵌固作用，在确立结构计算模型的过程中，一般进行模拟分析。传统方法称为嵌固位移法，即将上部结构和地下结构看成一个整体进行分析，嵌固位置设在基础底板，限制其水平位移为零。目前的软件支持弹簧刚度法，即将上部结构和地下室作为一个整体，嵌固位置设在基础底板处，同时在每层地下室的楼板处导入水平弹簧刚度，其值大小与回填土对地下室的约束作用的强弱有关。如图 3-10 所示。

在设计施工的过程中，有时没有能够做到充分有效地发挥土层对于建筑的嵌固作用。其中一种现象是当室外地坪不一样高时，以较高的室外地坪计算埋置深度，错将多出部分的不利条件当成有利因素。另外一种现象是地下室外墙与周边的车道、采光窗井没有有效地连接，这相当于使建筑失去了土对其的嵌固作用。第三种现象是，在基槽回填过程中，没有做到有效夯实，甚至将含水量大的土、软弱土用于回填，极大地破坏了约束作用。

基础埋置深度不仅受到上部结构类型、荷载大小的影响，而且受到以下四个方面的影响。第一个是地基持力层的影响。应当选择具有足够承载力并满足变形要求的土层作为支承结构的土层。第二个是地下水的影响。基础底面应尽量选择处于地下水位以上，否则就要考虑水压力的作用。第三个是冻结深度的影响。土层冻结，体积膨胀，解冻时，土的强度降低，产生沉降。在北方为避免地基土产生冻胀与融沉，基础埋深需要考虑冻深因素。多年实测最大冻结深度的平均值，称之为标准冻结深度，我国一些城市的标准冻结深度数值如下：

3.5 基础埋深设计

基础埋置深度是指基础底面到室外地面的距离。《建筑地基基础设计规范》GB 50007—2011 规定，在抗震设防区天然地基上的箱形和筏形基础埋置深度不宜小于建筑物高度的 1/15，桩箱或桩筏基础的埋置深度（不计桩长）不宜小于建筑物高度的 1/18。这是为什么呢？

原因在于，从土力学试验中发现，在地基中心受压且土质均匀时，地基破坏面是四周对称挤出。如果土质不均匀或有偏心荷载时，地基内的滑动面就不再对称，有可能从一侧挤出。基础埋深对滑动面的形状有很大影响。当埋深较大时，在竖向荷载作用下地基滑动面一般不露出地面，只封闭在基础底面不太大的范围内，此时还可以利用基础埋深部分的被动土压力来抵抗水平力产生的倾

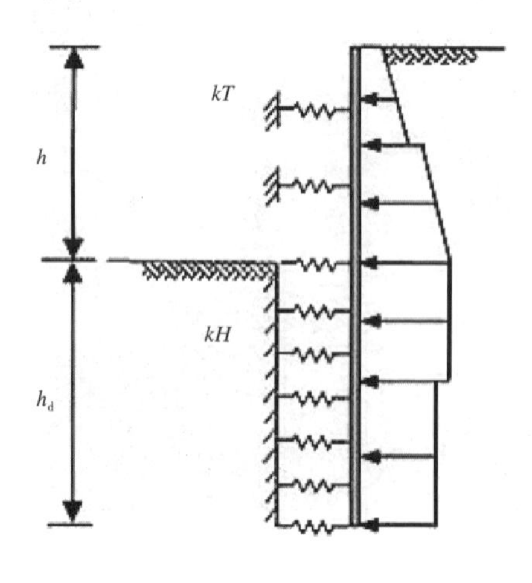

图 3-10 弹簧刚度法示意图
（图片来源：《pkpm 说明》）

北京	0.8 ~ 1.0m；
天津	0.5 ~ 0.7m；
西安	0.6m；
济南	0.5m；
太原	1.0m；
大连	0.8m；
满洲里	2.5m；
哈尔滨	2.0m。

其他地区的标准冻结深度可查《中国季节冻土标准冻深线图》。第四个是相邻基础的影响。在建筑密集的城市，当新建筑靠近原有建筑时，如果新基础埋置深度超过原有基础埋置深度，则可能引起原基础下沉或倾斜。因此，新基础埋深不宜超过原有基础的埋深，或者新旧基础之间保持一定水平距离，使土中应力得以扩散。如图 3-11 所示。从规范的规定中可以看到，我们必须将以上四个要求与规范的埋深要求统一考虑。

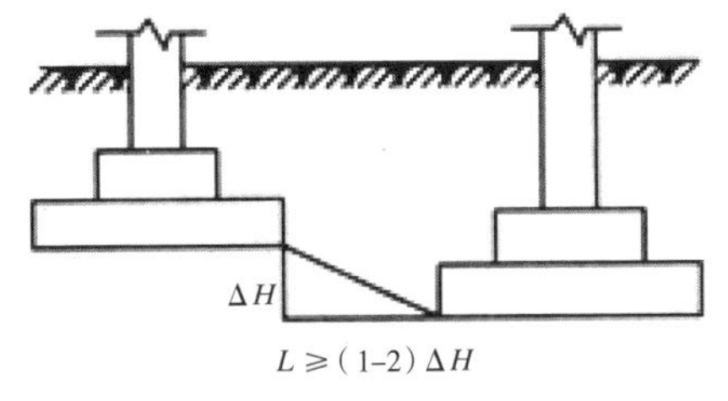

图 3-11　相邻基础对埋置深度的影响
（图片来源：http：//wenwen.sogou.com）

3.6
土坡稳定设计

工程中还有一类特殊情况会影响建筑的侧向平衡，即建在土坡上的建筑（图 3-12），一旦遇到土坡滑动，建筑则将彻底失去平衡。

在实际工程中，会形成各种土坡。土坡可以分为两大类，可见土坡与不可见土坡。明露在地表的地势高差为可见土坡；而地表以下的，相邻基础底面的高差就形成了不可见土坡。可见土坡又包括天然土坡和人工土坡，天然土坡是指天然形成的山坡和江河湖海的岸坡，人工土坡则是指人工开挖基坑、基槽、路堑或填筑路堤、土坝形成的边坡。土坡会

图 3-12　建在山坡上的建筑
（图片来源：http：//blog.sina.com.cn）

产生滑动失稳，进而坍塌，滑动土体与不滑动土体的界面称为滑裂面。如图 3-13 所示。

土坡在重力和其他作用下都有向下和向外移动的趋势。如果土坡内，土的抗剪强度能够抵抗住这种趋势，则此土坡是稳定的，否则就会发生滑坡（图 3-14）。滑坡是土坡丧失原有稳定性，一部分土体对其下面土体产生滑动。土坡丧失稳定时，滑动土体将沿着一个最弱的滑动面发生滑动。破坏前土坡上部或坡顶出现拉伸裂缝，滑动土体上部下陷，并出现台阶。而其下部鼓胀，或有较大的侧向移动。影响土坡滑动的因素复杂多变，但其根本原因在于土体内部某个滑动面上的剪应力达到了它的抗剪强度，使稳定平衡遭到破坏。因此，导致土坡滑动的原因可有以下两种：第一种是外界荷载作用或土坡环境变化等导致土体内部剪应力加大。例如，路堑或基坑的开挖，堤坝施工中上部填土荷重的增加，降雨导致土体饱和增加重度，土体内部水的渗透力，坡顶荷载过量或由于地震、打桩等引起的动力荷载等。第二种原因是外界各种因素影响导致土体抗剪强度降低，促使土坡失稳破坏。例如，孔隙水应力的升高，气候变化产生的干裂、冻融，黏土夹层因雨水等侵入而软化以及黏性土蠕变导致的土体强度降低等。为了防止发生土坡失稳的危害，《建筑地基基础设计规范》GB 50007—2011 中对土坡稳定设计作了详细的规定。

2015 年 12 月 20 日 11 时，深圳光明新区恒泰裕园区发生山体滑坡事故。截至 20 日晚 10 时，共有 59 人失联。经初步核查，此次灾害共造成 33 栋建筑物被掩埋或不同

程度损坏。国土资源部官方微博通报称，初步查明深圳光明新区垮塌体为人工堆土，原有山体没有滑动。人工堆土垮塌的地点属于淤泥渣土收纳场，主要堆放渣土和建筑垃圾，由于堆积量大、堆积坡度过陡，导致失稳垮塌，造成多栋楼房倒塌。如图3-15所示。

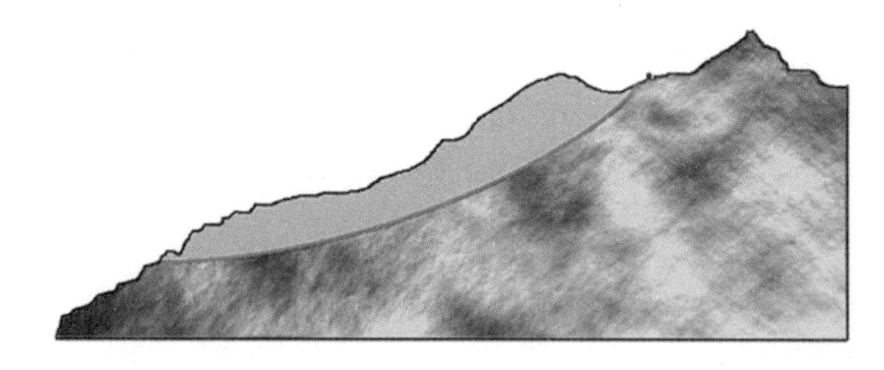

图3-13　土坡滑裂面示意图
（图片来源：http://learn.tsinghua.edu.cn）

图3-14　汶川地震造成土体滑坡
（图片来源：http://www.amagi.cn）

图3-15　深圳土坡失稳事故
（图片来源：http://news.bandao.cn）

第 4 章　力的作用

作用在建筑结构上的力可以分为直接作用和间接作用。直接作用在建筑结构上的力称为荷载。工程师们发现，进行结构设计时，不仅要考虑直接作用在结构上的荷载，还应考虑由于环境因素变化引起结构反应的非直接作用因素，即间接作用，其中包括地震作用、温度作用等。如图 4–1 所示。

直接作用按其特点又可分为永久荷载、可变荷载、偶然荷载。永久荷载是指在结构设计基准期内其值不随时间变化，或其变化与平均值相比可以忽略不计。例如，结构自重、土压力、水压力等。可变荷载是指在结构设计基准期内其值随时间变化，且其变化与平均值相比不可忽略。例如，活荷载、风荷载、雪荷载、工业厂房的积灰荷载、吊车荷载等。偶然荷载是指在结构设计基准期内不一定出现，而一旦出现其量值很大且其持续时间较短。例如，海啸、爆炸等。

实际上，作用在一幢建筑结构上的力究竟有多大，很难精确知道。即使有最完整的资料，也难确切估计其值大小。特别是在开始方案设计时，由于缺乏详细的资料，这个问题就更为突出。为了将设计工作引入一个正确的轨道，作一些合理的假设和估算是必要的，通过这些假设和估算使设计师能够对来自自然环境和人类活动的影响，作出一个基本的判断。

4.1
直接作用

在直接作用中将逐一介绍重力荷载，土压力，水压力，活荷载，积灰荷载，吊车荷载，风荷载，雪荷载，以及偶然荷载。

4.1.1　重力荷载

结构的自重是由地球引力产生的组成结构的材料重力。一般而言，只要知道结构各部件或构件尺寸及所使用的材料，就可以计

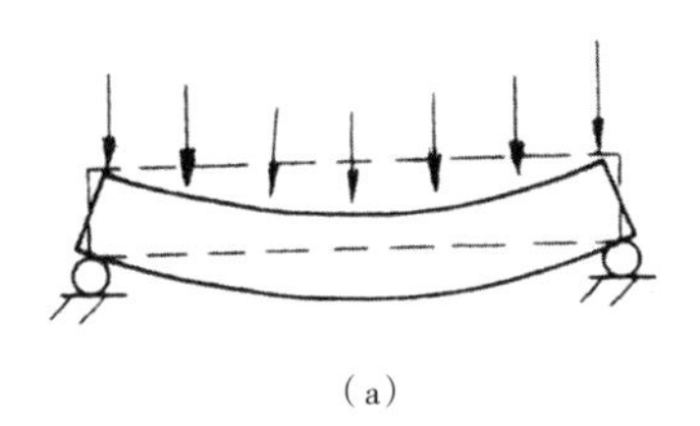
(a)

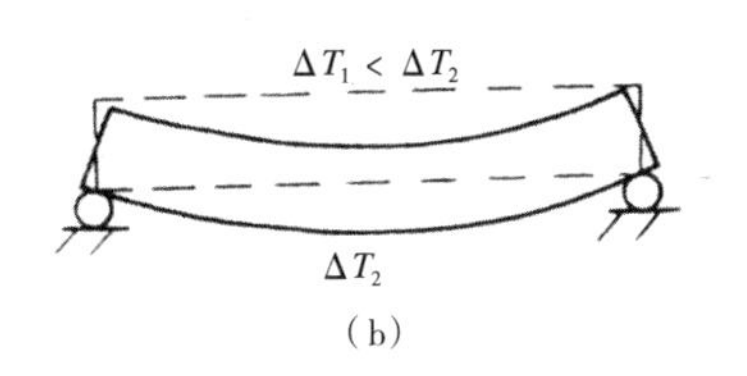

(b)

图 4–1　直接作用与间接作用
(a) 直接作用；
(b) 间接作用
(图片来源：《工程结构荷载与可靠度设计原理》)

算出其自重：

$$G_e=\gamma \cdot V \tag{4-1}$$

式中　G_e——构件的自重（kN）；

γ——构件材料的重度（kN/m^3）；

V——构件的体积（m^3）。

本书附录1列举了建筑结构基本材料的重度，可以参考。式（4-1）可以适用于一般建筑结构的构件自重计算，但考虑到整体结构可能由多种材料的构件组成，因此在计算结构总自重时，应采用以下公式：

$$G=\sum_{i=1}^{n}\gamma_i V_i \tag{4-2}$$

式中　G——结构总自重（kN）；

n——组成结构的构件数量；

γ_i——第 i 个构件材料的重度（kN/m^3）；

V_i——第 i 个构件的体积（m^3）。

在进行建筑结构设计时，为了应用方便，经常把建筑结构看作一个整体，将结构总自重转化为平均楼面恒载，以近似估算。一般的木结构，平均值大约为2.48 ~ 3.96kN/m^2；钢筋混凝土结构，平均值大约为4.95 ~ 7.43kN/m^2；钢结构，平均值大约为2.48 ~ 3.96kN/m^2；预应力混凝土结构，建议取钢筋混凝土结构取值的70% ~ 80%估算。

4.1.2　土压力

建筑结构会受到土压力的直接作用，这种作用大致有两种情况：一种情况是建筑结构全部或部分埋置于地下，如地下商场、地下车库、地铁隧道等，其顶部会受到土压力作用，称之为竖向土压力。另外一种是建筑结构埋置于地下部分的外墙和挡土墙受到侧面土压力作用，称之为侧向土压力。

图4-2　竖向土压力
（图片来源：http://atsdkj.com）

竖向土压力是指受压的结构面以上全部土体对受压面的压力大小，与土的重度和深度有关。如图4-2所示。

在计算竖向土压力时，假设天然地面是一个无限大的水平面，如果地面以上土质均匀，土层的天然重度为 γ，则在天然地面以下任意深度 z 处，水平面单位面积上的竖向土压力 σ_{cz} 可按式（4-3）计算。σ_{cz} 沿水平面均匀分布，且与 z 成正比。如图4-3所示。

$$\sigma_{cz}=\gamma \cdot z \tag{4-3}$$

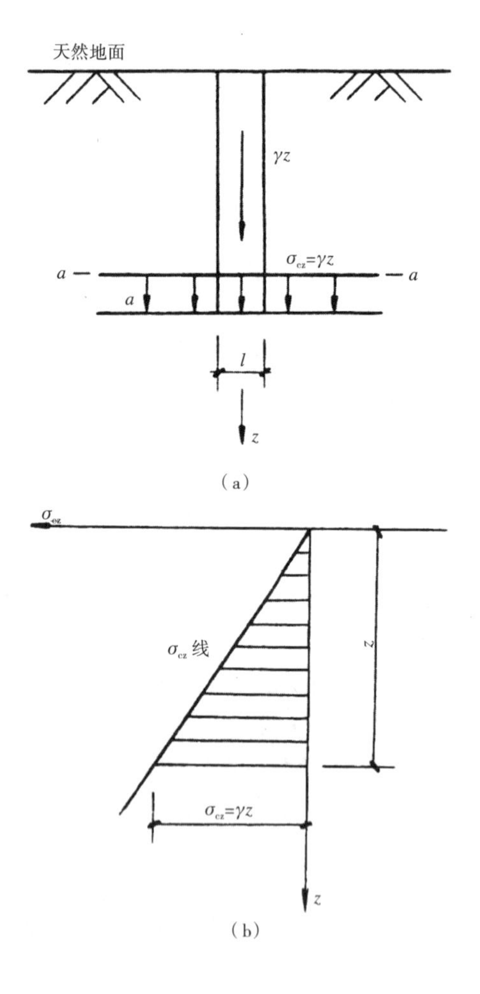

图4-3　均质土中竖向自重应力
（a）任意水平面的分布；（b）沿深度的分布
（图片来源：《工程结构荷载与可靠度设计原理》）

但是一般情况下，天然地面以下的土体由不同重度的土层所组成。天然地面以下深度 z 范围内各层土的厚度自上而下分别为 h_1、h_2，…，h_n，则受压结构面在深度 z 处单位面积上所受到的竖向土压力 σ_{cz} 可按式

(4–4)计算：

$$\sigma_{cz}=\gamma_1 h_1+\gamma_2 h_2+\cdots+\gamma_n h_n=\sum_{i=1}^{n}\gamma_i h_i \qquad (4-4)$$

式中 n——从天然地面起到深度 z 处的土层数；

h_i——第 i 层土的厚度（m）；

γ_i——第 i 层土的天然重度（kN/m^3）。

需要说明一点，在土层中经常有地下水存在，由于地下水对土的浮力作用，因此当土层位于地下水位以下时，土层的重度就不能采用天然重度，而要代之以浮重度 γ'_i。浮重度是土天然重度扣除浮力后的有效重度，其值变化范围为 8.0 ~ 13.0kN/m^3。

当同一土层部分位于地下水位以下时，需要将其分为两层，分别采用不同的重度。图 4-4 为一典型成层土中竖向土压力沿深度变化的分布。

当有其他力作用于地下结构受压面相对应的天然地面上时，土层会将其传递到受压结构面上，并不改变力的大小和作用方向。例如，刚好有车辆停泊在结构受压面对应的地面上，则结构受压面受到的压力除竖向土压力外，还要加上车辆自重产生的压力，方向向下。

侧向土压力是指专门用于挡土的挡土墙和建筑结构地下室外墙的填土因自重或外荷载作用对墙体产生的土压力。如图 4–5 所示。

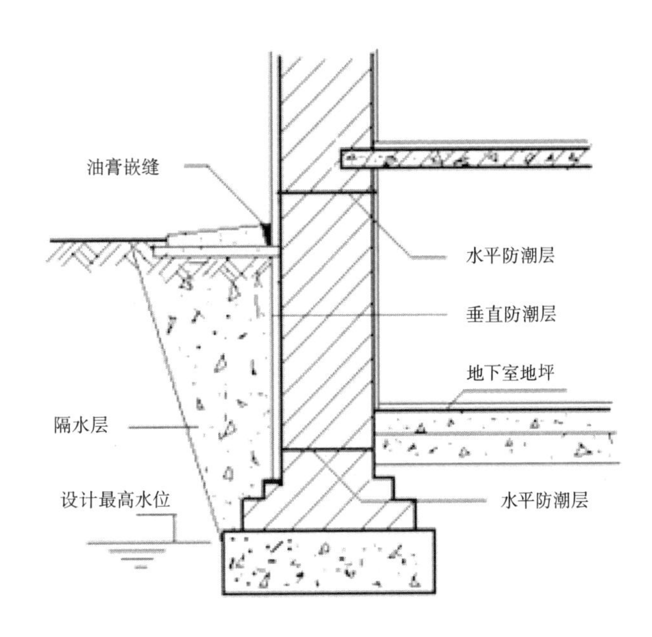

图 4–5 侧向土压力
（图片来源：http：//www.civilcn.com）

由于侧向土压力是挡土墙或地下室外墙的主要外荷载，因此，设计挡土墙和地下室外墙时首先要确定侧向土压力的性质、大小、方向和作用点。侧向土压力的计算是一个比较复杂的问题。侧向土压力的大小及分布规律受到墙体可能的移动方向、墙后填土的性质、填土面的形式、墙的截面刚度和地基的变形等一系列因素的影响。根据墙的位移情况和墙后土体所处的应力状态，侧向土压力可分为静止土压力、主动土压力和被动土压力。如图 4–6 所示。

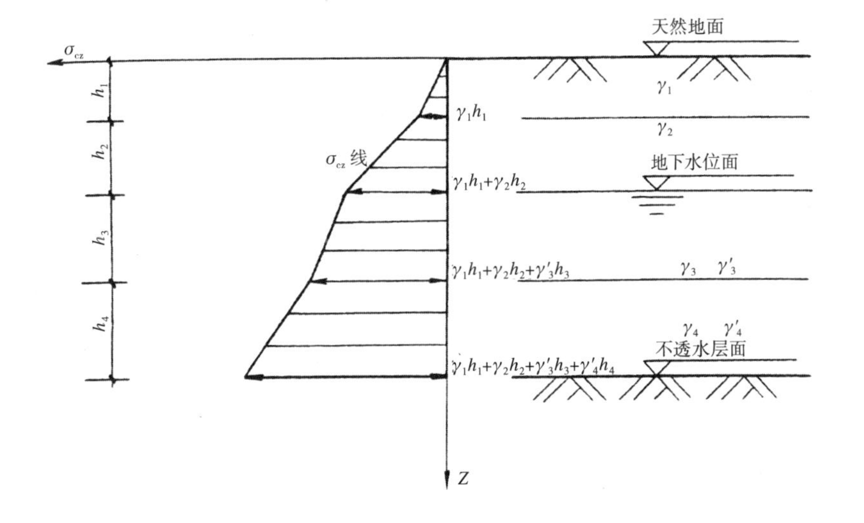

图 4–4 成层土中竖向土压力沿深度的分布
（图片来源：《工程结构荷载与可靠度设计原理》）

图 4-6 挡土墙的三种土压力
(a) 静止土压力；
(b) 主动土压力；
(c) 被动土压力
（图片来源：《工程结构荷载与可靠度设计原理》）

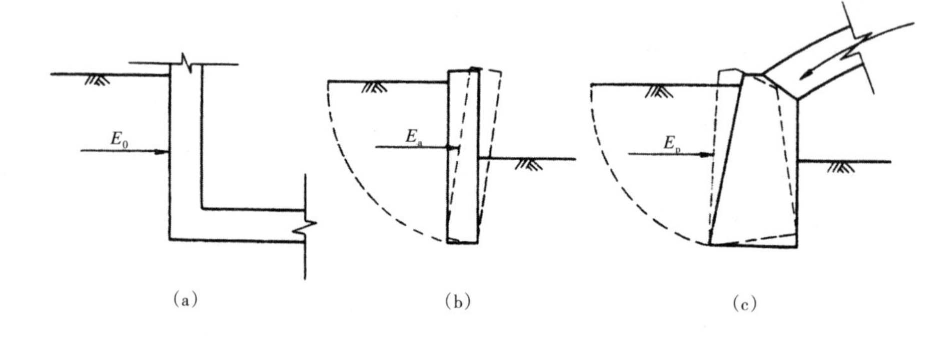

静止土压力是指，如果挡土墙在土压力作用下，不产生任何方向的位移或转动而保持原有位置，则墙后土体处于弹性平衡状态，此时墙背所受的土压力称为静止土压力，一般用 E_0 表示。例如，地下室结构的外侧墙，由于内部楼板或梁的支撑作用，几乎没有位移发生，因此作用在外墙上的回填土侧压力可按静止土压力计算。

主动土压力是指，如果挡土墙在土压力的作用下，背离墙背方向移动或转动时，墙后土压力逐渐减小，当达到某一位移量值时，墙后土体开始下滑，作用在挡土墙上的土压力达到最小值。此时作用在墙背上的土压力称为主动土压力，一般用 E_a 表示。例如，基础开挖中的围护结构，由于土体开挖的卸载，围护墙体向坑内产生一定的位移，这时作用在墙体外侧的土压力可按主动土压力计算。

被动土压力是指，如果挡土墙在外力作用下向墙背方向移动或转动时，墙体挤压土体，墙后土压力逐渐增大，当达到某一位移时，墙后土体开始上隆，作用在挡土墙上的土压力达到最大值。此时作用在墙背上的土压力称为被动土压力，一般用 E_p 表示。例如，桥梁中拱桥桥台，在拱体传递的水平推力作用下，将挤压土体产生一定量的位移，因此作用在桥台背后的侧向土压力可按被动土压力计算。

一般情况下，在相同的墙高和回填土条件下，主动土压力小于静止土压力，而静止土压力又小于被动土压力，即：

$$E_a < E_0 < E_p$$

基于较为普遍的朗肯土压力理论，介绍土体侧向压力的基本原理及计算公式，以静止土压力为例介绍侧向土压力的计算方法。在填土表面下任意深度 z 处取一微小单元体，其上作用着竖向的土体自重应力 γz，则该处的静止土压力强度可按照下式计算：

$$\sigma_0=K_0\gamma z \qquad (4\text{-}5)$$

式中 K_0——土的侧压力系数或称为静止土压力系数，可近似按 $K_0=1-\sin\varphi'$（φ' 为土的有效内摩擦角）计算；

γ——墙后填土的重度，地下水位以下采用有效重度（kN/m^3）。

由上式可以知道，静止土压力沿墙高为三角形分布（图 4-7）。如果取单位墙长，则作用在墙上的静止土压力计算如式（4-6），E_0 作用在距墙底 $H/3$ 处。

图 4-7 静止土压力分布图
（图片来源：《工程结构荷载与可靠度设计原理》）

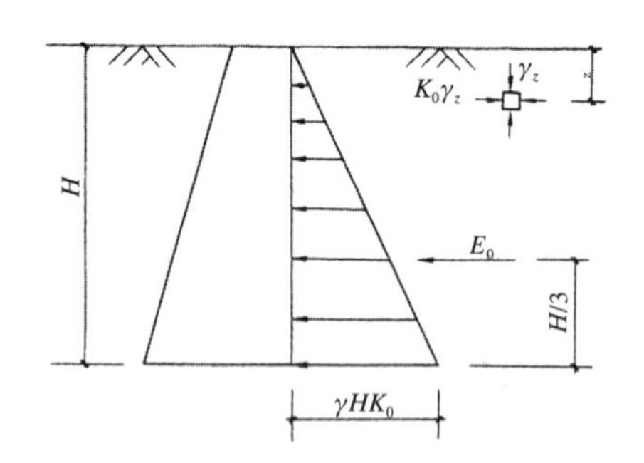

$$E_0=\frac{1}{2}\gamma H^2K_0 \qquad (4\text{-}6)$$

式中 H——挡土墙高度（m）。

需要说明的是，在天然地面上经常会作用一些竖向力，这些力会通过土层传递到结构地下室外墙和挡土墙上，但与竖向土压力不同的是，其转化为侧向压力作用于挡土墙和结构地下室外墙上。如图 4-8 所示。

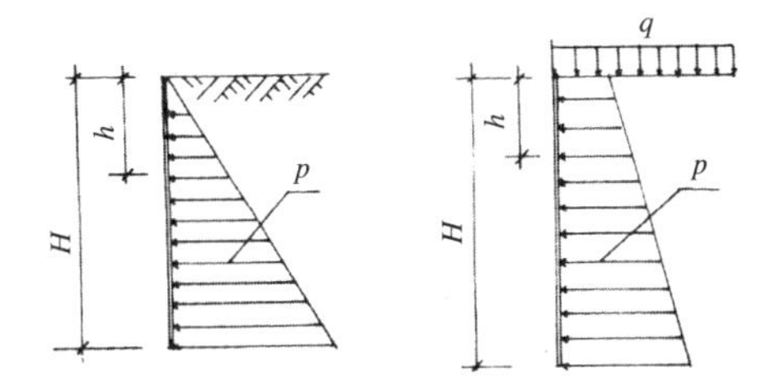

图 4–8　地面作用竖向土压力与无竖向压力作用比较
（图片来源：《工程结构荷载与可靠度设计原理》）

以静止土压力为例，当上部有均布荷载 q 作用时，天然地面以下深度 z 处，静止土压力强度可按下式计算：

$$\sigma=(\gamma z+q)K_0$$

$$=K_0\gamma z+K_0 q \quad (4\text{–}7)$$

式(4–7)中第 1 项($K_0\gamma z$)意义与式(4–5)中相同，第 2 项($K_0 q$)即为上部荷载转化的侧向压力。

4.1.3　水压力

建筑结构会受到水压力的作用，水对结构的力学作用表现在对结构物表面产生静水压力。静水压力指静止的液体对其接触面产生的压力。如图 4–9 所示。作用在结构侧面的静水压力有其特别重要的意义，它可能导致结构的滑动或倾覆。静水压力的分布符合阿基米德定律，静水压力的水平分力仍然与水深为直线函数关系，当仅有重力作用时，在自由液面下作用在结构上任意一点 A 的压强为：

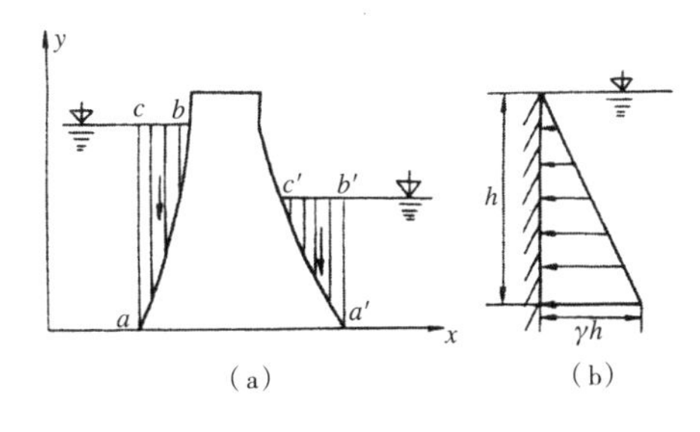

图 4–9　水压力的分布图
（图片来源：《工程结构荷载与可靠度设计原理》）

$$P_A-\gamma h_A \quad (4\text{–}8)$$

式中　h_A——结构物上的计算点在水面下的深度(m)。

如果液体不具有自由表面，而是在液体表面作用有压强 P_0，依据帕斯卡(Pascal)定律，则液面下结构物上任意一点 A 的压强为：

$$P_A=P_0+\gamma h_A \quad (4\text{–}9)$$

水压力总是作用在结构物表面的法线方向上。

4.1.4　活荷载

活荷载指房屋中生活或工作的人群、家具、用品、设施等产生的重力荷载。由于这些荷载的大小和作用位置随时间而变化，因此通常用活荷载予以表示。活荷载一般分为三大类，即民用建筑楼面活荷载、工业建筑楼面活荷载、屋面活荷载。

对于民用建筑而言，由于楼面活荷载在楼面位置上的任意性，为便于设计应用，一般将楼面活荷载处理为楼面均布荷载。均布活荷载的量值与建筑物的功能有关，例如公共建筑类型的商店、展览馆、车站、电影院等，其均布活荷载值一般比住宅、办公楼的均布活荷载值大。需要说明的是，由于各个国家的生活、工作设施有差异，而且设计的安全度水准也不一样，因此，即使同一功能的建筑物，不同国家关于楼面均布活荷载取值也不尽相同。附录 2 列出了中国规范中所规定的各种民用建筑活荷载值。

对于工业建筑而言，工业建筑楼面在生产、使用或安装检修时，有设备、管道、运输工具及可能拆移的隔墙产生的局部荷载，均应按实际情况考虑，可采用等效均布活荷载代替。一般金工车间、仪器仪表生产车间、半导体器件车间、棉纺织车间、轮胎厂准备车间和粮食加工车间的楼面等效均布活荷载，可按附录 3 采用。

工业建筑楼面(包括工作平台)上无设备区域的操作荷载，包括操作人员、一般工具零星原料和成品的自重，可按均布活荷载考虑；采用 2.0kN/m^2；生产车间的楼梯活荷载，可按实际情况采用，但不宜小于 3.5kN/m^2。

楼面活荷载的取值不是一成不变的，在实际工程中有很多情况是规定中没有列举的，因此要结合实际情况确定楼面活荷载取值。

屋面活荷载是指，房屋建筑的屋面其水平投影面上的均布活荷载，可以按表 4–1

中规定取值。

屋面直升机停机坪荷载应根据直升机总重按局部荷载考虑，同时其等效均布荷载不低于 5.0kN/m^2。

局部荷载应按直升机实际最大起飞重量确定，当没有机型技术资料时，一般可依据轻、中、重三种类型的不同要求，按下述规定选用局部荷载标准值及作用面积：

（1）轻型。最大起飞重量 2t，局部荷载标准值取 20kN，作用面积 0.20m×0.20m。

（2）中型。最大起飞重量 4t，局部荷载标准值取 40kN，作用面积 0.25m×0.25m。

（3）重型。最大起飞重量 6t，局部荷载标准值取 60kN，作用面积 0.30m×0.30m。

4.1.5 积灰荷载

设计中遇有大量排灰的厂房及其邻近建筑时，积灰荷载是一个重要的问题。特别是对于冶金、铸造、水泥等行业特有的建筑，荷载形成有一定过程，容易被忽视，但其产生的影响却很大，因此对积灰荷载也要予以重视。屋面积灰荷载值可以按附录 4 确定。

4.1.6 吊车荷载

吊车竖向荷载标准值，应采用吊车最大轮压或最小轮压。而其水平荷载取决于制动轮与轨道间的摩擦力大小。当制动惯性力大于制动轮与轨道间摩擦力时，吊车轮将在轨道上滑动，反之则止住。这种制动力对工业厂房结构产生一定的影响，因此在设计中要予以重视。如图 4-10 所示。

4.1.7 风荷载

风是由于空气流动而形成的。空气流动的原因是地表上各点大气压力不同，存在压力差，空气要从气压大的地方向气压小的地方流动。通常情况下，有两类性质大风：台风和季风。台风是大气环流的组成部分，它是热带洋面上形成的低压气旋。季风则不同，它是由于地表性质不同，对热的反应不同而造成的。冬季大陆上辐射冷却强烈，温度低就形成高压，而与它相邻的海洋，由于水的比热容大，其辐射冷却比大陆缓慢，温度比大陆高，因而气压低。因此，风从大陆吹向海洋。到了夏天，风向则相反。这种风由于与一年的四季有关，故称为季风。

为了区分风的大小，根据风对地面（或海面）物体影响程度，常将风划分为 13 个

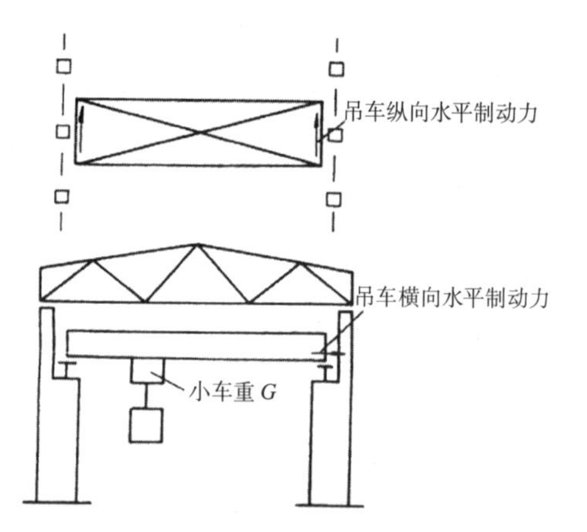

图 4-10　桥式吊车制动力
（图片来源：《工程结构荷载与可靠度设计原理》）

屋面均布活荷载　表 4-1

项次	类别	标准值（kN/m^2）	准永久值系数
1	不上人的屋面	0.5	0
2	上人的屋面	2.0	0.4
3	屋顶花园	3.0	0.5
4	屋顶运动场	3.0	0.4

注：1. 不上人的屋面，当施工或维修荷载较大时，应按实际情况采用；对不同结构应按有关设计规范的规定，但不得低于 0.3kN/m^2。
2. 上人的屋面，当兼作其他用途时，应按相应楼面活荷载采用。
3. 对于因屋面排水不畅、堵塞等引起的积水荷载应采取构造措施加以防止；必要时，应按积水的可能深度确定屋面活荷载。
4. 屋顶花园活荷载不包括花圃石等材料自重。

等级。风速越大，风级越大。由于早期人们还没有仪器来测定风速，就按照风所引起的现象来划分风级。见表 4–2 所列。

当风以一定的速度向前运动遇到阻塞时，将对阻塞物产生压力，即风压。风压（w）与风速（v）的关系可以采用以下公式估算，单位为 kN/m^2。

$$w=\frac{v^2}{1630} \quad (4\text{–}10)$$

由于风压在地面附近受到地面物体的阻碍，造成风速随离地面高度不同而变化，离地面越近，风速越小。而且地貌环境不同，例如建筑物的密集和高低情况，对风的阻碍或摩擦大小不同，造成同样高度不同环境的风速并不同。为了比较不同地区风速或风压大小，必须对不同地区的地貌、测量风速的高度有所规定。按规定的地貌、高度等量测的风速所确定的风压称为基本风压。确定基本风压时，以 10m 高为标准高度，并定义标准高度处的最大风速为基本风速，并以空旷平坦地貌为规定地貌。

中国各地区风压分布可查阅中国基本风压分布图。

在确定了基本风压的基础上，垂直于建筑物表面的风荷载标准值，可以按下式计算。

当计算主要承重结构时：

$$W_k=\beta_z \cdot \mu_s \cdot \mu_z \cdot w_0 \quad (4\text{–}11)$$

当计算围护结构时：

$$W_k=\beta_{gz} \cdot \mu_{s1} \cdot \mu_z \cdot w_0 \quad (4\text{–}12)$$

式中 W_k——风荷载标准值（kN/m^2）；

w_0——基本风压（kN/m^2）；

β_z——高度 z 处的风振系数；

μ_s——风荷载体型系数；

μ_z——风压高度变化系数；

β_{gz}——高度 z 处的阵风系数；

μ_{s1}——风荷载局部体型系数。

下面逐一介绍公式中各个系数的含义，以明确影响风荷载标准值大小的因素。

风压高度变化系数 μ_z：根据观察资料，可以了解到在不同粗糙度的地面上空同一高度处，风荷载大小会有所不同。地面粗糙度大的上空，平均风速小；反之，地面粗

风力等级表 表 4–2

风力等级	名称	海面状况 浪高（m）		海岸渔船征象	陆地地面物征象	距地 10m 高处相当风速	
		一般	最高			km/h	m/s
0	静风	—	—	静	静、烟直上	<1	0 ~ 0.2
1	软风	0.1	0.1	寻常渔船略觉摇动	烟能表示风向，但风向标不能转动	1 ~ 5	0.3 ~ 1.5
2	轻风	0.2	0.3	渔船张帆时，可随风移行每小时 2 ~ 3km	人面感觉有风，树叶有微响，风向标能转动	6 ~ 11	1.6 ~ 3.3
3	微风	0.6	1.0	渔船渐觉簸动，随风移行每小时 5 ~ 6km	树叶及微枝摇动不息，旌旗展开	12 ~ 19	3.4 ~ 5.4
4	和风	1.0	1.5	渔船满帆时倾于一方	能吹起地面灰尘和纸张，树的小枝摇动	20 ~ 28	5.5 ~ 7.9
5	清劲风	2.0	2.5	渔船缩帆（即收去帆之一部）	有叶的小树摇摆，内陆的水面有小波	29 ~ 38	8.0 ~ 10.7
6	强风	3.0	4.0	渔船加倍缩帆，捕鱼需注意风险	大树枝摇动，电线呼呼有声，举伞困难	39 ~ 49	10.8 ~ 13.8
7	疾风	4.0	5.5	渔船停息港中，在海上下锚	全树摇动，迎风步行感觉不便	50 ~ 61	13.9 ~ 17.1
8	大风	5.5	7.5	近港渔船皆停留不出	微枝折毁，人向前行，感觉阻力甚大	62 ~ 74	17.2 ~ 20.7
9	烈风	7.0	10.0	汽船航行困难	烟囱顶部及平瓦移动，小屋有损	75 ~ 88	20.8 ~ 24.4
10	狂风	9.0	12.5	汽船航行颇危险	陆上少见，有时可使树木拔起或将建筑物吹毁	89 ~ 102	24.5 ~ 28.4
11	暴风	11.5	16.0	汽船遇之极危险	陆上很少，有时必有重大损毁	103 ~ 117	28.5 ~ 32.6
12	飓风	14	—	海浪滔天	陆上绝少，其摛毁力极大	118 ~ 133	32.7 ~ 36.9

糙度小的上空，平均风速大。对于平坦或稍有起伏的地形，风压高度变化系数应根据地面粗糙度类别由表4-3确定。对于山区，则可按平坦地面的粗糙度类别根据地形加以修正。地面粗糙度可分为A、B、C、D四类：A类指近海海面和海岛、海岸、湖岸及沙漠地区；B类指田野、乡村、丛林、丘陵以及房屋比较稀疏的乡镇和城市郊区；C类指有密集建筑群的城市市区；D类指有密集建筑群且房屋较高的城市市区。

风荷载体型系数 μ_s：风荷载体型系数是指风作用在建筑物表面上所引起的实际压力或吸力，与来流风的速度压的比值，它描述的是建筑物表面在稳定风压作用下的静态压力的分布规律，主要与建筑物的体型和尺度有关。表4-4中图可以简单说明风荷载值与建筑物体型关系。

风振系数 β_z：参考国外规范及我国抗风振工程设计和理论研究的实践情况，当结构基本自振周期 $T \geqslant 0.25s$ 时，以及高度超过30m且高宽比大于1.5的高柔房屋，由风引起的结构振动比较明显，而且随着结构自振周期的增长，风振也随着增强，因此在设计中应考虑顺风向风振的影响。

对于 $T<0.25s$ 的结构和高度小于30m或高宽比小于1.5的房屋，原则上也应考虑风振影响，但经计算表明，这类结构的风振一般不大，此时往往按构造要求进行设计，结构已有足够的刚度，因而不考虑风振影响也不会影响结构的抗风安全性。对于横风向风振作用效应明显的高层建筑以及细长圆形截面构筑物，宜考虑横风向风振的影响。

高度 z 处的阵风系数 β_{gz}：阵风系数在计算围护结构时采用，不再区分幕墙和其他构件，统一采用。阵风系数不仅与地面粗

风压高度变化系数 μ_z **表4-3**

离地面或海平面高度（m）	地面粗糙度类别			
	A	B	C	D
5	1.09	1.00	0.65	0.51
10	1.28	1.00	0.65	0.51
15	1.42	1.13	0.65	0.51
20	1.52	1.23	0.74	0.51
30	1.67	1.39	0.88	0.51
40	1.79	1.52	1.00	0.60
50	1.89	1.62	1.10	0.69
60	1.97	1.71	1.20	0.77
70	2.05	1.79	1.28	0.84
80	2.12	1.87	1.36	0.91
90	2.18	1.93	1.43	0.98
100	2.23	2.00	1.50	1.04
150	2.46	2.25	1.79	1.33
200	2.64	2.46	2.03	1.58
250	2.78	2.63	2.24	1.81
300	2.91	2.77	2.43	2.02
350	2.91	2.91	2.60	2.22
400	2.91	2.91	2.76	2.40
450	2.91	2.91	2.91	2.58
500	2.91	2.91	2.91	2.74
≥550	2.91	2.91	2.91	2.91

风荷载体型系数　　表 4-4

项次	类别	体型及体型系数 μ_s
1	封闭式落地双坡屋面	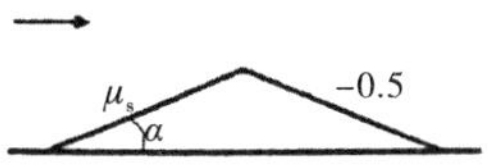 μ_s　α　−0.5 α: 0°, 30°, ≥ 60° μ_s: 0, +0.2, +0.8 中间值按插入法计算
2	封闭式双坡屋面	μ_s　α　−0.5　+0.8　−0.5　−0.7 +0.8　−0.5　−0.7 α: ≤ 15°, 30°, ≥ 60° μ_s: −0.6, 0, +0.8 中间值按插入法计算

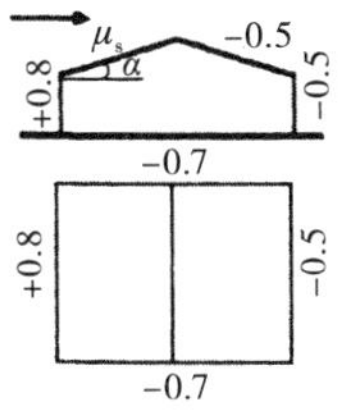

糙度有关，而且与离开地面的高度有关。

风荷载局部体型系数 μ_{s1}：通常作用于建筑表面的风压并不均匀，在角隅、檐口、边棱处和阳台及雨篷等附属结构的部位，局部风压会超过平均风压。局部体型系数是考虑局部风压超过平均风压所进行的调整。

从以上分析可以看出，风荷载标准值大小不仅与风压有关，而且与地面特性及建筑物自身特性有关，因此在考虑风荷载时，不仅要考虑当地基本风压，而且要考虑建筑物高度、体型、自振周期、地面状况等要素。

4.1.8　雪荷载

在寒冷地区及其他大雪地区，因雪荷载导致屋面结构以及整个结构破坏的事例时有发生。尤其是大跨度结构，对雪荷载更为敏感。因此在结构设计中必须考虑雪荷载。中国规范规定，屋面水平投影面上的雪荷载标准值，可以按下式计算：

$$S_k=\mu_r \cdot S_0 \tag{4-13}$$

式中　S_k——雪荷载标准值（kN/m²）；

μ_r——屋面积雪分布系数；

S_0——基本雪压（kN/m²）。

基本雪压 S_0 是根据各地气象记录资料经统计得到的在结构使用期间可能出现的最大雪压值。

中国各地区基本雪压，可查阅中国基本雪压分布图。

雪荷载与屋面坡度也密切相关，一般随坡度增加而减小，主要原因是风的作用和雪滑移所致。表 4-5 介绍了单跨单坡屋面的屋面积雪分布系数，从中可以看出屋面坡度对雪荷载的影响。

4.1.9　偶然荷载

偶然荷载是指那些在结构使用期间不一定出现，一旦出现，其值很大且持续时间很短的荷载。偶然荷载应包括爆炸、撞击、火灾及其他偶然出现的灾害引起的荷载。

屋面积雪分布系数　　表 4-5

项次	类别	屋面积雪分布系数
1	单跨单坡屋面	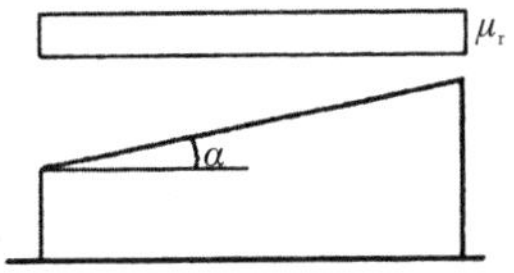 μ_r　α

α	≤ 25°	30°	35°	40°	45°	≥ 50°
μ^r	1.0	0.8	0.6	0.4	0.2	0

当采用偶然荷载作为结构设计的主导荷载时，在允许出现局部构件破坏的情况下，应保证结构不致因偶然荷载而引起连续倒塌。《建筑结构荷载规范》GB 50009—2012 中，对偶然荷载取值作了明确规定。

4.2 间接作用

在前文的基础上，下面着重介绍三种间接作用，包括地震作用、温度作用及变形作用。

4.2.1 地震作用

强烈地震是一种破坏作用很大的自然灾害。它的发生具有很大的随机性。因此，采用概率方法预测某地区在未来一段时间内可能发生的最大地震烈度是具有工程意义的。为此，提出了基本烈度的概念。一个地区的基本烈度是指该地区今后一段时间内，一般指 50 年，在一般场地条件下可能遭遇的最大地震烈度。中国各地区基本烈度可查阅中国基本烈度分布图。各地区的基本烈度作为该地区建筑结构抗震设计的设防标准，亦称设防烈度。

2008 年由国家地震局颁布实施的《中国地震烈度表（2008）》，属于将宏观烈度与地面运动参数建立起联系的地震烈度表。所以，该烈度表既有定性的宏观标志，又有定量的物理标志，兼有宏观烈度表和定量烈度表两者的功能。《中国地震烈度表（2008）》参见表 4-6。

地震释放的能量，以地震波的形式向四周扩散，地震波到达地面后引起地面运动，使地面原来处于静止的建筑物受到动力作用而产生强迫振动。在振动过程中作用在结构上的惯性力大小就是地震作用大小。在地震作用效应和其他荷载效应的共同作用下超出结构构件的承载力，或者在地震作用下结构

中国地震烈度表 GB/T 17742—2008　　表 4-6

地震烈度	人的感觉	房屋震害			其他震害现象	水平向地面运动	
		类型	震害程度	平均震害指数		峰值加速度 m/s^2	峰值速度 m/s
Ⅰ	无感	—	—	—	—	—	—
Ⅱ	室内个别静止中人有感觉	—	—	—	—	—	—
Ⅲ	室内少数静止中人有感觉	—	门、窗轻微作响	—	悬挂物微动	—	—
Ⅳ	室内多数人、室外少数人有感觉，少数人梦中惊醒	—	门、窗作响	—	悬挂物明显摆动，器皿作响	—	—
Ⅴ	室内绝大多数、室外多数人有感觉，多数人梦中惊醒	—	门窗、屋顶、屋架颤动作响，灰土掉落，个别房屋抹灰出现细微细裂缝，个别有檐瓦掉落，个别屋顶烟囱掉砖	—	悬挂物大幅度晃动，不稳定器物摇动或翻倒	0.31（0.22 ~ 0.44）	0.03（0.02 ~ 0.04）
Ⅵ	多数人站立不稳，少数人惊逃户外	A	少数中等破坏，多数轻微破坏和 / 或基本完好	0.00 ~ 0.11	家具和物品移动；河岸和松软土出现裂缝，饱和砂层出现喷砂冒水；个别独立砖烟囱轻度裂缝	0.63（0.45 ~ 0.89）	0.06（0.05 ~ 0.09）
		B	个别中等破坏，少数轻微破坏，多数基本完好				
		C	个别轻微破坏，大多数基本完好	0.00 ~ 0.08			

续表

地震烈度	人的感觉	房屋震害			其他震害现象	水平向地面运动	
		类型	震害程度	平均震害指数		峰值加速度 m/s^2	峰值速度 m/s
Ⅶ	大多数人惊逃户外，骑自行车的人有感觉，行驶中的汽车驾乘人员有感觉	A	少数毁坏和/或严重破坏，多数中等和/或轻微破坏	0.09 ~ 0.31	物体从架子上掉落；河岸出现塌方，饱和砂层常见喷砂冒水，松软土地上地裂缝较多；大多数独立砖烟囱中等破坏	1.25（0.90 ~ 1.77）	0.13（0.10 ~ 0.18）
		B	少数毁坏，多数严重和/或中等破坏				
		C	个别毁坏，少数严重破坏，多数中等和/或轻微破坏	0.07 ~ 0.22			
Ⅷ	多数人摇晃颠簸，行走困难	A	少数毁坏，多数严重和/或中等破坏	0.29 ~ 0.51	干硬土上出现裂缝，饱和砂层绝大多数喷砂冒水；大多数独立砖烟囱严重破坏	2.50（1.78 ~ 3.53）	0.25（0.19 ~ 0.35）
		B	个别毁坏，少数严重破坏，多数中等和/或轻微破坏				
		C	少数严重和/或中等破坏，多数轻微破坏	0.20 ~ 0.40			
Ⅸ	行动的人摔倒	A	多数严重破坏和/或毁坏	0.49 ~ 0.71	干硬土上多处出现裂缝，可见基岩裂缝、错动，滑坡、塌方常见；独立砖烟囱多数倒塌	5.00（3.54 ~ 7.07）	0.50（0.36 ~ 0.71）
		B	少数毁坏，多数严重和/或中等破坏				
		C	少数毁坏和/或严重破坏，多数中等和/或轻微破坏	0.38 ~ 0.60			
Ⅹ	骑自行车的人会摔倒，处不稳状态的人会摔离原地，有抛起感	A	绝大多数毁坏	0.69 ~ 0.91	山崩和地震断裂出现；基岩上拱桥破坏；大多数独立砖烟囱从根部破坏或倒毁	10.00（7.08 ~ 14.14）	1.00（0.72 ~ 1.41）
		B	大多数毁坏				
		C	多数毁坏和/或严重破坏	0.58 ~ 0.80			
Ⅺ		A	绝大多数毁坏	0.89 ~ 1.00	地震断裂延续很大，大量山崩滑坡	—	—
		B					
		C		0.78 ~ 1.00			
Ⅻ	—	A	—	1.00	地面剧烈变化，山河改观	—	—
		B					
		C					

注：表中的数量词："个别"为10%以下；"少数"为10% ~ 45%；"多数"为40% ~ 70%；"大多数"为60% ~ 90%；"绝大多数"为80%以上。

的侧移超过允许值，建筑物就会遭到破坏，以至倒塌。因此，在建筑结构抗震设计中，计算地震作用大小是一个十分重要的问题。

地震作用与一般荷载不同，它不仅取决于烈度大小，而且与建筑结构自身的特性有很大关系，如结构的刚度特性。因此计算地震作用大小比计算一般荷载大小要复杂得多。

目前，在我国和其他许多国家的抗震设计规范中，广泛采用反应谱理论来确定地震作用，其中以加速度反应谱应用最多。所谓加速度反应谱，就是单质点弹性体系在一定的地面运动作用下，最大反应加速度（一般用相对值）与体系自振周期的变化曲线。如果已知体系的自振周期，利用反应谱曲线或相应计算公式，就可很方便地确定体系的反应加速度，进而求出地震作用。

应用反应谱理论不仅可以解决单质点体系的地震反应计算问题，而且通过振型分解法还可以计算多质点体系的地震反应。

在工程上，对于高度不超过40m、以剪

切变形为主且质量和刚度沿高度分布比较均匀的结构，以及近似于单质点体系的结构，可采用底部剪力法等简化方法，其他结构应用反应谱计算结构地震作用，对于高层建筑和特别不规则建筑等，还常采用时程分析法来计算结构的地震反应。这个方法先选定地震地面加速度图，然后用数值积分方法求解运动方程，算出每一时间增量处的结构反应，如位移、速度和加速度反应。这里只介绍单质点体系地震作用计算方法。

（1）水平地震作用大小可按下式计算：

$$F_{EK}=\alpha_1 \cdot G_{eq} \qquad (4\text{–}14)$$

式中 F_{EK}——结构总水平地震作用值；

α_1——相应于结构基本自振周期的水平地震影响系数值，集中反映了烈度、场地、建筑结构自身特性对地震作用的影响，其值可按表 4–7 采用；

G_{eq}——结构等效总重力荷载。

（2）竖向地震作用大小可按下面方法计算。

1）9 度时的高层建筑，竖向地震作用可按下面方法计算：

$$F_{Evk}=\alpha_{vmax}G_{eq} \qquad (4\text{–}15)$$

式中 F_{Evk}——结构总竖向地震作用标准值；

α_{vmax}——竖向地震影响系数的最大值，可取水平地震影响系数最大值的 65%；

G_{eq}——结构等效总重力荷载，可取其重力荷载代表值的 75%。

2）跨度、长度小于相关规定且规则的平板型网架屋盖和跨度大于 24m 屋架、屋盖横梁及托架的竖向地震作用标准值，宜取其重力荷载代表值和竖向地震作用系数的乘积；竖向地震作用系数可按表 4–8 采用。

3）长悬臂和其他大跨度结构的竖向地震作用标准值，8 度和 9 度可分别取该结构构件重力荷载代表值的 10% 和 20%，设计基本地震加速度为 0.30g 时，可取该结构、构件重力荷载代表值的 15%。

4.2.2 温度作用

固体的温度发生变化时，体内任一点的变形，包括膨胀或收缩，由于受到周围相邻单元体的约束或固体的边界受其他构件的约束，使体内该点形成了一定的应力，这个应力称为温度应力。因而温度变化也是一种荷载作用。

在结构设计中会遇到大量温度作用的问题，因而对它的研究具有十分重要的意义。例如，高层建筑筏板基础的浇捣，水化热温度升高和散热阶段的温度降低引起贯穿裂缝。

水平地震影响系数最大值 表 4–7

地震影响	6 度	7 度	8 度	9 度
多遇地震	0.04	0.08（0.12）	0.16（0.24）	0.32
罕遇地震	0.28	0.50（0.72）	0.90（1.20）	1.40

注：括号中数值分别用于设计基本地震加速度为 0.15g 和 0.30g 的地区。

竖向地震作用系数 表 4–8

结构类型	烈度	场地类别		
		I	II	III、IV
平板型网架、钢屋架	8	可不计算（0.10）	0.08（0.12）	0.10（0.15）
	9	0.15	0.15	0.20
钢筋混凝土屋架	8	0.10（0.15）	0.13（0.19）	0.13（0.19）
	9	0.20	0.25	0.25

注：括号中数值分别用于设计基本地震加速度为 0.30g 的地区。

混合结构的房屋，因屋面温度应力引起开裂渗漏。梁板结构的板常出现贯穿裂缝，这种裂缝往往是由降温及收缩引起的。当结构周围的气温及湿度变化时，梁板都要产生温度变形及收缩变形。由于板的厚度远远小于梁，所以全截面紧随气温变化而变化，水分蒸发也较快，当环境温度降低时，收缩变形将较大。但是梁较厚，故其温度变化滞后于板，特别是在急冷变化时更为明显。由此产生的梁与板两种结构的变形差，引起了约束应力。由于板的收缩变形大于梁的收缩变形，梁将约束板的变形，则板内呈拉应力，梁内呈压应力。在拉应力作用下，混凝土板产生开裂。

温度作用的影响是显著而巨大的，在设计中必须予以重视。特别是在长度较长的建筑结构中，需要通过设置温度缝解决温度变化带来的影响。在有些不能设置温度缝的设计中，要通过增设预应力钢筋等特殊措施来加强外围结构的强度，以消除温度作用影响。

表 4–9 为常用材料的线膨胀系数。

常用材料的线膨胀系数　表 4–9

材料	线膨胀系数（$\times10^{-6}$）
轻骨料混凝土	7
普通混凝土	10
砌体	6 ~ 10
钢，锻钢，铸铁	12
不锈钢	16
铝，铝合金	24

4.2.3　变形作用

这里的变形，指的是由于外界因素的影响，例如结构支座移动或不均匀沉降等，使得结构物被迫发生变形。由于变形作用引起的内力问题必须引起我们足够的重视，譬如支座的下沉或转动引起结构物的内力；地基不均匀沉降使得上部结构产生次应力，严重时会使房屋开裂；以及构件的制造误差使得强制装配时产生内力等。

特别是地基不均匀沉降的问题，对建筑影响最为显著。为了消除地基不均匀沉降产生的不利影响，在结构设计中常将高度相差较多的两部分用沉降缝分开。一般在以下位置应设置沉降缝：建筑物平面的转折位置；建筑物层数和荷载相差较大处；长高比过大的钢筋混凝土框架结构的适当位置；利用天然地基时，地基土的压缩性有显著差异处；建筑结构或基础类型不同处；分期建造房屋的交界处。

高层建筑的沉降缝宽度不小于 120mm，且应考虑由于基础转动产生结构顶点位移的要求。当不能用沉降缝分开时，也需在施工中设置后浇混凝土带来解决沉降不均的问题，其做法如图 4–11 所示。

图 4–11　后浇带示意图
（图片来源：http://down6.zhulong.com）

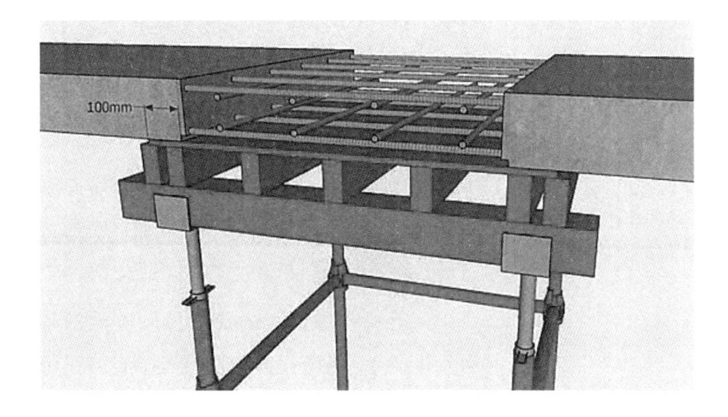

4.3
两个系数

4.3.1　分项系数

在前面介绍的各种荷载取值，实质上是在工作、生活中对各种荷载所做的统计结果。尽管有些荷载取值已经偏大，但仍不足以反映荷载取值的离散性。因此必须将各类荷载取值乘以大于 1 的分项系数，以使荷载进一步增大，从而提高建筑结构设计的安全储备。

对于永久荷载，其分项系数分为对结构有利和不利两种情况。当其效应对结构不利时，对由可变荷载效应控制的组合，应取 1.2；对由永久荷载效应控制的组合，应取 1.35。当其效应对结构有利时，一般情况下应取 1.0；对结构的倾覆、滑移或漂浮验算，应取 0.9。

对于可变荷载的分项系数，一般情况下应取 1.4；对标准值大于 4kN/m^2 的工业房屋楼面结构的活荷载应取 1.3。

对于偶然荷载，荷载效应组合的设计值宜按下列规定确定：偶然荷载的代表值不乘分项系数；与偶然荷载同时出现的其他荷载可根据观测资料和工程经验采用适当的代表值。

4.3.2 动力系数

承受动力荷载的建筑结构，在有充分依据时，可将重物或设备的自重乘以动力系数后，按静力计算设计。中国规范对动力系数做了如下规定：

建筑结构设计的动力计算，在有充分依据时，可将重物或设备的自重乘以动力系数后，按静力计算设计。

搬运和装卸重物以及车辆启动和刹车的动力系数，可采用 1.1 ~ 1.3；其动力荷载只传至楼板和梁。

直升机在屋面上的荷载，也应乘以动力系数，对具有液压轮胎起落架的直升机可取 1.4；其动力荷载只传至楼板和梁。

4.4 荷载组合

建筑结构在其设计基准期内，可能承受恒载及两种以上的其他荷载，例如风荷载、雪荷载、地震作用及温度作用等。但是几种荷载在设计基准期内，同时作用且同时达到最大值的可能性很小，例如风荷载最大时，雪荷载也同时达到最大值的概率就不是很大。因此，为了确保结构安全，要考虑多个荷载组合，同时还要根据实际情况确定组合的工况和各种荷载参与组合的概率。

与此同时，建筑结构在设计基准期内，在外部荷载作用下，既不能发生强度破坏，影响生命财产安全；也不能发生刚度问题，因过大的变形、裂缝影响正常使用。因此为了满足这两方面要求，就要对可能同时出现的多个荷载作用加以组合，求得各种组合后荷载在结构中的效应。考虑荷载出现的变化性质，包括不同的要求，组合可以多种多样，因此还必须在所有可能组合中，取其中最不利的一组作为设计依据。以下介绍的是几种基本组合形式。

基本组合：承载能力极限状态计算时，永久作用和可变作用的组合。

偶然组合：承载能力极限状态计算时，永久作用、可变作用和一个偶然作用的组合。

标准组合：正常使用极限状态计算时，采用标准值或组合值为荷载代表值的组合。

频遇组合：正常使用极限状态计算时，对可变荷载采用频遇值或准永久值为荷载代表值的组合。

准永久组合：正常使用极限状态计算时，对可变荷载采用准永久值为荷载代表值的组合。

需要特别说明一点，在计算梁板等水平构件时，还需要考虑活荷载的不利布置可能产生的影响，这对分析水平结构是很关键的。但是，同样的问题在计算高层建筑结构竖向荷载下产生的内力时，则可以不考虑，而是按照满布活荷载一次计算。其原因在于，高层建筑中，活荷载占的比例很小，特别是大量的住宅、旅馆和办公楼，活荷载一般在 1.5 ~ 2.0kN/m^2 范围内，只占全部竖向荷载的 10% ~ 15%，因而活荷载不同布置方式对结构内力产生的影响很小。这样处理，不会导致不利影响。

第 5 章　从变形到内力

构件在外力作用下，会产生变形。变形的基本形式有以下几种：拉伸变形、压缩变形、剪切变形、扭转和弯曲。复杂的变形是以上几种基本变形的组合。发生变形后，每个质点由于位移的原因，离开了原来的平衡位置，质点具有回到原来平衡位置的趋势，因此就相应地产生内力，如轴向拉力、轴向压力、剪力、扭矩和弯矩。因此，外力通过变形转化成为了结构的内力。

外力作用于建筑结构上，可能会使结构和构件同时产生几种变形，因此结构和构件经常处于多个内力的共同作用之下。刚度是物体抵抗变形的能力。强度是物体抵抗内力的能力。这一章中将介绍变形和内力的关系，同时引入刚度和强度的概念。

5.1 构件变形和内力

5.1.1　轴向拉伸、轴向拉力、抗拉刚度

如图 5-1 所示，在一对作用线与杆轴线重合的外力 P 作用下，构件的主要变形是长度伸长，这种变形称轴向拉伸。轴向拉伸使构件伸长，其任一横截面上的内力，从平衡条件可知，内力作用线也与杆轴线重合，与外力作用大小相等、方向相反，此内力即为轴向拉力（图 5-2）。

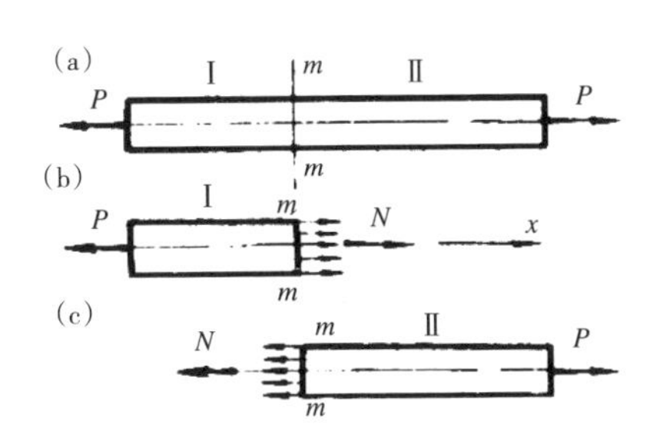

图 5-1　轴向拉伸
（图片来源：《材料力学》孙训方）

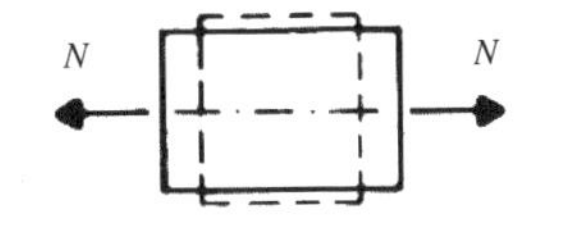

图 5-2　轴向拉力
（图片来源：《材料力学》孙训方）

通过试验分析可知，构件单位长度的伸长量与外力之间的关系可以用式 5-1 描述。式中比例常数 E 称为弹性模量，A 为构件截面积。EA 称为构件的抗拉刚度，其表示构件伸长单位长度时，需要付出的力。抗拉刚度与材料的种类有关，也与构件截面尺寸有关。

$$\frac{\Delta L}{L}=\frac{N}{EA} \tag{5-1}$$

式中　ΔL——构件伸长长度；

L——构件原长度。

5.1.2　轴向压缩、轴向压力、抗压刚度

如图 5-3 所示，在一对作用线与杆轴线重合的外力 P 作用下，构件的主要变形是长

度缩短，这种变形称为轴向压缩。轴向压缩使构件缩短，其任一截面上的内力，从平衡条件可知，内力作用线与杆轴线重合，与外力作用大小相等，方向相反，此内力即为轴向压力（图 5–4）。

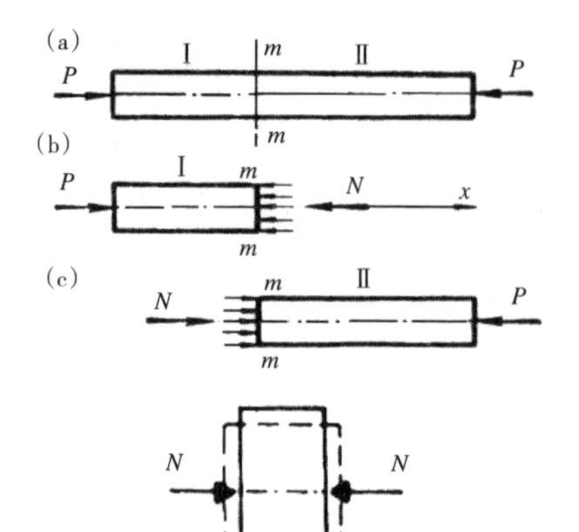

图 5–3　轴向压缩
（图片来源：《材料力学》孙训方）

图 5–4　轴向压力
（图片来源：《材料力学》孙训方）

通过试验可知，构件单位长度的压缩量与外力之间的关系可以用式 5–2 描述。式中比例常数 E 称为弹性模量，A 为构件截面积。EA 称为构件的抗压刚度，它表示构件缩短单位长度时，需要付出的力。抗压刚度与材料的种类有关，也与构件截面尺寸有关。

$$\frac{\Delta L}{L}=\frac{N}{EA} \tag{5-2}$$

式中　ΔL——构件缩短长度；

L——构件原长度。

5.1.3　弯曲变形、弯矩、抗弯刚度

如图 5–5 所示，物体任意两横截面绕垂直于杆轴线的轴作相对转动，同时杆的轴线也弯成曲线，这种变形称为弯曲。杆件变形后的轴线所在平面与外力所在平面相重合的弯曲称为平面弯曲。弯曲变形使得物体一边伸长而另一边缩短。弯矩就是作用于两端截面的力偶。由于弯曲将使物体一边伸长而另一边缩短，因此截面上的内力将合成一个拉力和一个压力，这两个力组成一个力偶，其矩就是力偶矩。

在相同弯矩作用下，弯曲变形程度取决于 EI。EI 越大弯曲变形就越小，所以 EI 称为抗弯刚度。其中，E 为弹性模量，由材料的特性决定；I 称为截面惯性矩，是物体截面本身的属性。表 5–1 列出了常用的几种截面的惯性矩。

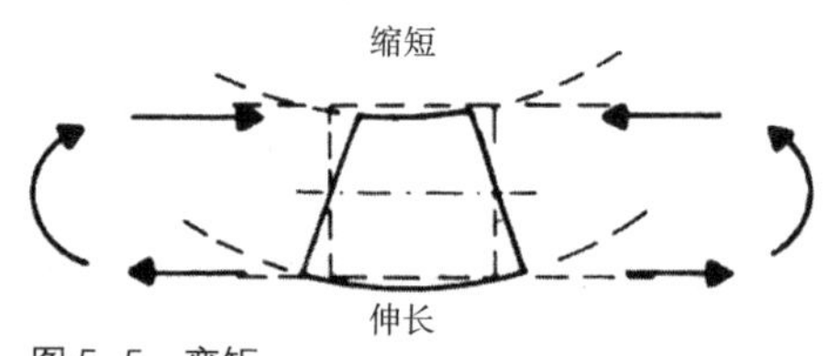

图 5–5　弯矩
（图片来源：《材料力学》孙训方）

常用截面的惯性矩　　**表 5–1**

截面形状和形心轴的位置	面积 A	惯性矩		惯性半径	
		I_x	I_y	i_x	i_y
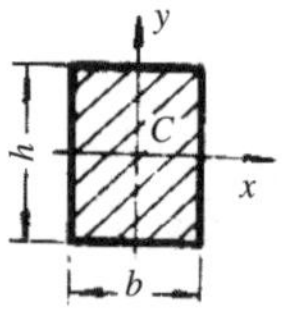 矩形（b、h，形心 C）	bh	$\frac{bh^3}{12}$	$\frac{b^3h}{12}$	$\frac{h}{2\sqrt{3}}$	$\frac{b}{2\sqrt{3}}$
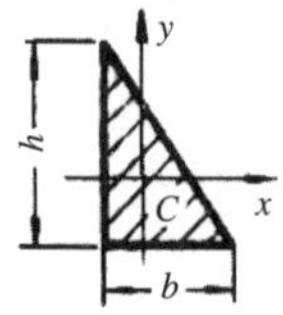 三角形（b、h，形心 C）	$\frac{bh}{2}$	$\frac{bh^3}{36}$	$\frac{b^3h}{36}$	$\frac{h}{3\sqrt{2}}$	$\frac{h}{3\sqrt{2}}$
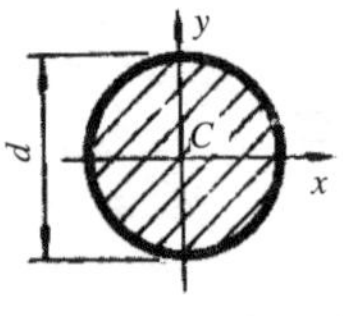 圆形（d，形心 C）	$\frac{\pi d^2}{4}$	$\frac{\pi d^4}{64}$	$\frac{\pi d^4}{64}$	$\frac{d}{4}$	$\frac{d}{4}$

截面形状和形心轴的位置	面积 A	惯性矩		惯性半径	
		I_x	I_y	i_x	i_y
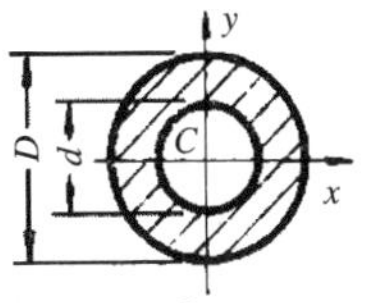 $\alpha=\dfrac{d}{D}$	$\dfrac{\pi D^3}{4}\times(1-\alpha^2)$	$\dfrac{\pi D^4}{64}\times(1-\alpha^4)$	$\dfrac{\pi D^4}{64}\times(1-\alpha^4)$	$\dfrac{D}{4}\sqrt{1+\alpha^2}$	$\dfrac{D}{4}\sqrt{1+\alpha^2}$
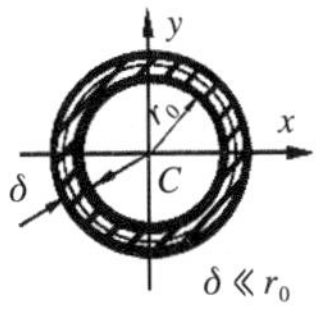 $\delta \ll r_0$	$2\pi r_0\sigma$	$\pi r_0^3\sigma$	$\pi r_0^3\sigma$	$\dfrac{r_0}{\sqrt{2}}$	$\dfrac{r_0}{\sqrt{2}}$
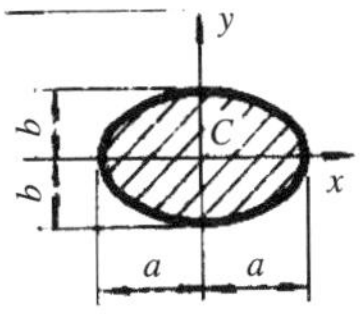	πab	$\dfrac{\pi}{4}ab^3$	$\dfrac{\pi}{4}a^3b$	$\dfrac{b}{2}$	$\dfrac{a}{2}$
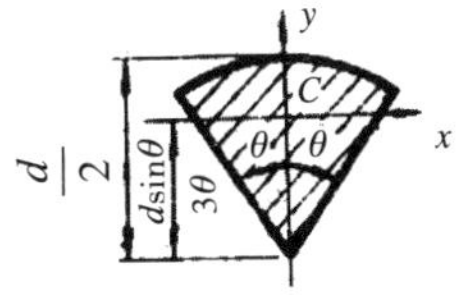	$\dfrac{\theta d^2}{4}$	$\dfrac{d^2}{64}\left(\theta+\sin\theta\times\cos\theta-\dfrac{16\sin^2\theta}{9\theta}\right)$	$\dfrac{d^2}{64}(\theta-\sin\theta\times\cos\theta)$		
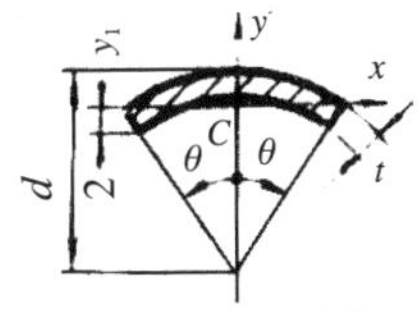 $y_1=\dfrac{d-t}{2}\left(\dfrac{\sin\theta}{\theta}-\cos\theta\right)+\dfrac{t\cos\theta}{2}$	$\theta\left[\left(\dfrac{d}{2}\right)^2-\left(\dfrac{d}{2}-t^2\right)\right]\approx\theta td$	$\dfrac{t(d-t)^3}{8}\left(\theta+\sin\theta\times\cos\theta-\dfrac{2\sin^2\theta}{\theta}\right)$	$\dfrac{t(d-t)^3}{8}(\theta-\sin\theta\times\cos\theta)$		

5.1.4 剪切变形、剪力、剪切刚度

如图 5-6 所示，在一对相距很近的大小相同指向相反的力作用下，物体的主要变形是横截面沿外力作用方向发生错动，这种变形称为剪切变形。剪力是垂直作用于一个构件轴线方向，与杆件截面平行的力。实际工程中处于纯剪切状态的情况是很少见的。

在相同应力条件下，剪切变形大小取决于 GA。GA 越大，剪切变形越小，反之 GA 越小，剪切变形越大。GA 称为抗剪刚度，其中 G 称为剪变模量，A 为受剪面积。

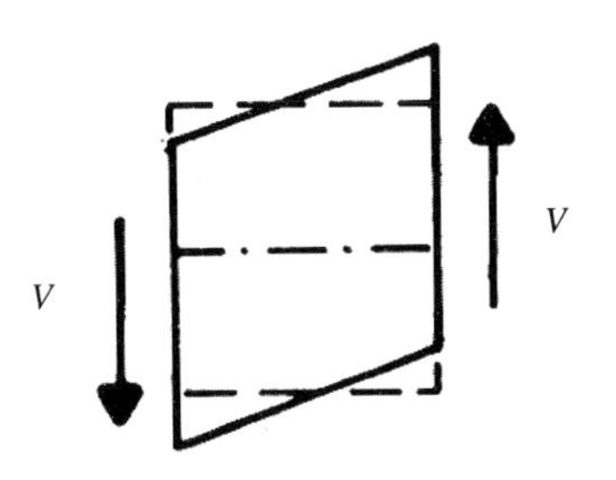

图 5-6 剪力
（图片来源：《材料力学》孙训方）

5.1.5 扭转变形、扭矩、抗扭刚度

如图 5-7 所示，在一对转向相反作用在垂直于杆轴线的两平面内的外力偶作用下，相邻截面将绕轴线发生相对转动，其相对角位移称为扭转角，而轴线仍维持直线，这种变形称为扭转变形。在外力偶作用下，横截面上的内力也将是个作用在该面内的力偶，称该力偶之矩为扭矩。

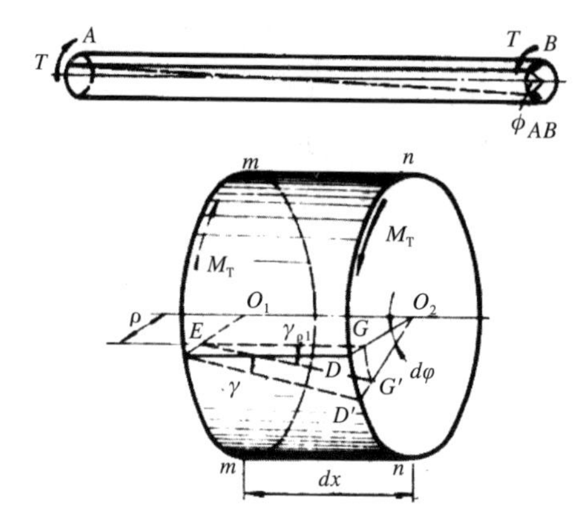

图 5-7 扭转
（图片来源：《材料力学》孙训方）

在相同的扭矩作用下，扭转变形程度取决于 GI_p。GI_p 越大，扭转变形越小，所以 GI_p 称为抗扭刚度。其中 G 称为剪变模量，与材料的特性有关。I_p 称为极惯性矩，是物体截面本身的属性。

5.2 搭建结构体系

将构件搭建为结构体系，首先需要明确几组与整体结构密切关联的概念，从而保证搭建的结构体系安全有效。

5.2.1 几何不变体系与几何可变体系

建筑结构不是一个实化的物体，而是由若干构件搭建而成的整体体系。就整体体系而言，其在几何构造上存在两种可能：几何不变体系与几何可变体系，这与体系的组成方式有密切关系。几何不变体系是在不考虑材料应变的条件下，结构整体体系的位置和形状不能改变。几何可变体系则是在不考虑材料应变的条件下，结构整体体系的位置和形状可以改变。两种体系可以形象地以图 5-8 表示。

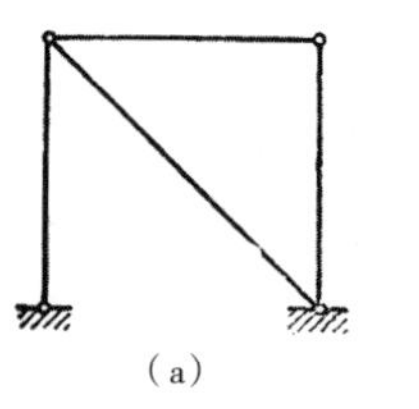

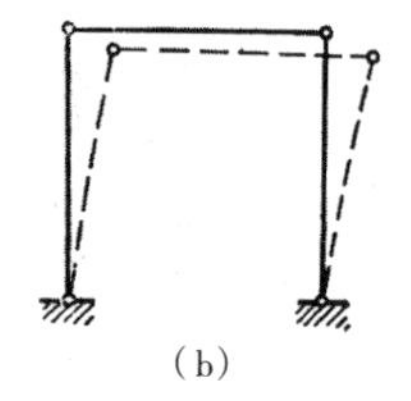

图 5-8 两种体系
（a）几何不变体系；（b）几何可变体系
（图片来源：《结构力学》龙驭球）

建筑结构必须是几何不变体系，而不能采用几何可变体系。几何可变体系使得建筑结构难以保证在正常使用过程中的功能要求。

5.2.2 静定结构与超静定结构

静定结构指，如果几何不变体系的自由度数和约束数正好相等，则称之为静定结构。超静定结构则指存在多余约束的几何不变体系。其中多余约束的含义是，如果在一个几何不变体系中增加一个约束，而体系的自由度并不因此而减少，则称此约束为多余约束。如图 5-9 所示。

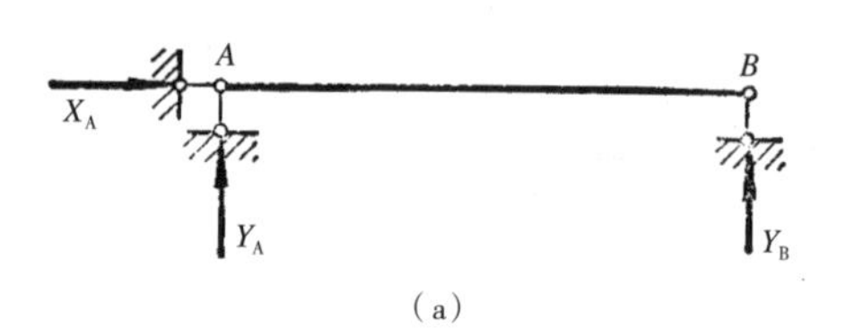

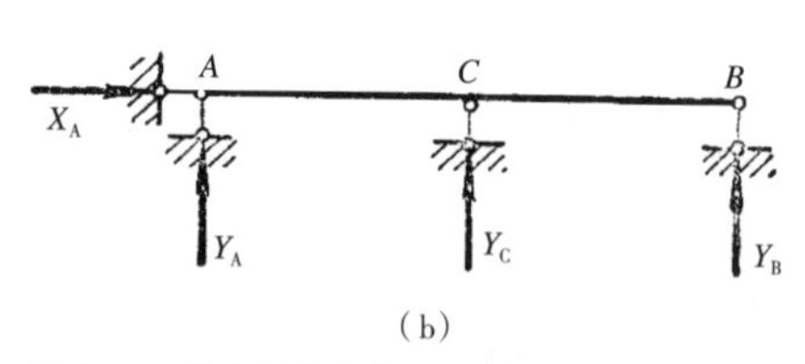

图 5-9 静定结构与超静定结构
（a）静定结构；（b）超静定结构
（图片来源：《结构力学》龙驭球）

在图 5-9（a）中，约束数目和结构的自由度数正好相等，图 5-9（a）的结构属于静定结构。在图 5-9（b）中，增加了支座 C，但并不能减少自由度数，因此 C 支座是多余约束，图 5-9（b）的结构属于超静定结构。

超静定结构与静定结构比较，具有以下三个优点：第一，从抵抗突然破坏的防护能

力来看，静定结构有一个约束破坏时，就成为几何可变体系，因而丧失承载能力。但是超静定结构却与其不同，当多余约束被破坏时，结构仍为几何不变体系，因而还具有一定的承载能力。因此，超静定结构具有较强的防护能力。第二，从荷载作用的影响范围和大小来看，图 5-10（a）所示为一根三跨连续梁在 P 作用下的弯矩图和变形曲线，由于梁的连续性，两个边跨也产生内力。图 5-10（b）所示为一静定多跨梁在荷载 P 作用下的弯矩图和变形曲线，由于铰的作用，两边跨不产生内力。这说明局部荷载在超静定结构中的影响范围一般比在静定结构中大，内力的峰值也要小些。第三，从结构刚度的角度看，如图 5-11 所示，在均布竖向荷载作用下，简支梁的最大挠度为一端固定、另一端铰支梁的 2.4 倍；为两端固定梁的 5 倍。可见超静定结构的刚度比静定结构的刚度大一些。

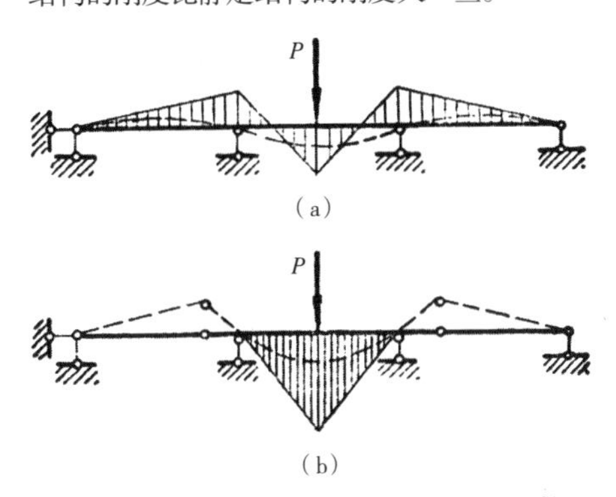

图 5-10　静定结构与超静定结构弯矩图比较
（a）超静定结构；（b）静定结构
（图片来源：《结构力学》龙驭球）

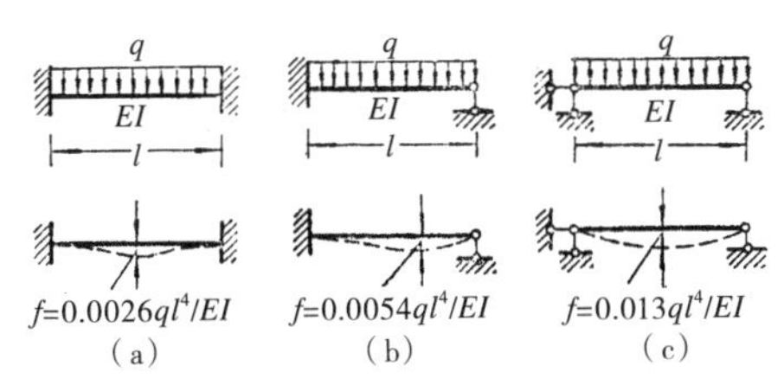

图 5-11　静定结构与超静定结构变形比较
（a）三次超静定；（b）一次超静定；（c）静定
（图片来源：《结构力学》龙驭球）

5.2.3　变形体和刚体

变形体是指固体在外力作用下会发生变形，包括物体尺寸的改变和形状的改变。这些固体称之为变形体。结构上所用的材料，在外力作用下均将发生变形。当荷载不超过一定的范围时，绝大多数的材料在撤去荷载后均可恢复原状。但当荷载过大时，则在荷载撤去后只能部分地复原而残留一部分不能消失的变形，在撤去荷载后能完全消失的那一部分变形称为弹性变形，不能消失而残留下来的那一部分变形称为塑性变形。刚体是一种理想化的力学模型。理论力学认为刚体是这样的物体，在力的作用下，其内部任意两点之间的距离始终保持不变。实际上物体在力的作用下，都会产生程度不同的变形。当物体的微小变形对研究整个物体平衡影响不大时，可以视其为刚体。刚体是对变形体的一种抽象。图 5-12 比较形象地介绍了变形体与刚体。

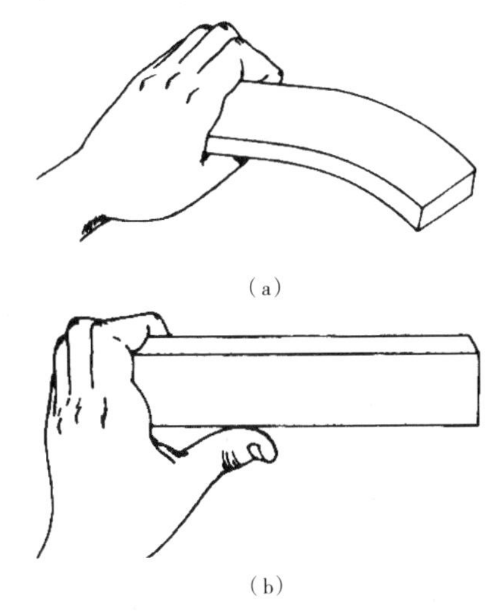

图 5-12　变形体与刚体
（a）变形体；
（b）刚体
（图片来源：《结构原理》（以色列）阿里埃勒·哈瑙尔）

5.2.4　自由度与约束

自由的物体可以作任何形式的运动，如果把这些运动置于坐标系中分析，则可以将其规范。下面以一个矩形在平面内的运动为例，如图 5-13 所示。

通过在坐标系内的分析，我们认识到，矩形的运动可以被归纳为三种独立的运动，即：沿 x 轴方向的移动（Δx），沿 y 轴方向的移动（Δy），转动（$\Delta\theta$）。因为矩形在平面内有三种独立运动方式，所以称其在平面内有三个自由度。自由度可以理解为，整体体系运动时，可以独立改变的坐标的数目。约束是什么？物体在平面内有三个自由度，为了

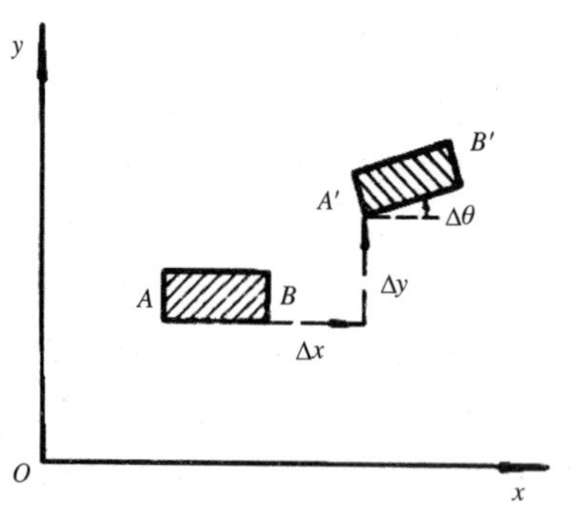

图 5-13　矩形在平面内的运动
（图片来源：《理论力学》哈尔滨工业大学）

限制每个自由度，则需施加相应的与运动方向相反的力或力矩，称其为约束。

对于建筑结构构件而言，约束来自于支座，因此支座受到的力常称其为支座反力。通常在结构体系中有三种类型的支座，分别是固定支座、铰支座和滚轴支座。固定支座将三个方向的自由度全部约束，因此支座反力有两个方向的力和一个力矩（图 5-14）。铰支座只约束水平和竖直两个方向的自由度，并不约束转动，因此支座反力只有两个方向的力，没有力矩（图 5-15）。滚轴支座只约束一个方向的自由度，允许发生转动和另一个方向的平动，因此支座反力只有一个方向的力（图 5-16）。

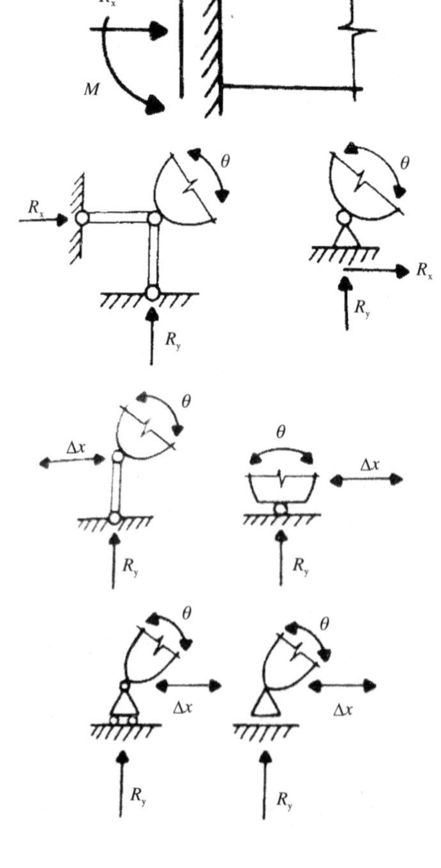

图 5-14　固定支座
（图片来源：《结构原理》（以色列）阿里埃勒·哈瑙尔）

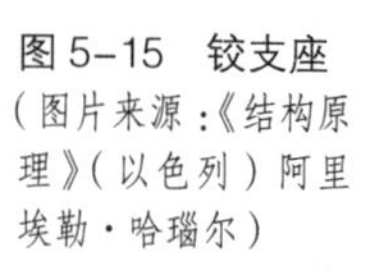

图 5-15　铰支座
（图片来源：《结构原理》（以色列）阿里埃勒·哈瑙尔）

图 5-16　滚轴支座
（图片来源：《结构原理》（以色列）阿里埃勒·哈瑙尔）

5.2.5　用杆件搭建框架结构

这一部分的题目叫做搭建结构体系，前面介绍了关于结构体系的几个重要概念，接下来的任务就是将结构体系搭起来。首先实现的是用杆单元搭建框架结构。结构力学这门课程实质上就是告诉我们如何将杆件组织成为结构的课程。

结构力学首先强调的是几何构造分析。在前面介绍中，强调建筑结构必须是几何不变体系。如何对建筑结构进行几何构造分析呢？结构力学介绍了五个重要的规律。

规律 1：一个刚片与一个点用两根链杆相连，且三个铰不在一直线上，则组成几何不变的整体，并且没有多余约束。

一个点与一个刚片之间的连接方式如图 5-17（a）所示，图中的连接方式保证一个点和一个刚片之间的连接既无多余约束，又满足几何不变体系的要求。

规律 2：两个刚片用一个铰和一根链杆相连接，且三个铰不在同一直线上，则组成几何不变的整体，并且没有多余约束。

两个刚片之间的连接方式如图 5-17（b）所示，图中表示两个刚片（Ⅰ与Ⅱ）之间的连接方式。

规律 3：三个刚片用三个铰两两相连，且三个铰不在一直线上，则组成不变的整体，并且没有多余约束。

三个刚片之间的连接方式如图 5-17（c）所示，表示三个刚片Ⅰ、Ⅱ、Ⅲ之间的连接方式。

上述三条规律虽然表述方式不同，但实际上可归纳为一个基本规律：如果三个铰不共线，则一个铰接三角形的形状是不变的，且没有多余约束。这个基本规律就是著名的三角形规律。三角形规律中的每一个铰，都可用相应的两根链杆来替换。这样三角形规律还可用别的方式来表述。举例来说，如果把图 5-17（b）中的铰 *B* 换成两根链杆 1 和 2，即得到图 5-17（d）所示的体系（链

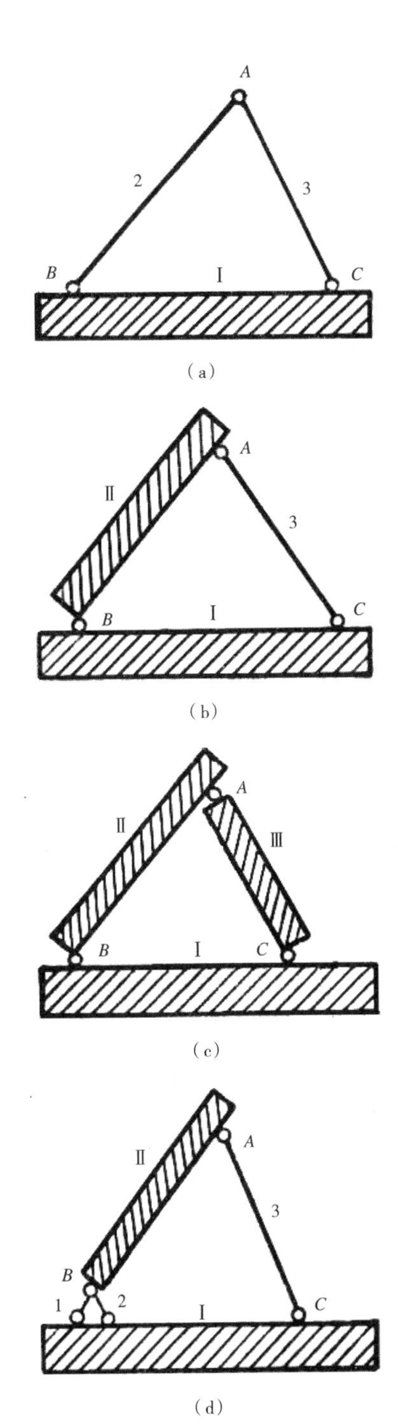

图 5–17　结构力学基本规律
（图片来源 :《结构力学》龙驭球）

杆 1 与 2 相交于 B 点）。这样，由规律 2 可以推演出下述规律。

规律 4：两个刚片用三根链杆相连，且三链杆不交于同一点，则组成几何不变的整体，并且没有多余约束。

我们将如图 5–18 所示的，不符合上述四条规律要求的体系，认定为瞬变体系。从图 5–19 中可以看出这种体系的一些特点：

（1）从微小运动的角度来看，这是一个可变体系。

（2）当 A 点沿公切线发生微小位移以后，两根链杆就不再彼此共线，因而体系就不再是可变体系。这种本来是几何可变、经微小位移后又成为几何不变的体系可称为瞬变体系。瞬变体系是可变体系的一种特殊情况。为了明确起见，可变体系还可进一步分为瞬变体系和常变体系两种情况。如果一个几何可变体系可以发生大位移，则称为常变体系。

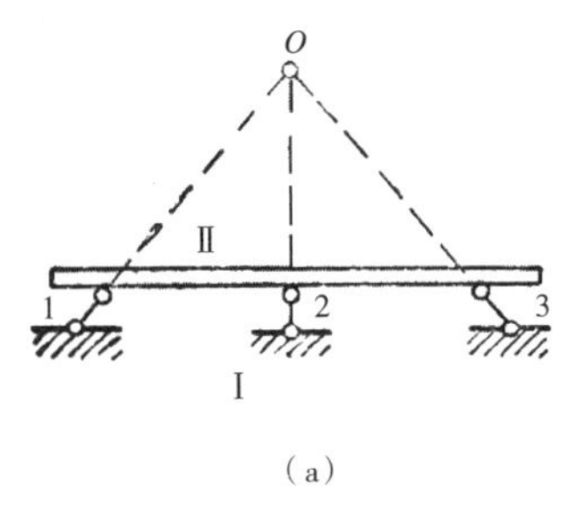

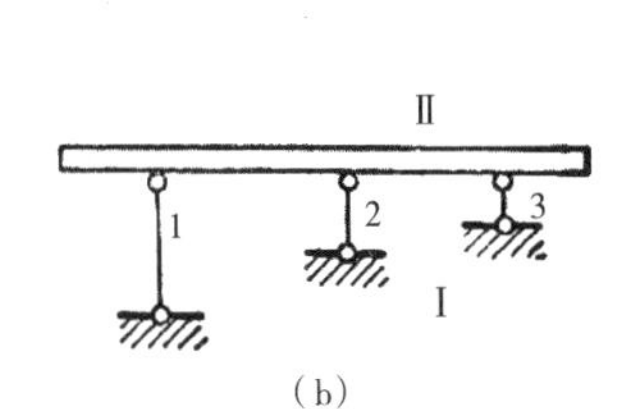

图 5–18　瞬变体系
（图片来源 :《结构力学》龙驭球）

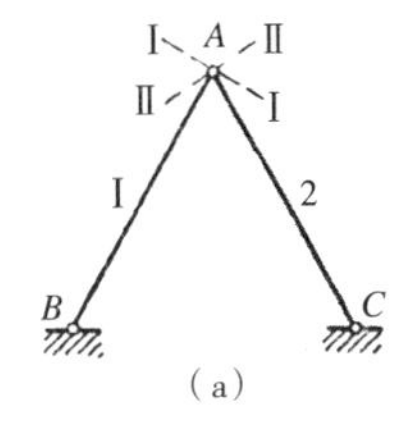

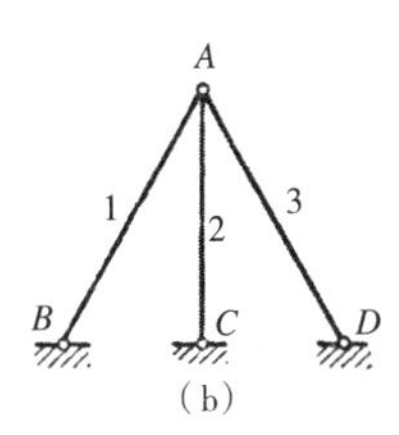

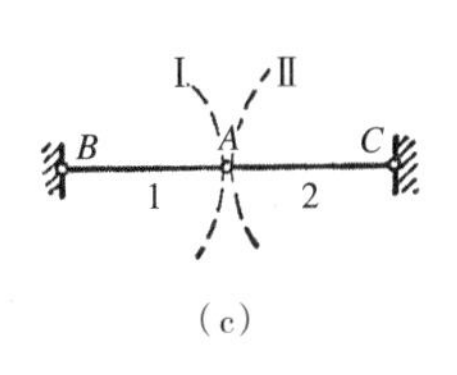

图 5–19　瞬变体系变形分析
（图片来源 :《结构力学》龙驭球）

规律 5：如图 5–20 所示，刚片 I 在平面内本来有三个自由度，如果用两根不共线的链杆 1 和 2 把它与基础相连接，则此体系仍有一个自由度。现在对其运动特点加以分析。由于链杆的约束作用，A 点的微小位移应与链杆 1 垂直，C 点的微小位移应与链杆 2 垂直。以 O 表示两根链杆轴线的交点。显然，刚片 I 可以发生以 O 为中心的微小转动，O 点称为瞬时转动中心。这时刚片 I 的瞬时运动情况与刚片 I 在 O 点用铰与基础相连接时的运动情况完全相同。因此，从瞬时微小运动来看，两根链杆所起的约束作用相当于在链杆交点处的一个铰所起的约束作用。这个铰可称为瞬铰。

图 5-20 瞬铰示意
（图片来源：《结构力学》龙驭球）

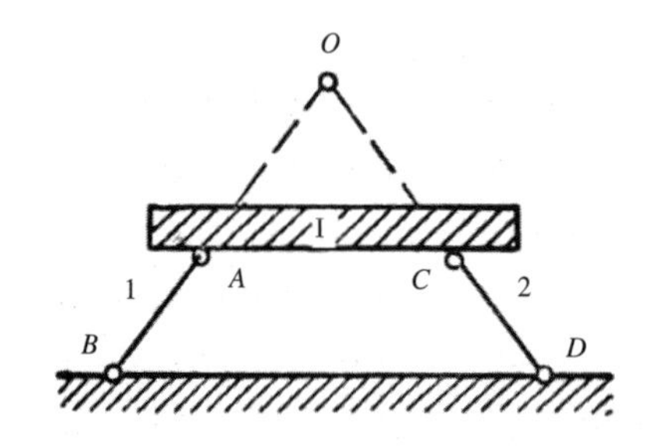

以上是结构力学关于搭建结构体系最基本的组成规律。虽然一共列了五条，但主要的是两点：三角形规律和瞬铰概念。需要强调的是，这只是平面内的规律，当从空间关系分析结构时，问题会更复杂。

基本组成规律告诉我们结构组成的三种基本方式，多次应用基本规律，可以组成各式各样的几何不变且无多余约束的体系。应用规律搭建结构通常有两种过程。现在，可以开始应用力学原理搭建我们自己的框架结构了。

第一种方式：固定一个节点的组成方式。在图 5-17（a）中，用不共线的两根链杆 2 和 3 将节点 *A* 固定在基本刚片 I 上，此方式简称为简单组成方式。

第二种方式：固定一个刚片的组成方式。在图 5-17（b）、（d）中，用不共线的铰 *B* 和链杆 3，或用不共点的三个链杆 1、2、3 将一个刚片Ⅱ固定在基本刚片 I 上，此方式简称为联合组成方式。

第三种方式：固定两个刚片的组成方式。在图 5-17（c）中，用不共线的三个铰 *A*、*B*、*C* 将两个刚片Ⅱ、Ⅲ固定在基本刚片 I 上，此方式简称为复合组成方式。

结构搭建过程 1：从基础开始进行装配。先取基础作为基本刚片，将周围某个部件（一个节点、一个刚片或两个刚片）按照基本组成方式固定在基本刚片上，形成一个扩大的基本刚片。然后，由近及远地、由小到大地、逐个地按照基本组成方式进行装配，直至形成整个体系。图 5-21（a）是这种方式的例子。图 5-21（a）所示体系是从基础出发，多次应用简单组成方式所组成的，即用五对链杆（1，2）、（3，4）、（5，6）、（7，8）、（9，10）依次固定节点 *A*、*B*、*C*、*D*、*E*，其中每一对链杆都不共线。因此，整个体系为无多余约束的几何不变体系。图 5-21（b）所示体系是从基础出发，多次应用联合组成方式所组成的。组成的次序是先用铰 A 和链杆 1 将 *AB* 梁固定于基础，形成扩大的基本刚片。然后，再用铰 *B* 和链杆 2 将 *BC* 梁固定于扩大后的基本刚片。最后，用铰 *C* 和链杆 3 固定 *CD* 梁。在每个组成方式所用的约束中，链杆和铰都不共线。因此，整个体系为无多余约束的几何不变体系。图 5-21（c）所示体系是从基础出发，多次应用复合组成方式所组成的。组成的次序是先将刚片Ⅰ、Ⅱ固定于基础，由于所用的三个铰不共线，且在三个刚片间为两两相连，因此形成一个扩大的基本刚片，且无多余约束。然后，用同样方式依次固定（Ⅲ、Ⅳ）和（Ⅴ、Ⅵ）。因此，整个体系为无多余约束的几何不变体系。

结构搭建过程 2：从内部刚片出发进行

图 5-21 结构搭建过程 1 示意
（图片来源：《结构力学》龙驭球）

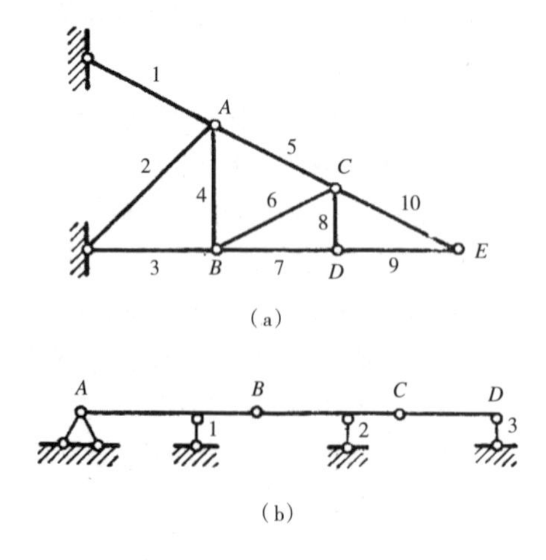

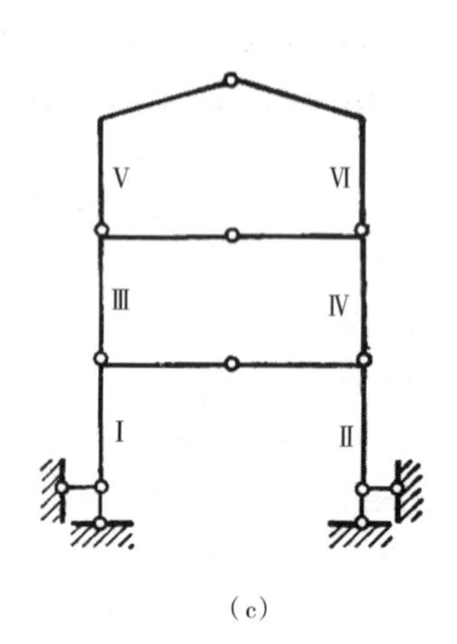

装配——先在体系内部选取一个或几个刚片作为基本刚片，将其周围的部件按照基本组成方式进行装配，形成一个或几个扩大的基本刚片。最后，将扩大的基本刚片再与地基组织起来，从而形成整个体系。图5-22是这种组成方式的例子。首先，分析图5-22（a）中的体系。左边三个刚片*AC*、*AD*、*DF*由不共线的三个铰*A*、*D*、*F*相连，组成一个无多余约束的大刚片，称为Ⅰ。同理，右边三个刚片*BC*、*BE*、*EG*组成一个大刚片，称为Ⅱ。大刚片Ⅰ与Ⅱ之间由不共线的铰*C*和链杆*DE*相连，组成一个无多余约束的更大的刚片。最后，用不共点的三根支杆固定于基础。因此，整个体系为几何不变，且无多余约束。其次，分析图5-22（b）中的体系。三角形*BCF*和*EDA*可看作两个大刚片，它们之间由不共点的三根链杆*AB*、*CD*、*EF*相连，组成一个更大的刚片。最后，用不共点的三根支杆固定于基础。因此，整个体系为几何不变，且无多余约束。

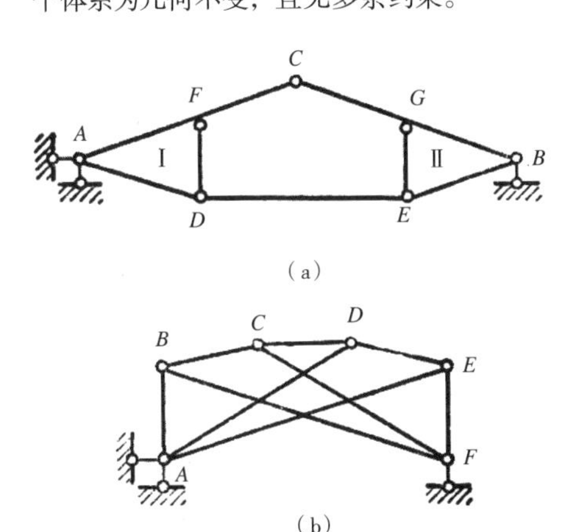

图5-22　结构搭建过程2示意
（图片来源：《结构力学》，龙驭球）

以上介绍的方法搭建完成的仅是平面内的一榀框架。形成整个框架结构，则要在两个方向或多个方向搭建多榀框架才能完成。

5.2.6　关于楼板的刚度假设

楼板是结构设计中量大面广的水平构件，它一方面承受着竖向荷载的作用，负责将其上荷载及自重传递给墙、柱等竖向构件，另一方面又要承受水平荷载作用，并也将水平作用传递给竖向构件。所以，楼板既是重要的受力构件又是重要的传力构件。由于楼板同时存在着平面内刚度和平面外刚度，在结构分析中，其刚度假定对结构的整体刚度、对其他构件的内力都会产生较大的影响，因此可以说楼板刚度的大小直接影响着整体结构及相关构件，也包括楼板本身的分析结果，其中涉及各种构件内力、变形及配筋等。楼板刚度假定是结构分析的重要参数。

对于刚性楼板假定，其含义是假定楼板平面内刚度无限大，平面外刚度为零。这个假定使得结构计算概念明确，过程简化。即假定结构板每层只有三个自由度，两个平移自由度d*x*、d*y*和一个绕竖轴扭转自由度θ_z，这样极大地减少了结构整体自由度数，使结构分析工作得到很大程度的简化，大大提高了分析效率。但是采用刚性楼板假定时，楼板的平面外刚度是忽略不计的，这就使得结构总刚度偏小，周期偏长，吸收的地震作用也会偏小，相对偏不安全。实际上，楼板的平面外刚度在计算梁翼缘刚度时有所考虑，规范用近似以梁刚度放大系数形式来间接地考虑楼板的平面外刚度。规定在结构内力与位移计算中，现浇楼面和装配整体式楼面中梁的刚度可考虑翼缘的作用予以增大。楼面梁刚度增大系数可根据翼缘情况取1.3～2.0。对于无现浇面层的装配式结构，可不考虑楼面翼缘的作用。对于楼板形状比较规则的结构体系，我们可以采用刚性楼板假定，并配合适当放大梁中刚度系数的方法来进行计算分析。虽然刚性楼板假定的分析效率高，但并非适用于所有结构，其更适用于楼板形状比较规则的结构工程，而对于复杂楼板形状的结构，例如楼板有效宽度较窄的环形楼面或大开洞楼面、连体结构的狭长连接楼面等就不适用了。这些楼板平面内刚度有较大的削弱且刚度不均匀，楼板的平面内变形会影响楼层内抗侧刚度较小的构件的位移和内力。另外，对于特殊楼板体系，例如板柱体系、厚板转换层结构等，采用刚性楼板假定的分析是不适合的，计算结构的可靠性亦无法保证，此时需考虑采用其他的楼板假定来分析这类结构。

5.2.7 关于墙单元模型认识

墙单元有些类似板单元，但是其受力关系更复杂一些。墙不仅承受轴向力的作用，而且承受水平力作用。在平面内刚度很大，平面外刚度一般。由于在结构中，墙往往是彼此相连的，因此其两个方向的刚度又难以划分。在比较早期的平面计算分析时代，往往将墙体划分为两个方向构件，各自单独计算，同时从整体性考虑，将垂直方向相连接的墙体考虑一部分翼缘的作用。后来随着计算分析方法的进步，逐渐以开口薄壁杆件、墙元、等效支撑模型、两维板单元来代替，使计算更加准确。因此，剪力墙结构设计随之有了长足的进步。至于墙单元与框架结构的杆件单元共同工作，形成框架—剪力墙结构，则要归功于Khan先生，他比较早地解决了墙单元与杆件单元连接处的变形协调问题，对结构形式的发展起到了重要的推动作用。

5.3 结构体系变形特点

5.3.1 结构基本构件

将构件组装成为整体结构，每一个构件的变形特点将对整体结构的变形产生很大的影响。根据变形的特点和截面尺寸特点，众多的结构构件常被划分为三类基本构件。以受弯为主的构件被称为梁，如图5-23所示。梁的截面可以有很多种形式，如图5-24所示。梁既可以做成单跨，也可以做成多跨，还可以做成悬臂梁。从形式上也可以做成折梁和曲梁。如图5-25所示。

以受压为主的构件被称为柱，柱截面形式如图5-26所示。当柱截面的长宽比大于2.5 ~ 4时，则称其为墙。这主要是因为细长的构件很难保证全截面共同变形，这一点是墙和柱子的受力特点的差别。墙和柱在结构中除承受竖向荷载之外，当结构受到

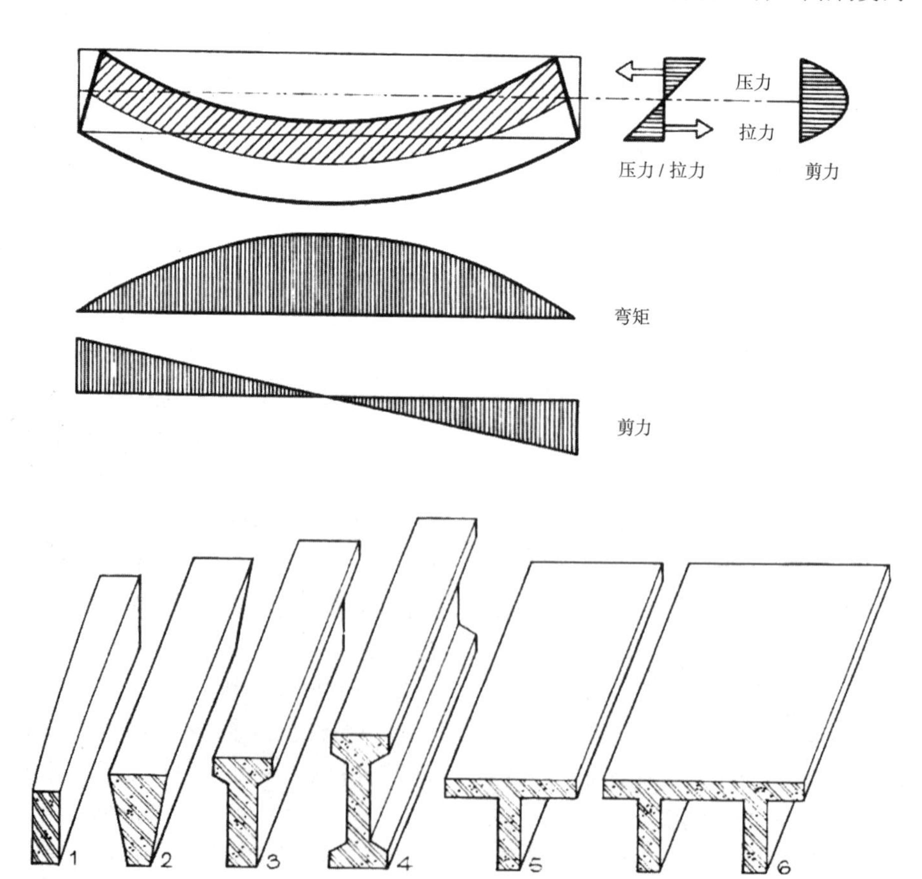

图5-23 矩形截面梁的应力分布
（图片来源：《结构体系与建筑造型》（德）海诺・恩格尔）

图5-24 梁截面形式
1-矩形梁；2-梯形梁；3-顶凸缘梁；4-I形梁；5-T形梁；6-双T形梁
（图片来源：《结构体系与建筑造型》（德）海诺・恩格尔）

水平力作用时，均承受剪力作用。区别在于，墙在承受剪力的作用时，剪力会使墙两端集中承受拉力和压力的作用，因此剪力墙内配筋设计和端部配筋设计都非常重要。剪力墙示意图，如图 5-27 所示。

正如前文所述，构件的变形受到支座约束作用的影响，这种支座约束在整体结构中主要来自构件相互连接的节点，其中包

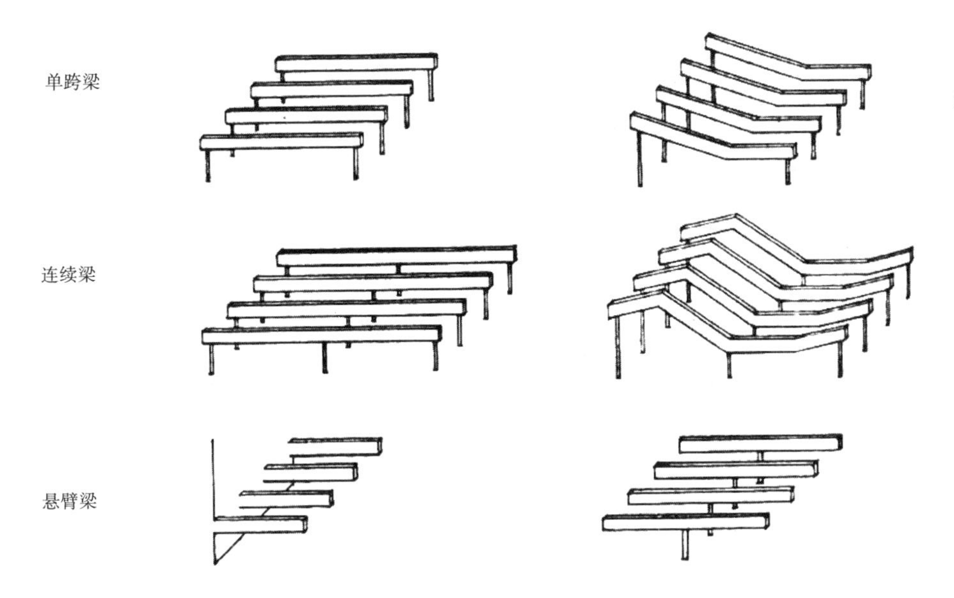

图 5-25　梁的纵向形式
（图片来源：《结构体系与建筑造型》（德）海诺·恩格尔）

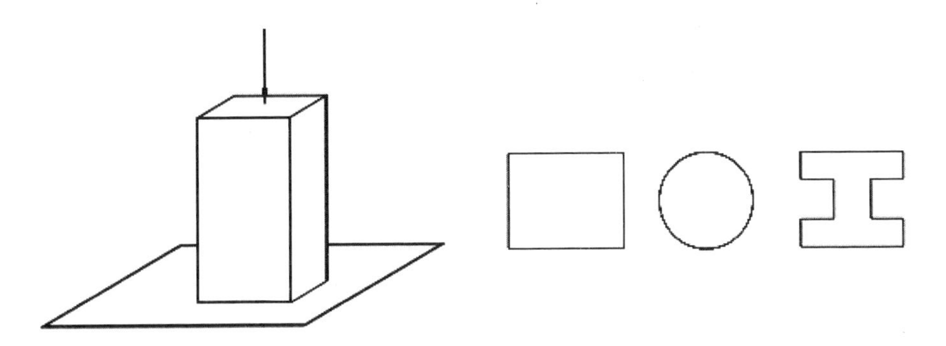

图 5-26　柱和柱的截面形式
（图片来源：图片由张继平提供）

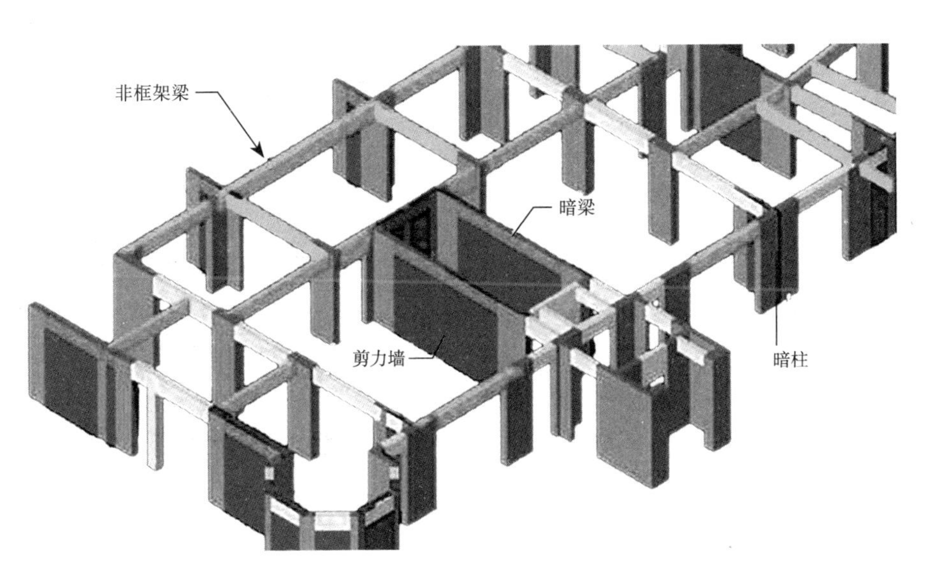

图 5-27　剪力墙示意图
（图片来源：http://www.to8to.com）

图 5-28　梁柱节点
（图片来源：《结构概念和体系》林同炎）

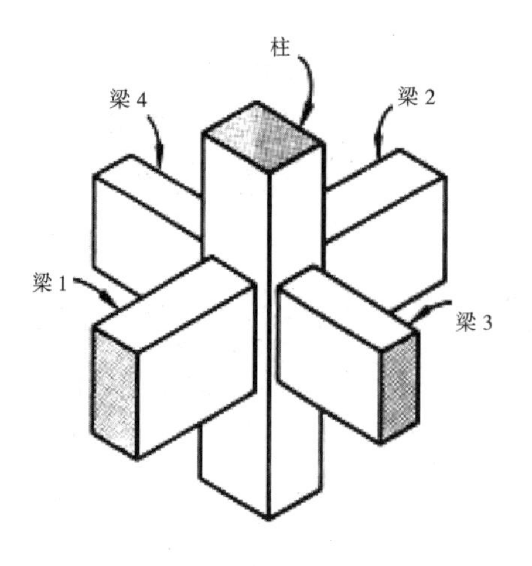

图 5-29　刚节点的简化示意图
（图片来源：《结构体系与建筑造型》（德）海诺 . 恩格尔）

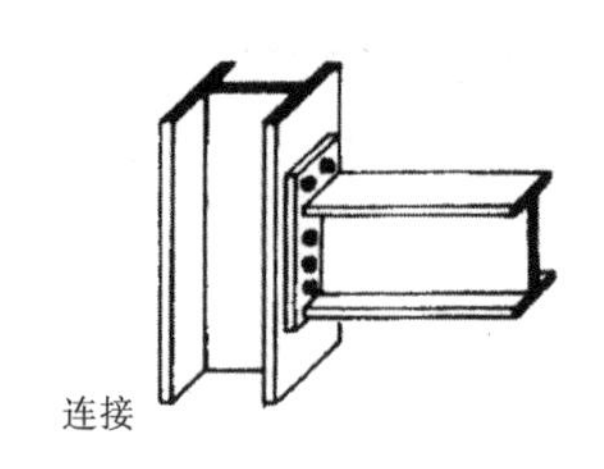

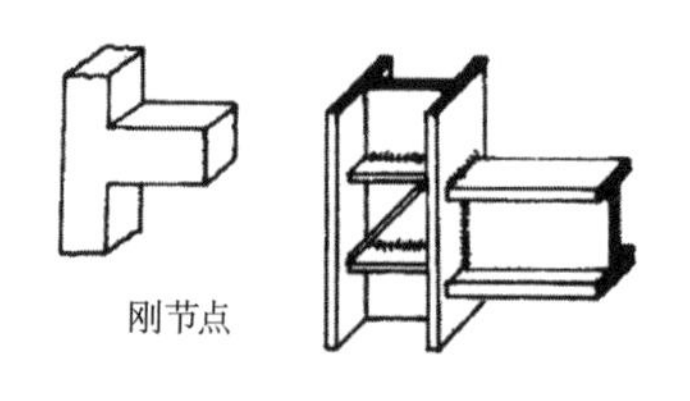

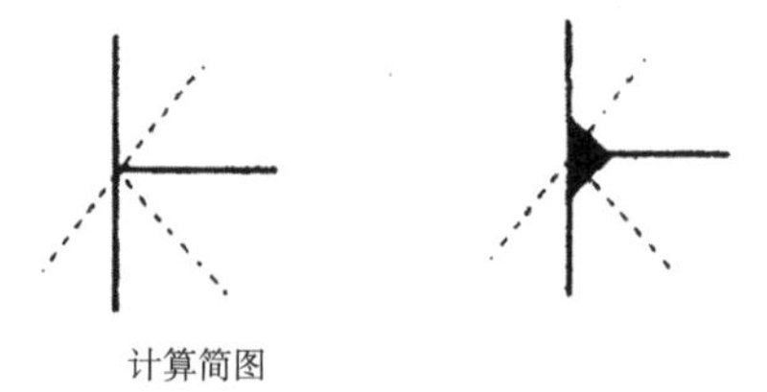

图 5-30　铰节点的简化示意图
（图片来源：《结构体系与建筑造型》（德）海诺 . 恩格尔）

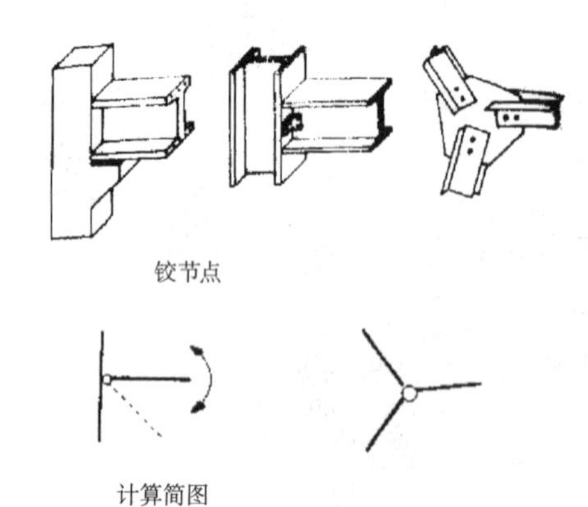

括梁柱节点、梁墙节点以及梁梁节点。节点的形式不仅影响构件的变形特点，而且影响到整体结构的变形特点。节点形式如图 5-28 ~ 图 5-30 所示。

5.3.2　结构变形特点

在外力作用下，每一点的位移组成了构件的变形，每一构件的变形组成了整体结构的变形。结构的侧向变形主要是由水平力作用的结果，水平力既产生剪力作用，也导致弯矩作用。剪力对应的变形如图 5-31 所示，称剪切变形。弯矩对应的变形如图 5-32 所示，称弯曲变形。由计算分析可知，当房屋高度越大，宽度越小时，则由轴力引起的变形越大。对于房屋高度大于 50m，或房屋的高宽比大于 4 的结构，其弯曲变形而引起的侧移，与框架结构梁柱弯曲变形引起的侧移相比，后者只是前者的 5% ~ 11%，因此，当房屋高度或高宽比低于上述数值时，弯曲引起的变形可以忽略不计。

框架结构在侧向力作用下的变形以剪切型为主，称为剪切型变形。如图 5-33 所示。

剪力墙结构的变形主要由弯矩构成，即层间位移由下至上逐渐增大，相当于一个悬臂梁，侧向变形呈弯曲型。如图 5-34 所示。

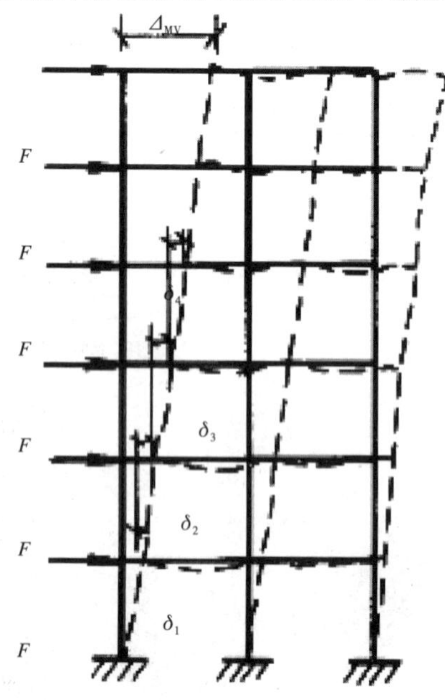

图 5-31　剪切变形
（图片来源：http：//zhuangshi.hui-chao.com）

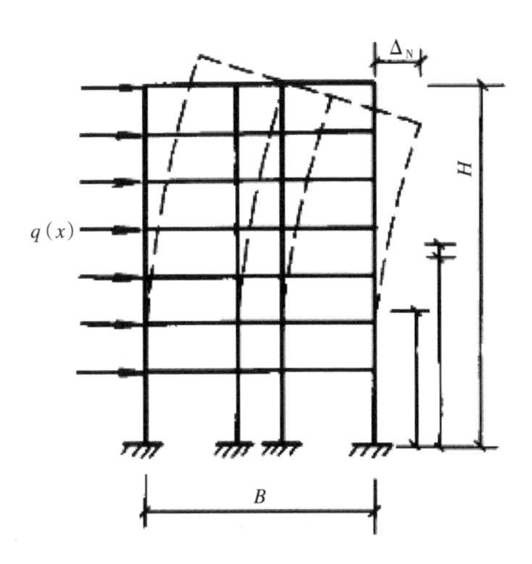

图 5-32　弯曲变形
（图片来源：http：//zhuangshi.hui-chao.com）

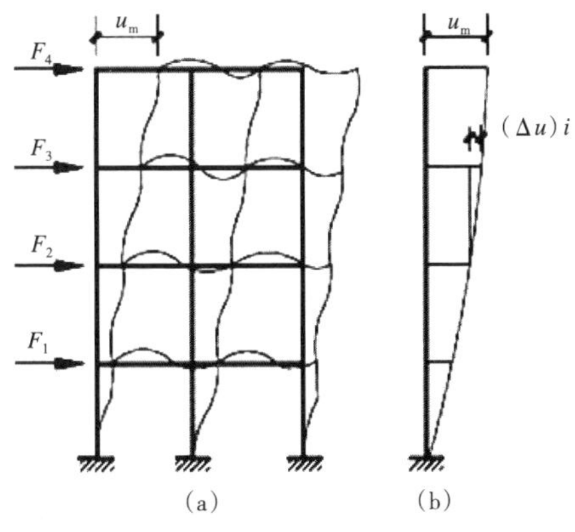

图 5-33　剪切型变形曲线
（图片来源：http：//zhuangshi.hui-chao.com）

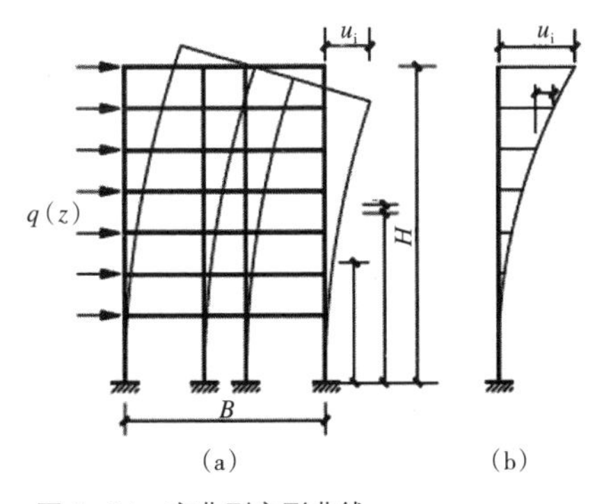

图 5-34　弯曲型变形曲线
（图片来源：http：//zhuangshi.hui-chao.com）

框架—剪力墙结构的位移曲线包括剪切型和弯曲型，由于楼板的作用，框架和墙的侧向位移必须协调。在结构的底部，框架的侧移减小；在结构的上部，剪力墙的侧移减小。整体结构侧移曲线呈弯剪型，层间位移沿建筑物的高度比较均匀，改善了框架结构及剪力墙结构的抗震性能，也有利于减少小震作用下非结构构件的破坏。如图 5-35 所示。

图 5-35　弯剪型变形曲线
（图片来源：http：//www.chinaqking.com）

5.3.3　影响变形因素

影响整体结构刚度的因素有很多，在介绍构件的刚度时，可以看出，刚度与材料特性及截面尺寸有很大关系。从对于支座的介绍中也可以看出，支座的形式对于整体结构的刚度也有很大的影响，因为支座的形式直接影响了构件的变形特点。还有一些因素对于整体结构刚度产生影响，其中包括：建筑的高宽比，构件的截面形式，构件的数量等。

建筑物的高宽比定义中，高是指建筑物高度，其值为室外地面至檐口的高度（不包括局部凸出的机房、水箱等）；宽是指倾覆方向支撑体系总宽度。高宽比变化，会直接影响结构的刚度。当支撑体系总宽度减小时，其内力加大；反之，其内力减小。如图 5-36 所示。

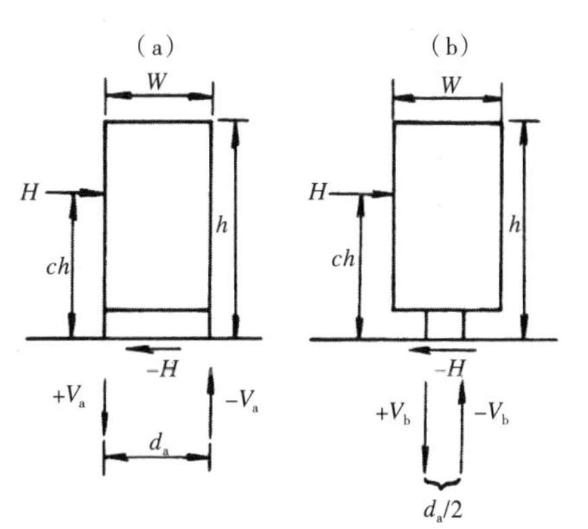

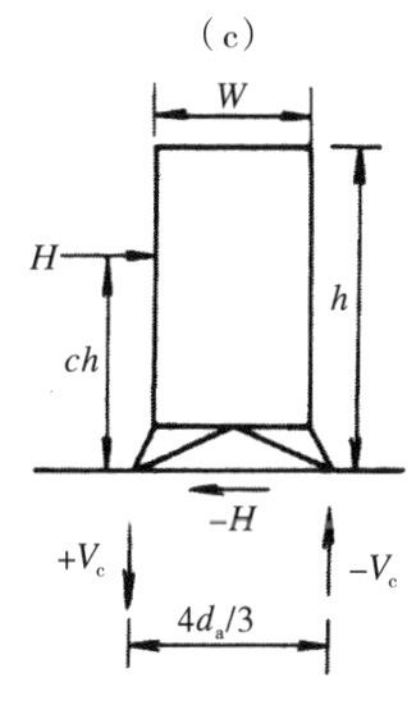

图 5-36　建筑高宽比示意图
（图片来源：《建筑结构抗震设计与研究》胡庆昌）

中国规范根据结构类型分别规定了不同结构的建筑高宽比限值，目的是在设计过程中实现结构具备足够刚度的目标。见表5–2、表5–3所列。

结构构件的截面形式也会对整体结构的刚度产生很大影响。组成整体结构的构件形式大致可以分为三种：线形构件、平面构件和立体构件。如图5–37所示。构件的形式是影响整体结构刚度的重要因素。

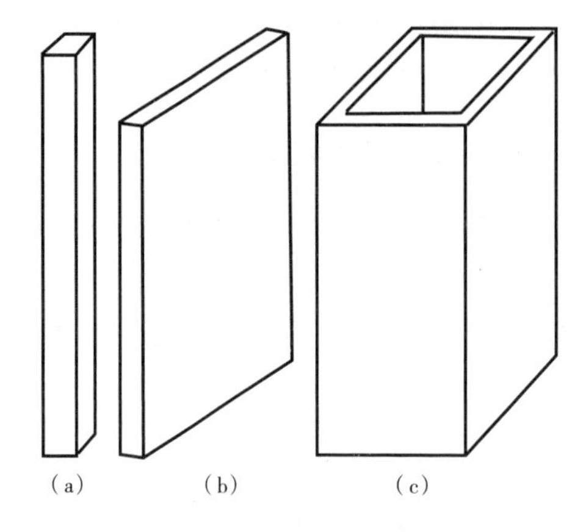

图5–37　构件形式
(a)线形构件；
(b)平面构件；
(c)立体构件
(图片来源：《高楼结构方案优选》刘大海等)

线形构件是具有较大长细比的细长构件。当它作为框架中的柱或梁使用时，主要承受弯矩、剪力和压力，其变形中的最主要成分是垂直于杆轴方向的弯曲变形。当它作为桁架或支撑中的弦杆和腹杆使用时，主要是承受轴向压力或拉力，轴向压缩或轴向拉伸是其变形的主要成分。线形构件是组成框架体系、框架—剪力墙体系的基本构件。

平面构件是具有较大横截面边长比的片状构件。它作为楼板使用时，承受平面外弯矩，垂直于其平面的挠度是其变形的特点。它作为墙体使用时，承受着沿其平面作用的水平剪力和弯矩，也承担一定的竖向压力；弯曲变形和剪切变形是墙体产生侧移的主要成分。平面构件平面外的刚度和承载力很小，结构分析中常略去不计。平面构件是组成剪力墙体系、框架—剪力墙体系的基本构件。

立体构件是由线构件或面构件组成的具有较大横截面尺寸和较小壁厚的整体管状构件，又称空间构件。框筒就是由梁和柱等线形杆件组成的立体构件。在高层建筑结构中，立体构件作为竖向筒体使用时，主要承受倾覆力矩、水平剪力和扭转力矩。与线形构件和平面构件相比较，立体构件具有大得多的空间刚度，而且具有较大的抗扭刚度，在水平荷载作用下所产生的侧移值较小，因而特别适合用于高层建筑结构。立体构件是框筒体系、筒中筒体系、束筒体系、支撑框筒体系和巨型结构体系中的基本构件。

构件数量是根据计算结果确定的，但在设计过程中，建筑师会根据功能布置的

砌体结构最大高宽比　　　　**表5–2**

烈度	6	7	8	9
最大高宽比	2.5	2.5	2.0	1.5

注：1. 单面走廊房屋的总宽度不包括走廊宽度。
2. 建筑平面接近正方形时，其高宽比宜适当减小。

高层结构最大高宽比　　　　**表5–3**

结构类型		非抗震设计	抗震设防烈度		
			6度、7度	8度	9度
钢筋混凝土结构	框架	5	4	3	
	板柱—剪力墙	6	5	4	
	框架—剪力墙、剪力墙	7	6	5	4
	框架—核心筒	8	7	6	4
	筒中筒	8	8	7	5
钢结构		5	6.5	6.0	5.5
混合结构	框架—核心筒	8	7	6	4
	筒中筒	8	8	7	5

要求和造型的要求，希望减小一些构件的截面尺寸和减少部分构件的数量，这种情况非常多见。在这里需要特别说明的是，结构构件的数量，对形成整个结构的刚度有很重要的意义，是保持结构刚度的基本要素。墙和柱组成结构的竖向构件，梁和板组成结构的水平构件。水平构件将竖向构件连接成为一个整体。构件数量减少意味着，如果某一构件出现问题，则整体结构的刚度会出现比较大的衰退，造成不安全影响。

5.4 结构体系变形性质

在各种外力作用下，结构体系在竖直方向和水平方向都会产生变形。在图 5–38 中，纵轴表示不同阶段的外力，横轴表示变形大小。

在只有恒载作用时，结构的侧向位移很小，但结构的许多部位会有一定量的竖向位移。例如，楼板会产生弯曲变形，墙、柱以及核心筒都会有一些压缩变形。但就整体而言，在恒载作用下，建筑结构的各个部位的内力是有限的，位移也极小。当建筑结构加上活荷载的作用时，会使整体结构或局部结构的位移有所增大。尽管活荷载值通常只相当于恒载的一小部分，不会使位移增加很大，但它有可能产生不利于结构的位移。例如，在设计单独地下停车库的顶板时，有时会考虑停放满载水的消防车。消防车荷载很大，一旦作用在结构顶板上，会对结构造成很不利影响。就整体结构而言，风荷载与地震作用在水平方向的影响，比起恒载和活荷载对结构的影响要大得多。当建筑结构受到风荷载或地震作用时，会使整个结构产生相当大的水平位移，从而在结构的各个构件中产生很大的内力。在这种情况下，结构的位移要满足限值的要求，内力也要小于相应的强度要求。此时对结构位移、承载力要求要比竖向荷载单独作用时放宽一些。因为风荷载与地震作用同时发生的概率相当低，因此不需要考虑它们同时作用。在承受规定的恒载、活荷载与风荷载或地震作用的组合内力时，结构还具有储备的承载能力。为了能够抵抗难以预料的大风或者灾难性地震，这种储备的承载能力是很有必要的。这种储备称为建筑结构的安全储备。这种储备的承载能力不只是为灾难性荷载作用提供了附加的安全储备，其也使建筑结构在风荷载或地震作用达到设计值时，其位移保持在允许值之内。这些允许值通常是由材料的弹性性能决定的。因此，在风荷载或设防烈度地震作用下，包括恒载和部分活荷载的组合在内，建筑结构仍将在弹性范围内工作。这样，建筑物的竖向和水平方向的位移不会太大，可以用通常的弹性方法来计算结构位移。至于抵抗灾难性地震，情况就不同了。灾难性地震产生的内力或位移将是规范规定设防的内力或位移的好几倍。如果在灾难性地震作用下也要使结构处于弹性范围内，那样的设计会使建筑物的造价高得无法接受。在灾难性地震时，允许建筑物进入塑性变形阶段。在保证整体结构稳定的前提下，建筑物的一些部位可能有轻微的破坏。实际上结构真正进入塑性范围的机会不多，况且由于地震峰值

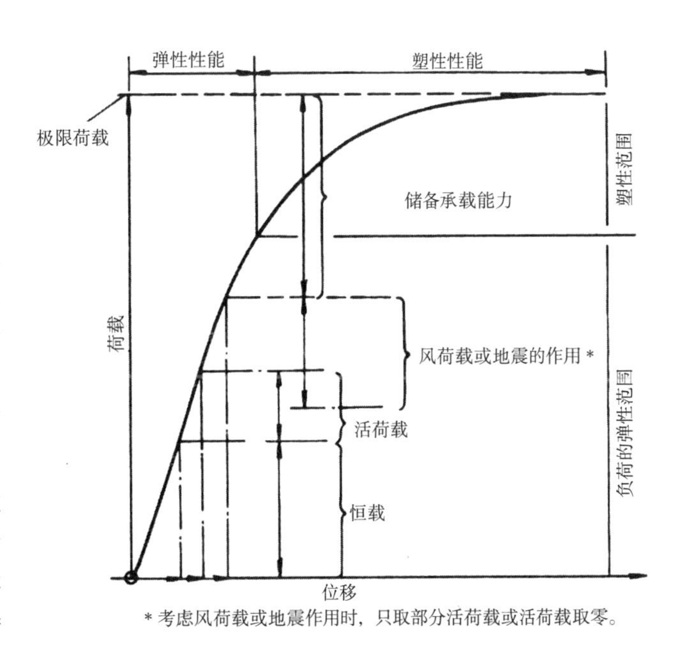

图 5–38　结构的荷载—位移曲线
（图片来源：《结构概念和体系》林同炎）

的持续时间很短，因此，用变形来吸收能量，更容易做到。

从图 5-38 可以看到，结构设计必须考虑不同的荷载阶段，在每个阶段，要求的结构性能是不同的。除了这种正常的结构使用过程外，还应当考虑一些特殊的情况。建筑物的一些部位可能承受反复荷载作用，例如行驶的卡车、风的气流或地震的振动等。这种反复荷载可能产生长期荷载所不能产生的疲劳破坏。另外，建筑的某些部位可能承受长期持续的荷载作用，例如很大的恒载，它们会使结构的某些部位产生徐变，因而造成不希望出现的位移。有时，温度反复变化也会使结构产生大的变形差，使建筑物某些部位发生疲劳破坏，这也是应当考虑到的。

总而言之，在正常的设计荷载组合作用下，结构应为线性弹性反应；同时，在灾难性地震作用下，结构应具有足够的延性吸收能量，保证结构不致发生倒塌。中国规范对结构在弹性阶段和弹塑性阶段的变形分别进行了规定。见表 5-4、表 5-5 所列。

弹性层间位移角限值 **表 5-4**

设计阶段和极限状态	结构弹性变形验算，指多遇地震下结构层间变形正常使用极限状态验算				
验算范围	钢筋混凝土框架、框架—抗震墙、板柱—抗震墙、框架—核心筒、抗震墙、筒中筒、钢筋混凝土框支层、多高层钢结构				
验算目的	1. 避免填充墙出现连通裂缝，控制框架柱裂缝； 2. 抗震墙有较小的适度开裂				
多遇地震作用取值	烈度	6 度	7 度	8 度	9 度
	α_{max}	0.04	0.08（0.12）	0.16（0.24）	0.32
验算方法	容许弹性变位角验算 $\Delta u_e \leqslant [\theta_e]h$				
	Δu_e：多遇地震下的弹性层间变形 h：层高 $[\theta_e]$：容许弹性层间变位角				
	钢筋混凝土框架				1/550
	钢筋混凝土框架—抗震墙、板柱—抗震墙、框架—核心筒				1/800
	钢筋混凝土抗震墙、筒中筒				1/1000
	钢筋混凝土框支层				1/1000
	多、高层钢结构				1/300
计算模型	可采用与结构内力分析相同的模型，假定基础固定，构件刚度取弹性刚度				
计算方法	结构力学的位移计算方法				

弹塑性层间位移角限值 **表 5-5**

设计阶段和极限状态	结构弹塑性变形验算，指罕遇地震下结构层间变形不超过弹塑性层间位移角限值，属变形能力极限状态验算
验算范围	《建筑抗震设计规范》GB 50011—2010 要求对下列结构应进行薄弱层的弹塑性变形验算： 1. 8 度Ⅲ、Ⅳ类场地和 9 度时，高大的单层钢筋混凝土柱厂房的横向排架； 2. 7 ~ 9 度时楼层屈服强度系数小于 0.5 的钢筋混凝土框架结构； 3. 高度大于 150m 的钢结构； 4. 甲类建筑和 9 度时乙类建筑中的钢筋混凝土结构和钢结构； 5. 采用隔震和消能减震设计的结构。 《建筑抗震设计规范》要求对下列结构宜进行薄弱层的弹塑性变形验算： 1.《建筑抗震设计规范》规定的高度范围和竖向不规则类型的高层建筑结构； 2. 7 度Ⅲ、Ⅳ类场地和 8 度时乙类建筑中的钢筋混凝土结构和钢结构； 3. 板柱—抗震墙结构和底部框架砖房； 4. 高度不大于 150m 的其他高层钢结构

续表

<table>
<tr><td>验算目的</td><td colspan="4">防止结构在罕遇地震时倒塌</td></tr>
<tr><td rowspan="2">多遇地震作用取值</td><td>烈度</td><td>7 度</td><td>8 度</td><td>9 度</td></tr>
<tr><td>α_{max}</td><td>0.50（0.72）</td><td>0.90（1.20）</td><td>1.40</td></tr>
<tr><td rowspan="9"></td><td colspan="4">容许弹塑性变位角验算 $\Delta u_p \leqslant [\theta_p]h$</td></tr>
<tr><td colspan="4">Δu_p：罕遇地震下的弹塑性层间变形
h：层高
$[\theta_p]$：弹塑性层间位移角限值</td></tr>
<tr><td colspan="2">单层钢筋混凝土柱排架</td><td colspan="2">1/30</td></tr>
<tr><td colspan="2">钢筋混凝土框架</td><td colspan="2">1/50</td></tr>
<tr><td colspan="2">底部框架砌体房屋中的框架—抗震墙</td><td colspan="2">1/100</td></tr>
<tr><td colspan="2">钢筋混凝土框架—抗震墙、板柱—抗震墙、框架—核心筒</td><td colspan="2">1/100</td></tr>
<tr><td colspan="2">钢筋混凝土抗震墙、筒中筒</td><td colspan="2">1/120</td></tr>
<tr><td colspan="2">多高层钢结构</td><td colspan="2">1/50</td></tr>
<tr><td colspan="4"></td></tr>
<tr><td>计算模型</td><td colspan="4">可根据结构的规则性，软件的功能，采用合理的计算模型，如层间模型、空间杆系模型等</td></tr>
<tr><td>计算方法</td><td colspan="4">1. 弹塑性时程分析法；
2. 非线性静力分析法；
3. 弹塑性位移增大系数法</td></tr>
</table>

第 6 章　结构破坏标准

结构在规定的使用期限内，在规定的正常条件下，应该具有的完成预定功能的概率，称之为结构安全度。规定的使用期限一般指结构设计基准期。目前世界上大多数国家普通结构的设计基准期均为 50 年。荷载效应一般随设计基准期增长而增大，而影响结构抗力的材料性能指标则随设计基准期的增大而减小，因此结构可靠度与规定的使用期限有关，规定的使用期限越长，结构的可靠度越低。结构可靠度定义中规定的正常条件，指正常设计、正常施工、正常使用条件,不考虑人为错误或过失因素。尽管我们了解了结构具有的安全度，但我们仍然无法准确描述什么情况属于结构破坏。由 G.E.Large 教授编著的美国钢筋混凝土教科书中，介绍美国规范早期曾采用弹性理论作为设计标准。而在前苏联规范中，比较早地引入了塑性理论极限设计标准。在现在的设计中仍采用极限状态作为设计标准。

6.1 结构极限状态

结构的极限状态是结构由可靠转变为失效的临界状态。如果整个结构或结构的一部分超过某一特定状态就不能满足设计规定的某一功能要求，则此特定状态称为该功能的极限状态。结构的极限状态可分为以下两类：承载能力极限状态和正常使用极限状态。

承载能力极限状态指对应于结构或结构构件达到最大承载能力或不适于继续承载的变形的临界状态。当结构或结构构件出现下列状态之一时，即认为超过了承载能力极限状态：

（1）整个结构或结构的一部分作为刚体失去平衡；

（2）地基丧失承载能力而破坏；

（3）结构转变为机动体系；

（4）结构构件或连接因材料强度被超过而破坏（包括疲劳破坏），或因过度的塑性变形而不适于继续承载；

（5）结构或结构构件丧失稳定。

正常使用极限状态指对应于结构或结构构件达到正常使用或耐久性能的某项规定限值。当结构或结构构件出现下列状态之一时，即认为超过了正常使用极限状态。

（1）影响正常使用或外观的变形；

（2）影响正常使用或耐久性能的局部损坏（包括裂缝）；

（3）影响正常使用的振动；

（4）影响正常使用的其他特定状态。

6.2 承载能力极限状态

承载能力极限状态所描述的五个方面涉及结构设计的很多内容,以下分别加以介绍。

整个结构或结构的一部分作为刚体失去平衡的状况，在地震作用时尤为突出，特别是大震发生时，有些结构发生整体倾覆。另外，如果遇到偶然荷载的作用，结构局部或整体都有可能发生倾覆。因此，在结构设计过程中，要加大结构的延性，特别是在遇到大震等极端情况时，要通过结构塑性变形能力，以达到耗能的目的。对于重要的建筑要考虑各种荷载作用可能，提高结构安全度。

地基丧失承载能力而破坏的情况，在第 3 章中已详细介绍。由于地基的问题造成建筑物出现倾斜、上浮、倒塌等情况，都属于这一范畴。即便是经过处理解决了出现的问题，对建筑本身也造成了很大影响，同时对周围环境也会造成一定破坏。

结构转变为机动体系的情况，并不像前两种情况那样直接，但是极具破坏力。在第 5 章中，谈及整体结构概念的时候曾经介绍过,结构应是几何不变体系。在某些设计中，随着一些构件的破坏，结构变成了几何可变体系，造成整体结构的不安全。因此在后面的章节中，要特别介绍如何防止结构出现连续倒塌问题。

结构构件或连接因材料强度被超过而破坏(包括疲劳破坏)，或因过度的塑性变形而不适于继续承载，这是在结构设计中遇到的最主要的问题。在第 5 章中，介绍了外力通过结构的变形，从而转化为结构内力的过程。每一种材料的构件都有一定的承载能力，在内力的作用下，一旦超过了其承载能力，构件就要发生强度破坏。其中也包括在反复荷载作用下的疲劳破坏问题。通过大量的试验证明，结构的破坏特点根据其主导内力的不同，是有规律可循的。例如，钢筋混凝土结构发生的受弯破坏、受剪破坏、受压破坏等。这里要强调一下，关注钢筋混凝土结构的节点破坏。节点部位通常不坏，但一旦破坏，将彻底改变构件的支座条件，对结构整体的影响是巨大的。

结构或结构构件丧失稳定的情况，往往突然发生，影响极大。稳定性一般指结构在经历极限变形或极限位移时承受荷载的能力。结构丧失稳定多指压力作用下，结构或结构的一部分出现的特性，一般而言，涵盖了整体失稳、侧向失稳和局部失稳。如图 6-1 ~图 6-3 所示。

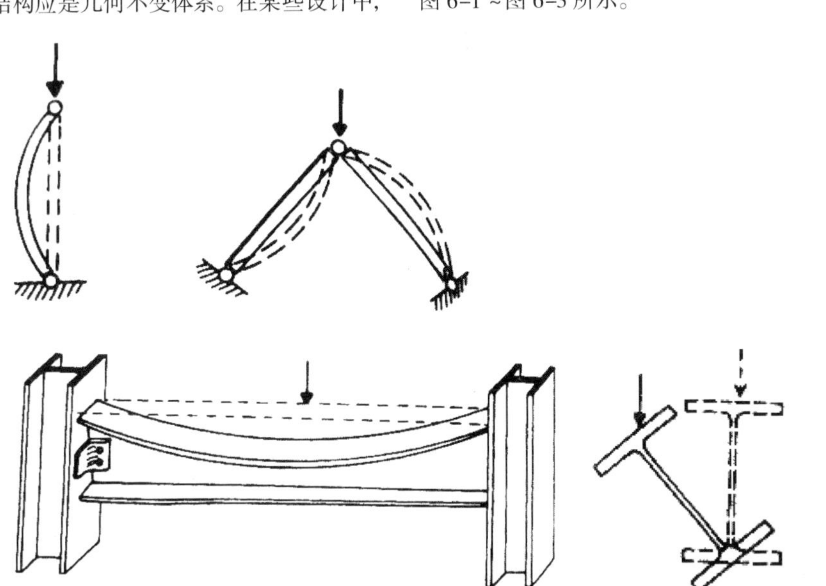

图 6-1 整体失稳示意
(图片来源:《结构原理》(以色列)阿里埃勒·哈瑙尔)

图 6-2 侧向失稳示意
(图片来源:《结构原理》(以色列)阿里埃勒·哈瑙尔)

图 6-3　局部失稳示意
（图片来源：《结构原理》（以色列）阿里埃勒·哈瑙尔）

6.3 正常使用极限状态

以下对正常使用极限状态涉及的几个方面加以具体介绍。

影响正常使用或外观的变形的限值在相关规范中作了相应规定，对于木结构构件、钢筋混凝土构件和钢构件，其受弯构件的挠度限值规定见表 6-1 ~ 表 6-3 所列。

影响正常使用或耐久性能的局部损坏，包括裂缝宽度控制的要求在混凝土规范中也有相应规定，见表 6-4 所列。

影响正常使用的振动问题，在规范中规定，对钢筋混凝土楼盖结构应根据使用功能的要求进行竖向自振频率验算，并应符合下列要求：住宅和公寓不宜低于 5Hz，办公楼和旅馆不宜低于 4Hz，大跨度公共建筑不宜低于 3Hz。

以上两个状态即为结构安全、正常使用的界限。根据前文内容，结构的内力和位移必须在两个极限状态规定以内，否则即认为结构破坏或不能正常使用。

木结构构件挠度限值　　表 6-1

项次	构件类别		挠度限值 $[\omega]$
1	檩条	$l \leqslant 3.3$m	1/200
		$l > 3.3$m	1/250
2	椽条		1/150
3	吊顶中的受弯构件		1/250
4	楼板梁和格栅		1/250

注：表中，l——受弯构件的计算跨度。

钢筋混凝土受弯构件的挠度限值　　表 6-2

构件类型		挠度限值
吊车梁	手动吊车	$l_0/500$
	电动吊车	$l_0/600$
屋盖、楼盖及楼梯构件	当 l_0<7m 时	$l_0/200$（$l_0/250$）
	当 7m<l_0<9m 时	$l_0/250$（$l_0/300$）
	当 l_0>9m 时	$l_0/300$（$l_0/400$）

注：1. 表中 l_0 为构件的计算长度；计算悬臂构件时，其计算长度按实际悬臂长度的 2 倍取用。
2. 表中括号内的数值适用于使用上对挠度有较高要求的构件。
3. 如果构件制作时预先起拱，且使用上也允许，则在挠度验算时可将计算所得的挠度值减去起拱值；对预应力混凝土构件，尚可减去预应力所产生的反拱值。
4. 构件制作时的起拱值和预应力所产生的反拱值，不宜超过构件在相应荷载组合作用下的计算挠度值。

钢结构受弯构件的挠度限值　　表 6-3

项次	构件类别	挠度容许值	
		$[v_T]$	$[v_Q]$
1	吊车梁和吊车桁架（按自重和起重量最大的一台吊车计算挠度） （1）手动吊车和单梁吊车（含悬挂吊车） （2）轻级工作制桥式吊车 （3）中级工作制桥式吊车 （4）重级工作制桥式吊车	 l/500 l/800 l/1000 l/1200	—
2	手动或电动葫链的轨道梁	l/400	—

续表

项次	构件类别	挠度容许值	
		$[v_T]$	$[v_Q]$
3	有重轨（重量不小于 38kg/m）轨道的工作平台梁 有轻轨（重量不大于 24kg/m）轨道的工作平台梁	l/600 l/400	—
4	楼（屋）盖梁或桁架、工作平台梁（第 3 项除外）和平台板		
	（1）主梁或桁架（包括设有悬挂起重设备的梁和桁架）	l/400	l/500
	（2）抹灰顶棚的次梁	l/250	l/350
	（3）除（1）、（2）款外的其他梁（包括楼梯梁）	l/250	l/300
	（4）屋盖檩条		
	支承无积灰的瓦楞铁和石棉瓦屋面者	l/150	—
	支承压型金属板、有积灰的瓦楞铁和石棉瓦等屋面者	l/200	—
	支承其他屋面材料者	l/200	—
	（5）平台板	l/150	—
5	墙架构件（风荷载不考虑阵风系数）		
	（1）支柱	—	l/400
	（2）抗风桁架（作为连续支柱的支承时）	—	l/1000
	（3）砌体墙的横梁（水平方向）	—	l/300
	（4）支承压型金属板、瓦楞铁和石棉瓦墙面的横梁（水平方向）	—	l/200
	（5）带有玻璃窗的横梁（竖直和水平方向）	l/200	l/200

注：1. l 为受弯构件的跨度（对悬臂梁和伸臂梁为悬伸长度的 2 倍）。

2. $[v_T]$ 为永久和可变荷载标准值产生的挠度（如有起拱应减去拱度）的容许值，$[v_Q]$ 为可变荷载标准值产生的挠度的容许值。

钢筋混凝土结构构件裂缝控制等级及最大裂缝宽度的限值（mm）　　表 6-4

<table>
<tr><th rowspan="2">环境类别</th><th colspan="2">钢筋混凝土结构</th><th colspan="2">预应力混凝土结构</th></tr>
<tr><th>裂缝控制等级</th><th>w_{lim}</th><th>裂缝控制等级</th><th>w_{lim}</th></tr>
<tr><td>一</td><td rowspan="4">三级</td><td>0.30（0.40）</td><td rowspan="2">三级</td><td>0.20</td></tr>
<tr><td>二 a</td><td rowspan="3">0.20</td><td>0.10</td></tr>
<tr><td>二 b</td><td>二级</td><td>—</td></tr>
<tr><td>三 a、三 b</td><td>一级</td><td>—</td></tr>
</table>

注：1. 表中的规定适用于采用热轧钢筋的钢筋混凝土构件和采用预应力钢丝、钢绞线及预应力螺纹钢筋的预应力混凝土构件；当采用其他类别的钢丝或钢筋时，其裂缝控制要求可按专门标准确定。

2. 对处于年平均相对湿度小于 60% 地区一级环境下的受弯构件，其最大裂缝宽度限值可采用括号内的数值。

3. 在一类环境下，对钢筋混凝土屋架、托架及需作疲劳验算的吊车梁，其最大裂缝宽度限值应取为 0.20mm；对钢筋混凝土屋面梁和托梁，其最大裂缝宽度限值应取为 0.30mm。

4. 在一类环境下，对预应力混凝土屋架、托架及双向板体系，应按二级裂缝控制等级进行验算；对一类环境下的预应力混凝土屋面梁、托梁、单向板，按表中二 a 级环境的要求进行验算；在一类和二类环境下的需作疲劳验算的预应力混凝土吊车梁，应按一级裂缝控制等级进行验算。

5. 表中规定的预应力混凝土构件的裂缝控制等级和最大裂缝宽度限值仅适用于正截面的验算；预应力混凝土构件的斜截面裂缝控制验算应符合《混凝土结构设计规范》GB 50010—2010 第 7 章的要求。

6. 对于烟囱、筒仓和处于液体压力下的结构构件，其裂缝控制要求应符合专门标准的有关规定。

7. 对于处于四、五类环境下的结构构件，其裂缝控制要求应符合专门标准的有关规定。

8. 混凝土保护层厚度较大的构件，可根据实践经验对表中最大裂缝宽度限值适当放宽。

6.4
结构破坏典型实例

结构破坏典型实例，如图 6-4 ~图 6-16 所示。

图 6-4　钢筋混凝土梁受弯试验破坏
（图片来源：http：//www.guokr.com）

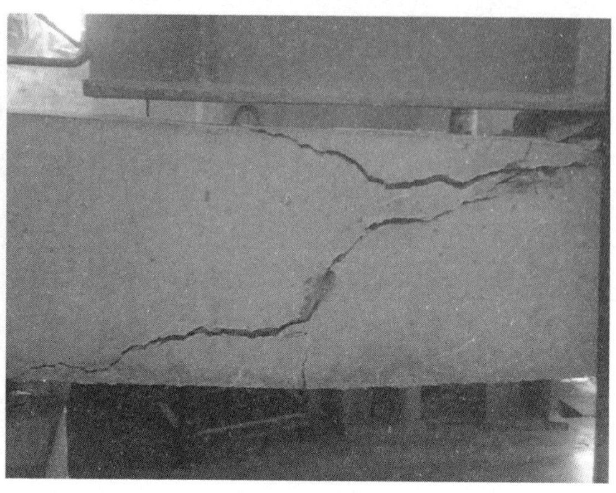

图 6-5　钢筋混凝土梁受剪试验破坏
（图片来源：http：//www.guokr.com）

图 6-6　钢筋混凝土框架梁地震破坏
（图片来源：http：//blog.sina.com.cn）

图 6-7　钢筋混凝土柱柱头地震破坏
（图片来源：http：//blog.sina.com.cn）

图 6-8　钢筋混凝土中柱地震破坏
（图片来源：http：//blog.sina.com.cn）

图 6-9　钢筋混凝土剪力墙地震破坏
（图片来源：http：//blog.sina.com.cn）

图 6-10　钢结构梁柱节点地震破坏
（图片来源：http：//www.ggditu.com）

图 6-11　钢结构刚性节点地震破坏
（图片来源：http：//www.ggditu.com）

图 6-12　钢结构柱地震中脆坏
（图片来源：http：//zt.ggditu.com）

图 6-13　钢结构支撑屈曲
（图片来源：http：//www.ggditu.com）

图 6–14　钢结构梁柱局部失稳
（图片来源：http：//www.ggditu.com）

图 6–15　外墙地震破坏
（图片来源：http：//blog.sina.com.cn）

图 6–16　内部墙体破坏
（图片来源：http：//blog.sina.com.cn）

结构材料和结构体系

接下来的部分,我们将具体介绍不同材料的性质,以使读者能够更好地为建筑选择材料,运用材料的特性，完成设计作品。需要说明的是，建筑材料种类繁多，特别是现在各种复合材料层出不穷，其性质比较过去有了很大进步。如何准确掌握这些材料的特征呢? 在以下4章里，我们重点介绍了四种主要材料的性质，包括木材、砖石、钢筋混凝土和钢材。在介绍过程中，第一个重点是介绍这些材料组成构造与其性质的关系，从而使建筑师们在分析一种新材料时，能够从其组成构造入手，进而对其性质作出合理的判断，掌握分析研究材料的思路和方法。第二个重点是介绍材料的连接。材料本身的性质是一定的，但当它们通过某种方式连接在一起后，其性质比较单纯材料本身会有很大改变。比如砖石材料，当其通过砂浆连接而成砌体以后，其性质比较过去会有很大改变。连接方式对材料、对结构都有很大影响。通过这个重点，希望建筑师们了解材料如何变成结构构件，形成从材料到结构的完整认识。因此，接下来的主题是从材料到建筑。

第 7 章　木材与木结构

7.1 木材

木材是人类使用最早的建筑材料之一。中国使用木材的历史悠久，而且在技术上还有独到之处，如保存至今已达千年之久的山西佛光寺正殿、山西应县木塔等都集中反映了我国古代建筑工程中应用木材的高超水平。木材具有很多优点：轻质高强；有很好的弹性和塑性，能承受冲击和振动等作用；容易加工；在干燥环境或长期置于水中均有很好的耐久性。因而木材与水泥、钢材并列为土木工程中的三大材料。木材也有使其应用受到限制的缺点：如构造不均匀，各向异性，易吸湿吸水从而导致形状、尺寸、强度等物理和化学性能变化；长期处于干湿交替环境中，其耐久性变差，易燃，易腐，天然疵病较多等。但随着现代加工工艺的进步，木材将会在建筑设计中发挥新的作用。

7.1.1　木材分类

木材的树种很多，从树叶的外观形状可将木材分为针叶树木和阔叶树木两大类。针叶树的叶呈针状，树干直而高大，纹理顺直，木质较软，故又称软木材。软木材较易加工，表观密度和胀缩变形较小，强度较高，耐腐蚀性强。建筑工程上常用作承重结构材料。如杉木、红松、白松、黄花松等。阔叶树的叶宽大，树干通直部分较短，材质坚硬，故又称硬杂木材。硬木材一般较重，加工较难，胀缩变形较大，易翘曲、开裂，不宜作承重结构材料。多用于内部装饰和家具。如榆木、水曲柳、柞木等。

按承重程度的选材标准，木材分为三等。受拉及拉弯构件应用一等材；受弯及压弯构件应用二等材；受压构件应用三等材。

7.1.2　木材构造

木材构造决定木材性质。各种树木由于生长的环境不同，具有不同的构造。研究木材的构造通常从宏观和微观两个层次进行。

木材的宏观构造是指用肉眼或借助放大镜能观察到的构造特征，需从三个切面进行观察，如图 7–1 所示。横切面指与树干主轴相垂直的切面。在这个切面上可观察到若干以髓心为中心呈同心圈的年轮，以及木髓线。径切面指通过树轴的纵切面。弦切面指平行于树轴的切面。从横切面上可以看到树木的树皮、木质部、年轮和髓心。树皮覆盖在木质部的外表面，起保护树木的作用。木质部是髓心和树皮之间的部分，是工程上使用的主要部分。靠近树皮的部分，色泽较浅，水分较多，称为边材。靠近髓心的部分，色泽较深，水分较少，称为心材。心材的材质较硬，密度较大，渗透性较低，耐久性、耐腐性均较边材高。在横切面上显示的深浅相间的同心圈称为年轮，一般树木每年生长一圈。在同一年轮内，春天生长的木质，色泽浅，质松软，强度低，称为春材；夏秋二季生长的木质，色较深，质坚硬，强度高，称为夏材。相同树种，越是年轮密且均匀，材质越好；夏材部分越多，材质强度越高。髓心形如管状，纵贯整个树木的干和枝的中心，是最早生成的木质部分，质松软，强度低，易腐朽。髓线以髓心为中心，呈放射状分布。髓线的细胞壁很薄，质软，它与周围细胞的结合力弱，木材干燥时易沿髓线开裂。

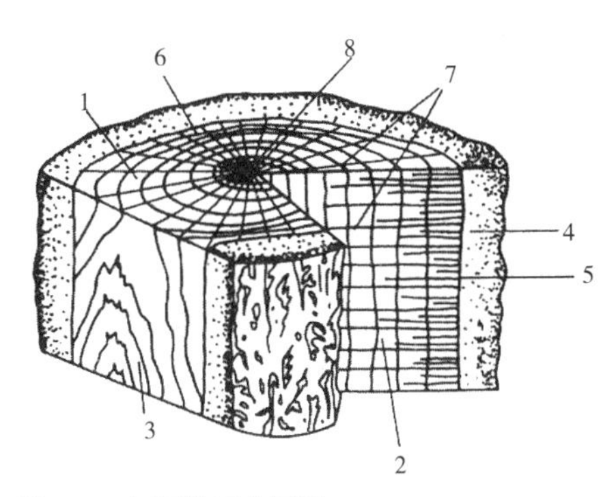

图 7-1　树干的三个切面
1-横切面；2-径切面；3-弦切面；4-树皮；5-木质部；6-年轮；7-髓线；8-髓心
（图片来源：http：//dec3.jlu.edu.cn）

在显微镜下所见到的木材组织称为微观构造。从显微镜下可观察到木材是由无数管状细胞结合而成，如图 7-2、图 7-3 所示。每个细胞都有细胞壁和细胞腔。细胞壁由若干层细纤维组成，其纵向连接较横向牢固，造成细胞壁纵向强度高，横向强度低。组成细胞壁的纤维之间有微小的孔隙能渗透和吸附水分。细胞本身的组织结构在很大程度上决定了木材的性质。木材组织均匀、细胞壁厚腔小，如夏材细胞，表现得木质坚密，表观密度大，强度高，

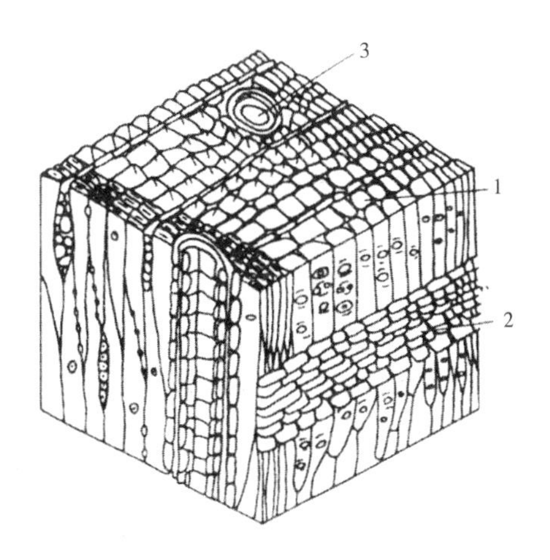

图 7-2　马尾松的显微构造
1-管胞；2-髓线；3-树枝道
（图片来源：http：//dec3.jlu.edu.cn）

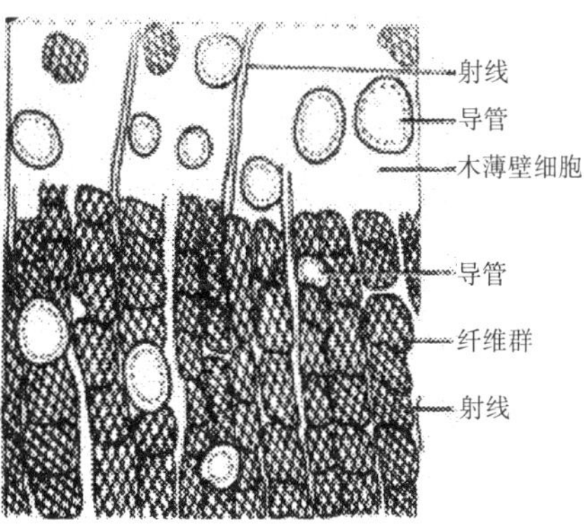

图 7-3　木材显微构造详图
（图片来源：http：//image.so.com）

但湿胀干缩率也大。而春材细胞，则壁薄腔大，因此表现为质地松软，强度低，但干缩率小。

7.1.3　物理性质

木材的物理性质包括含水率、湿胀干缩性及表观密度等。对木材物理力学性质影响最大的是含水率。木材在使用过程中，为避免发生含水率的大幅度变化，而引起干缩、开裂，宜在加工之前，将木材干燥至较低的含水率。

木材具有吸湿性，即干燥的木材会从周围的空气中吸收水分，而潮湿的木材会向周围放出水分。也就是说，木材的含水率将随周围空气的湿度变化而变化，直到木材含水率与周围的湿度达到平衡为止。此时的含水率称为平衡含水率。新伐木材的含水率一般在 35% 以上，长期处于水中的木材含水率更高，风干木材含水率为 15% ~ 25%，室内干燥的木材含水率为 8% ~ 15%。

当木材细胞腔和细胞间隙中的自由水完全脱去为零，而细胞壁吸附水尚未饱和时，木材的含水率称为“木材的纤维饱和点”。木材中所含的水根据其存在形式可以分为三类：

（1）自由水是存在于细胞腔和细胞间隙间的水。木材干燥时，自由水首先蒸发。自由水的含量影响树木的表观密度、燃烧性和抗腐蚀性。

（2）吸附水是存在于细胞壁中的水分。木材受潮时，细胞壁首先吸水。吸附水含量的变化是影响木材强度和湿胀干缩的主要因素。

（3）化合水是木材化学组成中的结合水。

水分进入木材后，首先吸附在细胞壁内的细纤维间，成为吸附水，吸附水饱和后，其余的水成为自由水。木材干燥时，首先失去自由水，然后才失去吸附水。当木材从潮湿状态干燥至纤维饱和点时，木材的尺寸基本不变，仅表观密度减小。当干燥至纤维饱和点以下时，细胞壁中的吸附水开始蒸发，木材发生收缩。反之，干燥的木材吸湿，将发生体积膨胀，直到含水率达到纤维饱和点为止，此后木材含水量继续增加，体积基本上不再变化，如图7-4所示。木材的这种特性称之为湿胀干缩性。由于木材构造的不均匀性，在不同方向的干缩值不同。顺纹方向干缩最小，约为0.1%～0.35%，径向干缩最大，约为6%~12%，均为最大干缩率值。因此，湿材干燥后，其截面尺寸和形状会发生明显的变化。如图7-5所示。干缩对木材使用有很大影响，会使木材裂缝或翘曲变形，以致引起木结构的结合松弛或凸起、装修部件的破坏等。

木材表观密度的变化范围很大，常用木材的气干表观密度为500kg/m^3。各种木材的密度均为1.55g/cm^3，说明木材的孔隙率很大。根据木材表观密度的大小，可评价木材的物理力学性质，可用以鉴别木材的品种，并估计木材的工艺性能。

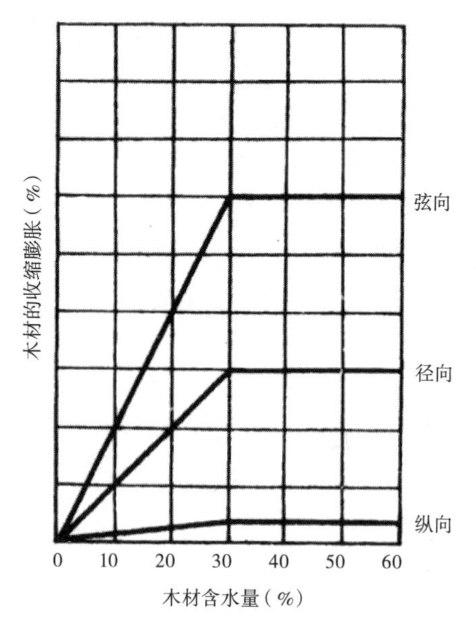

图7-4　含水率对木材胀缩的影响
（图片来源：http：//dec3.jlu.edu.cn）

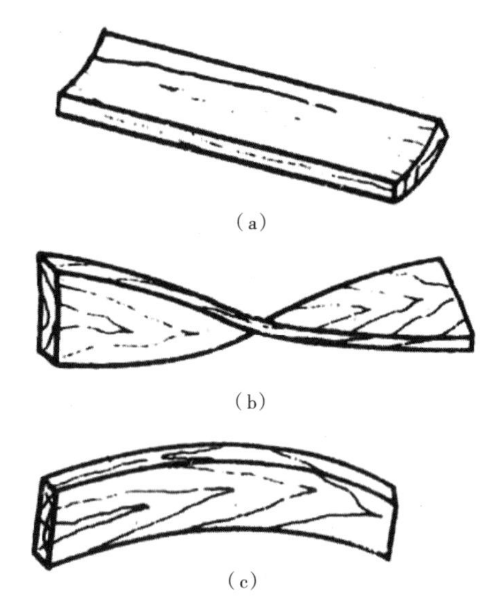

图7-5　木材干缩后的翘曲变形
（图片来源：http：//dec3.jlu.edu.cn）

7.1.4　力学性质

木材的强度与木材构造的特点有关，使木材的各种力学性能具有明显的方向性，在顺纹方向，即作用力与木材纵向纤维平行的方向，木材的抗拉和抗压强度都比横纹方向，即作用力与木材纵向纤维垂直的方向高得多。木材的强度通过下列指标反映。

（1）抗压强度：木材用于受压构件非常广泛，由于构造的不均匀性，抗压强度分为顺纹受压和横纹受压。顺纹抗压强度是木材各种力学性质中的基本指标。这种受力类型在工程中使用最广泛，如柱、桩及桁架的弦杆。木材的顺纹抗压强度较高，为 30 ~ 70MPa。横纹抗压强度远小于顺纹抗压强度，通常只有顺纹抗压强度的 10% ~ 30%。顺纹受压损坏是细胞壁丧失稳定的结果，而非纤维的断裂。而横纹受压是由于细胞被挤紧、压扁、产生较大变形所致。

（2）抗拉强度：木材的顺纹抗拉强度是木材各种力学强度中最高的。木材单纤维的抗拉强度可达 80 ~ 200MPa。因此顺纹受拉破坏时往往不是纤维被拉断而是纤维间被撕裂。顺纹抗拉强度是顺纹抗压强度的 2 ~ 3 倍。但木材在使用中不可能是单纤维受力。实际能承受的作用力远远低于单纤维受力。同时，木材受拉杆件在连接处应力复杂，使顺纹抗拉强度难以被充分利用。木材的横纹抗拉强度很小，仅为顺纹抗拉强度的 1/10 ~ 1/40，这是因为木材纤维之间横向连接薄弱。

（3）抗弯强度：木材具有良好的抗弯性能，抗弯强度约为顺纹抗压强度的 1.5 ~ 2 倍。因此建筑工程中，木材常用作受弯构件，如梁、桁条、脚手架、地板等。木梁受弯时内部应力比较复杂，在梁的上部是顺纹受压，下部为顺纹受拉，而在水平面则有剪力。木材受弯破坏时，通常在受压区首先达到强度极限，但并不立即破坏，随着外力增大，产生大量塑性变形，当受拉区域内纤维达到强度极限时才引起破坏。

（4）抗剪强度：根据作用力与木材纤维方向的不同，木材的剪切分为顺纹剪切、横纹剪切和横纹切断三种。如图 7–6 所示。

顺纹剪切时，木材的绝大部分纤维本身并不破坏，而只是破坏剪切面中纤维间的连接。所以顺纹抗剪强度很小，一般为同一方向抗压强度的 15% ~ 30%。横纹剪切时，剪切是破坏剪切面中纤维的横向连接，因此木材的横纹剪切强度比顺纹强度还要低。横纹切断时，剪切破坏是将木材纤维切断，因此，横纹切断强度较大，一般为顺纹剪切强度的 4~5 倍。木材强度指标详见附录 5。木材各种强度间数值大小关系列于表 7–1 中。

影响木材强度的因素主要有四个方面。

第一是含水量的影响。木材的含水率对木材强度影响很大，当细胞壁中水分增多时，木纤维相互间的连接力减小，使细胞壁软化。含水率在纤维饱和点以上变化时，只是自由水的变化，因而不影响木材强度；在纤维饱和点以下时，随含水率降低，吸附水减少，细胞壁趋于紧密，木材强度增大，反之，强度减小。木材含水率的变化，对木材各种强度的影响程度是不同的，对抗弯和顺纹抗压影响较大，对顺纹抗剪影响较小，而对顺纹抗拉几乎没有影响，如图 7–7 所示。

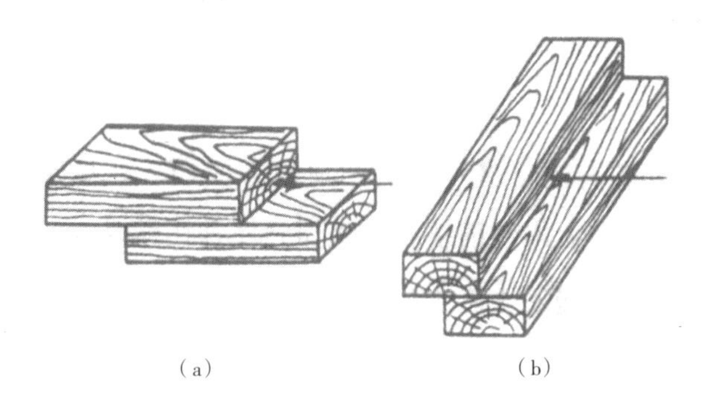

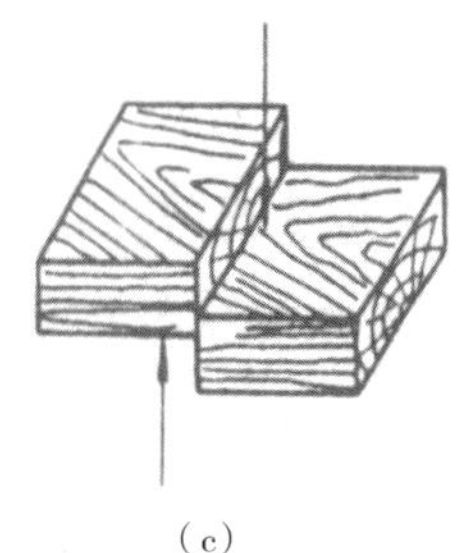

图 7–6　木材的剪切
（a）顺纹剪切；
（b）横纹剪切；
（c）横纹切断
（图片来源：http://dec3.jlu.edu.cn）

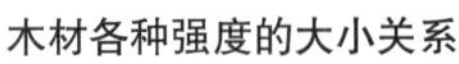

木材各种强度的大小关系　　　　表 7–1

抗压		抗拉		抗弯	抗剪	
顺纹	横纹	顺纹	横纹		顺纹	横纹切断
1	1/10~1/3	2~3	1/20~1/3	3/2~2	1/7~1/3	1/2~1

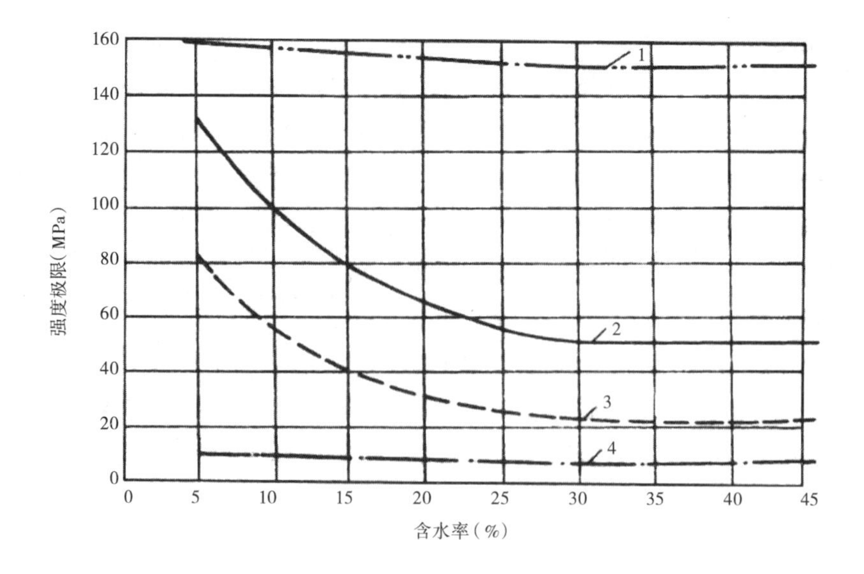

图 7–7　含水量对木材强度的影响
1- 顺纹受拉；2- 弯曲；3- 顺纹受压；4- 顺纹受剪
（图片来源：http://dec3.jlu.edu.cn）

第二是长期荷载的影响。木材对长期荷载的抵抗能力低于对暂时荷载的抵抗能力。荷载持续时间延长，则强度降低。木材在长期荷载作用下不致引起破坏的最大强度，称为持久强度。木材的持久强度为暂时强度值的 50% ~ 60%。

第三是温度的影响。当环境温度升高时，木材中的胶合物质处于软化状态，其强度和弹性均降低。以木材含水率为零时，常温下的强度为 100%，温度升至 50℃时，由于木质部分分解，强度大为降低。温度升至 150℃时，木质分解加速而且炭化。达到 275℃时木材开始燃烧。通常在常温受热环境中，如果环境温度可能超过 50℃时，则不应采用木结构。当温度降至 0℃以下时，其中水分结冰，木材强度增大，但木材变得较脆。一旦解冻，各项强度都将比未解冻时的强度低。

第四是疵点的影响。木材在生长、采伐、保存过程中，所产生的内部和外部的缺陷，统称为疵病。木材的疵病主要有木节、斜纹、裂纹、腐朽和虫害等。一般木材或多或少都存在一些疵病，使木材的物理力学性质都受到影响。木节可分为活节、死节、松软节、腐朽节等几种，其中活节影响较小。木节使木材顺纹抗拉强度显著降低，而对顺纹抗压影响较小；在横纹抗压和剪切时，木节反而会增加其强度。在木纤维与树轴成一定夹角时，形成斜纹。木材中的斜纹严重降低其顺纹抗拉强度，对抗弯强度也有较大影响，对顺纹抗压强度影响较小。裂纹、腐朽、虫害等疵病，会造成树木构造的不连续或破坏其组织，严重地影响木材的力学性质，有时甚至能使木材完全丧失使用价值。对这方面的规定详见附录 6。

图 7–8　木材榫卯连接技术
（图片来源：http://www.douban.com）

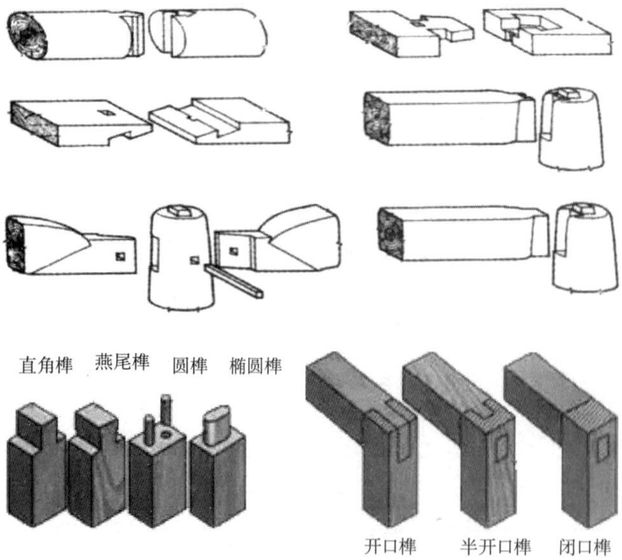

直角榫　燕尾榫　圆榫　椭圆榫

开口榫　半开口榫　闭口榫

7.1.5　木材连接

中国传统的木结构工法中，木结构基本均采用榫卯连接。在《营造法式》和《清式营造则例》中都有记述。如图 7–8 所示。

榫卯连接方式，经过现代的科学试验方法对其检验，发现这种连接方式具有极好的特点。它属于半刚性连接，即在保证有效连接的前提下，允许节点所连接的构件有微小的变形。在地震作用发生时，这种微小变形可以大大减轻地震作用的影响，对房屋起到减震的作用。但这种传统工艺较为复杂，在现代木结构施工中，多采用齿连接方式和钉连接方式。

齿连接可采用单齿或双齿的形式，如图 7–9 所示。齿连接要求：第一，齿连接的承压面，应与所连接的压杆轴线垂直；第二，单齿轴线应使压杆轴线通过承压面中心；第三，齿连接的齿深，对于方木不应小于 20mm，对于圆木不应小于 30mm。齿连接牢固结实，相互连接的构件难以产生微小转动。

螺栓连接和钉连接可采用双剪连接或单剪连接，如图 7–10、图 7–11 所示。在螺栓连接和钉连接中，连接木构件的最小厚度应按表 7–2 的规定。这种连接紧密，有韧性，允许材料与螺栓或钉之间有微小变形，是木结构中常用的连接方法。

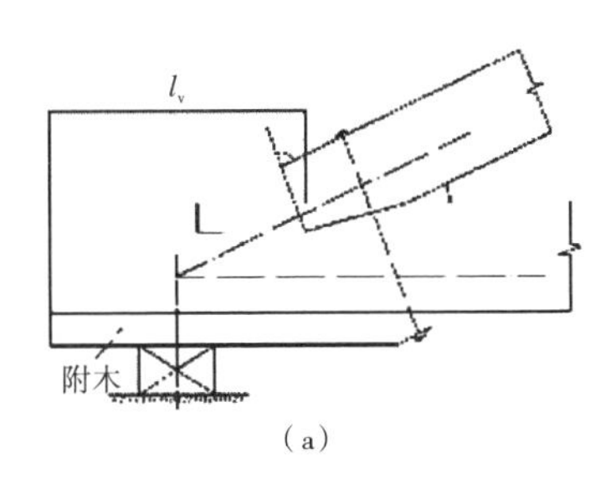

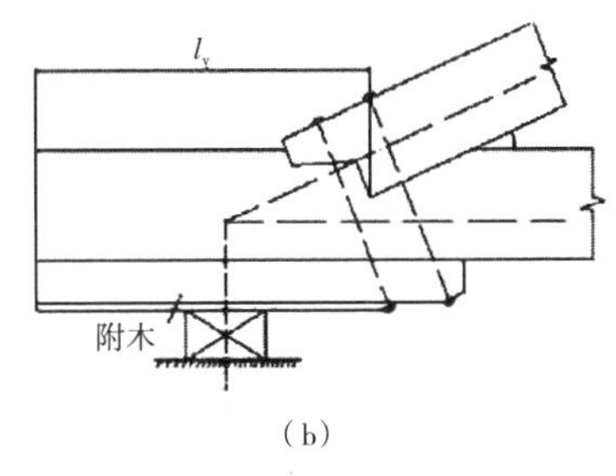

图 7–9　木结构齿连接
(a) 单齿连接；
(b) 双齿连接
(图片来源：http://www.senh.net)

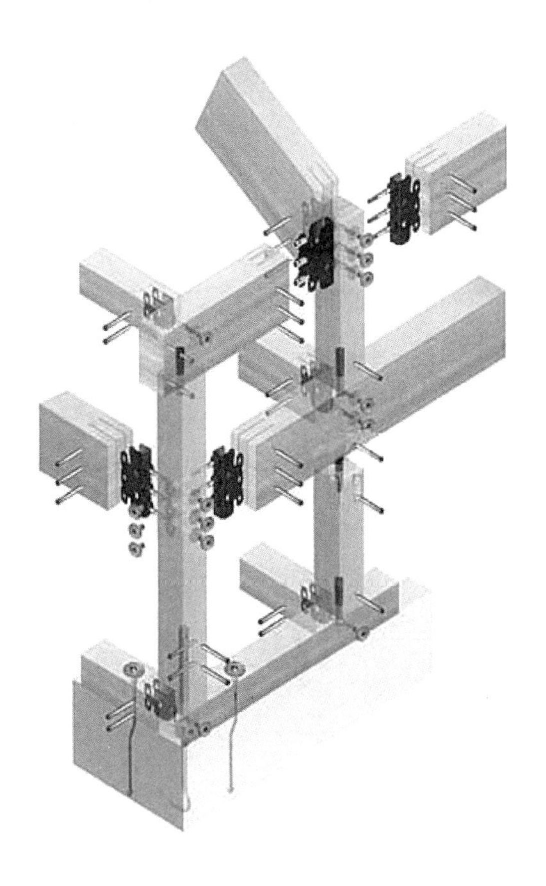

图 7–10　木结构螺栓连接
(图片来源：http://blog.sina.com.cn)

图 7-11 木结构钉连接
（图片来源：http://blog.sina.com.cn）

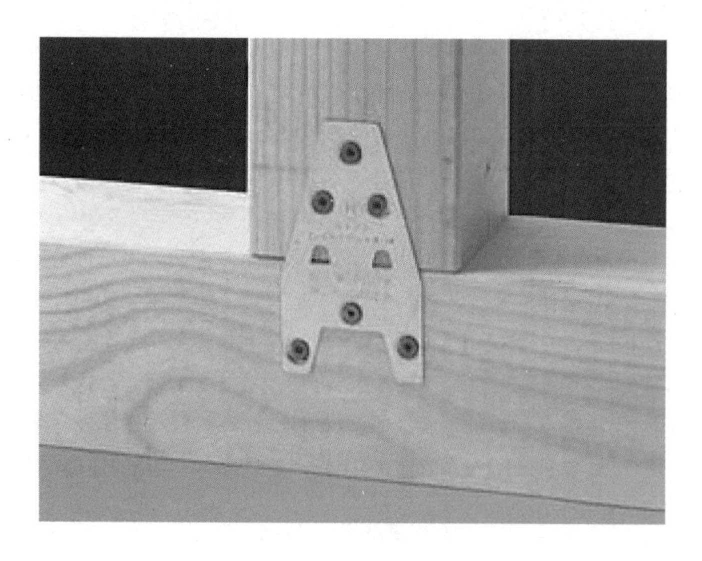

螺栓连接和钉连接中木构件的最小厚度			表 7-2
连接形式	螺栓连接		钉连接
	d<18mm	$d \geqslant$ 18mm	
双剪连接	$c \geqslant 5d$ $a \geqslant 2.5d$	$c \geqslant 5d$ $a \geqslant 4d$	$c \geqslant 8d$ $a \geqslant 4d$
单剪连接	$c \geqslant 7d$ $a \geqslant 2.5d$	$c \geqslant 7d$ $a \geqslant 4d$	$c \geqslant 10d$ $a \geqslant 4d$

注：表中 c——中部构件的厚度或单面受剪连接中较厚构件的厚度；
a——边部构件的厚度或单面受剪连接中较薄构件的厚度；
d——螺栓或钉的直径。

7.2 木结构

木结构是中国古代建筑极为重要的结构形式，中国古代建筑创造了与这种结构相适应的各种平面和外观，形成了一种独特的风格。《营造法式》与《清式营造则例》两书记述了中国古代建筑的技艺和方法，并使之成为中国特有的建筑设计体系。中国古代木结构建筑在中华文明发展史中具有重要的历史地位。如图 7-12 ~图 7-16 所示。

图 7-12 故宫中和殿
（图片来源：http://www.e-lvyou.com）

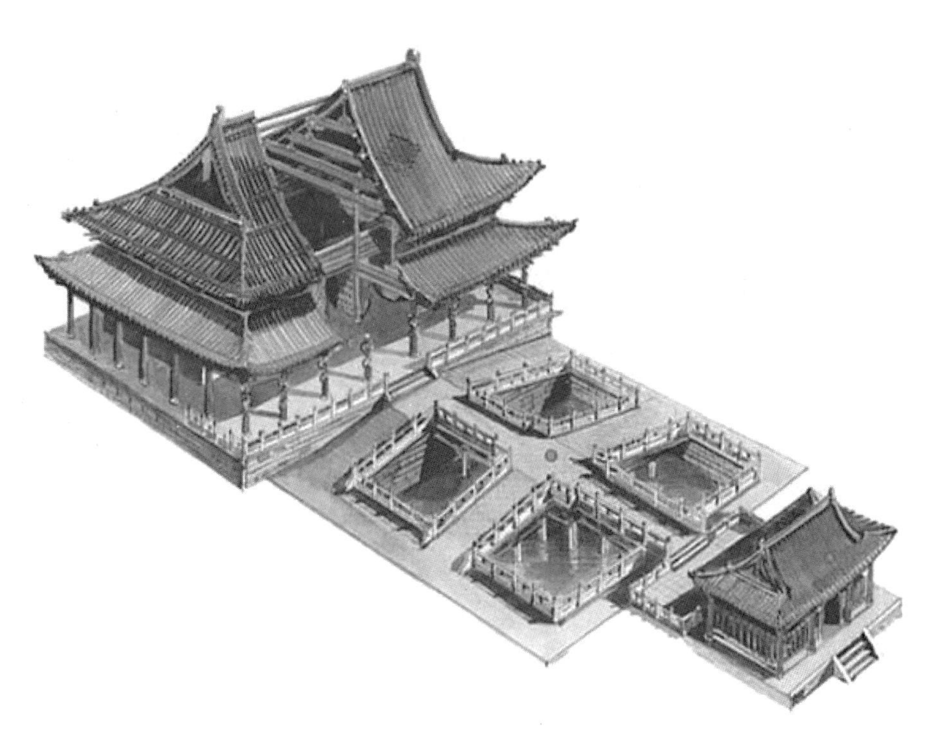

图 7–13　山西晋祠圣母殿
（图片来源：http：//www.88hom.com）

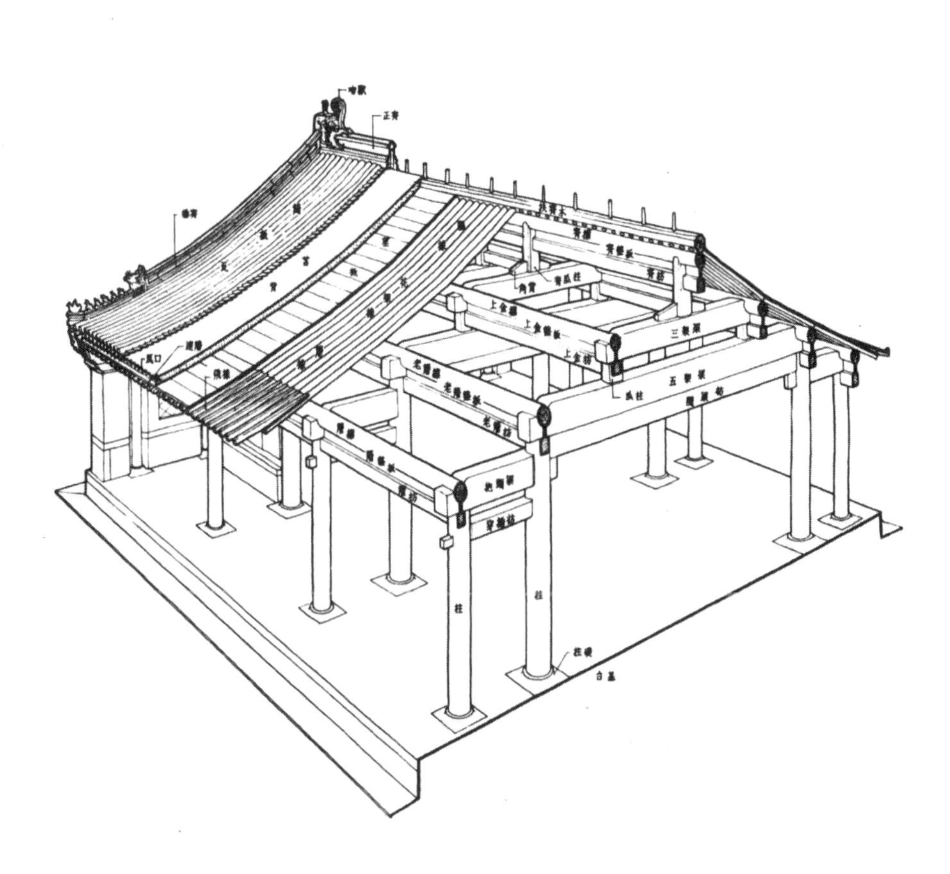

图 7–14　中国建筑木构架示意图
（图片来源：《清式营造则例》）

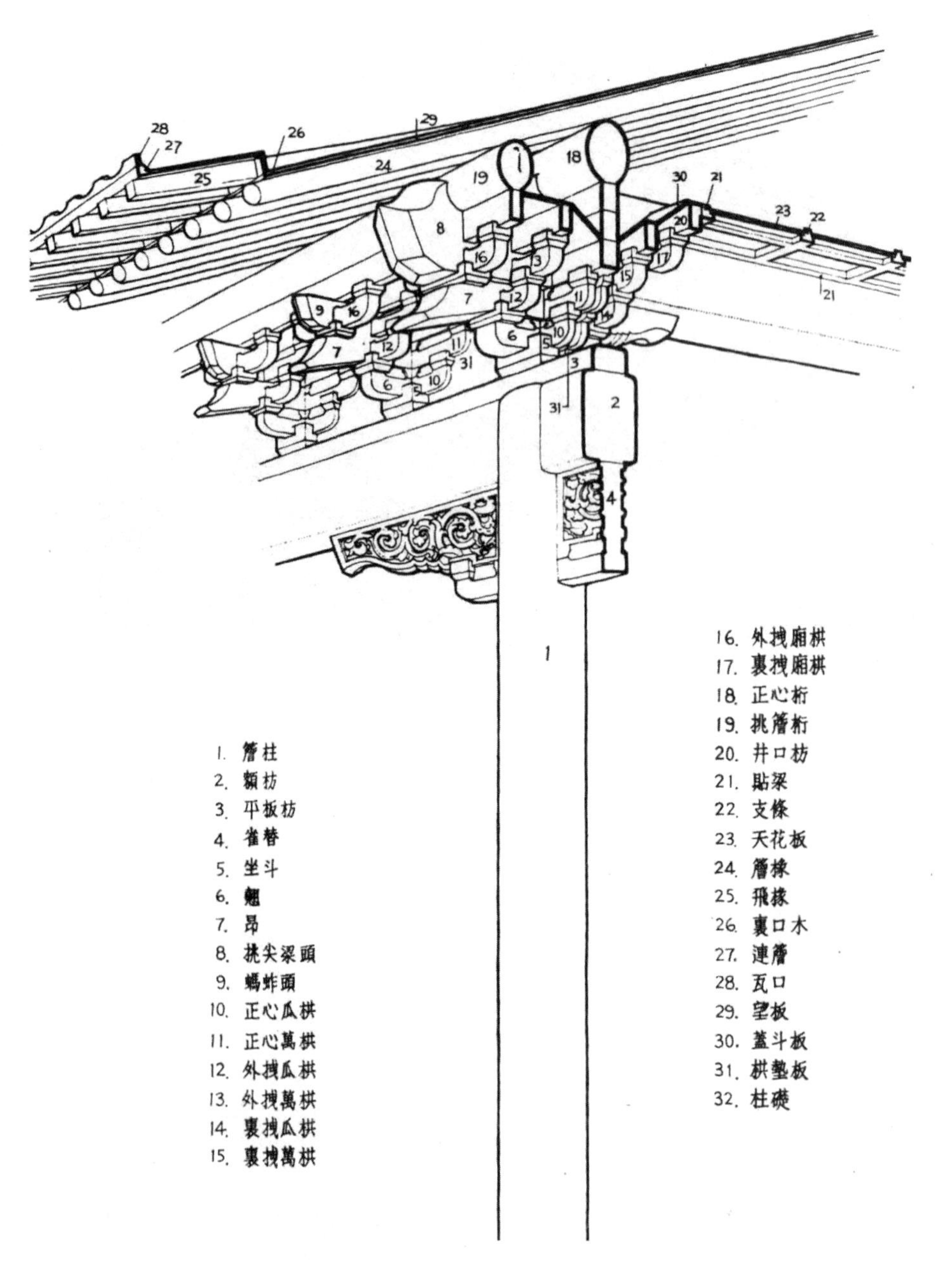

图 7-15 中国古代建筑斗栱组合
（图片来源：《清式营造则例》）

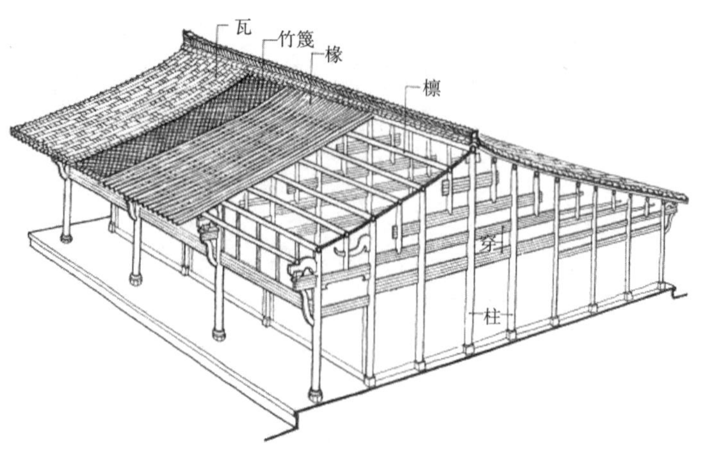

图 7-16 穿斗式构架构造示意图
（图片来源：《清式营造则例》）

在欧洲传统建筑中，也有木结构的典型代表。但是欧洲传统建筑中砖石结构的建筑所占比例更大一些。如图 7-17、图 7-18 所示。

在历次地震中，木结构都表现出很好的抗震性能，但也暴露出一些问题，包括过重的屋面、水平支承不足、缺少剪力墙、材料腐朽以及建筑底层存在软弱层等问题，这些是历次地震中木结构建筑破坏的主要原因。如图 7-19 所示。历次地震调查，见表 7-3 所列。

图 7-17　法国木结构住宅
（图片来源：http://bizhi.quanjing.com）

图 7-18　德国巴登—符腾堡州市老建筑（左）
（图片来源：http://www.quanjing.com）

图 7-19　阪神地震木结构震害（右）
（图片来源：《建筑结构与构造设计》）

历次地震中的遇难者调查　　表 7-3

地震名称	里氏震级	死亡人数		受强烈地震动影响的轻型木结构房屋数
		死亡总数	轻型木结构居民死亡人数	
阿拉斯加地震 1964	8.4	130	<10	
圣·费尔南多地震 1971	6.7	63	4	100000
Edgecumbe NZ, 1987	6.3	0	0	7000
Saguenay QC, 1988	5.7	0	0	10000
洛马普利塔加州 1989	7.1	66	0	50000
北岭地震 1994	6.7	60	16 + 4*	200000
日本神户地震 1995	6.8	6 300	0	8000

注：* 由地基失效引起结构垮塌造成人员伤亡。

木结构经历了一段时期的沉寂之后，由于层压胶合木、木基复合材料的研制成功，极大地改善了天然木材的缺陷，使材料性能大为提高，拓展了木材作为结构材料的应用领域，因此，最近几十年以来，又一次成为设计的新热点，涌现出许多创意独特的现代木结构建筑。如图 7-20 ~图 7-24 所示。

未来，随着合成材料的发展进步，加之连接工艺的进步，木结构作为传统的结构形式会获得新的发展。特别是木结构具备几个突出特点：自重轻，加工快捷，绿色生态以及安装快捷，将会使木结构在大跨度结

图 7-20　西班牙都市之伞
（图片来源：http：//blog.sina.com.cn）

图 7-21　西班牙都市之伞城市景象
（图片来源：http：//design.cila.cn）

图 7-22　加拿大 UBC 林业科学中心
（图片来源：http：//blog.sina.com.cn）

图 7-23　加拿大温哥华市案例馆
（图片来源：http：//blog.sina.com.cn）

构的设计中得到更大的应用。

日本树海巨蛋体育馆（Ohdate Jukai Dome）位于日本的秋田县大馆市，是一座多用途体育场馆，占地面积达 110241m²，建筑面积 23219m²。场馆内部有 2 层，檐口高度 7.858m，屋顶高度 52.13m。体育馆始建于 1995 年 7 月，历时 2 年，于 1997 年 6 月完工，总耗资达 72 亿日元。

树海巨蛋体育馆拥有日本最大型的木制拱形架构，屋顶的边框结构是由 25000 根 3 ~ 5m 的拱形支撑及拱架所构成，形成格子状的设计，相当具有特色。场馆平面长轴方向长度为 178m，短轴方向长度为 157m，竖向高度为 52m。屋面用材为秋田杉胶合木构件，屋顶受力体系由双向胶合木杆件和支撑构件组成空间桁架结构。如图 7-25 ~ 图 7-27 所示。

1980 年，由 McGranahan 和 Messenger 设计的美国塔科马市体育馆木结构穹顶方案从众方案中脱颖而出。其造价为 3.02 亿美元，与其相比，充气穹顶和混凝土穹顶的造价分别为 3.55 亿美元和 4.38 亿美元。整个工程从立项到竣工使用，历时 37 个月。

塔科马体育馆穹顶直径为 162m，与之相连的是一个 13900m² 展厅。穹顶顶部高度达 45.7m。穹顶内的座位数量可以调节，以考虑举行不同类型的活动。在举办美式足球或者橄榄球之类的大型活动时，体育馆可以容纳 20000 名观众；而在进行篮球和网球之类的小型比赛时，体育馆可以容纳 26000 名观众。管理者办公室、休息室等设

图 7-24　日本四国岛爱媛县西条市光明寺（Komyo-ji Temple）
（图片来源：http：//cache.baiducontent.com）

图 7-25　日本大馆树海巨蛋体育馆外观
（图片来源：http：//design.cila.cn）

图 7-26　日本大馆树海巨蛋体育馆室内
（图片来源：http：//design.cila.cn）

图 7-27　日本大馆树海巨蛋体育馆节点
（图片来源：http：//www.aiyingsi.cn）

置在固定的观众席下。

穹顶屋面的主要受力构件为414根截面尺寸为200mm×762mm的胶合木梁。每根胶合木梁均根据穹顶表面的曲线被弯成曲线形，进而通过金属连接件将其连接，形成球形的单层网壳结构。屋面檩条与曲线形胶合木肋梁搭接，屋面板采用2mm×6mm凹槽拼合的冷杉板覆面。屋面的做法是在38mm厚的橡胶泡沫保温板上覆盖一层喷涂液形成的弹性膜。曲线形胶合木肋梁通过节点连接，节点连接件能将构件的轴力、剪力和弯矩从肋梁的端部传递到与之相连的其他肋梁，从而形成了穹顶结构明确的传力路线，能够承受足够的荷载。穹顶的整体荷载由一个现浇的后张预应力混凝土圈梁，传递到36根直径为660mm的柱上。

在地震多发地带，木结构特别有利于建造大跨度空间结构。比起钢结构或者混凝土结构来，木结构具有较大的强重比，因此在地震发生的时候产生的水平地震作用相对较小。2001年，在距离体育馆不到25km的地方发生了里氏6.8级地震，而体育馆却未发生任何损坏。如图7–28～图7–30所示。

穹顶较大截面的胶合木构件具有很高的火灾安全性。屋顶系统按照与通用建筑标准中的重型木结构相同的要求设计。当暴露在火焰中时，木材表面能够形成碳化层。碳化层延缓了构件内部木材的氧化过程，可以有效地阻燃。同时，碳化层也能够保护构件内部的温度在很低的水平，因此碳化层内部截面的刚度和承载能力不会受到影响。由于木构件在升温过程中不会延展，因而承重构件的位置将不会改变，而钢结构则不然。事实上，利用重型木结构来实现建筑防火安全已经有很长的历史。

在世界各地还出现了很多利用新型材料CLT设计建造的木结构建筑，其高度值不断被提升，这成为木结构发展的另一个新方向。

Stadthaus是一座8层的木结构建筑，这也是世界上最高的木结构居住建筑。如图7–31、图7–32所示。这栋建筑是Andrew Waugh与合作人Anthony Thistleton联手设计的作品。为了能够支撑起整栋楼的重量，设计师选用了交错层压木材(CLT)材料来提供足够的强度。这些木板不是由普通的木材制成，它厚约半英尺(15.24cm)。制作方法是将几层平行放置的板条垂直重叠，用胶粘剂粘牢就形成了钢铁一样强硬的材料。Stadthaus于2009年正式开放，是当时全世界最高的现代木质建筑，随后CLT材料建造的高楼在全球各地纷纷竖立。2011年，挨着Stadthaus,

图7–28　美国塔科马穹顶体育馆外观
(图片来源：http：//new.cnmuwu.com)

图7–29　美国塔科马穹顶体育馆室内
(图片来源：http：//new.cnmuwu.com)

图 7-30　美国塔科马穹顶体育馆屋架

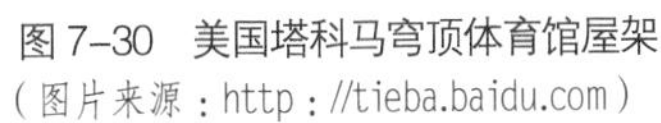

（图片来源：http://tieba.baidu.com）

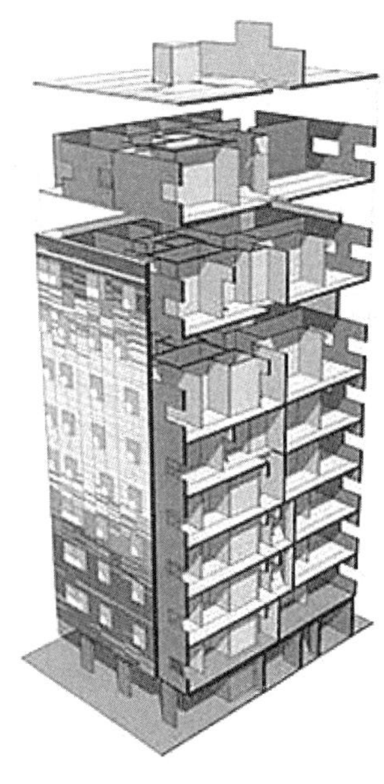

图 7-31　英国 Stadthaus 公寓结构
（图片来源：http://news.zhulong.com）

Waugh 和 Thistleton 又修建了一栋 7 层木质公寓楼，建筑结构参照了加拿大 Prince George 的一栋 90 英尺（27.4m）高的木质建筑。2012 年，Stadthaus 的世界最高木质建筑的桂冠被墨尔本一栋 10 层、楼高 32m 的木质公寓夺去，这座建筑叫做 Forté，如图 7-33 所示。

加拿大于 2008 年修改建筑法规，允许木结构建筑从原先 4 层提高到 6 层。随之而来的这栋位于温哥华 Richmond 的 6 层公寓楼便是法规颁布后的第一栋 6 层公寓楼。如图 7-34 所示。

温哥华市木材创新设计中心，建筑高度

图 7-32　英国 Stadthaus 公寓
（图片来源：http://www.quanjing.com）

为27.5m，是目前北美最高的木结构建筑。该建筑最大的特点是采用了最为先进的正交胶合木（CLT）作为主要结构材料。如图7-35所示。

芬兰建筑设计工作室OOPEAA通过和Lakea建筑事务所的合作，已经完成了于韦斯屈莱（Jyvaskyla）郊区一个住宅区的设计，这是芬兰的第一幢8层木制公寓楼。这是一栋节能的、多层的、木框架的公寓楼。公寓楼坐落在于韦斯屈莱的郊区，挨着Kuokkala教堂。Puukuokka公寓楼由三栋高度在6~8层之间的建筑物构成。公寓楼一共可以提供150套公寓，总面积达10000m^2。如图7-36所示。

图7-33 墨尔本Forté公寓
（图片来源：http://go.huanqiu.com）

图7-34 温哥华Richmond公寓
（图片来源：http://www.sciyork.com）

图7-35 温哥华市木材创新设计中心
（图片来源：http://www.sciyork.com）

图7-36 芬兰Puukuokka公寓楼
（图片来源：http://www.landscape.cn）

第 8 章　砖石材砌块与砌体结构

8.1 砖

8.1.1　砖的分类

目前工程中所用的砌墙砖按生产工艺分为两类，一类是通过焙烧工艺制得的，称为烧结砖。另一类是通过蒸养或蒸压工艺制得的，称为蒸养或蒸压砖，也称免烧砖。根据砖的形式也可以分为实心砖、多孔转和空心砖。其中烧结普通砖指由黏土、页岩、煤矸石或粉煤灰为主要原料，经过焙烧而成的实心或孔洞率不大于规定值且外形尺寸符合规定的砖。这种砖具体可细分为烧结黏土砖、烧结页岩砖、烧结煤矸石砖、烧结粉煤灰砖。

烧结普通砖为矩形体，其标准尺寸为 240mm×115mm×53mm。考虑 10mm 厚的建筑灰缝，则 4 块砖长、8 块砖宽或 16 块砖厚形成的尺寸刚好是 1m。1m^3 砌体需用砖 512 块。烧结多孔砖和烧结空心砖常用于非承重部位。孔洞率不大于 15%，孔的尺寸小而数量多的砖称为多孔砖。孔洞率不小于 35%，孔的尺寸大而数量少的砖称为空心砖。烧结多孔砖与烧结空心砖均为直角六面体，形状分别如图 8–1 和图 8–2 所示。

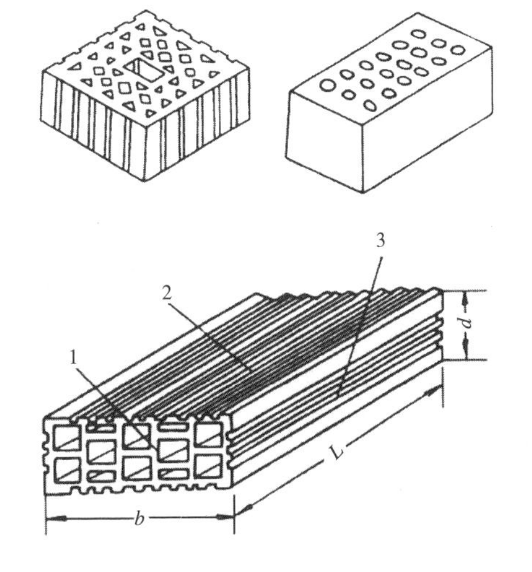

图 8–1　烧结多孔砖
（图片来源：《砌体结构》东南大学 同济大学 郑州大学合编）

图 8–2　烧结空心砖
1– 顶面；2– 大面；3– 条面；*L*– 长度；*b*– 宽度；*d*– 高度
（图片来源：《砌体结构》东南大学 同济大学 郑州大学合编）

蒸压砖属于硅酸盐制品，是以石灰和含硅原料，例如砂、粉煤灰、炉渣、矿渣、煤矸石等，加水拌合，经成型、蒸压而制成的。目前使用的主要有粉煤灰砖、灰砂砖和炉渣砖。粉煤灰砖是以粉煤灰和石灰为主要原料，掺入适量的石膏和炉渣，加水混合制成的坯料，经陈化、轮辗、加压成型，再经常压或高压蒸养而制成的一种墙体材料。灰砂砖是用石灰和天然砂，经混合搅拌、陈化、轮辗、加压成型，蒸养而制得的墙体材料。蒸压砖其规格尺寸与烧结普通砖相同。

8.1.2 砖的特性

烧结砖的第一个特性是对其外观质量的要求，包括颜色、两条面高度差、弯曲程度、杂质凸出高度、缺棱掉角完整面等。

砖第二个特性是抗压强度。烧结普通砖强度等级是通过10块砖试样进行抗压强度试验，根据抗压强度平均值和强度标准值划分为MU30、MU25、MU20、MU15、MU10五个强度等级。具体指标见表8-1所列。

砖的第三个特性是泛霜现象。当砖的原料中含有硫、镁等可溶性岩类时，砖在使用过程中，这些岩类会随着砖中水分蒸发而在砖表面产生盐析现象，一般为白色粉末，常在砖表面形成絮团状斑点，严重时会起粉、掉角或脱皮。严重泛霜对建筑的破坏性则更大。国标规定，优等品的砖应无泛霜现象，一等品砖不得出现中等泛霜，合格品不得严重泛霜。

砖的第四个特性是爆裂问题。当原料土中夹杂有石灰石时，将被烧成生石灰留在砖中。生石灰有时也会由掺入的燃料煤渣等带入，这些常为过烧的生石灰。生石灰吸水消化时产生体积膨胀，导致砖发生胀裂破坏。石灰爆裂对砖砌体影响较大，轻者影响外观，重者将使砖砌体强度降低直至破坏。相关标准规定，优等品不允许出现破坏尺寸大于2mm的爆裂区域，一等品的砖不允许出现最大破坏尺寸大于10mm的爆裂区域，合格品不允许出现破坏尺寸大于15mm的爆裂区域。

砖的第五个特性是耐久性，抗风化性能是烧结普通砖重要的耐久性之一，对砖的抗风化性要求根据各地区风化程度的不同而定。烧结普通砖的抗风化性能通常以其抗冻性、吸水率及饱和系数等指标判断。

烧结多孔砖颜色、两条面高度差、弯曲程度、杂质凸出高度、缺棱掉角完整面等方面要求与烧结普通砖相同。强度等级根据其抗压强度分为MU30、MU25、MU20、MU15、MU10等五个强度等级。在满足强度标准的基础上，烧结多孔砖质量等级则根据尺寸偏差、外观质量及耐久性等又分为优等品、一等品和合格品三个产品等级。各质量等级砖的泛霜控制、石灰爆裂控制和抗风化性能要求与烧结普通砖相同。

蒸养（压）砖依照抗压强度和抗折强度划分为MU25、MU20、MU15和MU10四个强度等级。同样根据尺寸偏差和外观质量状况分为优等品、一等品和合格品三个质量等级。

8.2 石材

8.2.1 石材分类

天然石材是最古老的建筑材料之一，世界上许多著名的古建筑，例如埃及的金字塔、中国河北省的赵州桥都是由天然石材建造而成的。近几十年来，钢筋混凝土和新兴建筑材料的应用和发展，虽然在很大程度上代

烧结普通砖强度等级划分规定（MPa） 表8-1

强度等级	抗压强度平均值 $f \geqslant$	变异系数 $\delta \leqslant$	变异系数 $\delta >$
		强度标准值 $f_k \geqslant$	单块最小抗压强度值 $f_{min} \geqslant$
MU30	30.0	22.0	25.0
MU25	25.0	18.0	22.0
MU20	20.0	14.0	16.0
MU15	15.0	10.0	12.0
MU10	10.0	6.5	7.5

替了天然石材，但由于天然石材在地壳表面分布广、便于就地取材，因此在土木工程中仍得到了广泛的应用。天然石材根据生成条件，按地质分类可分为火成岩、沉积岩和变质岩三大类。

火成岩又称岩浆岩，是由地壳内部熔融岩浆上升冷却而成的岩石。根据冷却条件的不同，又可分为深层岩、喷出岩和火山岩三类。深层岩是岩浆在地壳深处，受上部覆盖层的压力作用，缓慢且均匀地冷却而成的岩石。深层岩的表观密度大，强度高，吸水率小，抗冻性好。工程上常用的深成岩有花岗岩、正长岩、闪长岩和辉长岩。喷出岩为熔融的岩浆喷出地壳表面，迅速冷却而成的岩石。工程上常用的喷出岩有玄武岩、安山岩和辉绿岩。火山岩是火山爆发时岩浆喷到空中，急速冷却后形成的岩石。火山砂和火山灰常用作水泥的混合材料。

沉积岩是地表岩石经长期风化后，成为碎屑颗粒状或粉尘状，经风或水的搬运，通过沉积和再造作用而形成的岩石。沉积岩大都呈层状构造，表观密度小，孔隙率大，吸水率大，强度低，耐久性差。沉积岩可分为机械沉积岩、化学沉积岩和生物沉积岩。机械沉积岩是各种岩石风化后，经过流水、风力和冰川作用的搬运及逐渐沉积，在覆盖层的压力下或自然胶结物胶结而成，如页岩、砂岩和砾岩。化学沉积岩是岩石中的矿物溶解在水中，经沉淀沉积而成，如石膏、菱镁矿、白云岩及部分石灰岩。生物沉积岩是由各种有机体残骸经沉淀而成的岩石，如石灰岩、硅藻土等。

变质岩是岩石由于强烈的地质运动，在高温和高压下，矿物再结晶或生成新矿物，使原来岩石的矿物成分及构造发生显著变化而成为一种新的岩石。一般沉积岩形成变质岩后，其建筑性能有所提高，如石灰岩和白云岩变质后成为大理岩，砂岩变质后成为石英岩，都比原来的岩石坚固耐久。

石材按其加工后的外形规则程度，分为料石和毛石。料石中又有细料石、半细料石、粗料石和毛料石。毛石的形状不规则，但要求毛石的中部厚度不小于 200mm。

8.2.2 石材特性

石材的特性主要涵盖五个方面，包括表观密度，吸水性，耐水性，抗冻性和抗压强度。

石材的表观密度与矿物组成及孔隙率有关。致密的石材，如花岗石和大理石等，其表观密度接近于密度，约为 2500 ~ 3100kg/m^3。孔隙率较大的石材，如火山凝灰石、浮石等，其表观密度较小，约为 500 ~ 1700kg/m^3。天然石材根据表观密度可分为轻质石材和重质石材。表观密度小于 1800kg/m^3 的为轻质石材，一般用作墙体材料；表观密度大于 1800kg/m^3 的为重质石材，可作为建筑物的基础、贴面、地面等。

石材的吸水性主要与其孔隙率和孔隙特征有关。孔隙特征相同的石材，孔隙率越大，吸水率也越高，深层岩以及许多变质岩孔隙率都很小，因而吸水率也很小。例如，花岗石吸水率通常小于 0.5%，而多孔贝类石灰石吸水率可达 15%。石材吸水后强度降低，抗冻性变差，导热性增加，耐久性和耐水性下降。表观密度大的石材，孔隙率小，吸水率也小。

石材的耐水性以软化系数来表示。根据软化系数的大小，石材的耐水性分为高、中、低三等，软化系数大于 0.9 的石材为高耐水性石材，软化系数在 0.70 ~ 0.90 之间的石材为中耐水性石材，软化系数为 0.60 ~ 0.70 之间的石材为低耐水性石材。土木工程中使用的石材，软化系数应大于 0.80。

石材的抗冻性是指抵抗冻融破坏的能力，是衡量石材耐久性的一个重要指标。石材的抗冻性与吸水率大小有密切关系。一般吸水率大的石材，抗冻性能较差。石材在饱和状态下，经规定次数的冻融循环后，若无贯穿裂缝且重量损失不超过 5%，强度损失不超过 25% 时，则为抗冻性合格。

石材的抗压强度取决于岩石的矿物组成、结构、构造特征、胶结物质的种类及均匀性等。石材是非均质和各向异性的材料，而且是典型的脆性材料，其抗压强度高，抗拉强度比抗压强度低得多，约为抗压强度的1/10 ~ 1/20。测定岩石抗压强度的试件尺寸为50mm×50mm×50mm的立方体。按吸水饱和状态下的抗压极限强度平均值，天然石材的强度等级分为MU100、MU80、MU60、MU50、MU40、MU30、MU20等几个等级。

8.3 砌块

世界上发达国家20世纪60年代已经完成了从黏土实心砖向各种轻便、高效、高功能的墙体材料的转变，形成以新型墙体材料为主，传统墙体材料为辅的产品结构，走上现代化、产业化和绿色化的发展道路。

8.3.1 砌块分类

砌块是近年来迅速发展起来的一种砌筑材料，中国目前使用的砌块品种很多，按砌块特征分类，可分为实心砌块和空心砌块两种。凡平行于砌块承重面的面积小于毛截面的75%者属于空心砌块，不小于75%者属于实心砌块。空心砌块的空心率一般为30%~50%。按生产砌块的原材料的不同分类，可分为混凝土砌块和硅酸盐砌块。砌块按其高度分为小型砌块和中型砌块。相关规定将高度在180 ~ 350mm的块体称为小型砌块，高度在360 ~ 900mm的称为中型砌块。目前，中型砌块建筑已很少采用。

8.3.2 砌块特性

以经常使用的混凝土小型空心砌块为代表，介绍砌块的几个主要性质，包括砌块的强度、密度、吸水率和软化系数、收缩以及导热性。

混凝土砌块的强度是以砌块受压面的毛面积去除破坏荷载求得的，砌块的强度等级分为MU5.0、MU7.5、MU10.0、MU15.0和MU20.0等五个等级。

混凝土砌块的密度，取决于原材料、混凝土配合比、砌块的规格尺寸、孔形和孔结构、生产工艺等。普通混凝土砌块的密度一般为1100 ~ 1500kg/m^3，轻混凝土砌块的密度一般为700 ~ 1000kg/m^3。

混凝土砌块的吸水率和耐水性取决于原材料的种类、配合比、砌块的密实度和生产工艺等。用普通砂、石作骨料的砌块，吸水率低，软化系数高；用轻骨料生产的砌块，吸水率高，而软化系数低。通常普通混凝土砌块的吸水率在6% ~ 8%之间，软化系数在0.85 ~ 0.95之间。

砌块的收缩，与烧结砖相比较，砌块为主体的墙体更容易产生裂缝。砌块的收缩值取决于所采用的骨料种类、混凝土配合比、养护方法和使用环境的相对湿度。普通混凝土砌块和轻骨料混凝土砌块在相对湿度相同的条件下，轻骨料混凝土砌块的收缩值较大一些；采用蒸压养护工艺生产的砌块比采用蒸汽养护的砌块收缩值要小。

混凝土砌块的导热系数随混凝土材料的不同而有差异。如在相同的孔结构、规格尺寸和工艺条件下，以卵石、碎石和砂为骨料生产的混凝土砌块，其导热系数要大于煤渣、火山渣、浮石、煤矸石、陶粒等为骨料的混凝土砌块。在相同的材料、壁厚、肋厚和工艺条件下，其与孔结构有关，单排孔、双排孔或三排孔砌块相比，单排孔砌块的导热系数要大于多排孔砌块。

8.4 连接材料

将砖、石材和砌块粘结成为砌体的材料是砂浆，称为砌筑砂浆。砂浆起传递荷载，协调变形的作用。因此，砌筑砂浆是砌体的重要组成部分。砌体中常用砂浆有水泥砂浆和水泥混合砂浆。

砂浆的性质包括以下几个方面。首先是和易性，新拌砂浆和易性指流动性和保水性。流动性是指砂浆在自重或外力的作用下产生流动的性质，可以用稠度来表示。砂浆的流动性和许多因素有关，胶凝材料的用量、用水量、砂的质量以及砂浆的搅拌时间、放置时间、环境的温度湿度等均影响其流动性。保水性是指新拌砂浆保持水分的能力。这个指标也反映了砂浆中各组分材料不易分离的性质。如果使用保水性不良的砂浆，在施工的过程中，砂浆很容易出现泌水和分层离析现象，使流动性变差，不易铺成均匀的砂浆层，使砌体的砂浆饱满度降低。同时，保水性不良的砂浆在砌筑时，水分容易被砖吸收，影响胶凝材料的正常硬化，不但降低砂浆本身的强度，而且使砂浆与砌体材料的粘结不牢，最终降低砌体的质量。影响砂浆保水性的主要因素有几点，包含胶凝材料的种类及用量、掺加料的种类及用量、砂的质量及外加剂的品种和掺量等。

砂浆的强度是另一个重要性质。砂浆的强度等级是以70.7mm×70.7mm×70.7mm的立方体试块，按标准养护条件养护至28d的抗压强度值而确定的。砂浆的强度等级分为M2.5、M5、M7.5、M10、M15、M20等六个等级。对于特别重要的砌体和有较高耐久性要求的工程，宜用强度等级高于M10的砂浆。

砂浆的第三个特性是应具有良好的耐久性。砂浆应与基底材料有良好的粘结力、较小的收缩变形。当受冻融作用影响时，对砂浆还应有抗冻性要求。具有冻融循环次数要求的砌筑砂浆，经冻融试验后，质量损失率不得大于5%，抗压强度损失率不得大于25%。

8.5 砌体结构

8.5.1 砖砌体的受力变形特点

砌体是由不同尺寸和形状的砖用砂浆砌成的整体。砖砌体常用作承重外墙、内墙、砖柱及围护墙。墙体的厚度是根据强度和稳定的要求来确定的，对于房屋的外墙，还需要满足保温、隔热的要求。

从砌体轴心受压破坏试验分析，破坏过程大致经历三个阶段。第一阶段加载约为破坏荷载的50%～70%时，砖柱内的单块砖出现裂缝（图8-3a），这一阶段的特点是如果停止加载，则裂缝不再扩展。当继续加载约为破坏荷载的80%～90%，则裂缝将继续扩展，而砌体逐渐转入第二阶段工作（图8-3b），但块状的个别裂缝将连接起来形成贯穿几皮砖的竖向裂缝。其特点是如果荷载不再增加，裂缝仍将继续扩展。因为房屋是处在长期荷载作用下工作，应认为这就是砌体的实际破坏阶段。如果荷载是短期作用，则加荷到砌体完全破坏瞬间，可视为第三阶段（图8-3c）。此时，砌体裂成互不相连的几个小立柱，最终因被压碎或丧失稳定而破坏。

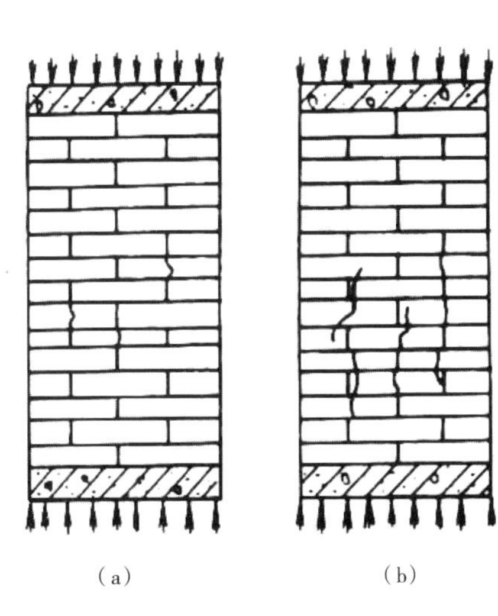

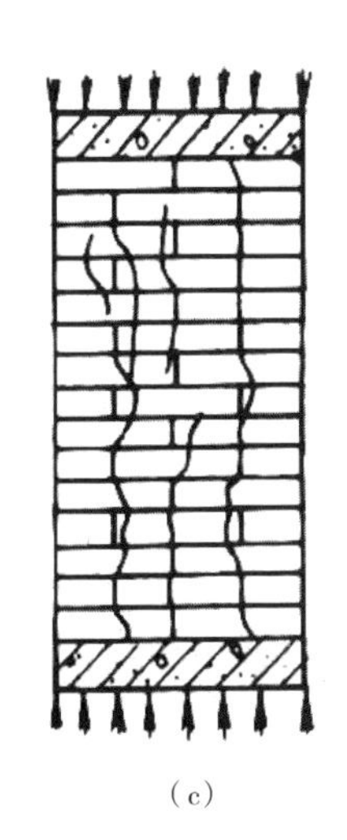

图8-3　砖砌体轴心受压时破坏特征（图片来源：《砌体结构》东南大学 同济大学 郑州大学合编）

从试验过程可以看出，影响砌体抗压强度的原因有以下几个方面。首先是块体和砂浆强度。块体和砂浆强度是决定砌体抗压强度最主要的因素。一般来说，砌体强度随块体和砂浆强度等级的提高而增大，但并不能按相同的比例提高砌体的强度。其次是砂浆的性能。砂浆除了强度之外，其变形性能、流动性及保水性都对砌体抗压强度有影响。砂浆强度等级越低，变形越大，块体受到的拉应力和弯剪应力也越大，砌体强度也越低。砂浆的流动性和保水性好，容易使之铺砌成厚度和密实性都较均匀的水平灰缝，可以降低块体在砌体内的弯剪应力，提高砌体强度。第三是块体的形状及灰缝厚度。块体的外形比较规则、平整，从而砌体强度相对得到提高。砌体中灰缝越厚，越难保证均匀与密实，所以当块体表面平整时，灰缝应尽量减薄。砖砌体灰缝厚度应控制在 8 ~ 12mm。第四是砌筑质量。影响砌筑质量的因素是多方面的，如块体在砌筑时的含水率、工人的技术水平等。其中，砂浆水平灰缝的饱满度影响最大，水平灰缝的砂浆饱满度不得低于 80%。根据砌体抗压性能试验研究成果，中国规范对各种砌体的抗压强度指标作了具体规定，表 8–2、表 8–3 显示了砖砌体的抗压强度指标。

砌体的抗拉、拉弯、抗剪性能是砌体第二组重要指标。砌体的抗压性能比抗拉、抗弯、抗剪好得多，所以通常砌体结构都用于受压构件，但在工程实践中有时也会遇到受拉、受弯、受剪的情况。例如，圆形砖水池池壁环向受拉，挡土墙在土侧压力作用下像悬臂柱一样受弯等。从试验现象和实际破坏情况分析，砌体在受拉、受弯、受剪时可能在灰缝处发生齿缝的破坏、沿块体和竖向灰缝的破坏以及沿灰缝的通缝破坏。图 8–4 显示出受拉构件的三种可能破坏形式。

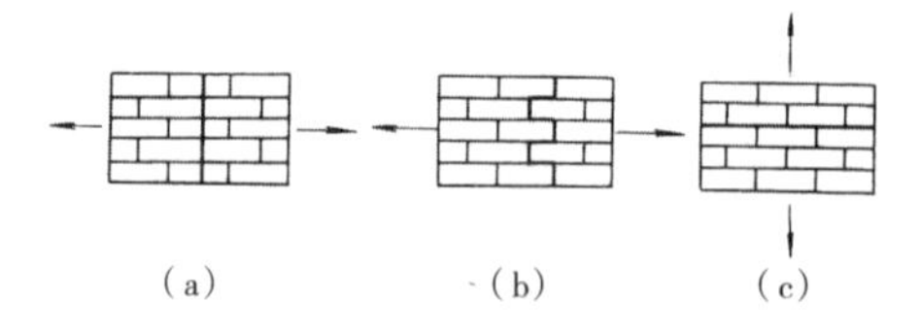

图 8–4 受拉构件的三种破坏情况（图片来源 :《砌体结构》东南大学 同济大学 郑州大学合编）

从试验过程发现，砌体的抗拉、弯曲抗拉及抗剪强度首先主要取决于灰缝的强度，即砂浆的强度。在大多数情况下，破坏是发生在砂浆和块体的连接面，因此，灰缝的强度就取决于砂浆和块材之间的粘合力。其次是竖向压力，竖向压力直接影响砌体的抗剪强度。第三是施工质量，砌筑质量对砌体抗剪强度的影响，主要与砂浆的饱满度和块体在砌筑时的含水率有关，其中竖向灰砂缝饱满度的影响不可忽视。

根据砌体抗拉、抗弯和抗剪性能试验研究成果，中国规范对各种砌体的相关强度指标作了具体规定。表 8–4 显示了不同破坏形式的砌体强度。

烧结普通砖和烧结多孔砖砌体的抗压强度设计值（MPa）　　表 8–2

砖强度等级	砂浆强度等级					砂浆强度
	M15	M10	M7.5	M5	M2.5	
MU30	3.94	3.27	2.93	2.59	2.26	1.15
MU25	3.60	2.98	2.68	2.37	2.06	1.05
MU20	3.22	2.67	2.39	2.12	1.84	0.94
MU15	2.79	2.31	2.07	1.83	1.60	0.82
MU10	—	1.89	1.69	1.50	1.30	0.67

蒸压灰砂砖和蒸压粉煤灰砖砌体的抗压强度设计值（MPa）　　表 8–3

砖强度等级	砂浆强度等级				砂浆强度
	M15	M10	M7.5	M5	
MU25	3.60	2.98	2.68	2.37	1.05
MU20	3.22	2.67	2.39	2.12	0.94
MU15	2.79	2.31	2.07	1.83	0.82

弯曲抗拉强度设计值和抗剪强度设计值（MPa） 表 8-4

强度类别	破坏特征及砌体种类		砂浆强度等级			
			≥ M10	M7.5	M5	M2.5
轴心抗拉	沿齿缝	烧结普通砖、烧结多孔砖	0.19	0.16	0.13	0.09
		混凝土普通砖、混凝土多孔砖	0.19	0.16	0.13	—
		蒸压灰砂普通砖、蒸压粉煤灰普通砖	0.12	0.10	0.08	—
		混凝土和轻骨料混凝土砌块	0.09	0.08	0.07	—
		毛石	—	0.07	0.06	0.04
弯曲抗拉	沿齿缝	烧结普通砖、烧结多孔砖	0.33	0.29	0.23	0.17
		混凝土普通砖、混凝土多孔砖	0.33	0.29	0.23	—
		蒸压灰砂普通砖、蒸压粉煤灰普通砖	0.24	0.20	0.16	—
		混凝土和轻骨料混凝土砌块	0.11	0.09	0.08	—
		毛石	—	0.11	0.09	0.07
	沿通缝	烧结普通砖、烧结多孔砖	0.17	0.14	0.11	0.08
		混凝土普通砖、混凝土多孔砖	0.17	0.14	0.11	—
		蒸压灰砂普通砖、蒸压粉煤灰普通砖	0.12	0.10	0.08	—
		混凝土和轻骨料混凝土砌块	0.08	0.06	0.05	—
抗剪	烧结普通砖、烧结多孔砖		0.17	0.14	0.11	0.08
	混凝土普通砖、混凝土多孔砖		0.17	0.14	0.11	—
	蒸压灰砂普通砖、蒸压粉煤灰普通砖		0.12	0.10	0.08	—
	混凝土和轻骨料混凝土砌块		0.09	0.08	0.06	—
	毛石		—	0.19	0.16	0.11

注：1. 对于用形状规则的块体砌筑的砌体，当搭接长度与块体高度的比值小于 1 时，其轴心抗拉强度设计值 f_t 和弯曲抗拉强度设计值 f_{tm} 应按表中数值乘以搭接长度与块体高度比值后采用。

2. 表中数值是依据普通砂浆砌筑的砌体确定，采用经研究性试验且通过技术鉴定的专用砂浆砌筑的蒸压灰砂普通砖、蒸压粉煤灰普通砖砌体，其抗剪强度设计值按相应普通砂浆强度等级砌筑的烧结普通砖砌体采用。

3. 对混凝土普通砖、混凝土多孔砖、混凝土和轻骨料混凝土砌块砌体，表中的砂浆强度等级分别为：≥ Mb10、Mb7.5 及 Mb5。

8.5.2 石砌体的受力变形特点

石砌体类型有料石砌体，又可以细分为细料石砌体、半细料石砌体、粗料石砌体、毛料石砌体；毛石砌体和毛石混凝土砌体。毛石混凝土砌体是在模板内交替铺置混凝土层和形状不规则的毛石层构成的。通常每灌注 120 ~ 150mm 厚混凝土即设置毛石一层；将毛石插入混凝土中，深度约为石块高度的一半，并尽可能紧密些。然后，再在石块上灌注一层混凝土，填满石块间的间隙，并将石块完全盖没，随后再逐层毛石和灌注混凝土。

石砌体的受力变形特点一直也是一个研究的重点，原福建省建筑科学研究所等机构曾对这一问题开展试验研究。根据他们的研究成果，可以得到以下规律：一个是，石砌体变形主要取决于灰缝变形，只有在灰缝状态、砂浆强度等条件完全一致时，砌体中所用块材的强度可能会对砌体变形有一些影响。另一个是，由于块材的弹性模量往往是砂浆弹性模量的十倍，因此如果忽略块材的变形，则此时砌体变形完全取决于灰缝变形，灰缝厚度大小关系到整个砌体的应变。

石砌体结构有两个重要指标，一个是抗压强度，另一个是轴心抗拉、弯曲抗拉和抗剪强度。各种情况的抗压强度在表 8-5 和 8-6 中列出，轴心抗拉、弯曲抗拉和抗剪强度详表 8-4。

8.5.3 砌块砌体受力变形特点

砌块结构自 1897 年在美国建成第一幢建筑以来，已经经历了百年发展历程，混凝土砌块成套技术已经较为成熟。混凝土砌块在美国应用十分广泛，占建筑墙体材料的 80%。国内对于砌块结构的研究应用也已有 30 多年的历史，广西大学等机构对于砌块结构的受力变形特点进行过深入的试验研究。从他们的研究报告中可以发现，混凝土砌块的抗压力学性能表现良好，抗压强度超出规范规定的指标。通过混凝土砌块抗剪试验发现，砌体破坏时，其破坏面位于砂浆层。因此，砌体抗剪强度主要取决于砌筑砂浆。同时，由于孔对砂浆的镶嵌作用，一定程度上对抗剪强度起了增强作用。砌块的力学指标在表 8-7、表 8-8 中分别加以介绍。

8.5.4 砌体结构未来发展方向

自古至今，砌体结构的建筑一直是重要的建筑形式，并成就了许多经典作品，在建筑历史中具有重要的地位。直到今天，人们看到那些红砖灰瓦的建筑，仍会感到浓浓的历史传承。在这里首先介绍几个经典的砌体建筑作品。

帕提农神庙从公元前 447 年开始兴建，9 年后封顶，又用 6 年时间完成各项雕刻。1687 年，威尼斯人与土耳其人作战时，神庙遭到破坏。19 世纪下半叶，曾对神庙进行过部分修复，已无法恢复原貌，现仅留有一座石柱林立的外壳。帕提农神庙呈长方形，庙内有前殿、正殿和后殿。神庙基

毛料石砌体的抗压强度设计值（MPa）　　表 8-5

毛料石强度等级	砂浆强度等级			砂浆强度
	M7.5	M5	M2.5	
MU100	5.42	4.80	4.18	2.13
MU80	4.85	4.29	3.73	1.91
MU60	4.20	3.71	3.23	1.65
MU50	3.83	3.39	2.95	1.51
MU40	3.43	3.04	2.64	1.35
MU30	2.97	2.63	2.29	1.17
MU20	2.42	2.15	1.87	0.95

注：对下列各类料石砌体，应按表中数值分别乘以系数。
细料石砌体，1.5；半细料石砌体，1.3；粗料石砌体，1.2；干砌勾缝石砌体，0.8。

毛石砌体的抗压强度设计值（MPa）　　表 8-6

毛石强度等级	砂浆强度等级			砂浆强度
	M7.5	M5	M2.5	
MU100	1.27	1.12	0.98	0.34
MU80	1.13	1.00	0.87	0.30
MU60	0.98	0.87	0.76	0.26
MU50	0.90	0.80	0.69	0.23
MU40	0.80	0.71	0.62	0.21
MU30	0.69	0.61	0.53	0.18
MU20	0.56	0.51	0.44	0.15

单排孔混凝土砌块和轻骨料混凝土砌块对孔砌筑砌体的抗压强度设计值（MPa）　　表 8-7

砌块强度等级	砂浆强度等级					砂浆强度
	Mb20	Mb15	Mb10	Mb7.5	Mb5	
MU20	6.30	5.68	4.95	4.44	3.94	2.33
MU15	—	4.61	4.02	3.61	3.20	1.89
MU10	—	—	2.79	2.50	2.22	1.31
MU7.5	—	—	—	1.93	1.71	1.01
MU5	—	—	—	—	1.19	0.70

注：1. 对独立柱或厚度为双排组砌的砌块砌体，应按表中数值乘以 0.7。

2. 对 T 形截面墙体、柱，应按表中数值乘以 0.85。

双排孔或多排孔轻骨料混凝土砌块砌体的抗压强度设计值（MPa）　　表 8-8

砌块强度等级	砂浆强度等级			砂浆强度
	Mb10	Mb7.5	Mb5	
MU10	3.08	2.76	2.45	1.44
MU7.5	—	2.13	1.88	1.12
MU5	—	—	1.31	0.78

注：1. 表中的砌块为火山渣、浮石和陶粒轻骨料混凝土砌块。

2. 对厚度方向为双排组砌的轻骨料混凝土砌块砌体的抗压强度设计值，应按表中数值乘以 0.8。

座占地面积达约 2136.77m^2，将近有半个足球场那么大，46 根高达 10.36m 的大理石柱撑起了神庙。帕提农神庙的设计代表了全希腊建筑艺术的最高水平。如图 8-5 所示。

罗马大斗兽场位于古罗马广场，占地 24281.1m^2，外墙高约 48m，内部周长 545.6m，是一座裂痕累累的巨大椭圆形砖石建筑。罗马大斗兽场在公元 72 年修建，并于公元 80 年建成。角斗活动一直持续到 403 年，斗兽场直到公元 8 世纪还几乎完整无损。此后五百年在大大小小的无数次战争中，它主要被用作堡垒。如图 8-6 所示。

当年的古希腊奥林匹亚体育场，今天只能看到隧道入口，但从现存这个砌体入口依然可以想象当年的恢宏，如图 8-7 所示。

及至近现代，砌体结构仍然被广泛应用于建筑创作中，并留下很多杰出的建筑作品。如图 8-8、图 8-9 所示。1891 年，美国芝加哥建造了一幢 17 层砖房，由于当时的技术条件限制，其底层承重墙厚 1.8m。1957 年，瑞士苏黎世采用强度为 58.8MPa，空心率为 28% 的空心砖建成一幢 19 层塔式

图 8-5　帕提农神庙（左）
（图片来源：http：//www.greek-oliveoil.net）

图 8-6　罗马大斗兽场（右）
（图片来源：http：//tour.jschina.com.cn）

图 8-7 希腊奥林匹亚体育场的隧道入口
（图片来源：由马国馨院士提供）

住宅，墙厚才 380mm，引起了各国的兴趣和重视。欧美各国加强了对砌体结构材料的研究和生产，在砌体结构的理论研究和设计方法上取得了许多成果，推动了砌体结构的发展。前苏联也是世界上最先建立砌体结构理论和设计方法的国家，20 世纪 40 年代之后进行了较系统的试验研究，20 世纪 50 年代提出了砌体结构按极限状态设计的方法。

与此同时，砌体材料进步也很迅速，国外砖的强度一般均达 30 ~ 60MPa，而且能生产高于 100MPa 的砖。空心砖的表观密度一般为 $13kN/m^3$，轻的达 $6kN/m^3$。采用的砂浆强度也很高，美国标准 ASTM C270 规定的 M、S、N 三类水泥石灰混合砂浆，抗压强度分别为 25.5MPa、20MPa、13.9MPa；德国砂浆强度为 13.7 ~ 14.1MPa。美国陶氏集团已生产“Sarabond”高粘结强度的砂浆（掺有聚氯乙烯乳胶），抗压强度可超过 55MPa，用这种砂浆砌筑强度为 41MPa 的砖，其砌体强度可达 34 MPa。国外早在 20 世纪 70 年代砖砌体抗压强度就已经达到 20MPa 以上，接近或超过普通混凝土强度。

在 1966 年邢台地震、1976 年唐山地震以及历次大地震中，砌体结构都遭到严重的破坏。但是，通过研究人员和工程师们的深入研究，砌体结构的性能在近年来得到不断提高，特别是在砌体结构中引入了圈梁和构造柱的设计概念，使砌体结构的延性得以提高。这里通过图示的方式将圈梁与构造柱的概念作一概要性的介绍。为了加强构造柱与圈梁和砌体结构连接的整体性，设计师们利用砌体结构的特点设计了五进五出的砌筑方式。目前，在砌体结构中设置构造柱和圈梁的方法已普遍采用，这对于改善和提高砖砌体结构的抗震性能，起到了非常重要的作用。圈梁通常设在楼层标高处（表 8-9），构造柱通常布置在墙与墙相交的十字接头部位、丁字接头部位和墙转角部位。如图 8-10 ~ 图 8-14 所示。

随着技术方法的进步和工艺水平的提高，砌体建筑仍然在建筑设计中发挥了作用。在地震影响比较大的地区，配筋砌体被广泛采用。为了提高砖砌体强度和减小构件的截面尺寸，可在立柱或窗间墙水平灰缝内配置横向钢筋网，构成网状配筋砌

图 8-8 英国利物浦大学红砖楼
（图片来源：http://liuxue.gaofen.com）

图 8-9 中国清华大学图书馆
（图片来源：http://news.siin.cn）

体，又称横向配筋砌体；在砌体外配置纵向钢筋加砂浆或混凝土面层，或在预留的竖槽内配置纵向钢筋，竖槽用砂浆或混凝土填实，构成组合砌体，对用砂浆面层或用砂浆填实竖槽的，称纵向配筋砌体。砌体结构将更多地向新型砌块建筑和配筋砌体的方向发展。如图 8-15 所示。美国、新西兰等国采用配筋砌体在地震区建造高层可达 13 ~ 20 层。其中，美国丹佛市 17 层的“五月市场”公寓和 10 层的振克兰姆

现浇钢筋混凝土圈梁设置要求　　　　表 8-9

墙体类别	设防烈度	
	6、7 度	8 度
外墙及内纵墙	屋盖处及每层楼盖处	屋盖处及每层楼盖处
内横墙	同上；屋盖处沿所有横梁；楼盖处间距不应大于 7m；构造柱对应部位	同上，各层所有横梁

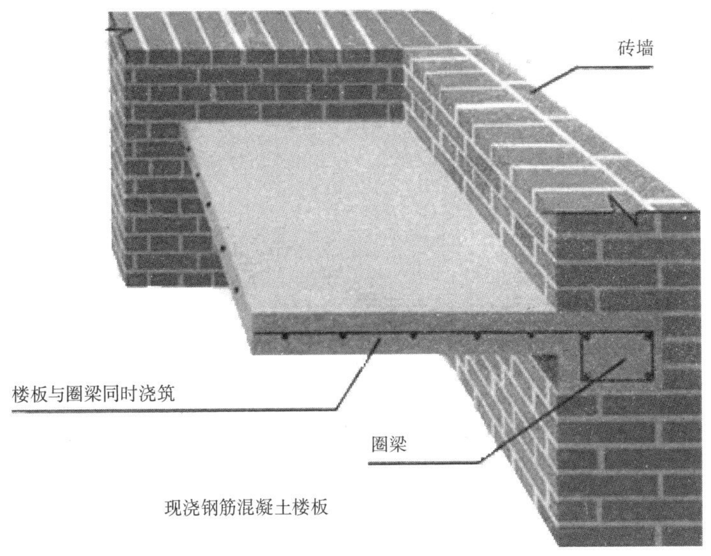

图 8-10　砌体结构圈梁与楼板连接示意图
（图片来源：http：// www.089812322.com）

圈梁
构造柱

图 8-11　砌体结构圈梁构造柱示意图
（图片来源：http：//www.089812322.com）

钢筋笼
伸入墙体配筋

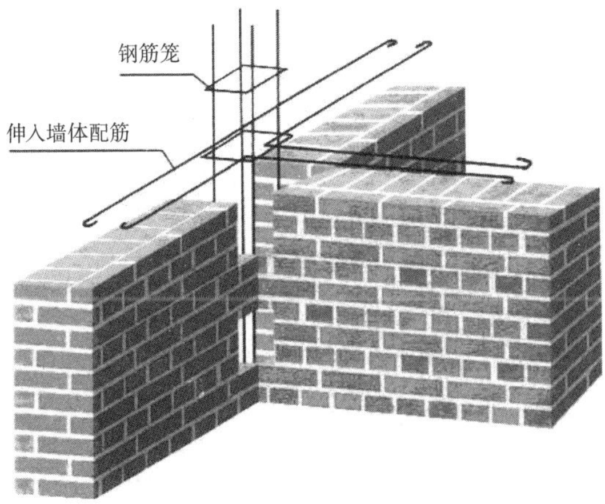

图 8-12　砌体结构圈梁构造柱做法示意图
（图片来源：http：//www.089812322.com）

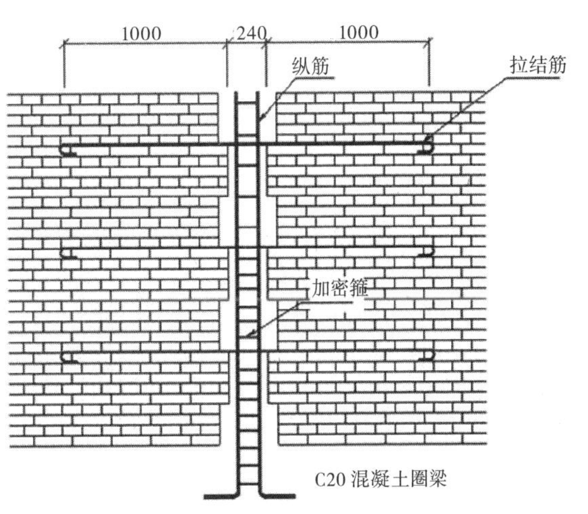

图 8-13　构造柱与墙体连接五进五出方法示意图
（图片来源：http：//www.089812322.com）

图 8-14 构造柱与墙体连接五进五出方法实例
（图片来源：http://www.089812322.com）

塔楼等，前者高度 50m，墙厚仅 280mm。新西兰允许在地震区用配筋砌体建造 7 ~ 12 层的房屋。它们在一定范围内与钢筋混凝土框架结构相比，具有较好的适用性和经济价值。

与此同时，砌块生产发展很快，在一些国家，20 世纪 70 年代砌块产量就接近砖的产量。国外采用砌体作承重墙建了许多高层房屋。1970 年，在英国诺丁汉市建成一幢 14 层房屋，与钢筋混凝土框架结构相比，上部结构造价降低 7.7%。

美国加州帕萨迪纳市的希尔顿饭店为 13 层高强混凝土砌块结构，经受圣费尔南多大地震后完好无损，而毗邻的一幢 10 层钢筋混凝土结构却遭受严重破坏。1990 年落成的美国拉斯维加斯市 Excalibur 酒店，是位于 7 度区的 28 层配筋砌体结构，是目前最高的配筋砌体建筑。如图 8-16、图 8-17 所示。

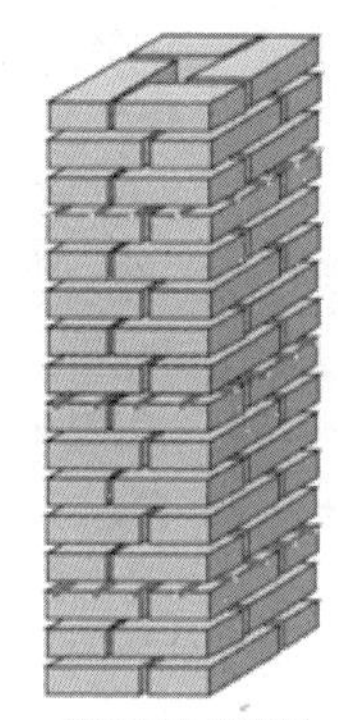

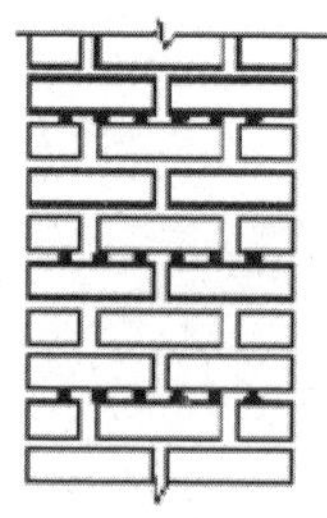

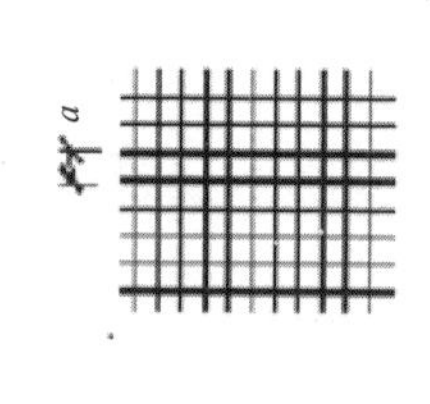

（a）

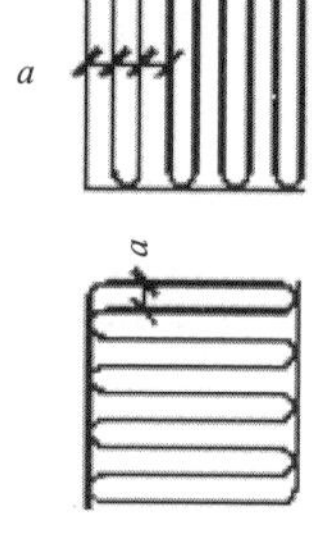

（b）

图 8-15 配筋砌体示意图
（a）用方格网配筋的砖柱；（b）连弯钢筋网
（图片来源：http://www.examw.com）

图 8-16 美国加州帕萨迪纳市的希尔顿饭店
（图片来源：http://hotels.ctrip.com）

图 8-17 美国拉斯维加斯市 Excalibur 酒店
（图片来源：http://hotels.ctrip.com）

第9章 钢筋混凝土材料与结构

9.1 混凝土

9.1.1 混凝土分类

混凝土是由胶凝材料、水和粗、细骨料按适当比例配合、搅拌成拌合物，经一定时间硬化而成的人造石材。混凝土按照表观密度的大小分类，一般可分为：

重混凝土，即表观密度（试件在温度为105±5℃的条件下干燥至恒重后测定）大于2600kg/m^3。重混凝土是用特别密实和特别重的骨料制成的，如重晶石混凝土、钢屑混凝土等，它们具有不透x射线和γ射线的性能。

普通混凝土，即表观密度为1950～2500kg/m^3。普通混凝土用天然的砂、石作骨料配制而成。这类混凝土在土建工程中最常用。

轻混凝土，即表观密度小于1950kg/m^3。

此外，还有为满足不同工程的特殊要求而配制成的各种特制混凝土，如高强混凝土、流态混凝土、防水混凝土、耐热混凝土、纤维混凝土、聚合物混凝土和喷射混凝土等。

9.1.2 混凝土构造

普通混凝土（简称为混凝土）是由水泥、砂、石和水所组成。在混凝土中，砂、石起骨架作用，称为骨料；水泥与水形成水泥浆，水泥浆包裹在骨料表面并填充其孔隙。在硬化前，水泥浆起润滑作用，赋予拌合物一定和易性，便于施工。水泥浆硬化后，则将骨料胶结成一个坚实的整体。混凝土的技术性质在很大程度上是由其组成材料的性质和相对含量决定的。因此，必须合理选择材料，才能保证混凝土的质量。下面分别介绍对各种组成材料的技术要求。

（1）水泥

配制混凝土一般可采用硅酸盐水泥、普通硅酸盐水泥、矿渣硅酸盐水泥、火山灰质硅酸盐水泥、粉煤灰硅酸盐水泥和复合硅酸盐水泥。必要时也可采用快硬硅酸盐水泥或其他水泥。水泥的选择应根据混凝土工程特点、所处的环境条件和强度要求统一考虑。水泥环境选择在表9-1中做了介绍。水泥强度等级的选择应与混凝土

常用水泥的环境因素　　表 9-1

混凝土工程特点或所处环境条件		优先选用	可以使用	不宜使用
普通混凝土	1. 在普通气候环境中的混凝土	普通硅酸盐水泥	矿渣硅酸盐水泥、火山灰质硅酸盐水泥、粉煤灰硅酸盐水泥、复合硅酸盐水泥	
	2. 在干燥环境中的混凝土	普通硅酸盐水泥	矿渣硅酸盐水泥	火山灰质硅酸盐水泥、粉煤灰硅酸盐水泥
	3. 在高湿度环境中或永远处在水下的混凝土	矿渣硅酸盐水泥	普通硅酸盐水泥、火山灰质硅酸盐水泥、粉煤灰硅酸盐水泥、复合硅酸盐水泥	
	4. 厚大体积的混凝土	粉煤灰硅酸盐水泥、矿渣硅酸盐水泥、火山灰质硅酸盐水泥、复合硅酸盐水泥	普通硅酸盐水泥	硅酸盐水泥、快硬硅酸盐水泥
有特殊要求的混凝土	1. 要求快硬的混凝土	快硬硅酸盐水泥、硅酸盐水泥	普通硅酸盐水泥	矿渣硅酸盐水泥、火山灰质硅酸盐水泥、粉煤灰硅酸盐水泥、复合硅酸盐水泥
	2. 高强（大于 C40 级）的混凝土	硅酸盐水泥	普通硅酸盐水泥、矿渣硅酸盐水泥	
	3. 严寒地区的露天混凝土，寒冷地区处在水位升降范围内的混凝土	普通硅酸盐水泥	矿渣硅酸盐水泥	火山灰质硅酸盐水泥、粉煤灰硅酸盐水泥
	4. 严寒地区处在水位升降范围内的混凝土	普通硅酸盐水泥		火山灰质硅酸盐水泥、矿渣硅酸盐水泥、粉煤灰硅酸盐水泥、复合硅酸盐水泥

的设计强度等级相适应，原则上是配制高强度等级的混凝土，选用高强度等级水泥；反之亦然。如果必须用高强度等级水泥配制低强度等级混凝土时，会使水泥用量偏少，影响和易性和密实度，所以掺入一定数量的掺合料。如果必须用低强度等级水泥配制高强度等级混凝土时，会使水泥用量过多，不经济，而且要影响混凝土其他技术性质。

（2）细骨料

粒径在 0.16 ~ 5mm 之间的骨料为细骨料。一般采用天然砂。配制混凝土所采用的细骨料的质量要求有以下几方面。

第一是有害杂质的影响。配制混凝土的细骨料要求清洁不含杂质，以保证混凝土的质量。而砂中常含有一些有害杂质，如云母、黏土、淤泥、粉砂等，粘附在砂的表面，妨碍水泥与砂的粘结，降低混凝土强度；同时还增加混凝土的用水量，从而加大混凝土的收缩，降低抗冻性和抗渗性。一些有机杂质、硫化物及硫酸盐，它们都对水泥有腐蚀作用。砂中杂质的含量一般应符合表 9–2 中规定。在配制混凝土中，应使用含碱量小于 0.6% 的水泥或采用能抑制碱—骨料反应的掺合料，如粉煤灰等；当使用含钾、钠离子的外加剂时，必须进行专门检验。在一般情况下，海砂可以配制混凝土和钢筋混凝土，但由于海砂含盐量较大，对钢筋有锈蚀作用，因此对钢筋混凝土，海砂中氯离子含量不应超过 0.06%（以干砂重的百分率计）。预应力混凝土不宜用海砂。若必须使用海砂时，则应经淡水冲洗，其氯离子含量不得大于 0.02%。

第二是颗粒形状及表面特征的影响。细骨料的颗粒形状及表面特征会影响其与水泥的粘结及混凝土拌合物的流动性。山砂的颗粒多具有棱角，表面粗糙，与水泥粘结较好，用它拌制的混凝土强度较高，但拌合物的流动性较差；河砂、海砂，其颗粒多呈圆形，表面光滑，与水泥的粘结较差，用来拌制混凝土，混凝土的强度较低，但拌合物的流动性则较好。

第三是砂的颗粒级配及粗细程度。砂的颗粒级配，即表示砂大小颗粒的搭配情况。在混凝土中砂砾之间的孔隙是由水泥浆所填充，为达到节约水泥和提高强度的目的，就应减少砂砾之间的孔隙。从图 9–1 可以看到，如果是同样粗细的砂，孔隙最大；两种粒径的砂搭配起来，孔隙就减小了；三种粒径的砂搭配，孔隙就更小了。由此可见，要想减少砂粒间的孔隙，就必须由大小不同的颗粒搭配。

（3）粗骨料

混凝土常用的粗骨料有碎石和卵石。配制混凝土的粗骨料的质量要求有以下几个方面。

第一是有害杂质的影响。粗骨料中常含有一些有害杂质，如黏土、淤泥、细屑、硫酸盐、硫化物和有机杂质。它们的危害作用与在细骨料中的相同。它们的含量一般应符合表 9–2 中规定。

第二是颗粒形状及表面特征的影响。粗骨料的颗粒形状及表面特征同样会影响

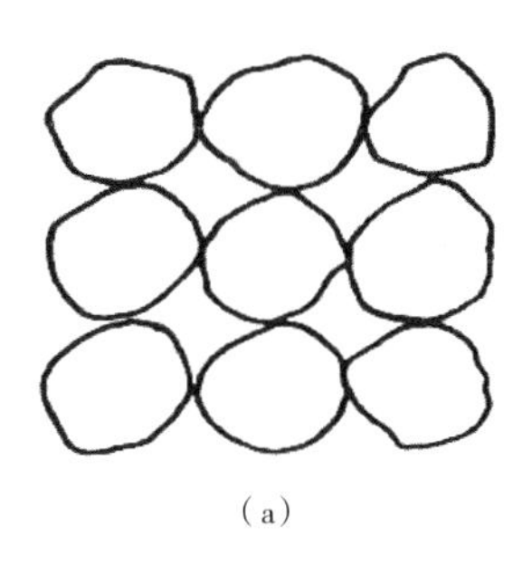
（a）

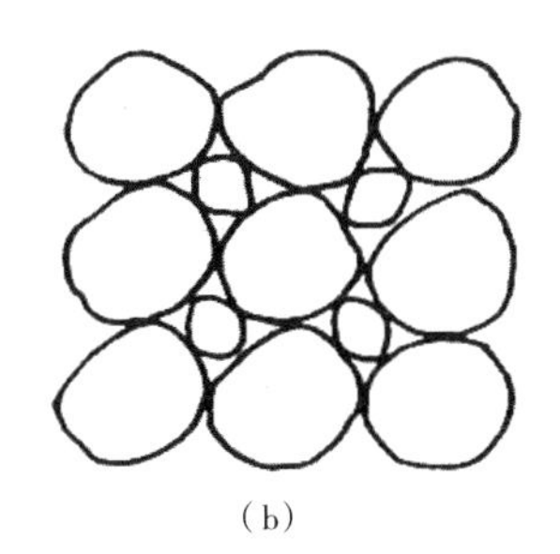
（b）

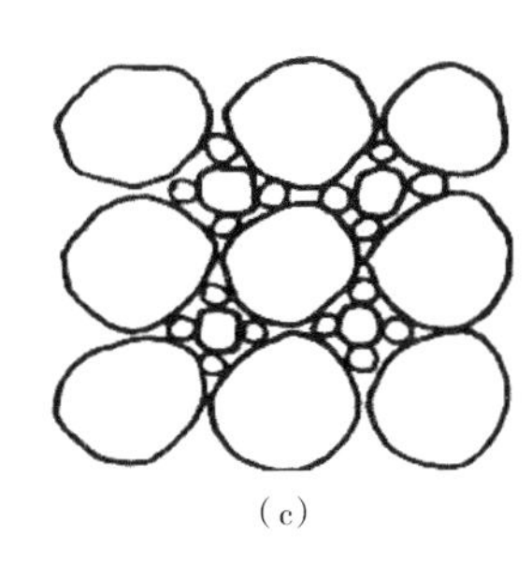
（c）

图 9–1　骨料颗粒级配
（图片来源：《土木工程材料》湖南大学 天津大学 同济大学 东南大学编）

砂、石子中杂质含量及石子中针、片状颗粒含量　　表 9–2

项目		质量标准	
		不低于 C30 的混凝土	低于 C30 的混凝土
含泥量，按质量计，不大于（%）	碎石或卵石	1.0	2.0
	砂	3.0	5.0
泥块含量，按质量计，不大于（%）	碎石或卵石	0.50	0.70
	砂	1.0	2.0
硫化物和硫酸盐含量（折算为 SO_3）按质量计，不大于（%）	碎石或卵石	1.0	
	砂	1.0	
有机质含量（用比色法试验）	卵石	颜色不得深于标准色，如深于标准色，则应配制成混凝土进行强度对比试验，抗压强度比应不低于 0.95	
	砂	颜色不得深于标准色，如深于标准色，则应按水泥胶砂强度的方法进行强度对比试验，抗压强度比应不低于 0.95	
云母含量，按质量计，不宜大于（%）	砂	2.0	
轻物质含量，按质量计，不宜大于（%）	砂	1.0	
针、片状颗粒含量，按质量计，不大于（%）	碎石或卵石	15	25

其与水泥的粘结及混凝土拌合物的流动性。碎石具有棱角，表面粗糙，与水泥粘结较好，而卵石多为圆形，表面光滑，与水泥的粘结较差，在水泥用量和水用量相同的情况下，碎石拌制的混凝土流动性较差，但强度较高，而卵石拌制的混凝土则流动性较好，但强度较低。如要求流动性相同，用卵石时用水量可少些，结果强度不一定低。

第三是最大粒径及颗粒级配的影响。粗骨料中公称粒级的上限称为该粒级的最大粒径。当骨料粒径增大时，其比表面积随之减小。因此，保证一定厚度润滑层所需的水泥浆或砂浆的数量也相应减少，所以粗骨料的最大粒径应在条件许可下，尽量选用得大些。另外，石子级配好坏对节约水泥和保证混凝土具有良好的和易性有很大关系。特别是拌制高强度混凝土，石子级配更为重要。

第四是骨料的含水状态及饱和面吸水率的影响。骨料一般有干燥状态、气干状态、饱和面干状态和湿润状态等四种含水状态，如图 9-2 所示。骨料含水率等于或接近于零时称干燥状态；含水率与大气湿度相平衡时称气干状态；骨料表面干燥而内部孔隙含水达到饱和时称饱和面干状态；骨料不仅内部孔隙充满水，而且表面还附有一层表面水时称湿润状态。在拌制混凝土时，骨料含水状态的不同，将影响混凝土的用水量和骨料用量。

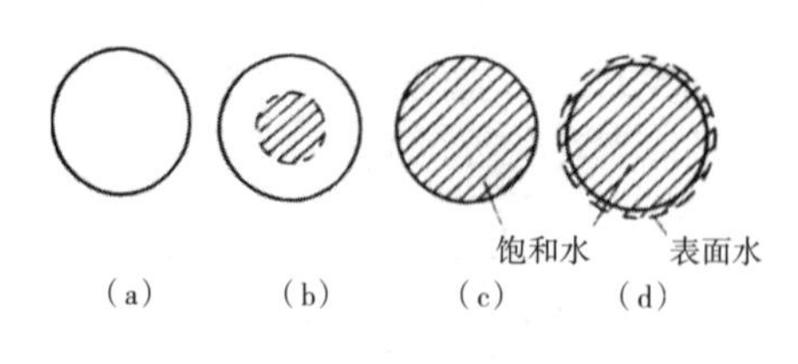

图 9-2　骨料含水状态
(a) 干燥状态；
(b) 气干状态；
(c) 饱和面干状态；
(d) 湿润状态
(图片来源：《土木工程材料》湖南大学 天津大学 同济大学 东南大学编)

第五是混凝土拌合及养护用水的影响。对混凝土拌合及养护用水的质量要求是：不得影响混凝土的和易性及凝结；不得有损于混凝土强度发展；不得降低混凝土的耐久性、加快钢筋腐蚀及导致预应力钢筋脆断；不得污染混凝土表面。

9.1.3　混凝土性质

混凝土的组成材料决定了混凝土具备许多优点，可根据不同要求配制各种不同性质的混凝土；在凝结前具有良好的塑性，因此可以浇制成各种形状和大小的构件或结构物；经硬化后又具有抗压强度高与耐久性良好的特性；其组成材料中砂、石等地方材料占 80%，符合就地取材和经济的原则。混凝土也存在着抗拉强度低，受拉时变形能力小，容易开裂，自重大等缺点。接下来介绍混凝土的和易性、强度、变形、耐久性等主要性质。

(1) 和易性

和易性是指混凝土拌合物易于施工操作（拌合、运输、浇灌、捣实）并能达到质量均匀、成型密实的性能。和易性是一项综合的技术性质，包括流动性、黏聚性和保水性等三方面的含义。流动性是指混凝土拌合物在自重或施工机械振捣的作用下，能产生流动并均匀密实地填满模板的性能。黏聚性是指混凝土拌合物在施工过程中其组成材料之间有一定的黏聚力，不致产生分层和离析的现象。保水性是指混凝土拌合物在施工过程中，具有一定的保水能力，不致产生严重的泌水现象。发生泌水现象的混凝土拌合物，由于水分分泌出来会形成容易透水的孔隙，而影响混凝土的密实性，降低质量。混凝土拌合物的流动性、黏聚性和保水性有其各自的内容，而它们之间是互相联系的，但常存在矛盾。因此，所谓和易性就是这三方面性质在某种具体条件下矛盾统一的概念。目前，尚没有能够全面反映混凝土拌合物和易性的测定方法。在施工现场和试验室，通常是通过坍落度试验测定拌合物的流动性，并辅以直观经验评定黏聚性和保水性。

混凝土拌合物在自重或外力作用下产生流动的大小，与水泥的流变性能以及骨料颗粒间的内摩擦力有关。骨料间的内摩擦力除了取决于骨料的颗粒形状和表面特征外，还与骨料颗粒表面水泥浆层厚度有关；水泥浆的流变性能则又与水泥浆的稠度密切相关。影响混凝土和易性的主要因素有以下几方面。

首先是水泥浆的数量。混凝土拌合物中的水泥浆，赋予混凝土拌合物以一定的流动性。在水灰比不变的情况下，单位体积拌合物内，如果水泥浆愈多，则拌合物的流动性愈大。但若水泥浆过多，将会出现流浆现象，使拌合物的黏聚性变差，同时对混凝土的强度与耐久性也会产生一定影响。水泥浆过少，致使其不能填满骨料孔隙或不能很好包裹骨料表面时，就会产生崩坍现象，黏聚性也会变差。

其次是水泥浆的稠度。水泥浆的稠度是由水灰比所决定的。在水泥用量不变的情况下，水灰比越小，水泥浆就越稠，混凝土拌合物的流动性便越小。当水灰比过小时，水泥浆干稠，混凝土拌合物的流动性过低，会使施工困难，不能保证混凝土的密实性。增加水灰比会使流动性加大。如果水灰比过大，又会造成混凝土拌合物的黏聚性和保水性不良，而产生流浆、离析现象，并严重影响混凝土的强度。

第三是砂率。砂率是指混凝土中砂的质量占砂、石总质量的百分率，即砂质量与砂、石总质量的比值。砂率的变动会使骨料的孔隙率和骨料的总表面积有显著改变，因而对混凝土拌合物的和易性产生显著影响。

第四是水泥品种和骨料的性质。采用矿渣水泥和火山灰水泥时，拌合物的坍落度一般比采用普通水泥时来得小，而且矿渣水泥将使氧化物的泌水性显著增加。骨料级配好的混凝土拌合物的流动性也随之得以改善。

第五是外加剂。拌制混凝土时，加入很少量的减水剂能使混凝土拌合物在不增加水泥用量的条件下，获得很好的和易性，增大流动性和改善黏聚性、降低泌水性。

第六是时间和温度。拌合物拌制后，随时间的延长而逐渐变得干稠，流动性减小，原因是有一部分水供水泥水化、一部分水被骨料吸收、一部分水蒸发以及凝聚结构的逐渐形成，致使混凝土拌合物的流动性变差。如图 9-3、图 9-4 所示。

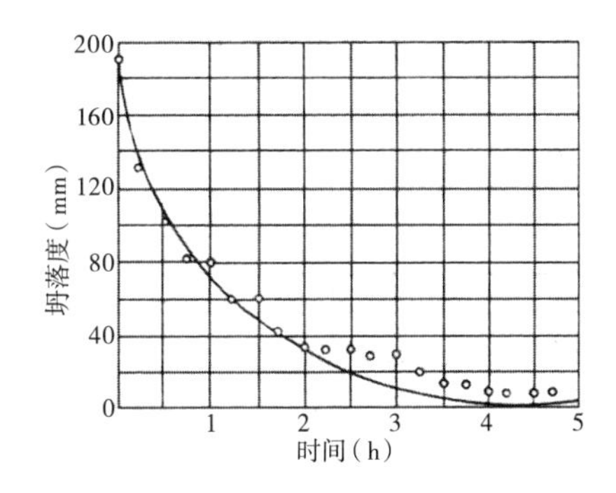

图 9-3　坍落度和拌合后时间之间的关系（拌合物配合比 1：2：4，W/C=0.775）
（图片来源：《土木工程材料》湖南大学 天津大学 同济大学 东南大学编）

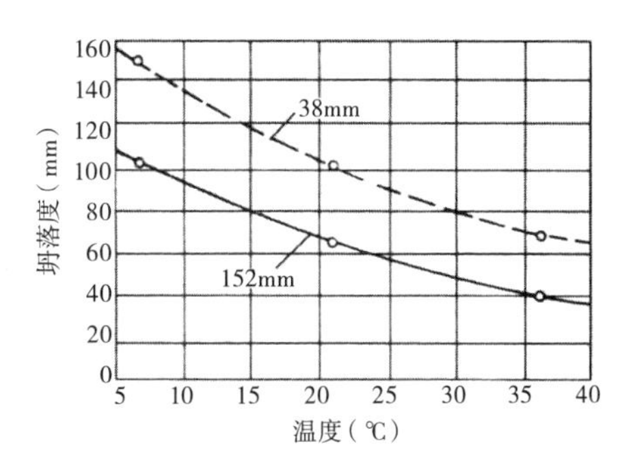

图 9-4　温度对拌合物坍落度的影响（曲线上的数字为骨料最大粒径）
（图片来源：《土木工程材料》湖南大学 天津大学 同济大学 东南大学编）

（2）混凝土强度

混凝土强度与其应力状态和试验方法有关，有三种主要强度指标，三种强度指标的关系在表 9-3 中进行了比较。

第一种是混凝土立方体抗压标准强度 f_{cu}。混凝土立方体抗压标准强度（或称立方体抗压强度标准值）系指按标准方法制作和养护的边长为 150mm 的立方体试件，在 28d 龄期，用标准试验方法测得的强度，其总体分布中具有不低于 95% 保证率的抗压强度值，以 $f_{cu,k}$ 表示。混凝土强度等级是按混凝土立方体抗压标准强度来划分的。混凝土强度等级采用符号 C 与立方体抗压强度标准值（以 MPa 计）表示。普通混凝土划分为 C15、C20、C25、C30、C35、C40、C45、C50、C55、C60、C65、C70、C75、C80 十四个等级。混凝土强度等级是混凝土结构设计时强度计算取值的依据，同时也是混凝土施工中控制工程质量和工程验收时的重要依据。

第二种是混凝土轴心抗压强度标准值 f_{ck}。为了使测得的混凝土强度接近于混凝土结构的实际情况，采用棱柱体形（正方形截面）或圆柱体形进行试验，测得混凝土轴心抗压强度标准值。在钢筋混凝土结构计算中，计算轴心受压构件，都是采用混凝土的轴心抗压强度作为依据。

第三种是混凝土的抗拉强度标准值 f_{tk}。混凝土的抗拉强度只有抗压强度的1/10～1/20，且随着混凝土强度等级的提高，比值有所降低。也就是当混凝土强度等级提高时，抗拉强度的增加不及抗压强度提高得快。因此，混凝土在工作时一般不依靠其抗拉强度。但是抗拉强度对于构件开裂现象有重要意义，在结构设计中抗拉强度是确定混凝土抗裂度的重要指标。

普通混凝土发生强度破坏，一般出现在骨料的分界面上，这就是常见的粘结面破坏的形式。另外，当水泥强度较低时，水泥本身破坏也是常见的破坏形式。在普通混凝土中，骨料最先破坏的可能性小，因为骨料强度经常大大超过水泥和粘结面的强度。

影响混凝土强度的因素首先反映在水灰比和水泥强度等级，这是决定混凝土强度的主要因素。水泥是混凝土中的活性组分，其强度的大小直接影响着混凝土强度的高低。在配合比相同的条件下，所用的水泥强度等级越高，制成的混凝土强度也越高。当用同一种水泥（品种及强度等级相同）时，混凝土的强度主要取决于水灰比。可以认为，在水泥强度等级相同的情况下，水灰比愈小，水泥的强度愈高，与骨料粘结力也愈大，混凝土的强度就愈高。如果加水太少，即水灰比太小，则拌合物过于干硬，无法保证浇灌质量，混凝土中将出现较多的蜂窝、孔洞，强度也将随之下降。当然，水泥与骨料的粘结力还与骨料的表面状况有关，碎石表面粗糙，粘结力比较大，卵石表面光滑，粘结力比较小。因而在水泥强度等级和水灰比相同的条件下，碎石混凝土的强度往往高于卵石混凝土的强度。

第二个因素便是养护的温度和湿度。混凝土所处的环境温度和湿度等，都是影响混凝土强度的重要因素，它们都是通过对水泥水化过程所产生的影响而起作用的。混凝土的硬化，原因在于水泥的水化作用。养护温度高可以增大初期水化速度，混凝土初期强度也高。而在养护温度较低的情况下，由于水化缓慢，具有充分的扩散时间，从而使水化物在水泥中均匀分布，有利于后期强度的发展。当温度降至冰点以下时，则由于混凝土中的水分大部分结冰，水泥颗粒不能和冰发生化学反应，混凝土的强度停止发展。不但混凝土的强度停止发展，而且由于孔隙内水分结冰而引起的膨胀（水结冰体积可膨胀约9%）产生相当大的压力，将使混凝土的内部结构遭受破坏，使已经获得的强度受到损失。周围环境的湿度对水泥的水化作用能否正常进行同样具有显著影响：湿度适当，水泥水化便能顺利进行，使混凝土强度得到充分发展。如果湿度不够，混凝土会失水干燥而影响水泥水化作用的正常进行，甚至停止水化。为了使混凝土正常

混凝土轴心抗压、抗拉强度值（N/mm²） 表9-3

强度种类		混凝土强度等级													
		C15	C20	C25	C30	C35	C40	C45	C50	C55	C60	C65	C70	C75	C80
标准值	轴心抗压 f_{ck}	10.0	13.4	16.7	20.1	23.4	26.8	29.6	32.4	35.5	38.5	41.5	44.5	47.4	50.2
	轴心抗拉 f_{tk}	1.27	1.54	1.78	2.01	2.20	2.39	2.51	2.64	2.74	2.85	2.93	2.99	3.05	3.11
设计值	轴心抗压 f_c	7.2	9.6	11.9	14.3	16.7	19.1	21.1	23.1	25.3	27.5	29.7	31.8	33.8	35.9
	轴心抗拉 f_t	0.91	1.10	1.27	1.43	1.57	1.71	1.80	1.89	1.96	2.04	2.09	2.14	2.18	2.22

硬化，必须在成型后一定时间内维持周围环境有一定温度和湿度。混凝土在自然条件下养护，称为自然养护。自然养护的温度随气温变化，为保持潮湿状态，在混凝土凝结以后（一般在12h以内），表面应覆盖草袋等物并不断浇水，这样也同时能防止其发生不正常的收缩。

第三个因素是龄期。混凝土在正常养护条件下，其强度将随着龄期的增加而增长。最初7～14d内，强度增长较快，28d以后增长缓慢。因此，在一定条件下养护的混凝土，可根据其早期强度大致地估计28d的强度。

（3）混凝土变形

混凝土的变形主要体现在自身变形与受力作用下的变形。自身变形第一种是化学收缩。由于水泥水化生成物的体积，比反应前物质的总体积小，而使混凝土收缩，这种收缩称为化学收缩。其收缩量是随混凝土硬化龄期的延长而增加的，一般在混凝土成型后40多天内增长较快，以后就渐趋稳定。化学收缩是不能恢复的。第二种是干湿变形。干湿变形取决于周围环境的湿度变化。混凝土在干燥过程中，首先发生气孔水和毛细孔水的蒸发。气孔水的蒸发并不引起混凝土的收缩。毛细孔水的蒸发，使毛细孔中形成负压，随着空气湿度的降低负压逐渐增大，产生收缩力，导致混凝土收缩。当毛细孔中的水蒸发完后，如继续干燥，则凝胶体颗粒的吸附水也发生部分蒸发，由于分子引力的作用，粒子间距离变小，使凝胶体紧缩。混凝土这种收缩在重新吸水以后大部分可以恢复。当混凝土在水中硬化时，体积不变，甚至轻微膨胀。这是由于凝胶体中胶体粒子的吸附水膜增厚，胶体粒子间的距离增大所致。但膨胀值远比收缩值小，在一般条件下混凝土的极限收缩值为（50～90）$\times10^{-5}$mm/mm左右。混凝土的干燥收缩是不能完全恢复的。通常情况，残余收缩约为收缩量的30%～60%。第三种是温度变形。混凝土与其他材料一样，也具有热胀冷缩的性质。混凝土的温度膨胀系数约为10×10^{-5}，即温度升高1℃，每米膨胀0.01mm。温度变形对大体积混凝土及大面积混凝土工程极为不利。在混凝土硬化初期，水泥水化放出较多的热量，混凝土又是热的不良导体，散热较慢，因此在大体积混凝土内部的温度较外部高，有时可达50～70℃。这将使内部混凝土的体积产生较大的膨胀，混凝土却随气温降低而收缩。内部膨胀和外部收缩互相制约，在外表混凝土中将产生很大拉应力，严重时使混凝土产生裂缝。

混凝土在荷载作用下的变形，分为短期荷载作用与长期荷载作用。硬化后的混凝土在未受外力作用之前，由于水泥水化造成的化学收缩和物理收缩引起体积的变化，在粗骨料与水泥浆界面上产生了分布极不均匀的拉应力，形成许多分布很乱的界面裂缝。在短期荷载作用下，其内部产生了拉应力，这种拉应力很容易在具有几何形状为楔形的微裂缝顶部形成应力集中，随着拉应力的逐渐增大，导致微裂缝的进一步延伸、汇合、变大，最后形成几条可见的裂缝。试验时可见试件就随着这些裂缝扩展而破坏。以混凝土双轴受压为例，绘出的静力受压时的荷载—变形曲线的典型形式如图9-5所示。

通过显微观察所查明的混凝土内部裂缝的发展可分为如图9-5所示的四个阶段。当荷载到达“比例极限”（约为极限荷载的30%）

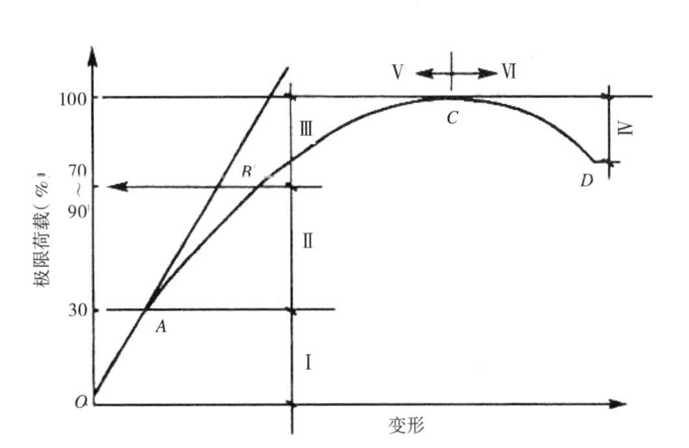

图9-5　混凝土受压变形曲线
Ⅰ—界面裂缝无明显变化；Ⅱ—界面裂缝增长；Ⅲ—出现裂缝和连续裂缝；Ⅳ—连续裂缝迅速发展；Ⅴ—裂缝缓慢增长；Ⅵ—裂缝迅速增长
（图片来源：《土木工程材料》湖南大学 天津大学 同济大学 东南大学编）

以前，界面裂缝无明显变化（图 9-5 第 I 阶段）。此时，荷载与变形比较接近直线关系（图 9-5 曲线 *OA* 段）。荷载超过“比例极限”以后，界面裂缝的数量、长度和宽度都不断增大，界面借摩阻力继续承担荷载，但尚无明显的裂缝。变形增大的速度超过荷载增大的速度，荷载与变形之间不再接近直线关系（图 9-5 曲线 *AB* 段）。“临界荷载”（约为极限荷载的 70% ~ 90%）以后，在界面裂缝继续发展的同时，开始出现裂缝，并将邻近的界面裂缝连接起来成为连续裂缝。此时，变形增大的速度进一步加快，荷载—变形曲线明显地弯向变形轴方向（图 9-5 曲线 *BC* 段）。超过极限荷载以后，连续裂缝急速地扩展。此时，混凝土的承载能力下降，荷载减小而变形迅速增大，以致完全破坏，荷载—变形曲线逐渐下降而最后结束（图 9-5 曲线 *CD* 段）。由此可见，荷载与变形的关系，是内部微裂缝扩展规律的体现。混凝土在外力作用下的变形和破坏过程，也就是内部裂缝的发生和发展过程。

混凝土在长期荷载作用下，沿着作用力方向，变形会随时间不断增长，即荷载不变而变形仍随时间增大，一般要延续 2 ~ 3 年才逐渐趋于稳定。这种在长期荷载作用下产生的变形，通常称为徐变。混凝土的徐变应变一般可达（3 ~ 15）$\times 10^{-4}$，即 0.35 ~ 1.5mm/m。混凝土徐变一般认为是由于水泥凝胶体在长期荷载作用下的黏性流动，并向毛细孔中移动，同时吸附在凝胶粒子上的吸附水因荷载应力而向毛细孔迁移渗透的结果。混凝土徐变和许多因素有关。混凝土的水灰比较小或混凝土在水中养护时，同龄期的水泥中未填满的孔隙较少，故徐变较小。混凝土不论是受压、受拉或受弯时，均有徐变现象。

（4）混凝土的耐久性

混凝土除应具有设计要求的强度，以保证其能安全地承受设计荷载外，还应根据其周围的自然环境以及在使用上的特殊要求，而具有各种特殊性能。把混凝土抵抗环境介质作用并长期保持其良好的使用性能和外观完整性，从而维持混凝土结构的安全，正常使用的能力称为耐久性。混凝土耐久性能主要包括抗渗、抗冻、抗侵蚀、抗碳化、抗碱骨料反应及混凝土中的钢筋抗锈蚀等性能。

混凝土的抗渗性是指混凝土抵抗水、油等液体在压力作用下渗透的性能。混凝土的抗渗性主要与其密实度及内部孔隙的大小和构造有关。混凝土内部的互相连通的孔隙和毛细管通路，以及由于在混凝土施工成型时，振捣不实产生的蜂窝、孔洞都会造成混凝土渗水。抗渗等级大于 P6 级的混凝土为抗渗混凝土。

混凝土的抗冻性是指混凝土在水饱和状态下，经受多次冻融循环作用，能保持强度和外观完整性的能力。在寒冷地区，特别是在接触水又受冻的环境下的混凝土，要求具有较高的抗冻性能。混凝土的密实度、孔隙构造和数量、孔隙的充水程度是决定抗冻性的重要因素。因此，当混凝土采用的原材料质量好、水灰比小、具有封闭细小孔（如掺入引气剂的混凝土）及掺入减水剂、防冻剂等时其抗冻性都较高。混凝土抗冻性一般以抗冻等级表示。划分为八个抗冻等级：F10、F15、F25、F50、F100、F150、F250 和 F300，分别表示混凝土能够承受反复冻融循环次数为 10、15、25、50、100、150、250 和 300。抗冻等级大于 F50 的混凝土为抗冻混凝土。

混凝土的抗侵蚀性是指，当混凝土所处环境中含有侵蚀性介质时，混凝土便会遭受侵蚀，通常有软水侵蚀、硫酸盐侵蚀、镁盐侵蚀、碳酸侵蚀、一般酸侵蚀与强碱侵蚀等。混凝土的抗侵蚀性与所用水泥的品种、混凝土的密实程度和孔隙特征有关。密实和孔隙封闭的混凝土，环境水不易侵入，故其抗侵蚀性较强。所以，提高混凝土抗侵蚀性的措施，主要是合理选择水泥品种、降低水灰比、提高混凝土的密实度和改善孔结构。

混凝土发生碳化作用时，二氧化碳与水泥中的氢氧化钙作用生成碳酸钙和水。混凝土在水中或在相对湿度100%条件下，由于混凝土孔隙中的水分阻止二氧化碳向混凝土内部扩散，碳化停止。同样，处于特别干燥条件(如相对湿度在25%以下的混凝土)，则由于缺乏使二氧化碳和氢氧化钙作用所需的水分，碳化也会停止。一般认为，相对湿度50%～75%时碳化速度最快。

混凝土发生碱骨料反应时，多是由于混凝土中所用的水泥含有较多的碱。这是因为水泥中碱性氧化物水解后形成的氢氧化钠和氢氧化钾与骨料中的活性氧化硅起化学反应，结果在骨料表面生成了复杂的碱—硅酸凝胶。由于凝胶为水泥所包围，因此当凝胶吸水不断膨胀时，会把水泥胀裂。这种碱性氧化物和活性氧化硅之间的化学作用通常称为碱骨料反应。

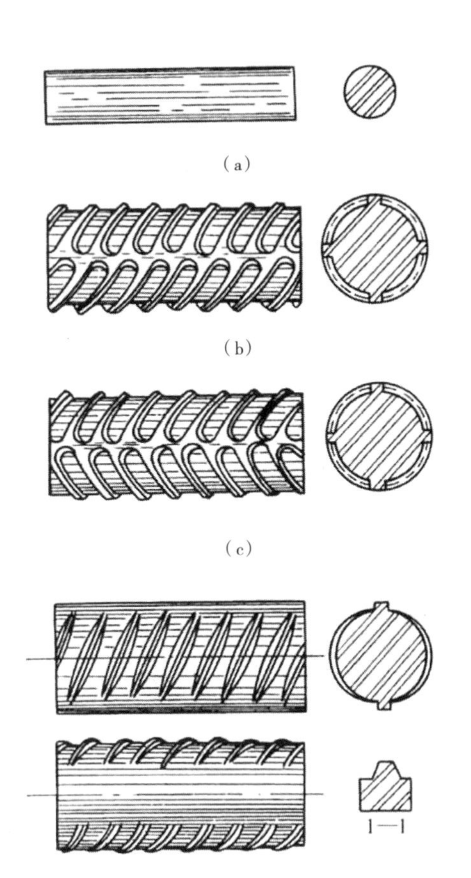

图9-6 钢筋表面及截面形状
(图片来源：《土木工程材料》湖南大学 天津大学 同济大学 东南大学编)

9.2 钢筋

9.2.1 钢筋分类

建筑工程中所用的钢筋主要是热轧钢筋和热处理钢筋。热轧钢筋是将钢材在高温状态下轧制而成。根据其标准屈服强度的高低和品种的不同，分为HPB300、HRB335、HRB400、RRB400四个级别，其中H、P、B分别代表热轧(Hotrolled)、光圆(Plain)、钢筋(Bar)；字母R代表带肋(Ribbed)，而第四级别钢筋中的另一个R代表余热处理(Remained Heat Treatment)。热处理钢筋是将热轧的螺纹钢筋再经过淬火和回火的调质热处理，能显著提高其强度。钢丝一般有碳素钢丝、刻痕钢丝、螺旋类钢丝及钢绞线等几种。

碳素钢的机械性能与含碳量多少有关。含碳量增加，能使钢材强度提高，性质变强，但也将钢材的塑性和韧性降低，焊接性能也会变差。因此，碳素钢按其碳的含量分为低碳钢(含碳量<0.25%)、中碳钢(0.25%～0.60%)和高碳钢(0.60%～1.4%)。用作钢筋的碳素钢主要是低碳钢和中碳钢。

钢筋按其外形分为光圆钢筋和带肋钢筋两类。光圆钢筋的表面是光圆的，如图9-6(a)所示。常用的是热轧带肋钢筋，如图9-6(b)所示，凸缘斜向不同的表面形成人字纹，如图9-6(c)、(d)所示。

9.2.2 钢筋性质

(1)强度

钢筋的强度是指钢筋的屈服强度及极限强度。钢筋的屈服强度是设计计算时的主要依据，对无明显流幅的钢筋，取它的条件屈服点。各种钢筋的强度在规范中作了具体规定。见表9-4～表9-7所列。

普通钢筋强度标准值（N/mm²） 表 9-4

牌号	符号	公称直径 d（mm）	屈服强度标准值 f_{yk}（N/mm²）	极限强度标准值 f_{stk}（N/mm²）
HPB300	Φ	6 ~ 22	300	420
HRB335 HRBF335	Φ $Φ^{F}$	6 ~ 50	335	455
HRB400 HRBF400 RRB400	Φ $Φ^{F}$ $Φ^{R}$	6 ~ 50	400	540
HRB500 HRBF500	Φ $Φ^{F}$	6 ~ 50	500	630

普通钢筋强度设计值（N/mm²） 表 9-5

牌号	抗拉强度设计值 f_y	抗压强度设计值 f'_y
HPB300	270	270
HRB335、HRBF335	300	300
HRB400、HRBF400、RRB400	360	360
HRB500、HRBF500	435	435

预应力钢筋强度标准值（N/mm²） 表 9-6

种类		符号	公称直径 d（mm）	屈服强度标准值 f_{pyk}	极限强度标准值 f_{pk}
中强度预应力钢丝	光面 螺旋肋	$ϕ^{PM}$ $ϕ^{HM}$	5、7、9	620	800
				780	970
				980	1270
预应力螺纹钢筋	螺纹	$ϕ^{T}$	18、25、32、40、50	785	980
				930	1080
				1080	1230
消除应力钢丝	光面	$ϕ^{P}$	5	1380	1570
				1640	1860
			7	1380	1570
	螺旋肋	$ϕ^{H}$	9	1290	1470
				1380	1570
钢绞线	1×3（三股）	$ϕ^{S}$	8.6、10.8、12.9	1410	1570
				1670	1860
				1760	1960
	1×7（七股）		9.5、12.7、15.2、17.8	1540	1720
				1670	1860
				1760	1960
			21.6	1590	1770
				1670	1860

注：强度为 1960MPa 级的钢绞线作后张预应力配筋时，应有可靠的工程经验。

预应力钢筋强度设计值（N/mm²） 表 9-7

种类	f_{pyk}	抗拉强度设计值 f_{pk}	抗压强度设计值 f'_{pk}
中强度预应力钢丝	800	510	410
	970	650	
	1270	810	

续表

种类	f_{pyk}	抗拉强度设计值 f_{pk}	抗压强度设计值 f'_{pk}
消除应力钢丝	1470	1040	410
	1570	1110	
	1860	1320	
钢绞线	1570	1110	390
	1720	1220	
	1860	1320	
	1960	1390	
预应力螺纹钢筋	980	650	435
	1080	770	
	1230	900	

注：当预应力筋的强度标准值不符合表 9-6 的规定时，其强度设计值应进行相应的比例换算。

（2）塑性

钢筋的塑性要求是为了使钢筋在断裂前有足够的变形。一方面在钢筋混凝土结构中，能表现出构件将要破坏的预告信号，另一方面要同时保证钢筋冷弯的要求。一般通过试验检验钢筋的塑性性能。钢筋的伸长率和冷弯性是检验钢筋塑性的主要指标。

伸长率是指在标距范围内钢筋试件拉断后的残余变形与原标距之比，以 δ（%）来表示。钢筋的伸长率标志钢筋的塑性，伸长率越大，塑性性能越好。

$$\delta=\frac{l-l_0}{l_0}\times100\% \quad (9-1)$$

式中 l_0——试件拉伸前的标距，常采用：短试件 $l_0=5d$，长试件 $l_0=10d$；

d——钢筋的直径；

l——试件拉断以后并重新合并起来量测的标距。

冷弯就是在常温下将钢筋绕规定的直径为 D 的钢辊弯曲 α 角度而不出现裂纹、鳞落或断裂现象（图 9-7），即认为钢筋的冷弯性能符合要求。常用比值 α/D 来反映冷弯性能。D 值越小，α 越大，则钢筋的冷弯性能越好，说明钢筋的塑性越好。

（3）可焊性

钢筋的可焊性是评定钢筋焊接后的接头性能的指标。可焊性好，即要求在一定的工艺条件下钢筋焊接后不产生裂纹及过大的变形。

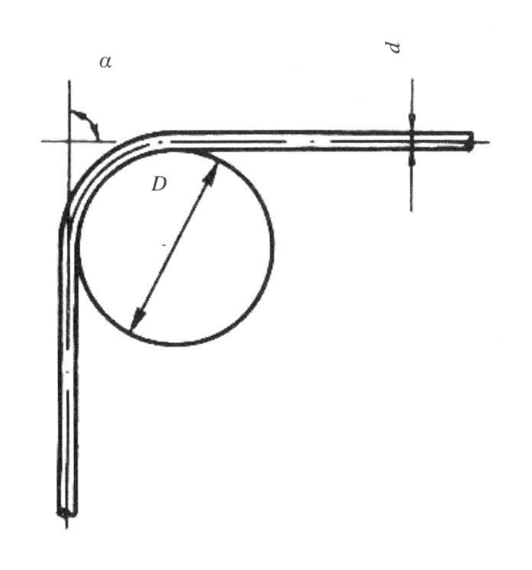

图 9-7 钢筋的冷弯
（图片来源：《土木工程材料》湖南大学 天津大学 同济大学 东南大学编）

（4）耐火性

一般认为，200℃以上钢的弹性模量明显下降，300℃以上钢的屈服强度开始下降。为了防止火灾给钢结构造成破坏，提高钢材自身耐火性，远比采用防火涂料要省工省料。钢筋混凝土构件承受两种高温作用：一种是经常性的正常使用温度，一般在 60 ~ 300℃，例如钢铁厂冶炼和热加工厂房、烟囱以及更普通的压力容器等；另一种是诸如火灾一类的事故性高温冲击，结构表面温度可在短时间内达到 900℃。从经验看，热轧钢筋的耐火性最好，冷轧钢筋其次，预应力钢筋最差。结构设计时，应注意混凝土保护层厚度满足对构件耐火极限的要求。

9.3 钢筋混凝土

钢筋混凝土是由钢筋和混凝土两种材料组成共同受力的材料。混凝土是一种抗压能力较强而抗拉能力很弱的建筑材料，这就使得素混凝土结构的应用受到很大限制。一般来说，在钢筋混凝土结构中，混凝土主要承担压力，钢筋主要承担拉力，必要时也可以承担压力。因此，在钢筋混凝土结构中,两种材料的力学性能都能得到充分利用。仅50多年时间，由于工业的发展，促使水泥和钢材的质量不断改进，为钢筋混凝土结构应用范围的逐渐扩大创造了条件。

9.3.1 共同工作原理

钢筋和混凝土两种材料各有优点，将二者结合起来，形成钢筋混凝土，充分发挥了各自的优势,并广泛应用于建筑工程中。钢筋和混凝土这两种材料的物理力学性能很不相同，但却能结合在一起共同工作，其中第一个重要因素是，钢筋和混凝土的线性膨胀系数接近相等，钢筋的线性膨胀系数是1.2×10^{-5}/℃，混凝土则是（1.0 ~ 1.5）$\times10^{-5}$/℃，当温度变化时，这两种材料不会因为产生相对的温度变形而破坏它们之间的连接。

第二个重要因素则是钢筋和混凝土之间有良好的粘合力，能牢固地粘结成整体。当构件承受外荷载时，钢筋和相邻混凝土能协调变形而共同工作，两者不致产生相对滑动。光圆钢筋与混凝土的粘结作用主要由三部分所组成：钢筋与混凝土接触面上的化学吸附作用力，即胶结力；混凝土收缩握裹钢筋而产生摩阻力；钢筋与混凝土之间产生的机械咬合作用力。带肋钢筋与混凝土之间主要是机械咬合作用，并因此改变了钢筋与混凝土间相互作用的方式，显著提高了粘结强度。带肋钢筋的横肋对混凝土的挤压会产生很大的机械咬合力，从而提高了带肋钢筋的粘结能力。光圆钢筋和带肋钢筋粘结机理的主要差别是，光圆钢筋粘结力主要来自胶结力和摩阻力，而带肋钢筋的粘结力主要来自机械咬合作用。由于粘结破坏机理复杂，影响粘结力的因素多，工程结构中粘结受力的多样性，目前尚无比较完整的粘结力计算理论。《混凝土结构设计规范》采用不进行粘结计算，用构造措施保证混凝土与钢筋粘结的方法，来确保钢筋与混凝土之间的粘结。

为了保证钢筋不被从混凝土中拔出或压出，使其与混凝土更好地工作，设计中要求钢筋要有很好的锚固。粘结和锚固是钢筋和混凝土形成整体、共同工作的基础。保证粘结作用的构造有以下几方面：对不同等级的混凝土和钢筋，要保证最小搭接长度和锚固长度；为了保证混凝土和钢筋之间有足够的粘结，必须满足钢筋最小间距和混凝土保护层最小厚度的要求；在钢筋的搭接接头范围内应加紧密箍；为了保证足够的粘结，在钢筋端部应设置弯钩。

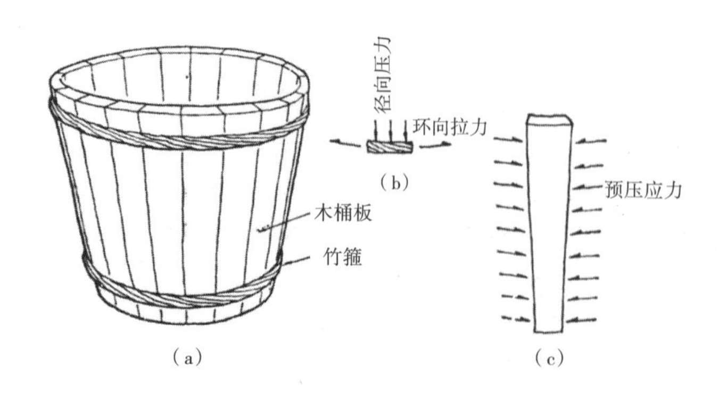

图9-8 预应力原理在木桶上应用的示意图
（图片来源：《现代预应力结构》杜拱辰）

9.3.2 预应力混凝土

预应力是指为了改善结构或构件在各种使用条件下的工作性能和提高其强度而在使用前预先施加的永久性应力。人们对预应力原理的理解，如果在日常生活中稍加注意是不难找到一些熟悉例子的。木桶是一个很典型的例子。这种用竹箍的木桶（图9-8）在中国已有几千年的历史。当套紧竹箍时，竹箍因加热伸长，冷却后用木板拼成的桶壁则产生环向压力。如木板之间的预压应力大于水压产生的环向拉应力，木桶就不致开裂而漏水。

混凝土是一种抗压强度高而抗拉强度低的脆性结构材料，它的抗拉强度比抗压强度要低得多。但是对混凝土构件的受拉部分预先施加压力，则预压应力可以抵消外荷作用下所产生的部分拉应力，就可以克服混凝土抗拉强度过低的缺点。显然，这种拉、压强度相差悬殊的混凝土，是适合预应力加强的一种理想材料。普通钢筋混凝土的主要缺点是抗裂性差。混凝土受拉极限应变只有（0.1 ~ 0.15）$\times10^{-3}$ 左右，此时的钢筋应力仅有 20 ~ 30N/mm^2，远未达到屈服强度，所以不允许出现裂缝的构件，钢筋的强度不能充分发挥。而对允许出现裂缝的构件，在使用荷载下，常需将裂缝宽度限制在 0.2 ~ 0.3mm 以内，此时，带肋钢筋的拉应力大致是其屈服强度的 50% ~ 60%，相应的拉应变约为（0.6 ~ 1.0）$\times10^{-3}$，钢筋工作应力只能达到 150 ~ 210N/mm^2 左右，所以在普通钢筋混凝土中采用高强度钢筋是不合理的，因为这时高强度钢筋的强度没有能充分利用。采用预应力混凝土结构是解决上述问题的有效方法。

预应力的作用可用图 9–9 的梁来说明。外荷载作用下，梁下缘产生拉应力 σ_3（图 9–9b）。如果在荷载作用以前，给梁先施加一偏心压力N，使得梁的下缘产生梁的预应力 σ_1（图 9–9a），那么在外荷载作用下，截面的应力分布将是两者的叠加（图 9–9c）。梁的下缘应力可为压应力（如 $\sigma_1-\sigma_3>0$）或数值很小的拉应力（如 $\sigma_1-\sigma_3<0$）。

建立预应力的方法可以分为两类，即先张法和后张法。张拉预应力钢筋在浇筑混凝土之前进行的方法叫先张法。先张法是在固定的台座上穿置预应力钢筋使之就位（图 9–10a），用于千斤顶张拉预应力钢筋（图 9–10b），张拉后将钢筋用锚固夹具临时固定在台座的传力架上，这时张拉钢筋所引起的反作用力由台座承受（图 9–10c）。然后在张拉好的钢筋周围浇筑混凝土（图 9–10c），待混凝土养护结硬达到一定程度后（一般不宜低于设计混凝土强度等级值的 75%，以保证预应力钢筋与混凝土之间具有足够的粘结力），再从台座上放松钢筋简称放张（图 9–10d）。由于预应力钢筋的弹性回缩，靠钢筋与混凝土之间的粘结力，由端部通过一定长度（传递长度 l_u）挤压混凝土，形成预应力混凝土构件。

对于张拉预应力钢筋在浇筑混凝土之后，待混凝土达到一定的强度后再进行张拉的方法叫后张法。后张法是先浇筑好构件，并在预应力钢筋的设计位置上预留出孔道

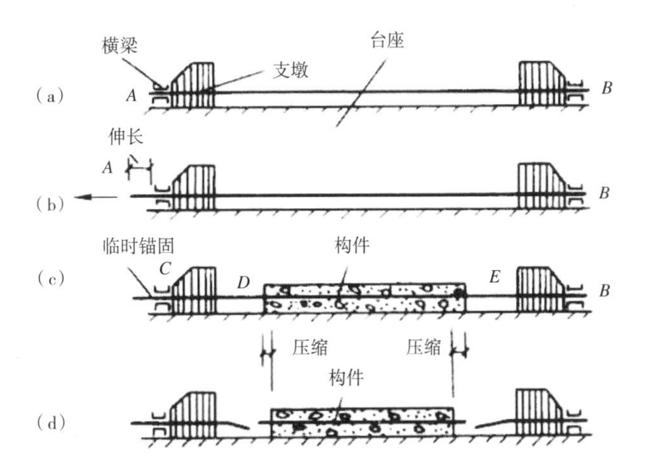

图 9–10 先张法工序简图
(a) 钢筋就位；
(b) 张拉钢筋；
(c) 浇筑混凝土、养护；
(d) 切断钢筋建立预应力
（图片来源：《现代预应力结构》杜拱辰）

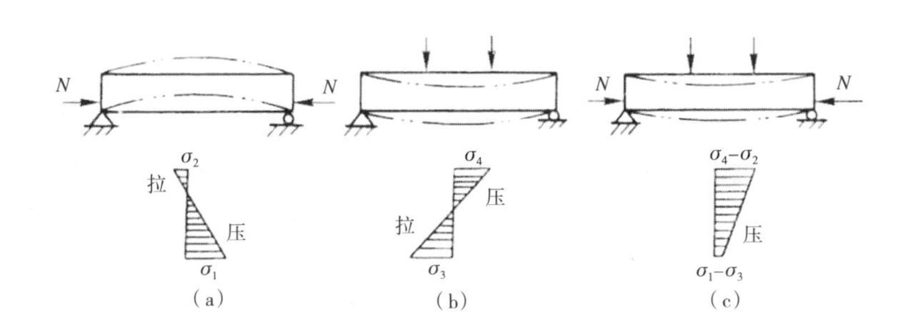

图 9–9 预应力梁示意图
(a) 预压力作用；
(b) 荷载作用；
(c) 预压力与荷载共同作用
（图片来源：《现代预应力结构》杜拱辰）

（直线形或曲线形）和灌浆孔（图 9-11a），待混凝土达到要求的程度（不宜低于设计混凝土强度等级值的 75%）后，将预应力钢筋穿入孔道，并利用构件本身作为加力台座用千斤顶进行张拉预应力钢筋。一面张拉钢筋，构件一面被压缩。当张力达到设计要求后，用工作锚具将钢筋锚固在构件的端部（图 9-11b），然后在孔道内进行灌浆，以防止钢筋锈蚀并使预应力钢筋与混凝土更好地结成一个整体，形成有连接的预应力构件。也可以不灌浆，形成无连接的预应力构件。预应力是靠构件两端的工作锚具传给混凝土的，如图 9-11（c）所示。

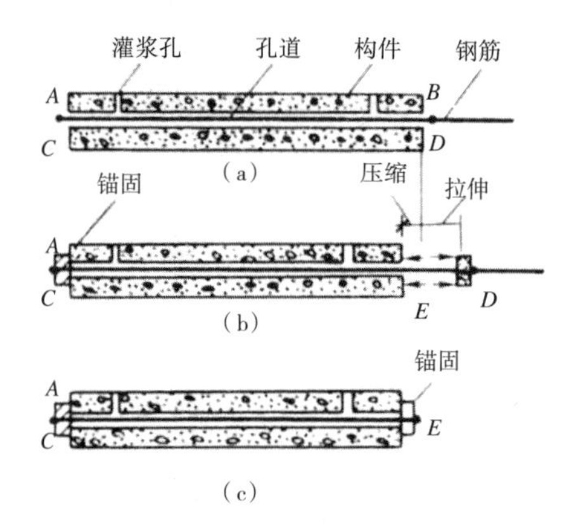

图 9-11 后张法工序简图
(a) 在已结硬的构件（预留有孔道）内穿置预应力筋；
(b) 拉伸钢筋同时挤压混凝土；
(c) 锚固预应力筋
（图片来源：《现代预应力结构》杜拱辰）

9.4 钢筋混凝土结构

钢筋混凝土这种材料有一个漫长的发展过程。我们可以列出一个年表，去回顾材料的进步历程。

1756 年：史密顿（J. Smeaton）在建造灯塔的过程中，研究了“石灰—火山灰—砂子”三种组分的砂浆中不同石灰石对砂浆性能的影响，发现含有黏土的石灰石，经煅烧和细磨处理后，加水制成的砂浆能慢慢硬化，在海水中的强度较“罗马砂浆”高很多，能耐海水的冲刷。史密顿使用新发现的砂浆建造了举世闻名的普利茅斯港的 Eddystone 大灯塔。

1796 年：英国人派克（J. Parker）将称为 Sepa Tria 的黏土质石灰岩，磨细后制成料球，在高温下煅烧，然后进行磨细制成水泥。派克称这种水泥为“罗马水泥”（Roman Cement），并取得了该水泥的专利权。“罗马水泥”凝结较快，可用于与水接触的工程，在英国曾得到广泛应用。

1822 年：英国人福斯特（J. Foster）是一位致力于水泥的研究者。他将两份重量白垩和一份重量黏土混合后加水湿磨成泥浆，送入料槽进行沉淀，置沉淀物于大气中干燥，然后放入石灰窑中煅烧，温度以原料中碳酸气完全挥发为准，烧成的产品呈浅黄色，冷却后细磨成水泥。福斯特称该水泥为“英国水泥”（British Cement），于 1822 年 10 月 22 日获得英国第 4679 号专利。“英国水泥”由于煅烧温度较低，其质量明显不及“罗马水泥”，所以售价较低，销售量不大。这种水泥虽然未能被大量推广，但其制造方法已是近代水泥制造的雏形，是水泥知识积累中的又一次重大飞跃。福斯特在现代水泥的发明过程中是有贡献的。

1824 年：英国利兹（Leeds）城的泥水匠阿斯谱丁（J. Aspdin）于 1824 年 10 月 21 日，获得英国第 5022 号的“波特兰水泥”专利证书，从而一举成为流芳百世的水泥发明人。该水泥水化硬化后的颜色类似英国波特兰地区建筑用石料的颜色，所以被称为“波特兰水泥”。1886 年，美国人用回转窑煅烧熟料，使波特兰水泥进入了大规模工业化生产。

1844 年：英国人亨利·福克斯（Henry Fox）申请了铁梁承托混凝土板系统。

1854 年：英国人 W.B.Wilkson 获得了加劲混凝土的专利权。他将铁条放置在混凝土的底部中间和支撑端的顶部。

1861 年：法国人 Joseph Monier 获得铁丝网覆盖水泥的花盆专利及梁板、管道、拱桥的专利。Monier最初用水泥制造花盆，并在内中配置钢筋以提高其强度。

1867年：蒙氏获得线网加固混凝土构造的专利。

1870年：Thaddeus.Hyatt出版了他的试验结果。他认为钢筋不防火，应由防火的混凝土包裹。同时，他发现钢筋和混凝土在加热状态下，伸缩比例相同。怀特的研究使钢筋混凝土从发现期，进入到理论的高度。

1872年：世界第一座钢筋混凝土结构的建筑在美国纽约落成。

1877年：Joseph Monier申请了结构专用混凝土的专利，将钢筋混凝土技术应用于桥梁建造中。

1884年：德国人Wayss获得莫尼埃构造标准工法专利。

1887年：德国工程师科伦首先发表了钢筋混凝土的计算方法。

1892年：英国人Francois Hennebique为他创造的钢筋混凝土梁柱体系申请了专利。并给出了相应的计算方式和梁板弯曲的资料。

1902年：英国人Ernest Ransome获得T形梁地板与柱结合的混凝土框架专利。

1902年：美国人Orland.W. Norcross获得无梁楼盖专利。

1902年：美国人Turner获得柱帽无梁楼盖专利。

1903年：第一幢混凝土高层建筑，英格尔斯大厦在美国俄亥俄州（Ohio）的辛辛那提（Cincinnati）建成，该建筑共16层，高64m，是当时的一个工程奇迹。

混凝土的流动性、可塑性和钢筋的抗拉性能结合在一起能够完成多种结构形式的建造。框架、承重墙、筒体、悬挑、拱形、折板、薄壳等结构形式都在混凝土材料性能发展的前提下不断有所创新。框架结构解放了墙承重模式，带来较大的灵活平面。随着材料性能的发展，跨度越来越大，梁柱截面越来越小，空间设计越来越自由。

在钢筋混凝土材料出现的早期，人们对这种材料并不认可，认为只适用于地下室和临时建筑的墙体。但是，20世纪早期最杰出的混凝土建筑师奥古斯特·佩雷，却运用钢筋混凝土材料设计出不朽的作品——富兰克林路25号公寓以及巴黎香榭丽舍剧院，继而，又设计了人们心中的高尚建筑——勒兰西圣母教堂，将钢筋混凝土材料带入了一个全新的境地。如图9-12～图9-14所示。

佩雷对钢筋混凝土的态度是我们面对新材料新技术的经验，新技术是解决各种限制条件的方法，因此我们应当牢记新技术和建筑创作之间的关系，这种关系也正好是设计工作应当思考的东西。与此同时，佩雷还通过实践告诉后人，任何建筑创作的过程都要重视技术的要素。从历史来看，建筑形式的演变与材料和技术的进步总是密切相关的，离开技术的支持，创作则难有超越。

从20世纪30年代开始至今，建筑师们运用钢筋混凝土材料不断创新，涌现出大量传世之作。如图9-15～图9-19所示。

图9-12
富兰克林路25号公寓
（图片来源：http://www.douban.com）

图 9-13　巴黎香榭丽舍剧院
（图片来源：http://guide.7zhou.com）

图 9-14　勒兰西圣母教堂
（图片来源：http://www.archcy.com）

图 9-15 墨西哥大学宇宙射线实验室 费利克斯·坎德拉 1951 年
（图片来源：http://www.douban.com）

图 9-16 罗马小体育宫 奈尔维 1957 年
（图片来源：http://plat.renew.sh.cn）

图 9-17　朗香教堂 勒·柯布西耶 1953年
（图片来源：http://cache.baiducontent.com）

图 9-18　孟加拉国达卡国民议会厅 路易斯·康 1982年
（图片来源：http://www.archcy.com）

图 9-19　德国霍姆布洛伊美术馆 安藤忠雄 2004年
（图片来源：http://it.dgzx.net）

第 10 章　钢材与钢结构

10.1 钢材

10.1.1　钢材分类

钢材的品种繁多，性能各异，在钢结构中采用的钢材主要有两类，一是碳素结构钢（或称普通碳素钢），二是低合金结构钢。低合金结构钢含有锰、钒等合金元素而且具有较高的强度。

碳素结构钢根据现行的标准分为 Q235、Q345、Q390、Q420 等四种牌号，其中 Q 是屈服强度中屈字汉语拼音的字首，后接的数字表示屈服强度的大小，单位为 N/mm^2。数字越大，含碳量越大，强度和硬度越大，塑性越低。由于碳素结构钢冶炼容易，成本低廉，并有良好的各种加工性能，所以使用较广泛。质量等级分为 A、B、C、D 四级，由 A 到 D 表示质量由低到高。根据脱氧程度不同，钢材分为镇静钢、半镇静钢、沸腾钢和特殊镇静钢，并用汉语拼音字首分别表示——Z、b、F 和 TZ。对 Q235 来说，A、B 两级钢的脱氧方法可以是 Z、b、F；C 级钢只能是 Z；D 级钢只能是 TZ。用 Z 和 TZ 表示牌号时也可以省略。现将 Q235 钢表示法举例如下：

Q235A——屈服强度为 $235N/mm^2$，A 级镇静钢；

Q235AF——屈服强度为 $235N/mm^2$，A级沸腾钢；

Q235Bb——屈服强度为 $235N/mm^2$，B 级半镇静钢；

Q235 C——屈服强度为 $235N/mm^2$，C 级镇静钢；

Q235 D——屈服强度为 $235N/mm^2$，D 级特殊镇静钢。

低合金钢是在普通碳素钢中添加一种或几种少量合金元素，其添加总量低于5%，故称低合金钢。采用低合金钢的主要目的是减轻结构重量，节约钢材和延长使用寿命。这类钢材具有较高的屈服强度和抗拉强度，也有良好的塑性和冲击韧性（尤其是低温冲击韧性），并具有耐腐蚀、耐低温等性能。质量等级分为 A、B、C、D、E 五级，由A到E表示质量由低到高。低合金钢的脱氧方法为镇静钢或特殊镇静钢，现将 Q345 和 Q390 表示法举例如下：

Q345 B——屈服强度为 $345N/mm^2$，B级镇静钢；

Q390 D——屈服强度为 $390N/mm^2$，D级特殊镇静钢；

Q345 C——屈服强度为 $345N/mm^2$，C

级特殊镇静钢；

Q390 A——屈服强度为 390N/mm^2，A 级镇静钢。

优质碳素结构钢是碳素钢经过加热处理，得到的优质钢。优质碳素钢与碳素结构钢的主要区别在于钢中含杂质元素少，硫、磷含量都不大于 0.035%，并且严格限制其他缺陷。所以这种钢材具有较好的综合性能。

高强钢丝和钢索材料通常用于一些大跨度结构中。悬索结构和斜张拉结构的钢索、桅杆结构的钢丝绳等通常采用由高强钢丝组成的平行钢丝束、钢绞线和钢丝绳。高强钢丝是由优质碳素钢经过多次冷拔而成，分为光面钢丝和镀锌钢丝两种类型。钢丝强度的主要指标是抗拉强度，其值在 1570 ~ 1700N/mm^{2}范围内，而屈服强度通常不作要求。根据国家有关标准，对钢丝的化学成分有严格要求，硫、磷的含量不得超过 0.03%，铜含量 0.2%，同时对铬、镍的含量也有控制要求。高强钢丝的伸长率较小，最低为 4%，但高强钢丝和钢索却有一个不同于一般结构钢材的特点——松弛，即在保持长度不变的情况下所承拉力随时间延长而略有降低。平行钢丝束通常由 7 根、19 根、37 根或 61 根钢丝组成，其截面如图 10-1 所示。钢绞线也称单股钢丝绳，由多根钢丝捻成，钢丝根数也为 7 根、19 根、37 根。钢丝绳多由 7 股钢绞线捻成，以一股钢绞线为核心，外层的 6 股钢绞线沿同一方向缠绕。

钢材除了种类的区别以外，其规格也有很大差别。钢结构所用的钢材主要分为热轧成型的钢板、型钢和钢管，以及冷弯成型的薄壁型钢。

（1）钢板分为薄板、厚板、特厚板和扁钢（带钢）等，其规格采用“一宽 × 厚 × 长”或“一宽 × 厚”表示方法，大致有以下种类：

薄钢板：一般用冷轧法轧制，厚度 0.35 ~ 4mm，宽度 500 ~ 1800mm，长度为 0.4 ~ 6m；

厚钢板：厚度 4.5 ~ 60mm（亦有将 4.5 ~ 20mm 称为中厚板，20mm 称为厚板的），宽度 700 ~ 3000mm，长度 4 ~ 12m；

特厚板：板厚大于 60mm，宽度为 600 ~ 3800mm；

扁钢：厚度 4 ~ 6mm，宽度为 12 ~ 200mm，长度 3 ~ 9m。

（2）型钢是钢结构中采用的主要钢材，钢结构经常采用的型钢包括角钢、工字型钢、槽钢和H型钢、钢管等。除H型钢和钢管有热轧和焊接成型外，其余钢均为热轧成型。

角钢：分为等边角钢和不等边角钢两种，可以用来组成独立的受力构件，或作为受力构件之间的连接零件。等边角钢以肢宽和肢厚表示，如 L100×10 即为肢宽 100mm、肢厚 10mm 的等边角钢。不等边角钢是以两肢的宽度和肢厚表示，如 L100×80×8 即为长肢宽 100mm、短肢宽 80mm、肢厚 8mm 的不等边角钢。

工字钢：分为普通工字钢和轻型工字钢两种。普通工字钢用号数表示，号数即为其截面高度的厘米数。20 号以上的工字钢，同一号数有三种腹板厚度，分为 a、b、c 三类。如 I32a 即表示截面高度为 320mm，其腹板厚度为 a 类。a 类腹板最薄、翼缘最窄，

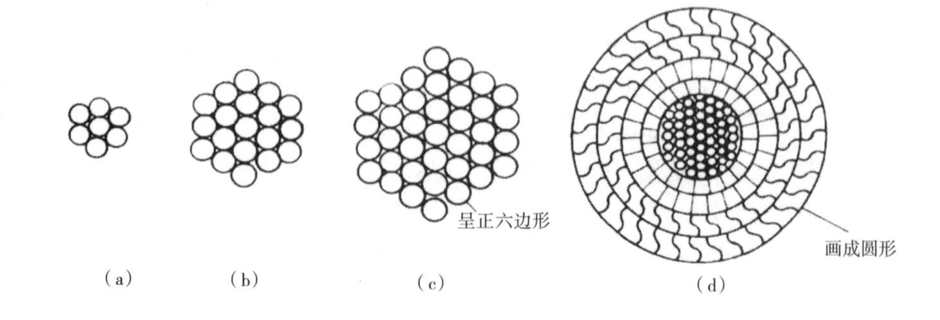

图 10-1 平行钢丝束的截面
（图片来源：《土木工程材料》湖南大学 天津大学 同济大学 东南大学编）

b 类较厚较宽，c 类最厚最宽。同样高度的轻型工字钢的翼缘要比普通工字钢的翼缘宽而薄，腹板亦薄，重量较轻。轻型工字钢可用汉语拼音符号“Q”表示，如 QI40，即截面高度为 400mm 的轻型工字钢。普通工字钢的最大号数为 I163。轻型工字钢的通常长度为 5 ~ 9m。

槽钢：分为普通槽钢和轻型槽钢两种，亦是以截面高度厘米数编号，如[12，即截面高度为 120mm；Q[22a，即轻型槽钢，其截面高度为 220mm，a 类（腹板较薄）。轻型槽钢的翼缘比普通槽钢的翼缘宽而薄，回转半径大，质量相对而言轻一些。槽钢号数最大为 40 号，通常长度为 5 ~ 19m。

H 型钢：分为热轧和焊接二种。热轧 H 型钢分为 宽翼缘 H 型钢（代号为 HW）、中翼缘 H 型钢（HM）、窄翼缘H型钢（HN）和H型钢柱（HP）四类。H型钢规格标记为高度（H）× 宽度（B）× 腹板厚度（t_1）× 翼缘厚度（t_2），如 H340×250×9×14，表示高度为 340mm，宽度为 250mm，腹板厚度为 9mm，翼缘厚度为 14mm。

焊接 H 型钢由平板钢用高频焊接组合而成，用“高 × 宽 × 腹板厚 × 翼缘厚”来表示，如H 350×250×10×16，通常长度为6 ~ 12 m。

T 型钢：由 H 型钢部分组成，可分为宽翼缘部分 T 型钢（TW）、中翼缘部分 T 型钢（TM）和窄翼缘部分 T 型钢（TN）等三类，部分 T 型钢规格标记采用高度（h）× 宽度（B）× 腹板厚度（t_1）× 翼缘厚度（t_2）表示，如 T248×199×9×14，表示高度为 248 mm，宽度为 199mm，腹板厚度为 9mm，翼缘厚度为 14mm，它为窄翼缘 T 型钢。

钢管：分为热轧无缝钢管和焊接钢管两种。焊接钢管由钢板卷焊而成，又分为直缝焊接钢管和螺旋焊接钢管两类。无缝钢管的外径为 32 ~ 630mm，直缝钢管的外径为 19.1 ~ 426mm，螺旋钢管的外径为 219.1 ~ 1420mm。钢管用“ϕ”后面加外径（d）× 壁厚（t）来表示，单位为 mm，如 ϕ102×5，ϕ244.5×8。无缝钢管的通常长度为 3~12m，直缝焊接钢管的通常长度为 3 ~ 10m，螺旋焊接钢管的通常长度为 8 ~ 12.5m。

冷弯薄壁型钢：采用薄钢板冷轧而成，其截面形式及尺寸按合理方案设计。冷弯薄壁型钢的壁厚一般为 1.5 ~ 12mm，国外已发展到 25mm，但承重结构受力构件的壁厚不宜小于 2mm。常用冷弯薄壁型钢的形式如图 10–2 所示。

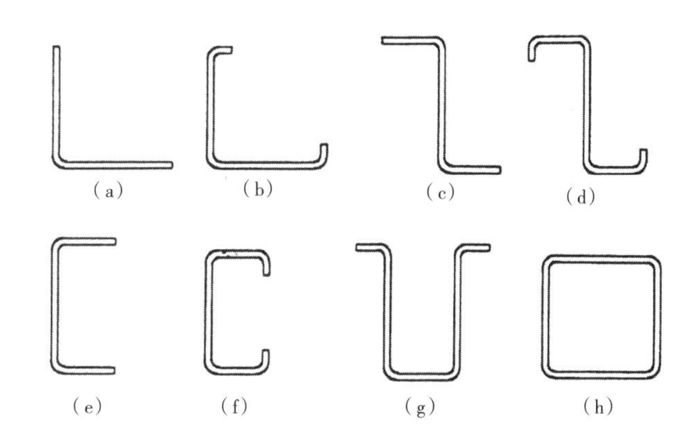

图 10–2 冷弯薄壁型钢形式
(a) 等边角钢；(b) 卷边等边角钢；(c) Z 形钢；(d) 卷边 Z 形钢；(e) 槽钢；(f) 卷边槽钢；(g) 向外卷边槽钢；(h) 方钢
（图片来源：《土木工程材料》湖南大学 天津大学 同济大学 东南大学编）

10.1.2 钢材性质

钢材的强度通常要求钢材有较高的抗拉强度和屈服点。屈服点高可以减小构件的截面，从而减轻重量，节约钢材，降低造价。抗拉强度高，可以增加结构的安全储备。规范对钢材强度作了具体规定。见表 10–1、表 10–2 所列。

钢材的塑性是指应力超过屈服点后，能产生显著的残余变形，即塑性变形，而不立即断裂的性质。衡量钢材塑性好坏的主要指标是伸长率 δ 和截面收缩率 Ψ。伸长率 δ 是应力—应变图中的最大应变值，如图 10–3 所示，等于试件拉断后的原标距间长度的伸长值和原标距比值的百分率。伸长率 δ 与原标距长度 l_0 和试件中间部分的直径 d_0 的比值有关，当 $l_0 / d_0 = 5$ 时，以 δ_5 表示，δ 只可按式（10–1）计算。截面收缩率 Ψ 是指试件拉断后，颈缩区的断面面积缩小值与原断面面积比值的百分率，按式（10–2）计算。

钢材的强度设计值（N/mm^2）　　表 10-1

钢材		抗拉、抗压和抗弯 f	抗剪 f_v	端面承压（刨平顶紧）f_{ce}
牌号	厚度或直径（mm）			
Q235 钢	≤ 16	215	125	325
	＞16 ~ 40	205	120	
	＞40 ~ 60	200	115	
	＞60 ~ 100	190	110	
Q345 钢	≤ 16	310	180	400
	＞16 ~ 35	295	170	
	＞35 ~ 50	265	155	
	＞50 ~ 100	250	145	
Q390 钢	≤ 16	350	205	415
	＞16 ~ 35	335	190	
	＞35 ~ 50	315	180	
	＞50 ~ 100	295	170	
Q420 钢	≤ 16	380	220	440
	＞16 ~ 35	360	210	
	＞35 ~ 50	340	195	
	＞50 ~ 100	325	185	

注：表中厚度系指计算点的钢材厚度，对轴心受拉和轴心受压构件系指截面中较厚板件的厚度。

钢铸件的强度设计值（N/mm^2）　　表 10-2

钢号	抗拉、抗压和抗弯 f	抗剪 f_v	端面承压（刨平顶紧）f_{ce}
ZG200–400	155	90	260
ZG230–450	180	105	290
ZG270–500	210	120	325
ZG310–570	240	140	370

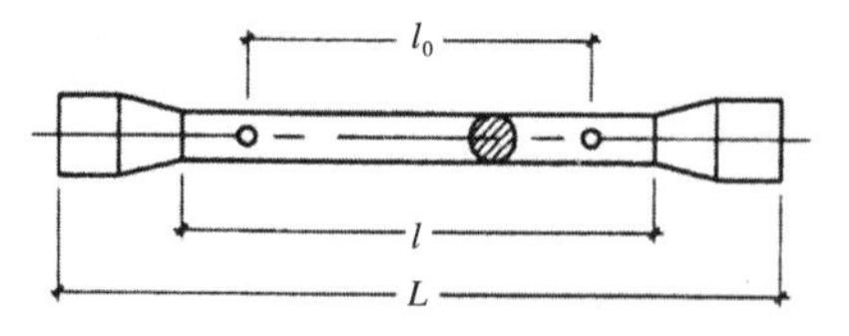

图 10-3　拉伸试件
（图片来源：《土木工程材料》湖南大学 天津大学 同济大学 东南大学编）

$$\delta=\frac{l-l_0}{l_0}\times100\% \qquad (10-1)$$

式中　δ——伸长率；

l_0——试件原标距长度；

l——试件拉断后标距间长度。

$$\psi=\frac{A_0-A_1}{A_0}\times100\% \qquad (10-2)$$

式中　A_0——试件原来的断面面积；

A_1——试件拉断后颈缩区的断面面积。

钢材的冲击韧性好可提高结构抗动力荷载的能力，避免发生裂纹和脆性断裂。钢材经常在常温下进行加工，冷加工性能好可保证钢材加工过程中不发生裂纹或脆断，不因加工对强度、塑性及韧性带来较大影响。

钢材的可焊性好，是指在一定的工艺和构造条件下，钢材经过焊接后能够获得良好的性能。使用性能上的可焊性是指焊缝和焊接热影响区的力学性能不低于母材的力学性能。

钢材的耐久性是指钢结构的使用寿命。影响钢材使用寿命的主要是钢材的耐腐蚀性较差，其次是在长期荷载、反复荷载和动力荷载作用下钢材力学性能的恶化。

影响钢材性质的因素首要的是化学成分，其次是时效和温度影响。结构用钢的基本元素是铁（Fe），约占99%，此外还有其他元素。其中有益的有碳（C）、硅（Si）和锰（Mn）等，有时还加入合金元素，如钒（V）等，其总量不超过1.5%，故结构用钢称为低碳钢和低合金钢。有害元素有硫（S）、磷（P）、氧（O）、氮（N）等，它们在冶炼中不易除尽，其总量不超过1‰。

元素的有利影响具体表现在以下方面。在普通碳素钢中，碳是除铁以外最主要的元素，它直接影响钢材的强度、塑性、韧性和可焊性等。硅作为很强的脱氧剂加入钢中，用以制成质量较高的镇静钢。一般镇静钢的含硅量为0.1% ~ 0.3%，硅含量过大（达1%左右），则会降低钢的塑性、冲击韧性、抗锈性和可焊性。锰是一种弱脱氧剂，适量的锰含量可以有效地提高钢材强度，消除硫、氧对钢材的热脆影响，改善钢材的热加工性能，并能改善钢材的冷脆倾向，而又不显著降低钢材的塑性和冲击韧性。钒可以提高钢材的强度，但有时有硬化作用。添加合金成分，能提高钢材强度和抗锈蚀能力，同时不显著降低塑性。

元素的不利影响表现在以下方面。硫是一种有害元素，使钢材的塑性、冲击韧性、疲劳强度和抗锈性等大大降低。高温（800 ~ 1200℃）时，硫化铁即熔化而使钢材变脆和发生裂缝，这种现象称为钢材的“热脆”。硫的含量过大不利于进行钢材焊接和热加工。因此，钢材中应严格控制含硫量，一般不超过0.05%，在焊接结构中不超过0.045%。磷也是一种有害元素。磷的存在使钢材的强度和抗锈性提高，但将严重降低钢材的塑性、冲击韧性、冷弯性能等，特别是在低温时能使钢材变得很脆，即冷脆现象，不利于钢材冷加工。因此，磷的含量也应严格控制，一般不超过0.05%，在焊接结构中不超过0.045%。氧和氮也是有害元素。氧和氮能使钢材变得极脆。氧的作用与硫的类似，使钢材发生热脆，一般要求含氧量小于0.05%。氮和磷作用类似，使钢材发生冷脆，一般应小于0.008%。

时效的影响在于使钢材强度（屈服点和抗拉强度）提高，塑性降低，如图10-4所示，特别是冲击韧性大大降低，钢材变脆。发生时效的过程可以从几天到几十年。在交变荷载、重复荷载和温度变化等情况下，容易引起时效。

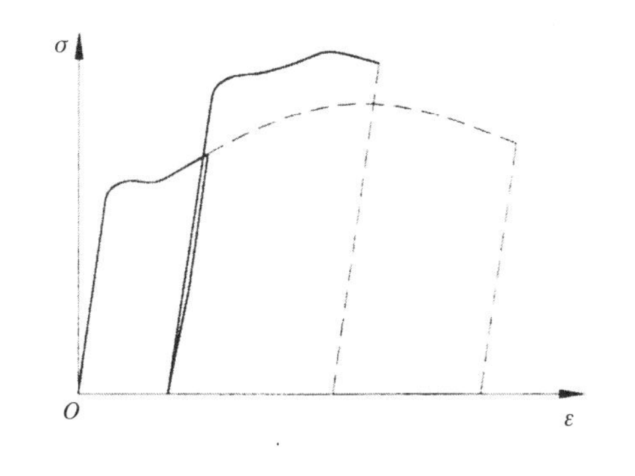

图10-4　钢材时效现象

（图片来源：《土木工程材料》湖南大学 天津大学 同济大学 东南大学编）

钢材的材性还受到温度的影响。当温度升高时，开始强度和弹性模量基本不变，塑性的变化也不大。但在250℃左右时，钢材抗拉强度提高而冲击韧性下降，此时其表面氧化膜呈现蓝色，所以这种现象叫做蓝脆现象。应避免钢材在蓝脆温度范围内进行热加工。当温度超过300℃以后，屈服点和极限强度显著下降，达到600℃时强度比原来下降了2/3左右，钢材已不适于继续承载。

当温度下降时，钢材的强度略有提高而塑性和冲击韧性有所下降。特别是当温度下降到某一数值时，钢材的冲击韧性突然急剧下降，如图10-5所示，试件断口发生脆性破坏，这种现象称为低温冷脆现象。钢材由韧性状态向脆性状态转变的温度叫冷脆转变温度，或称冷脆临界温度。

10.1.3　钢材连接

钢结构的连接通常有焊接连接、铆钉连接和螺栓连接三种形式。如图10-6所示。

图 10-5　冲击韧性和温度关系示意图
（图片来源：《土木工程材料》湖南大学 天津大学 同济大学 东南大学编）

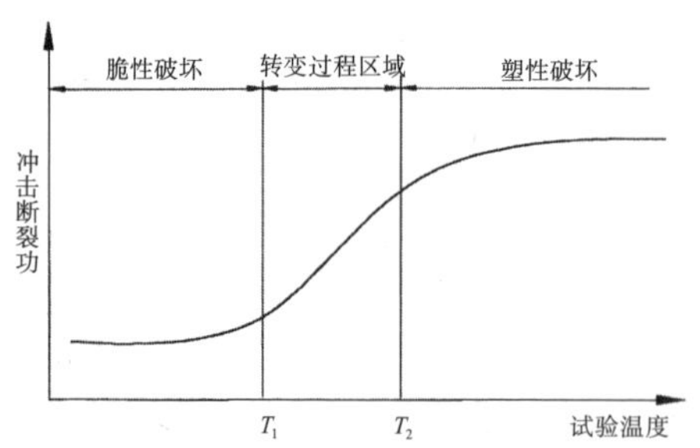

焊接连接是现代钢结构主要的连接方式，它的优点是任何形状的结构都可用焊接连接，构造简单。焊接连接一般不需要拼接材料，省钢省工。目前，土木工程中焊接结构占绝对优势。但是，焊缝质量易受材料、操作的影响，因此焊接对钢材材性要求较高。高强度钢焊接更要依照严格的焊接程序进行，焊缝质量要通过多种途径的检验来保证。焊缝的形式有很多种，如图 10-7 所示。焊缝的强度要求见表 10-3 所列。

铆钉连接需要先在构件上开孔，用加热的铆钉进行铆合，有时也可用常温的铆钉进行铆合，但需要较大的铆合力，现在很少采用。但是，铆钉连接传力可靠，韧性和塑性较好，质量易于检查，对经常受动力荷载作用、荷载较大和跨度较大的结构，有时仍然采用铆接结构。铆钉连接的强度要求，见表 10-4 所列。

螺栓连接采用的螺栓有普通螺栓和高强度螺栓之分。普通螺栓的优点是装卸便利，不需特殊设备。但在传递剪力时会有较大滑移，不利于结构受力，因此常用于不传递剪力的安装连接中。

高强度螺栓的预应力把被连接的部件夹紧，使部件的接触面间产生很大的摩擦力，外力通过摩擦力来传递。这种连接方式称为高强度螺栓摩擦型连接，它的优点是加工方便，对构件的削弱较小，可以拆换。同时能够承受动力荷载，耐疲劳，韧性和塑性好，包含了普通螺栓和铆钉的优点，目前已

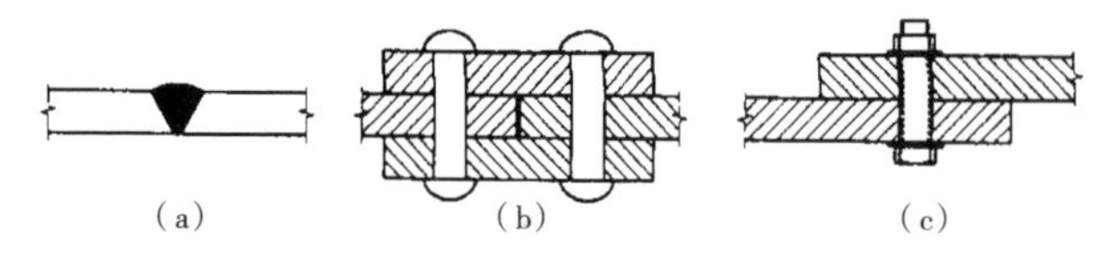

图 10-6　钢结构的连接方式
(a) 焊接连接；(b) 铆钉连接；(c) 螺栓连接
（图片来源：《土木工程材料》湖南大学 天津大学 同济大学 东南大学编）

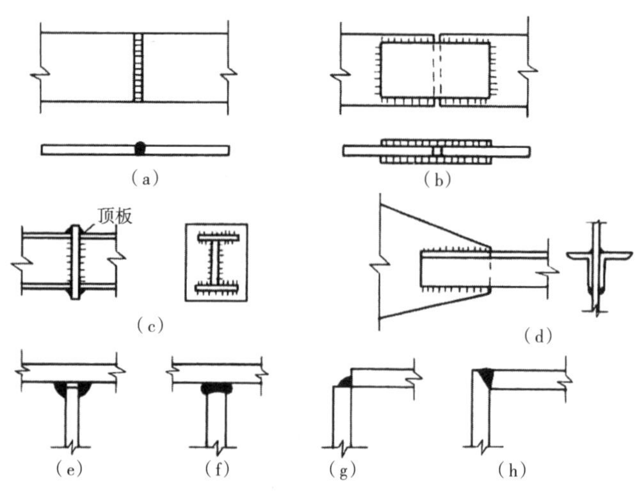

图 10-7　焊接连接形式
（图片来源：《土木工程材料》湖南大学 天津大学 同济大学 东南大学编）

焊缝的强度设计值（N/mm^2）　　表 10-3

焊接方法和焊条型号	构件钢材		对接焊缝				角焊缝
	牌号	厚度或直径（mm）	抗压 f_c^w	焊缝质量为下列等级时，抗拉 f_t^w		抗剪 f_v^w	抗拉、抗压和抗剪 f_f^w
				一级、二级	三级		
自动焊、半自动焊和 E43 型焊条的手工焊	Q235 钢	≤ 16	215	215	185	125	160
		＞16 ~ 40	205	205	175	120	
		＞40 ~ 60	200	200	170	115	
		＞60 ~ 100	190	190	160	110	

续表

焊接方法和焊条型号	构件钢材		对接焊缝				角焊缝
	牌号	厚度或直径（mm）	抗压 f_c^w	焊缝质量为下列等级时，抗拉 f_t^w		抗剪 f_v^w	抗拉、抗压和抗剪 f_f^w
				一级、二级	三级		
自动焊、半自动焊和E50型焊条的手工焊	Q345钢	≤16	310	310	265	180	200
		＞16～35	295	295	250	170	
		＞35～50	265	265	225	155	
		＞50～100	250	250	210	145	
自动焊、半自动焊和E55型焊条的手工焊	Q390钢	≤16	350	350	300	205	220
		＞16～35	335	335	285	190	
		＞35～50	315	315	270	180	
		＞50～100	295	295	250	170	
自动焊、半自动焊和E55型焊条的手工焊	Q420钢	≤16	380	380	320	220	220
		＞16～35	360	360	305	210	
		＞35～50	340	340	290	195	
		＞50～100	325	325	275	185	

注：1. 自动焊和半自动焊所采用的焊丝和焊剂，应保证其熔敷金属的力学性能不低于现行国家标准中相关的规定。
2. 焊缝质量等级应符合现行国家标准《钢结构工程施工质量验收规范》GB 50205的规定。其中厚度小于8mm钢材的对接焊缝，不应采用超声波探伤确定焊缝质量等级。
3. 对接焊缝在受压区的抗弯强度设计值取 f_c^w，在受拉区的抗弯强度设计值 取 f_t^w。
4. 表中厚度系指计算点的钢材厚度，对轴心受拉和轴心受压构件系指截面中较厚板件的厚度。

铆钉连接的强度设计值（N/mm²） **表10-4**

铆钉钢号和构件钢材牌号		抗拉（钉头拉脱）f_t^r	抗剪 f_v^r		承压 f_c^r	
			Ⅰ类孔	Ⅱ类孔	Ⅰ类孔	Ⅱ类孔
铆钉	BL2或BL3	120	185	155	—	—
构件	Q235钢	—	—	—	450	365
	Q345钢	—	—	—	565	460
	Q390钢	—	—	—	590	480

注：1. 属于下列情况者为Ⅰ类孔：
1）在装配好的构件上按设计孔径钻成的孔；
2）在单个零件和构件上按设计孔径分别用钻模钻成的孔；
3）在单个零件上先钻成或冲成较小的孔径，然后在装配好的构件上再扩钻至设计孔径的孔。
2. 在单个零件上一次冲成或不用钻模钻成设计孔径的孔属于Ⅱ类孔。

成为代替铆钉的优良连接。此外，高强度螺栓也可同普通螺栓一样，依靠螺杆和螺孔之间的承压来受力。这种连接亦称为高强度螺栓承压型连接。

螺栓连接形式如图10-8、图10-9所示。螺栓连接强度要求，见表10-5所列。

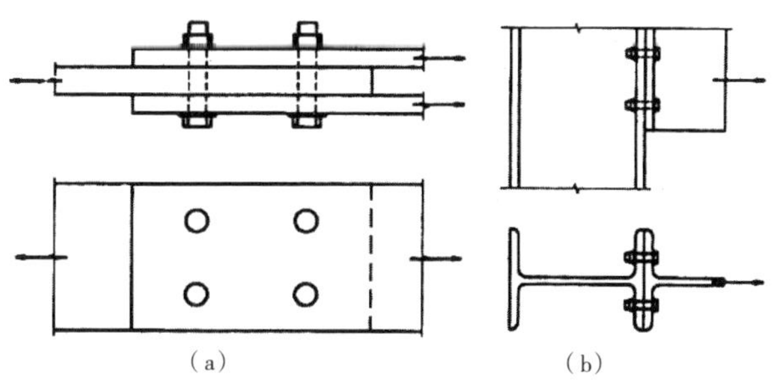

图10-8 剪力螺栓与拉力螺栓
（a）剪力螺栓；
（b）拉力螺栓
（图片来源：《土木工程材料》湖南大学 天津大学 同济大学 东南大学编）

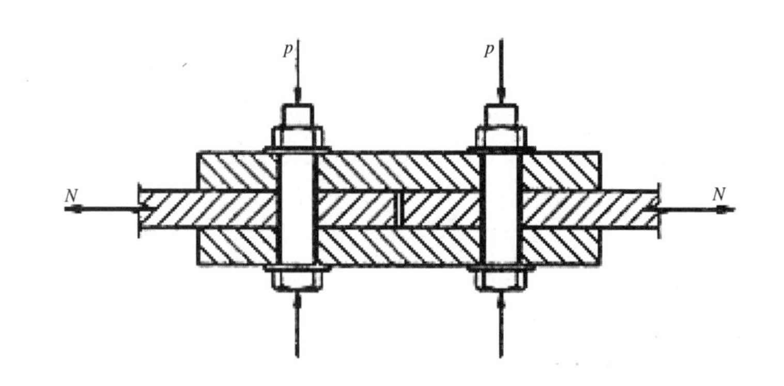

图 10-9 高强度螺栓连接
（图片来源：《土木工程材料》湖南大学 天津大学 同济大学 东南大学编）

螺栓连接的强度设计值（N/mm^2） 表 10-5

螺栓的性能等级、锚栓和构件钢材的牌号		普通螺栓						锚栓	承压型连接高强度螺栓		
		C 级螺栓		A 级、B 级螺栓							
		抗拉 f_t^b	抗剪 f_v^b	承压 f_c^b	抗拉 f_t^b	抗剪 f_v^b	承压 f_c^b	抗拉 f_t^b	抗拉 f_t^b	抗剪 f_v^b	承压 f_c^b
普通螺栓	4.6 级、4.8 级	170	140	—	—	—	—	—	—	—	—
	5.6 级	—	—	—	210	190	—	—	—	—	—
	8.8 级	—	—	—	400	320	—	—	—	—	—
锚栓	Q235 钢	—	—	—	—	—	—	140	—	—	—
	Q345 钢	—	—	—	—	—	—	180	—	—	—
承压型连接高强度螺栓	8.8 级	—	—	—	—	—	—	—	400	250	—
	10.9 级	—	—	—	—	—	—	—	500	310	—
构件	Q235 钢	—	—	305	—	—	405	—	—	—	470
	Q345 钢	—	—	385	—	—	510	—	—	—	590
	Q390 钢	—	—	400	—	—	530	—	—	—	615
	Q420 钢	—	—	425	—	—	560	—	—	—	655

注：1.A 级螺栓用于 $d \leq 24mm$ 和 $l \leq 10d$ 或 $l \leq 150mm$（按较小值）的螺栓；B 级螺栓用于 $d > 24mm$ 或 $l > 10d$ 或 $l > 150mm$（按较小值）的螺栓。d 为公称直径，l 为螺杆公称长度。
2.A、B 级螺栓孔的精度和孔壁表面粗糙度，C 级螺栓孔的允许偏差和孔壁表面粗糙度，均应符合现行国家标准《钢结构工程施工质量验收规范》GB 50205 的要求。

10.2 钢结构

生铁、熟铁和钢的主要区别在于含碳量上，含碳量超过 2%的铁，叫生铁；含碳量低于 0.05%的铁，叫熟铁;含碳量在 0.05%～2%中的铁，称为钢。钢是铁碳合金。早在公元前 2000 年在两河流域就出现了早期的炼铁术，中国则早在战国时期，炼铁术已经盛行。公元 65 年已经能够采用铸铁造桥。欧洲在 1840 年以前还只是以铸铁为主，其后随着铆接技术发展和锻铁技术发展，铸铁被快速取代。1855 年，英国人发明贝氏转炉炼钢法，1865 年法国人发明平炉炼钢法，1870 年开始成功轧制出 I 字钢，从此强度高韧性好的钢材开始成为建筑的主要材料。

20 世纪初，焊接技术的出现是钢结构的一次革命。从 1801 年英国 H.Davy 发现电弧开始，经历了 1836 年 Edmund Davy 发现乙炔气，1856 年英格兰物理学家 James Joule 发现了电阻焊原理，1881 年法国人 De Meritens 发明了最早期的碳弧焊机，1885 年美国人 Elihu Thompson 获得电阻焊机的专利权，1885 年俄罗斯人 Benardos Olszewski 发展了碳弧焊接技术，1888 年俄罗斯人 H.г.Славянов 发明金属极电弧焊，1895 年法国人 Le Chatelier 获得了发明氧乙炔火焰的证书，1904 年瑞典人奥斯卡·克杰尔贝格建立了世界上第一个电焊条厂——ESAB 公司的 OK 焊条厂。1904 年美国人 Avery 发明了便携式钢瓶，1913 年在美国的印第安纳波利斯 Avery 和 Fisher 完善了乙炔钢瓶，直到 1916 年安塞尔·先特·约发明了焊接区 X 射线无损探伤法，获得了专利。电焊技术经过一百年的历程逐步进入到稳定阶段。

在焊接技术发展的几乎同时，螺栓连接技术也在迅速进步。英国人莫兹利于 1797 年制成第一台螺纹切削车床，它带有丝杆和光杆，采用滑动刀架——莫氏刀架和导轨，可车削不同螺距的螺纹。在 1800 年制造出车床，用坚实的铸铁床身代替了三角铁棒机架，用惰轮配合交换齿轮对，代替了更换不同螺距的丝杠来车削不同螺距的螺纹。这是现代车床的原型，对英国工业革命具有重要意义。19 世纪初，威尔金逊在美国制成一种螺母和螺栓制造机。这两种机器都能产生通用的螺母和螺栓。螺母和螺栓可把金属件连接在一起，因此，到了 19 世纪，制造机器建造房屋的木材，已可用金属代替。及至 1934 年高强度螺栓连接技术的出现，使钢结构技术得到广泛的应用。

钢材冶炼技术的发展与钢材连接技术的进步，为钢结构的广泛应用打下了基础，完备的系统科学还需要理论的支撑。钢结构的理论基础不仅来源于力学与材料科学，更重要的是植根于 1660 年的胡克定律和欧拉公式。胡克是 17 世纪英国最杰出的科学家之一。他在力学、光学、天文学等多方面都有重大成就。他所设计和发明的科学仪器在当时是无与伦比的。他本人被誉为英国的“双眼和双手”。胡克在力学方面的贡献尤为卓著，他建立了弹性体变形与力成正比的定律，即胡克定律，发现材料变形与受力大小的比例关系。欧拉是 18 世纪数学界最杰出的人物之一，他不但在数学上作出伟大贡献，而且把数学用到了几乎整个物理领域。他在 1744 年出版的变分法专著中，曾得到细长压杆失稳后弹性曲线的精确描述及压屈载荷的计算公式。1757 年，他又出版了《关于柱的承载能力》的论著，纠正了在 1744 年专著中关于矩形截面抗弯刚度计算中的错误。这两个理论为钢结构理论发展奠定了基础，至今仍然被认为是重要的科学认知。

钢结构这种建筑形式，在无数学者与工程师们的努力下，开创了一个新时代。钢材及钢结构整套体系的进步，使建筑的高度跨度与过去相比都取得了突飞猛进的发展。建筑的形式发生了巨大变化，建筑内部的空间变得更大，建筑的功能也变得更丰富更复杂。建筑创作随着材料和技术的进步进入了一个新纪元。

1779 年：第一座铸铁拱桥建成。英格兰塞文河上的 Coalbrookdale 大桥建造完成。

1786 年：法国建造巴黎法兰西剧院。

1820 年：美国费城建造第一栋铸铁建筑。

1828 年：维也纳建造第一座钢桥。

1851 年：帕克斯顿设计了水晶宫展览馆。其建筑面积约 7.4 万平方米，宽 408 英尺（约 124.4m），长 1851 英尺（约 564m），共 5 跨，高 3 层。英国园艺师 J·帕克斯顿按照当时建造的植物园温室和铁路站棚的方式设计，大部分为铁结构，外墙和屋面均为玻璃，整个建筑通体透明，宽敞明亮，故被誉为“水晶宫”。水晶宫开创了建筑形式的新纪元。如图 10-10 所示。

1874 年：第一座大跨钢桁架桥 EadsBridge 在圣路易斯（St. Louis）建成。

1876 年：法国巴黎建造埃菲尔铁塔。如图 10-11 所示。

1889 年：法国世博会上设计的埃菲尔铁塔和机械馆，埃菲尔铁塔为高架钢结构，塔高 328m。机械馆是前所未有的大跨度结构，刷新了世界建筑的新纪录，长 420m，跨度达 115m，结构方法首次运用了三铰拱原理。如图 10-12 所示。

1889 年：芝加哥的 The Rand Mcnally Building

建成，成为第一栋全钢结构的大厦，10层。

1909年：德意志制造联盟的彼得·贝伦斯设计了“柏林通用电气公司透平机车间”，以钢结构骨架与大玻璃窗为特点，被称为是第一座真正的现代建筑。

1914年：匈牙利Kazinczy证实梁具有塑性铰极限行为。

1931年：纽约帝国大厦完工，102层，高381m。如图10-13所示。

1947年：高强度螺栓规范出版。

1961年：建成北京工人体育馆。这是中国现代悬索结构的开始。如图10-14所示。

图10-10　伦敦水晶宫展览馆
（图片来源：http://www.jnywd.com）

图10-11　巴黎埃菲尔铁塔
（图片来源：http://mp.weixin.qq.com）

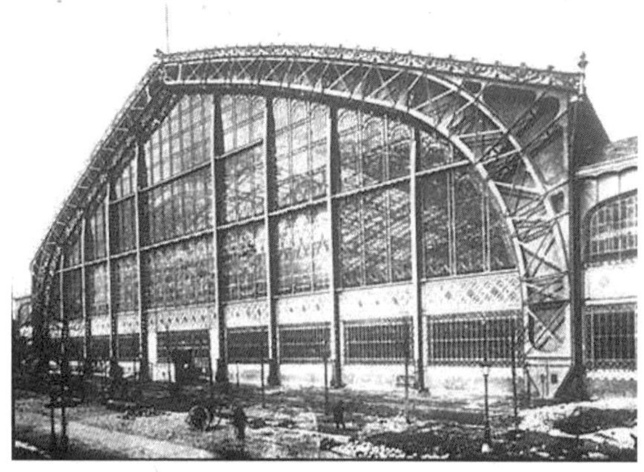

图10-12　巴黎世博会机械馆
（图片来源：http://www.renwen.com）

图10-13　纽约帝国大厦
（图片来源：http://cache.baiducontent.com）

图10-14　北京工人体育馆
（图片来源：http://www.glktgw.com）

图10-15　纽约世界贸易中心
（图片来源：http://www.1sy1.com）

1970 年：当时世界最高大厦——纽约世界贸易中心建成，高 410m。如图 10-15 所示。

1973 年：当时最高的芝加哥西尔斯大厦完工，110 层，高 442m。如图 10-16 所示。

钢结构经历了二百多年发展，今天无论是建筑规模还是建筑形式，都产生了巨大的变化，获得了巨大的进步。建筑师和工程师共同努力设计出很多美轮美奂的作品（图 10-17 ~ 图 10-22）。回顾钢结构的发展历程，应该说是无数小的进步促成了大的飞跃，在每一项进步背后，凝聚的是探索者的专业精神。以专业精神通过努力不断超越，使梦想变为现实。因此，面对未来可以肯定地说：专业精神始终是推动社会进步的重要力量。

图 10-16　芝加哥西尔斯大厦
（图片来源：http://www.chla.com.cn）

图 10-17　圣路易斯拱门 萨里恩 1965 年
（图片来源：http://blog.sina.com.cn）

图 10-18　西雅图针塔 爱德华·卡尔森 1961 年
（图片来源：http://www.quanjing.com）

图 10-19　吉隆坡石油大厦双塔西萨·佩里建筑事务所 1997 年
（图片来源：http://www.58pic.com）

图 10-20　首尔世界杯体育场 2001 年
（图片来源：http://tieba.baidu.com）

图 10-21　马德里银行塔 诺曼·福斯特 2008 年
（图片来源：http：//bm.yidaba.com）

图 10-22　埃及吉萨大埃及博物馆 Heneghan.Peng 建筑事务所　2015 年
（图片来源：http：//www.windoorexpo.com）

结构形式的发展变化

由于人类活动内容、规模增加，因此需要建筑提供越来越大的跨度，以满足其对于使用空间的需求；与此同时，由于人口增加，土地资源缺乏，因此建筑也需要在高度上不断增加。这是人类活动对建筑的两大需求，于是就产生了相应的问题：随着跨度增加，继续使用传统的结构形式会导致结构自重增加，挠度加大，造成建筑物不能正常安全使用。随着建筑高度增加，在风荷载及地震作用影响下，建筑会产生较大的变形，使建筑物风险加大。工程师们正是通过不断解决这些问题，才使得竖向结构形式和水平结构形式不断转换与发展。在他们的努力下，今天的建筑正在变得更高、更大。

人类活动发展需要建筑变得更高更大

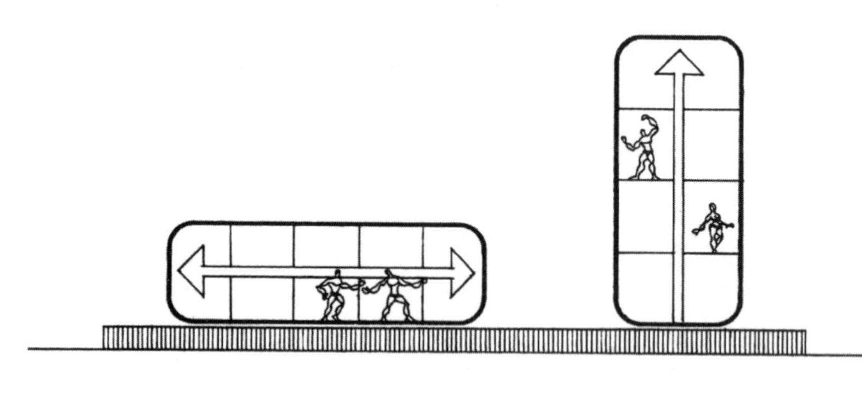

人类需求与传统结构的矛盾

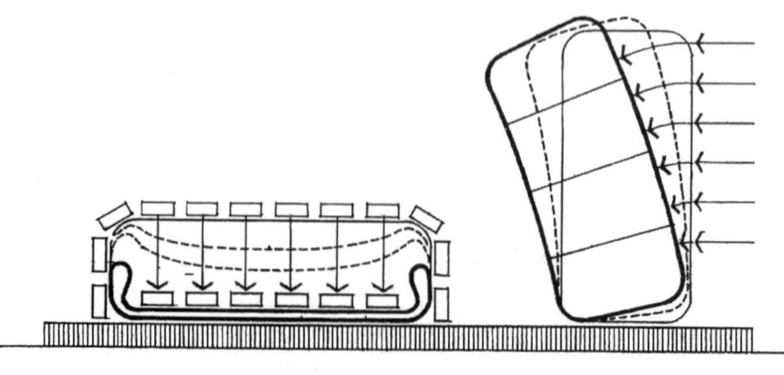

第 11 章　竖向结构演变

竖向结构的基本体系可以归结为三种：框架结构，墙结构和筒结构。这三种结构形式是人们通过长期的实践总结而成的。随着材料性能的改进和科学技术的进步，三种结构体系也在不断变化和发展，当今的很多复杂结构形式都是从这些基本结构形式的基础上演变而来的。

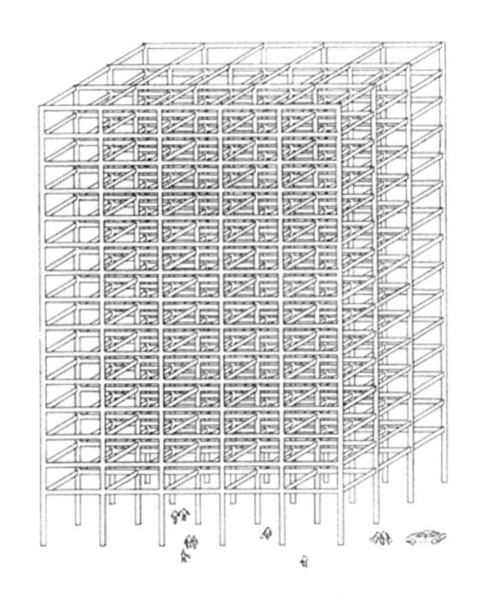

图 11–1　框架结构意象
（图片来源：《结构体系与建筑造型》（德）海诺·恩格尔）

11.1 竖向结构基本体系

11.1.1　框架结构

整个结构的纵向和横向全部由梁柱构件组成的结构称为框架结构，其承担全部重力荷载与水平荷载，如图 11–1 所示。框架体系的优点是建筑平面布置灵活，可以提供较大的内部空间，因而特别适合用于商场、展览厅等公共建筑及工业建筑。同时因为框架结构的构造简单、施工方便，所以住宅、旅馆、办公楼等类建筑也经常采用这种结构形式，如图 11–2 所示。

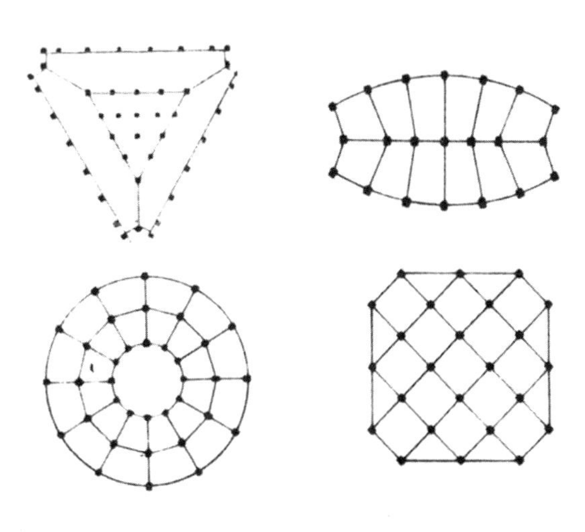

图 11–2　框架结构平面布置
（图片来源：《高楼结构方案优选》刘大海等）

框架结构整体刚度较小，在地震作用下容易发生破坏，因此其适用高度受到一定限制。框架结构在两个方向都会受到地震作用的影响，因此两个方向框架都要加强，

图 11-3　单方向框架平面示意
（图片来源：绘制插图）

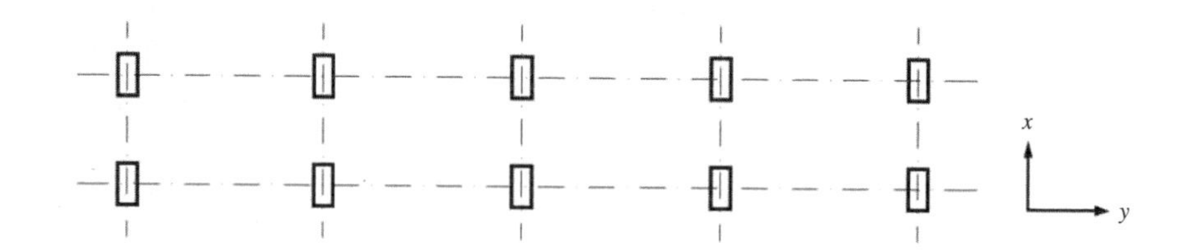

而且要加强两个方向框架之间的连接，形成整体刚度。有一种设计观点认为，只要加强一个方向的框架，而将另一个方向的框架只作为连系构件，如图 11-3 所示。如果只加强 x 方向框架，而弱化 y 方向框架作用，则意味着放弃了框架结构整体的原则，而只将其视为一个平面结构，因此这种观点是错误的。为保证两个方向都有足够的刚度和承载力，框架结构的平面宜采用方形、圆形、多边形，使两个方向尽量刚度相近。

框架结构由梁柱构成，并由梁柱承担竖向荷载和水平荷载。梁柱相接处通常处理为刚接方式，形成强节点。只有排架模型才按照铰接点设计。地震过程中框架结构的破坏主要表现在梁柱节点处。节点核心区产生对角方向的斜裂缝或交叉斜裂缝，表现为柱纵向钢筋压曲外鼓。节点破坏将导致梁柱失去相互之间的联系。

框架柱的震害往往是柱顶震害重于柱底，角柱震害重于内柱，短柱震害重于一般柱。当有错层、夹层或有半高的填充墙，或不适当地设置某些连系梁时，容易形成短柱。短柱的柱高与柱截面的边长之比小于 4。柱子较短时，剪跨比过小，刚度过大，柱中吸收的地震作用也较大，容易导致柱子的脆性剪切破坏，形成交叉裂缝乃至脆断。

在地震作用下，框架梁产生斜裂缝，受损严重的梁，裂缝贯通。

在水平地震作用下，填充墙与框架是共同作用的，由于填充墙早期刚度大，吸收了较大的地震作用，然而因墙体受剪承载力低，变形能力小，如果墙体与框架缺乏有效的拉结，往往在框架变形时墙体易发生剪切破坏和散落。所以在地震中，框架结构中填充墙的破坏非常普遍。

框架结构的变形属于剪切变形，主要是由于楼层剪力引起的。框架结构是梁板柱结构，在楼层标高处刚度突然加大，因此在这些地方会由于剪力作用产生破坏。由剪力引起的梁和柱的变形，自下而上增加值逐渐减小，侧移曲线呈剪切型如图 11-4。框架结构中由轴力引起的位移很小，可以忽略。但是随着建筑高度增加，轴力也随之增加。当柱子轴力很大时，轴力引起的变形要引起重视。北京长城饭店是典型的框架结构，位于八度区，共 22 层。图 11-5 所示。

图 11-4　框架结构变形曲线
（图片来源：http://courses.dec.lzu.cn）

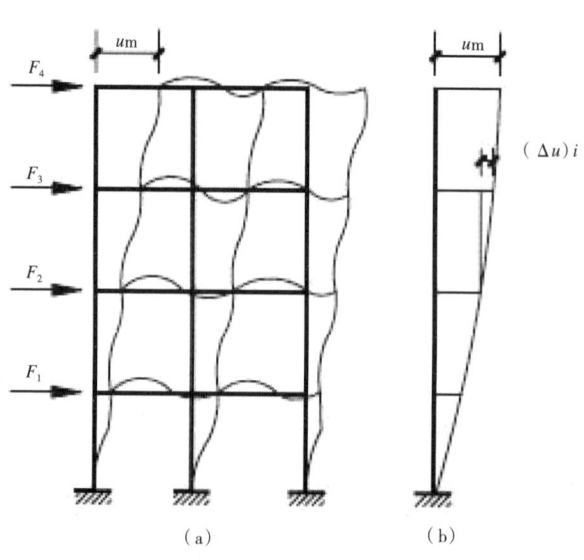

图 11-5　北京长城饭店
（图片来源：http://www.chinese.cn）

11.1.2　墙结构

墙结构是通过内外墙作为承重构件的一种结构体系。在较低楼房中，墙体主要承受重力荷载；在高层建筑中，除了重力荷载外，墙体还要承受风、地震等水平作用。传统结构中，墙体的材料主要是砖石材料。在现代结构中，墙体的材料则主要是钢筋混凝土。由于材料的进步，墙体的承载力和变形性能有了很大提高，墙结构的建筑高度与框架结构相比，也提高了很多。由于墙的间距要求比较严格，布置不够灵活，因此墙结构比较多地用于住宅设计中，如图 11-6 所示。

墙在结构平面布置中，一般沿主要轴线方向布置。采用矩形、L 形、T 形平面时，墙通常沿两个正交的方向布置；三角形可沿三个方向布置；多边形、圆形、弧形平面，则可沿径面及环向布置。如图 11-7 ~图 11-9 所示。

墙结构主要由墙肢组成，连接墙肢的是连梁。由于墙肢承受比较大的水平力，在墙肢端部容易形成集中的拉力和压力。因此在墙肢受力的端部经常设计为暗柱，以承受集中荷载作用。

地震作用过程中，墙结构的震害主要发生在墙肢与连梁部位。墙肢长度过长，则会由于刚度过大的原因，吸收地震作用过大，造成墙肢破坏。在设计中应控制墙的高度，使墙肢形成细高的形态，保持受弯工作状态，并具有足够的延性。低宽的墙体在水平剪力作用下也会出现脆性破坏。墙的立面布置应保持连续，中间层中断会由于刚度突变，造成墙体破坏。墙体出现洞口错开现象，也会对墙体受力造成不利影响。连梁作为墙结构的第一道防线，地震中常出现交叉裂缝。

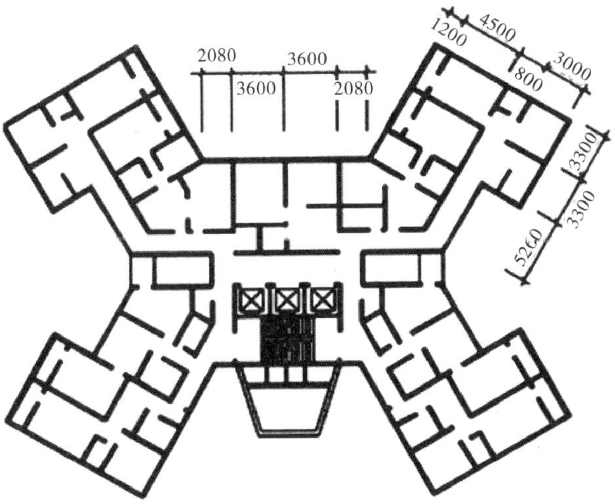

图 11-6　小开间高层住宅平面
（图片来源：《建筑结构优秀设计图集》）

图 11-7　天津凯悦饭店平面（上）
（图片来源：《建筑结构优秀设计图集》）

图 11-8　广州花园酒店平面（中左）
（图片来源：《建筑结构优秀设计图集》）

图 11-9　深圳某小区住宅（中右）
（图片来源：《建筑结构优秀设计图集》）

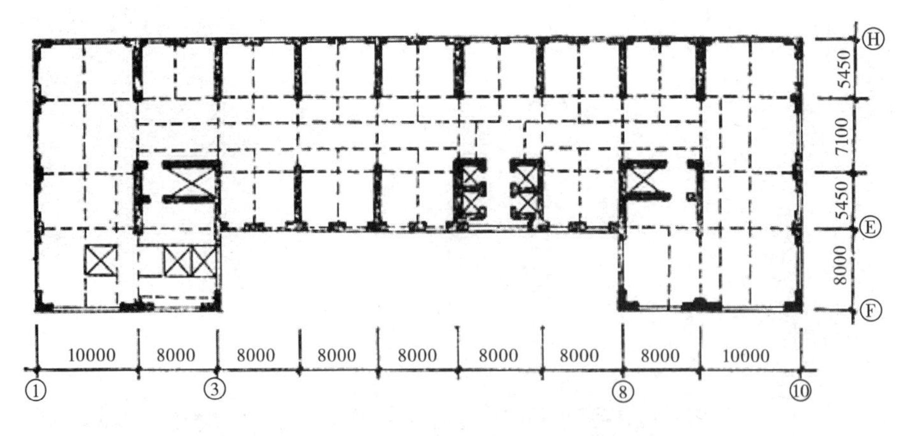

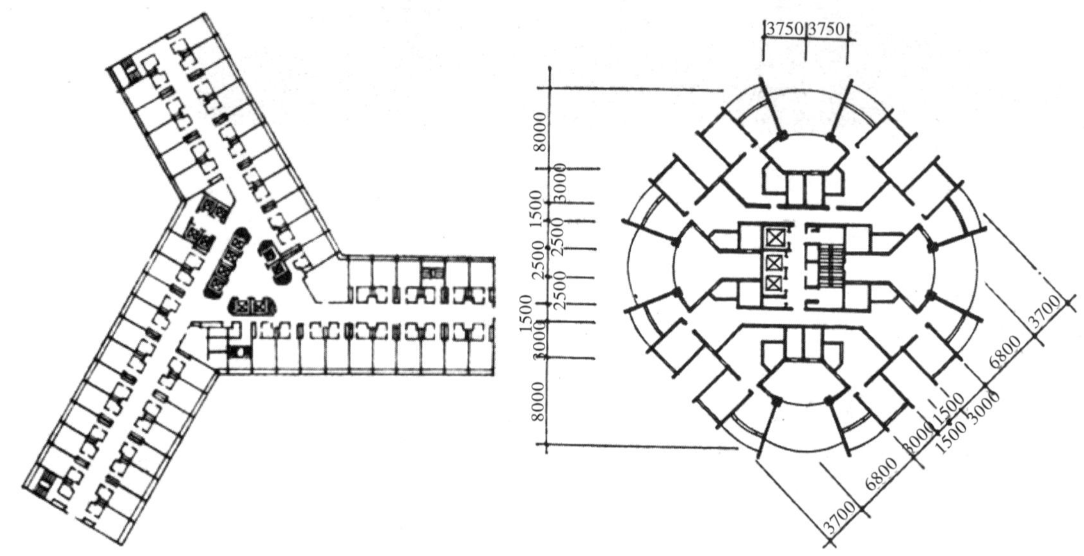

墙体是典型的平面构件，在墙结构中经过各个方向彼此相连，形成整体。在分析墙结构变形时很难简单地将其划分为两个方向。因此在分析之前，首先对墙结构作了以下假定：第一，楼板在其自身平面内刚度很大，将各榀剪力墙连成一体，在楼板平面内没有相对变形，在剪力墙结构受水平荷载后，楼板在其平面内作刚体运动，并把水平作用的外荷载向各榀剪力墙分配。第二，各榀剪力墙在其自身平面内的刚度很大，在其平面外的刚度很小，可忽略不计。在水平荷载作用下，各榀剪力墙只承受平面内的水平力。在此两个假定的前提下，剪力墙结构大大简化。图 11-10（a）所示剪力墙结构，在横向水平荷载作用下，只考虑横墙起作用，如图 11-10（b）所示；在纵向水平荷载作用时，只考虑纵墙起作用，如图 11-10（c）所示。“略去”另一方向剪力墙的影响，并非完全略去，仍将与其相

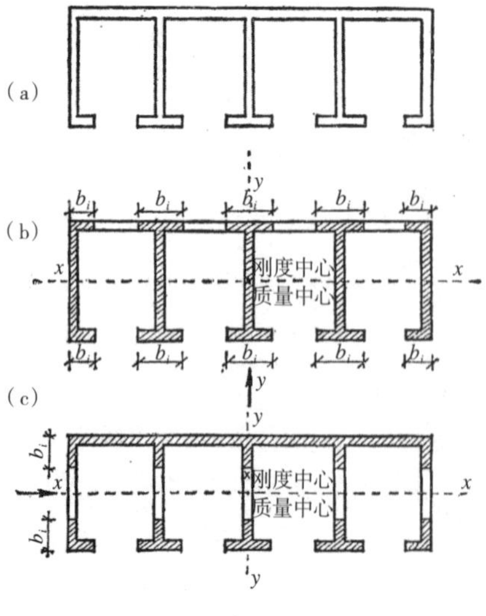

(a)

(b)

刚度中心
质量中心

(c)

刚度中心
质量中心

图 11-10　剪力墙计算模型
（a）剪力墙平面示意图；（b）横向水平荷载计算；（c）纵向水平荷载计算
（图片来源：《高层建筑结构设计》包世华　方鄂华）

连的另一方向剪力墙翼缘部分作为受力剪力墙的一部分参与计算。

从以上分析看出，细高的墙体在水平荷载作用下，会发生整体弯曲变形，一端受压而另一端受拉。图 11–11 表示了墙结构在水平荷载作用下的整体变形规律。北京前三门住宅是典型的墙结构建筑，如图 11–12 所示。

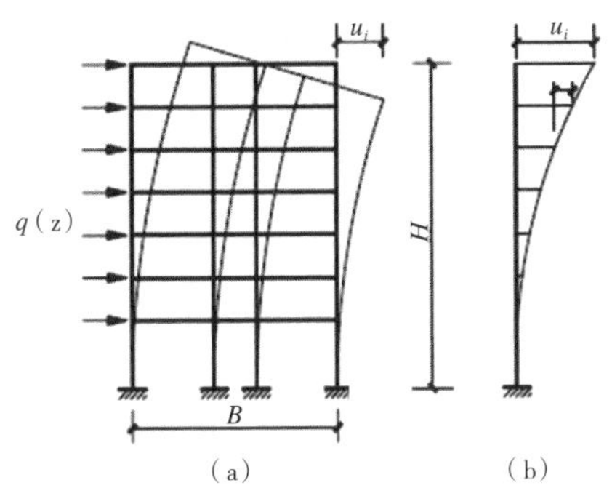

图 11–11　墙结构变形曲线
（图片来源：http：//courses.dec.lzu.cn）

墙结构的整体性好，刚度大；但同时由于墙间距较小，因而布置不够灵活。早期的结构设计方案中，墙间距只有 3m 左右。随着材料的改进和计算方法的进步，墙结构有了进一步的发展。在设计过程中出现了大开间墙结构。这种结构形式墙间距一般为 6 ~ 8m，楼板不再采用预制圆孔板，而是采用现浇钢筋混凝土板，在有的工程中还采用了钢筋混凝土预应力现浇楼板，以加强大开间墙结构的整体性。图 11–13 介绍了住宅设计中出现的大开间墙结构方案。图 11–14 介绍了在公共建筑设计中出现的大开间墙结构方案。同时，为了实现建筑底部大空间的需求，墙结构发展出一种特殊形式——框

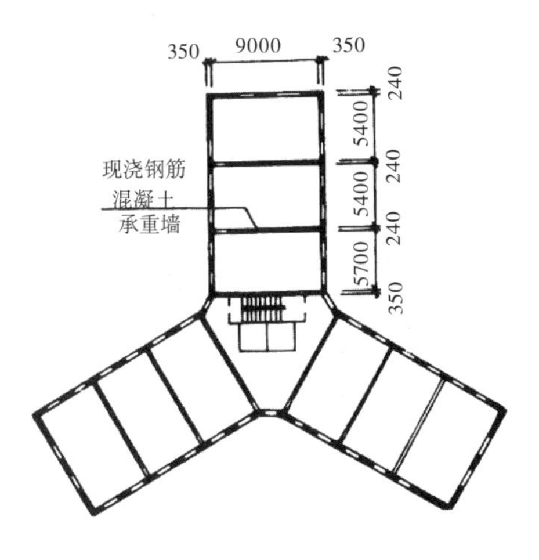

图 11–13　北京某高层住宅典型层结构平面
（图片来源：《建筑结构优秀设计图集》）

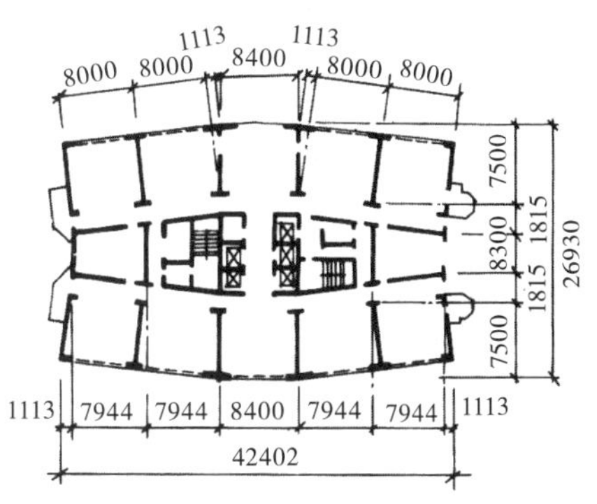

图 11–14　某大厦结构平面
（图片来源：《建筑结构优秀设计图集》）

图 11–12　北京前三门住宅
（图片来源：http：//www.bnbm.com.cn）

支墙结构，如图 11-15 所示。上部的一部分墙要通过转化层才能变成底层的大空间结构，框支墙结构是典型的沿竖向刚度不均匀的结构。在地震作用下，底层结构极易发生破坏，因此框支墙结构在进行方案设计时，应采取措施增加底部楼层的刚度和承载力，以缩小其与墙结构之间的刚度差距，并在强度方面进行适当的补偿。

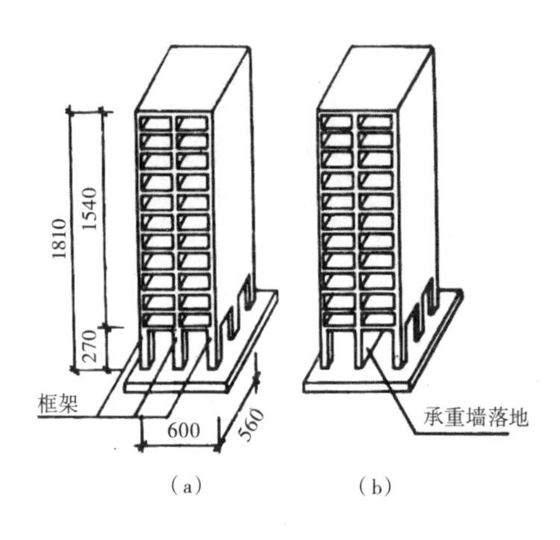

图 11-15　框支墙体系建筑方案（右）
（图片来源：《高楼结构方案优选》刘大海等）

虽然筒结构也是由四片墙组成，但是其性能却与墙结构完全不同。墙结构只能承受平面内的荷载作用。在垂直平面的方向，其抗侧刚度和承载力较低。筒结构是立体构件，空间整体受力，无论水平荷载来自哪个方向，四片墙体同时参与工作。水平剪力主要由平行于荷载方向的腹板墙承担；倾覆力矩则由垂直于荷载方向的翼缘墙及腹板墙共同承担。其抗侧刚度和承载力，远远优于普通的框架结构和墙结构，是高层和超高层建筑的重要结构形式。如图 11-17 所示。

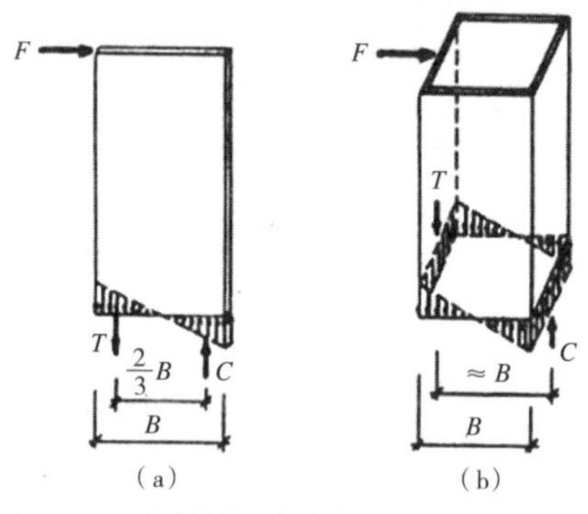

图 11-17　筒结构与墙结构受力特点比较（右）
（a）墙结构；（b）筒结构
（图片来源：《高楼结构方案优选》刘大海等）

11.1.3　筒结构

由墙体围成的结构称为筒。筒体整体受力，因此对平面形式要求较为严格，但可以有些变化，图 11-16 显示了几种常用的筒体平面形式。筒结构的平面形式宜采用正方形、圆形或正多边形，对于矩形平面，则长短边的比值不宜超过 2，以确保各个方向抗侧刚度相近。同时需要特别注意的是，筒体结构的楼板不仅要承受竖向荷载作用，而且楼板还要将整个竖向结构连接起来，保证其空间共同作用。

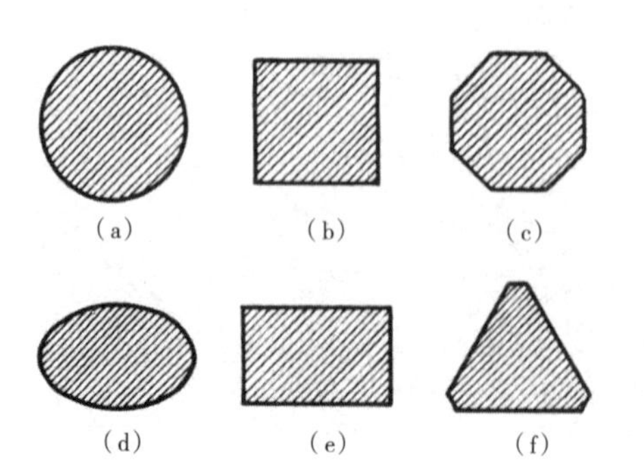

图 11-16　筒体结构平面
（图片来源：《高楼结构方案优选》刘大海等）

筒结构变形是典型的弯曲变形。在水平荷载作用下，其侧向位移以弯曲变形为主，其变形曲线如图 11-18 所示。阿拉伯联合酋长国迪拜的一栋摩天大楼，取名达·芬奇塔，全名是达·芬奇旋转塔，有 68 层，高约 313m，耗资 3.3 亿美元。由建筑师 David Fisher 设计。该摩天大楼的每一层都可以独立自由旋转 360°，而且在旋转的时候可以组成不同的形状，

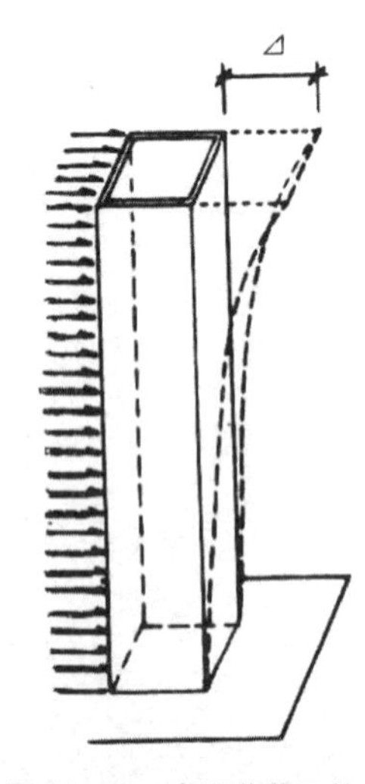

图 11-18　水平荷载下筒体的侧移曲线
（图片来源：《高楼结构方案优选》刘大海等）

让人叹为观止。同时，设计师 David Fisher 表示，大楼可以通过风力涡轮机提供能量，进行如此梦幻的动作。旋转一周，大约需要约 90min。其次，“达·芬奇塔”还是世界上第一座预制摩天大楼，大楼 90% 的部分将在同一个工厂完成，接着装船运往工地。如此一来，整座大楼仅在 18 个月内就能拔地而起。大楼唯一在工地完成的部分是核心筒结构。如图 11-19、图 11-20 所示。

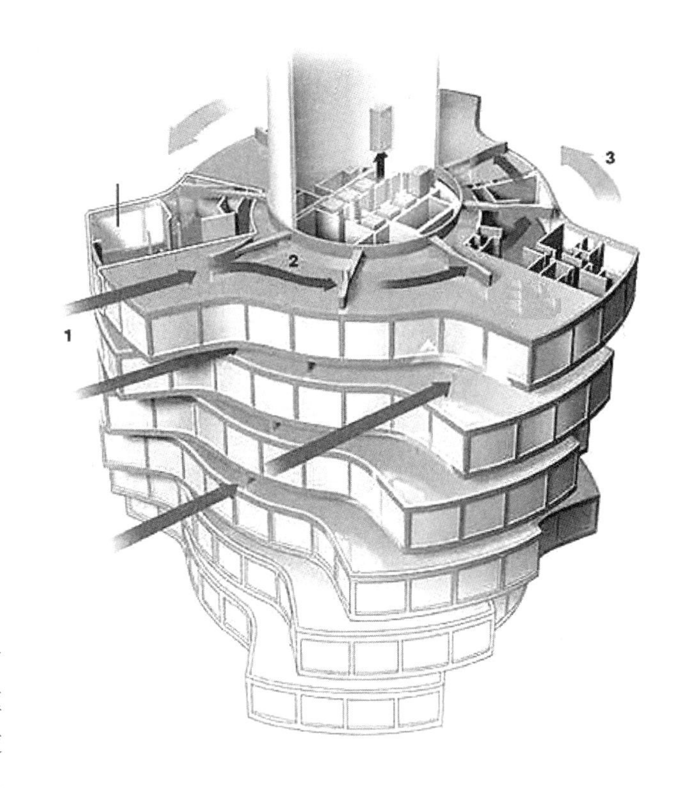

图 11-19 达·芬奇塔平面
（图片来源：http://www.82222919.com）

11.2 竖向结构发展

11.2.1 框架—剪力墙结构

框架—剪力墙结构是将框架结构和剪力墙结构结合在一起组成的结构体系。框架中加入剪力墙提高了整体结构刚度，使建筑高度比较纯框架结构也有了大幅提升。框架结构在 8 度区只能达到 45m 高，而框架—剪力墙结构在 8 度区能够达到 100m 的高度，提高一倍以上。不仅如此，框架—剪力墙结构为建筑创作提供了一个更好的结构

图 11-20 达·芬奇塔立面旋转
（图片来源：http://www.82222919.com）

形式。与剪力墙结构相比，框架—剪力墙结构提供了更大、更自由的空间，不再受剪力墙间距的限制，使建筑平面设计更加灵活。如图 11–21、图 11–22 所示。

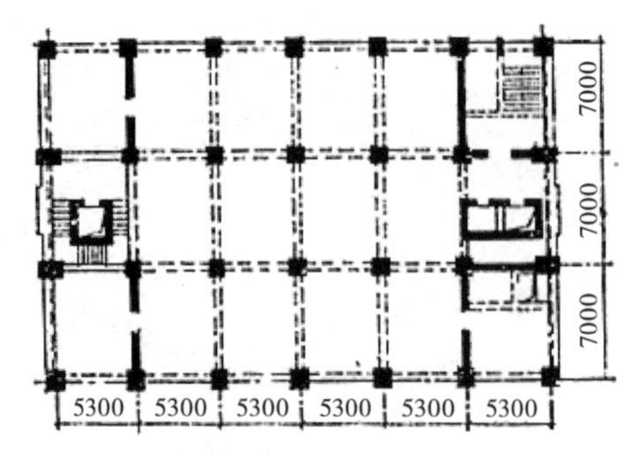

图 11–21　上海交通大学包兆龙图书馆
（图片来源：《建筑结构优秀设计图集》）

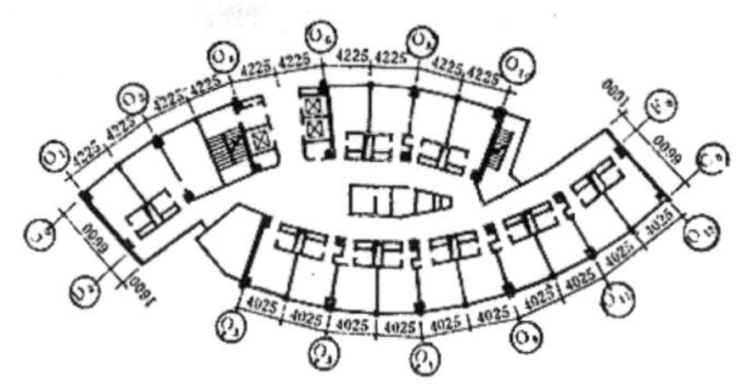

图 11–22　深圳西丽大厦
（图片来源：《建筑结构优秀设计图集》）

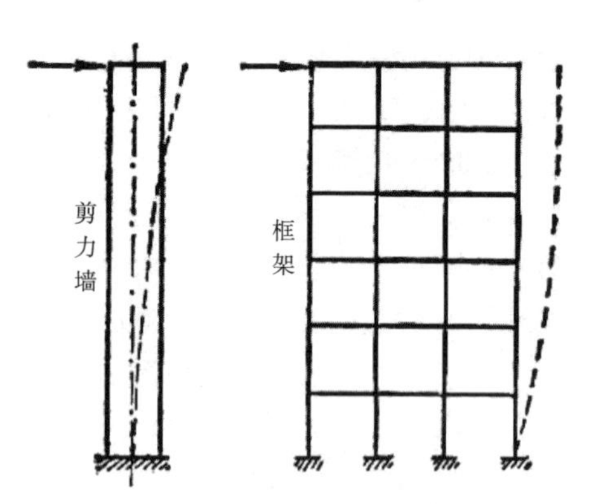

图 11–24　框架、剪力墙各自变形
（图片来源：《高层建筑结构设计》包世华 方鄂华）

当二者结合在一起以后，其变形就不再是以上两种形式，而是介于弯曲变形与剪切变形之间的一种变形形式。如图 11–25 所示。在图中分别将框架结构、剪力墙结构和框架—剪力墙结构的变形曲线画在一起，分别为 a、b、c。从图中可以看出，在结构的上端，剪力墙的位移比框架大；而在结构的下端，剪力墙的位移比框架小。由于楼板和连系梁的连接作用，框架和剪力墙的变形是协调一致的。因此，在结构的下部，框架将剪力墙向右拉，剪力墙将框架向左拉，框架—剪力墙结构的变形比框架单独位移小，比剪力墙单独位移大。在结构上端，则与之相反，框架向左拉剪力墙，剪力墙向右拉框架。因此在结构上部，框架—剪力墙的位移比框架单独位移大，比剪力墙单独位移小。

框架—剪力墙结构由墙体、连系梁、框架柱、框架梁等构件组成，在结构中形成了多道防线的抗震体系。其中，剪力墙的抗侧刚度大，承受水平荷载的主要部分，但在水平荷载作用下变形相对较小。而框架的抗侧刚度相对较小，只承受一部分水平荷载，但在水平荷载作用下变形较大。在水平荷载作用下，框架和剪力墙组合在一起通过变形协调实现共同工作。二者担负水平荷载的比例取决于剪力墙和框架的刚度比值。

在分析框架—剪力墙结构时，可以先将其拆成框架和剪力墙两个部分，在水平荷载作用下各自产生变形。如图 11–23 和图 11–24 所示。

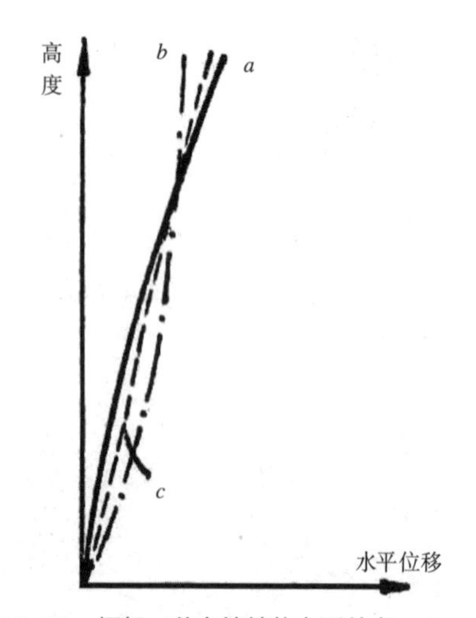

图 11–25　框架—剪力墙结构变形特点
（图片来源：《高层建筑结构设计》包世华 方鄂华）

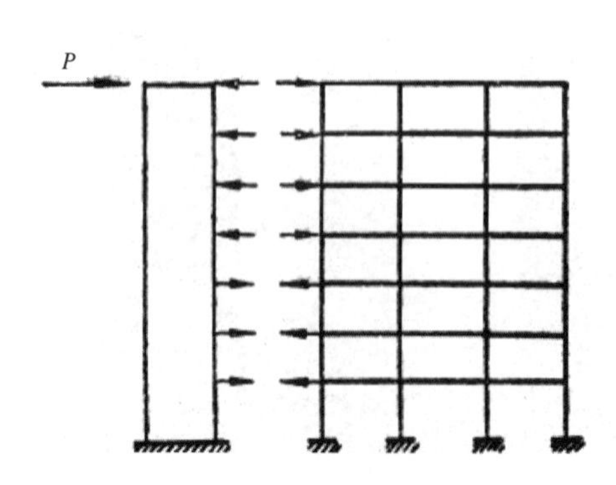

图 11–23　框架、剪力墙分解
（图片来源：《高层建筑结构设计》包世华 方鄂华）

框架和剪力墙之间的变形协调，使得二者之间产生相互作用力，这就是将框架和剪力墙两种结构组合成为新的框架—剪力墙结构的特点。通过历次地震震害的调查，发现框架—剪力墙结构的震害较轻，在同样地震条件下比较，框架—剪力墙结构的抗震性能优于框架结构。

在框架—剪力墙结构的设计中，要特别注意剪力墙的数量和布置问题。剪力墙的数量过多，会使整体结构刚度加大。同时在结构内部，框架会受到剪力墙更大的作用，对框架部分不利。因此，要控制剪力墙的数量，使其保持在合理范围内。对于剪力墙的布置，应掌握以下几个原则：首先，沿结构单元的两个方向设置剪力墙，尽量做到分散、均匀、对称，使结构的质量中心和刚度中心尽量重合，防止在水平荷载作用下，结构发生扭转；第二，在楼盖水平刚度急剧变化处，以及楼盖较大洞口，包括楼、电梯间的洞口的两侧，应设置剪力墙，以免造成已被洞口严重削弱的楼板承受过大的水平地震作用；第三，同一方向各片剪力墙的抗侧刚度不应大小悬殊，以免水平地震作用过分集中到某一片剪力墙上。北京饭店东楼是国内早期的钢筋混凝土框架—剪力墙建筑，建成于 1972 年。建筑面积 88400m^2，地下 3 层，地上 18 层，高 79.77m。如图 11–26 所示。

11.2.2 框架—核心筒结构

框架—剪力墙结构将竖向交通空间、卫生间、管道系统集中布置在楼层核心部分，将办公用房布置在外围，在结构上形成了框架—核心筒结构，这是框架—剪力墙结构的发展。这种结构形式使建筑内部空间更开阔，建筑布置更为灵活。框架—核心筒结构是高层建筑中应用很广的一种结构体系，在设计中多采用正方形平面，即或不是正方形，其长宽比一般不大于 2。如图 11–27 所示。

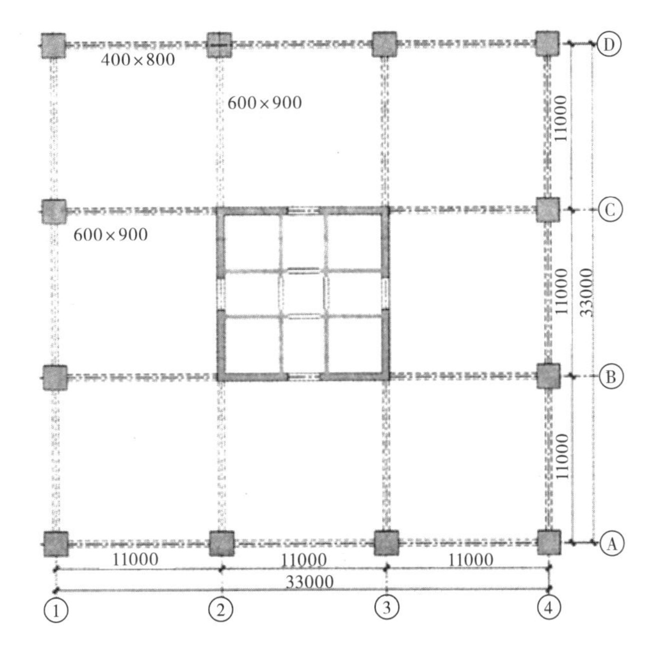

图 11–27 框架—核心筒结构平面
（图片来源：绘制插图）

图 11–26 北京饭店东楼
（图片来源：http://scitech.people.com.cn）

剪力墙集中布置，在提供自由空间的同时，也带来一些设计上的问题。首先，是在平面设计中内筒与外框架柱之间的距离不应过大，一般应保持在 10 ~ 12m。因为在距离比较大的条件下，为保持变形一致，会导致框架与核心筒之间的连系梁截面高度增加，影响建筑空间的利用。其次，是外框架必须保持一定的刚度。框架柱数量太少，截面尺寸太小，致使框架部分整体刚度太小，就难以实现内筒和外框架共同受力，共同变形。更为严重的是，在共同工作过程中，框架会由于受到剪力墙的很大作用而导致破坏。第三，是核心筒在平面布置中，应尽量居中。避免由于结构的刚度中心与质量中心不重合而产生偏心扭矩，造成框架受扭。这种情况对结构抗震性能极为不利。第四，是在立面设计中保证内筒受弯变形，控制核心筒的高宽比在 10 左右，不超过 12。同时，不要在内筒壁上连续开洞，造成墙体削弱。

框架—核心筒结构和框架—剪力墙结构变形关系基本相同，但是由于剪力墙围合成为核心筒，墙体互相连接，使墙有较宽的翼缘，比框架—剪力墙结构中单片墙受力更为有利。因此，其抗侧刚度更优于传统的框架—剪力墙结构，其位移小于框架—剪力墙结构。

北京方圆大厦建于 20 世纪 90 年代，是北京地区比较早的大底盘多塔楼结构，高度 108m，建筑面积 98000m^2。主楼采用框架—核心筒结构，框架与核心筒轴线间距 9.55m。在顶层和上三分之一高度处，设置两道刚臂。水平结构采用 250mm 厚钢筋混凝土双向预应力板。如图 11–28 所示。

11.2.3 框架—核心筒—刚臂结构

框架—核心筒—刚臂结构体系是在核心筒—框架体系的基础上，沿房屋高度方向每隔 20 层左右，利用设备层、避难层、结构转换层等部分，由核心筒伸出纵横向刚臂与结构的外圈框架柱相连，并沿外圈框架设置一层楼高的圈梁或桁架，所形成的结构形式。与框架—核心筒结构相比较，这个体系具有更大的抗侧刚度和水平承载力，从而使建筑高度进一步提升。刚臂可以采用实腹梁的形式，也可以采用空腹桁架的形式。刚臂设置在顶层和上部位置，加强作用更为明显。如图 11–29 所示。

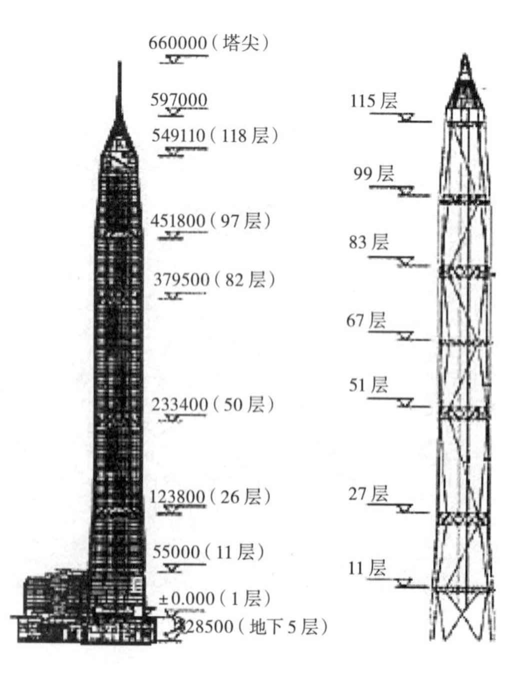

图 11–28　北京方圆大厦（左）
（图片来源：http：//baike.sogou.com）

图 11–29　深圳平安金融中心剖面（右）
（图片来源：http：//www.daqisz.com）

11.2.4 钢框架—钢筋混凝土核心筒结构

在建筑结构中，将钢材和混凝土材料结合使用，形成了钢—混凝土组合结构。这种结构有两个发展方向。

第一个方向是在梁、柱等构件中，用型钢作为骨架，外包以钢筋混凝土所形成的结构，也称钢骨混凝土结构。这种结构具备以下几个优点：一个是钢筋混凝土与型钢共同受力；第二是这种结构与全钢结构相比，可节约钢材 1/3 左右；第三是型钢外包的钢筋混凝土不仅可以取代防腐、防火材料，而且更耐久，可节省经常性维护费用。图 11–30 介绍了其柱截面形式。

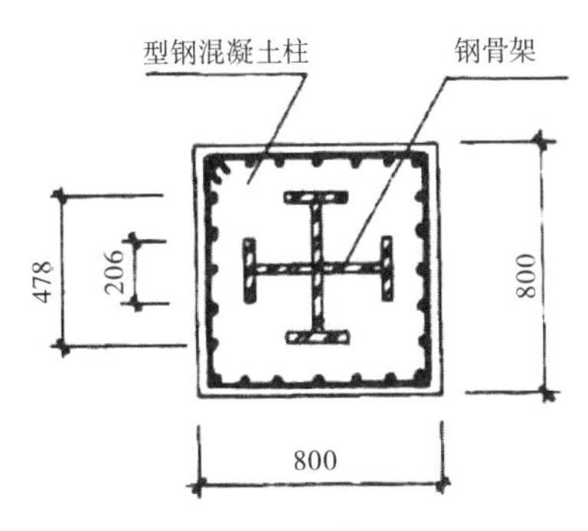

图 11–30　型钢混凝土柱截面
（图片来源：绘制插图）

第二个方向是将钢结构和钢筋混凝土结构结合起来。最常见的是钢框架—钢筋混凝土核心筒结构。这种结构的特点是，利用具有较大抗侧刚度的钢筋混凝土核心筒，承担水平荷载；利用具有较高材料强度的铰接或刚接钢框架，承担竖向荷载，因此建筑高度有大幅攀升。此外，还可利用钢构件做成较大跨度的楼面结构，实现更大的使用空间。如图 11–31 所示。

框架—核心筒结构、框架—核心筒—刚臂结构以及钢框架—钢筋混凝土核心筒混合结构都是在框架—剪力墙结构的基础上逐步发展而来的。随着结构形式的发展，建筑内部空间越来越大，建筑高度越来越高。在结构设计中重点的关注问题，一是要确立正确的计算模型，保证不同结构形式在一个体系内的共同工作。另一个则是认真处理节点部位的设计构造问题。例如，框架梁与核心筒平面外方向的节点部位、刚臂与框架柱的连接部位等。

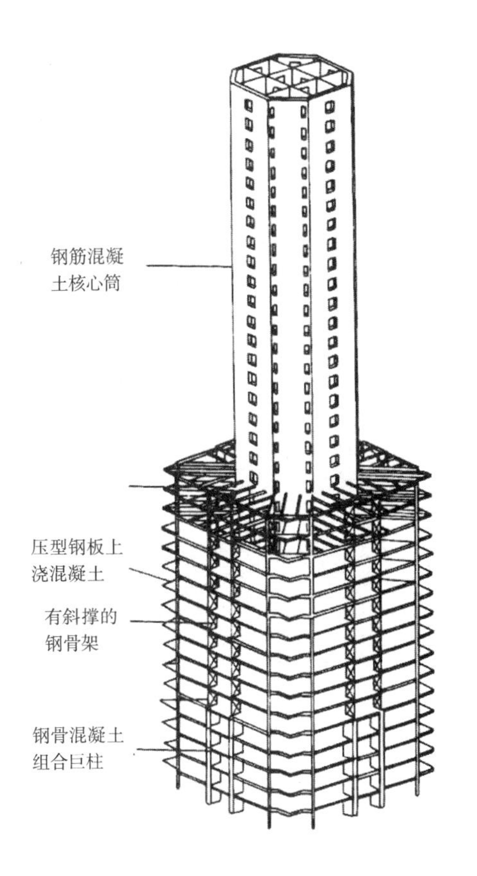

图 11–31　金茂大厦结构示意
（图片来源：http://wenku.baidu.com）

11.2.5 钢框架—支撑结构

钢框架—支撑结构是在钢框架结构的基础上，通过在部分框架柱之间布置支撑来提高结构承载力及侧向刚度。支撑体系与框架体系共同作用形成双重抗侧力结构体系。钢框架—支撑结构在多高层钢结构建筑中比较多见，这种结构形式一方面压缩了梁柱截面尺寸，另一方面以轴向受力杆件形成的竖向支撑取代以抗弯杆件形成的框架结构，就能获得大得多的抗侧刚度。如图 11–32、图 11–33 所示。

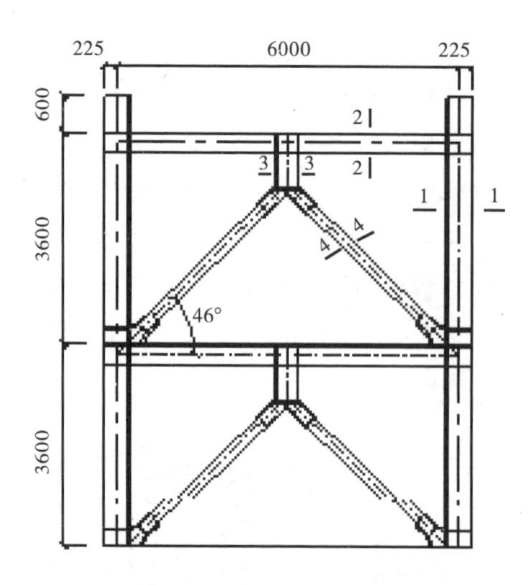

图 11–32 钢结构支撑示意
（图片来源：http://www.pinjiao.com）

图 11–33 伦敦 Leadenhall 大厦
（图片来源：http://www.shigongjishu.cn）

其中支撑构件一般按照轴心受力构件设计。从大量的试验研究中发现，支撑沿竖向集中布置在中间跨与布置在边跨相比，其对于提高结构刚度的效果更为明显。人字形支撑的效果优于其他形式支撑。如果在钢框架—支撑结构中设置一定数量的刚臂，可以在一定程度上提高结构抗侧刚度。

11.2.6 框筒结构

通过试验研究证明，筒体受力只有在墙面开洞率小于 16% 时才能发挥筒结构整体受力的特点。根据这一结果，工程师们将框架形式和筒体受力特点结合，创造出更新颖的平面形式和更大的内部空间。简单地将四榀框架围合在一起，并不能达到筒结构受力特点要求。为了保证四榀框架整体受力，必须使其从形式上向小开口墙筒形式靠近。将原来的框架结构设计成为密柱深梁的结构，从而形成新的结构形式。这就是框筒结构，平面如图 11–34 所示。

由框架演变为框筒，使得建筑高度大幅度提高。框架结构的建筑高度在 8 度地震区只有 45m，而框筒结构最大高度已达到 170m，使建筑形式和功能产生很大的改变。框筒结构在平面间布置上，遵循了筒结构的设计原则。一般采用正方形、圆形或正多边形平面形式，以保证各个方向刚度接近，提高抗震性能。在立面设计上，为了保证筒整体受力特点，实现密柱深梁的目标，梁和柱所占的立面面积约在 80% 以上。

框筒结构变形特点与框架完全不同，与

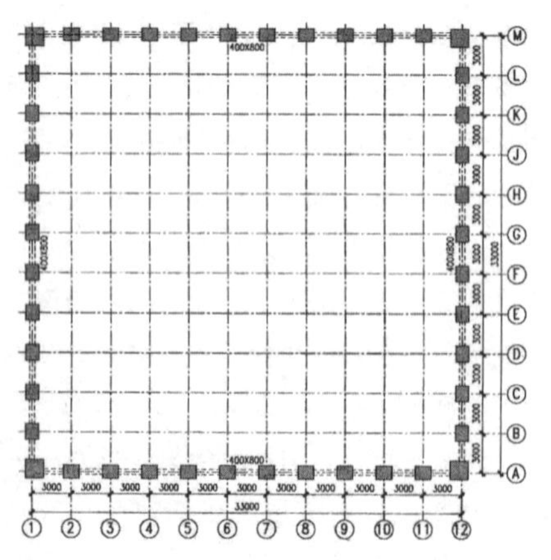

图 11–34 框筒结构平面
（图片来源：绘制插图）

筒结构类似。但是由于框筒由密柱深梁组成，因此梁柱内力和变形有很大改变。在水平荷载作用下，平行水平力方向的腹板框架一端受拉，另一端受压。框筒结构截面变形不再符合初等结构理论的平截面假定，腹板框架和翼缘框架的正应力不再是直线分布而是曲线分布，这个现象就是框筒结构中的剪力滞后效应（Shear Lag Effect）。剪力滞后现象使翼缘框架各柱受力不均匀，中部柱子的轴向应力减少，角柱轴向应力增大。翼缘框架受力是通过与腹板框架相交的角柱传递过来的。由于梁的变形，使翼缘框架各柱压缩变形向中心逐渐递减，轴向也逐渐减小。

这一现象在结构底层最为明显，如图11–35（a）所示。随着层数的增加，其影响逐渐减少。从结构中部开始，角柱轴力小于邻近的中柱。到了结构顶部附近，甚至出现角柱易号，如图11–35（b）所示。这种现象称为负剪力滞后现象（Negative Shear Lag Effect），即轴向应力的分布由凹曲线逐渐变为凸曲线。与之对应，之前的剪力滞后效应，称为正剪力滞后效应（Positive Shear Lag Effect）。正剪力滞后一般出现在框筒结构的中下部，而负剪力滞后出现在框筒结构的中上部。影响剪力滞后的因素很多，主要包括：柱距与深梁高度，角柱面积，框筒结构高度以及框筒平面形状等。

由于翼缘框架各柱和深梁内力是由角柱传来，其内力和变形都在翼缘框架平面内，腹板框架的内力和变形也在它的平面内，这时框筒的水平荷载作用下内力分布呈“筒”的空间特性。

通过以上分析，发现在框筒结构中要加大角柱的面积，使其有足够的刚度和承载力，同时还要注意在设计中，尽量采用软薄的楼板，使楼板和框架柱之间形成铰接关系，不再向框架柱传递剪力和弯矩，保持框架受力明确。除角柱双向受力外，其余柱都是单向受力，从而提高整体结构的抗震性能。

框筒结构由于采用密柱深梁，在建筑底层，人流交通密集的地方，密柱间的狭窄通道和结构处理形成矛盾，通过加大底层柱距的方法，可以扩大进出口空间，经常采用以下处理方式：第一种方式采用转换梁。底层柱距扩大后，采用转换梁来承托上部密柱传来的竖向荷载。转换梁的截面尺寸，根据上下柱距和荷载大小而定，有时截面高度可达一层楼高，需要时也可采用预应力大梁。第二种方式采用连续拱，钢筋混凝土拱具有承载力大和跨度大的特点，如果能与建筑立面处理相协调，底层也可采用连续拱来扩大净空。不过，在结构上必须处理好边跨拱的巨大推力。第三种方式采用合并柱，前面两种处理方案都使框筒的楼层抗侧刚度在底层发生突变，应用于地震区的高楼结构时，会引起变形集中等不利影响。调整二层以上柱的截面和高度，使框筒的楼层抗侧刚度逐步变化，将会在地震反应上取得较好的效果。如图11–36、图11–37所示。

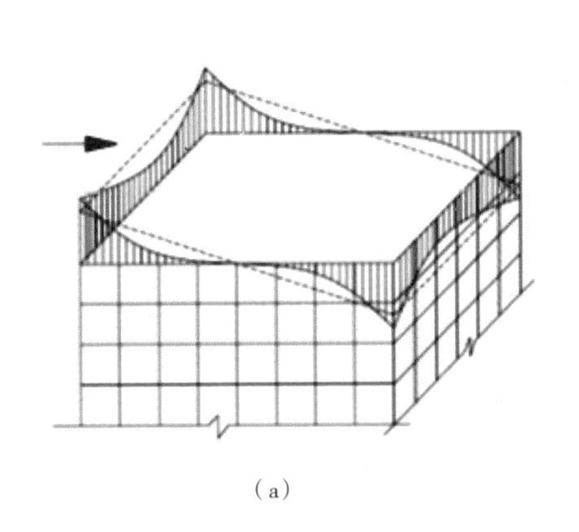
（a）

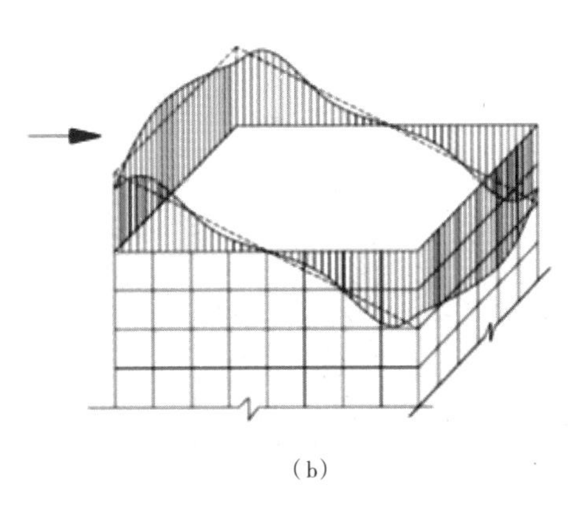
（b）

图11–35 框筒结构中的剪力滞后现象
（a）正剪力滞后；
（b）负剪力滞后
（图片来源：http://blog.sina.cn）

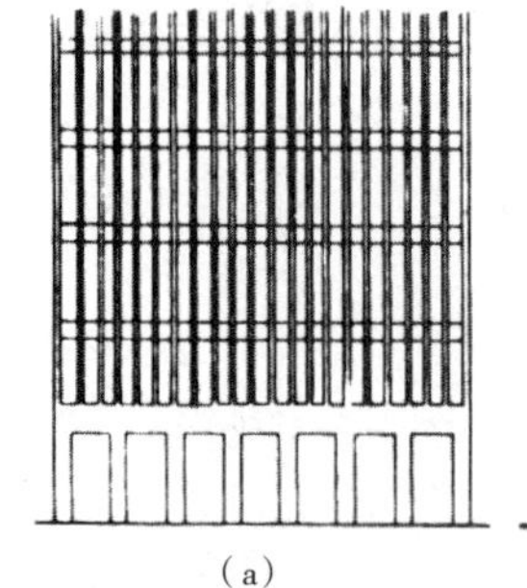
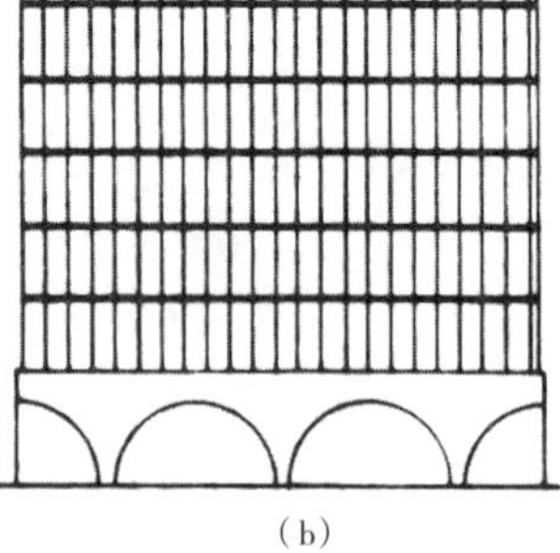
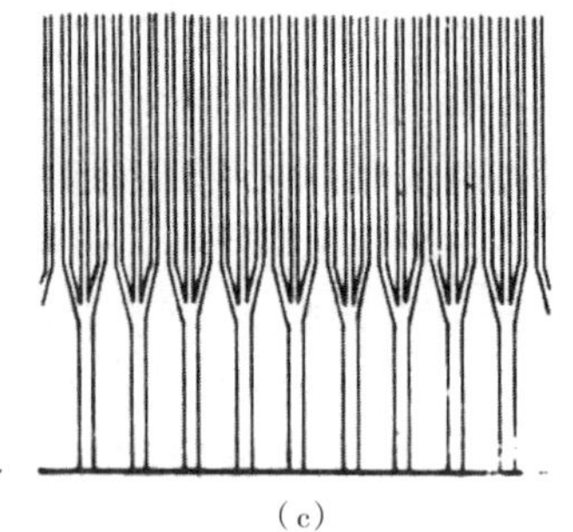

图 11-36　框筒结构底层入口处理方式
(a) 转换梁方式；
(b) 连续拱方式；
(c) 合并柱方式
(图片来源：《高楼结构方案优选》刘大海等)

图 11-37　北京国贸三期入口
(图片来源：http://pp.163.com)

图 11-38　芝加哥汉考克大厦
(图片来源：http://cn.toursforfun.com)

美国芝加哥汉考克大厦是早期的框筒结构的典型作品，建筑高度 343.5m，加上天线更高达 457.2m，地上 100 层，总楼面面积 260126m^2，1965 年开工，1969 年完工，是当时纽约之外全世界最高的摩天大楼。如图 11-38 所示。这座建筑的结构工程师是著名的 Fazlur Khan 先生。

11.2.7　筒中筒结构

在框筒结构内部，将竖向交通和管道组织起来，形成一个内筒，就从框筒结构进一步发展成为筒中筒结构。

框筒与内筒组成的筒中筒结构更加增大了结构的抗侧刚度，二者通过楼板协同工作抵抗水平荷载。它与框架—剪力墙结构的协同工作类似，可以改变原有的变形性能，而使层间变形更趋均匀，框筒的上下内力也趋于均匀。其次，由于内筒的存在减小了楼板的跨度，因此筒中筒结构的结构受力经济合理，适用于较高的高层建筑，特别是高度超过 50 层的建筑。纽约世界贸易中心曾经是世界上最高的筒中筒建筑。如图 11-39、图 11-40 所示。

11.2.8　钢框架—大型支撑结构

钢框架—大型支撑结构是以几个楼层高度作为划分节间的模数，自下而上设置大型支撑。同时沿房屋周圈和内部设置一层楼高的加劲桁架，与交叉斜杆形成一个结构体系，共同工作，将建筑内部和周圈柱子的荷载传递到 4 个巨大的角柱上。这种结构形式进一步增强了建筑抵抗水平荷载的实际能力。如图 11-41 所示。

11.2.9　巨型结构

巨型结构采用筒体，包括实腹筒和桁架筒作为巨型柱，用高度很大的，一层或几层楼高的箱形构件或桁架作为巨型梁，组成整体结构。典型的巨型结构如图 11-42 所示。由于采用巨型结构，使建筑获得更大的空间，可以满足运行多功能的需要和复杂的布置。日本 NEC 大楼从底层到 13 层设置内部大庭院，从 13 层到 15 层设置一个横穿整个房间的大开口，内部功能布置更加灵活。

巨型结构的“柱”，一般是布置在房屋的四角；多于 4 根时，除角柱外，其余的柱也是沿房屋的周边布置。因为巨型结构体系的“柱”是布置在房屋四角，所以不论是沿房屋纵向还是沿房屋横向，都要比多根柱沿周围布置的框筒系统，具有更大的抵抗倾覆力矩的能力。巨型结构的巨型梁可以隔若干层设置 1 根，一般是每隔 12 ~ 15 个楼层设置 1 个。巨型梁之间的楼层用截面很小、只承受竖向荷载的一般小框架组成，称为次结构。每个巨型节间承受上面的次结构传来的竖向荷载，水平荷载则由巨型结构抵抗，其抗侧刚度由巨型梁、巨型柱构件的刚度决定。日本的 NEC 办公大楼是早期的巨型结构建筑，地面以上 43 层，180m 高。如图 11-42 所示。

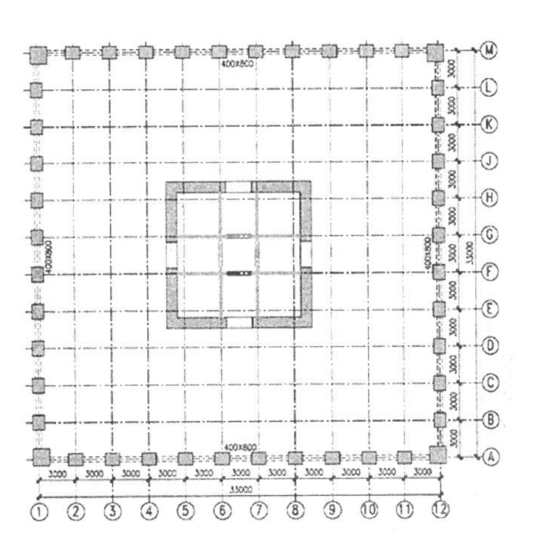

图 11-39　筒中筒结构平面
（图片来源：绘制插图）

图 11-40　纽约世界贸易中心
（图片来源：http://gz.fangdr.com）

图 11-41　香港中银大厦
（图片来源：http://www.tour110.com）

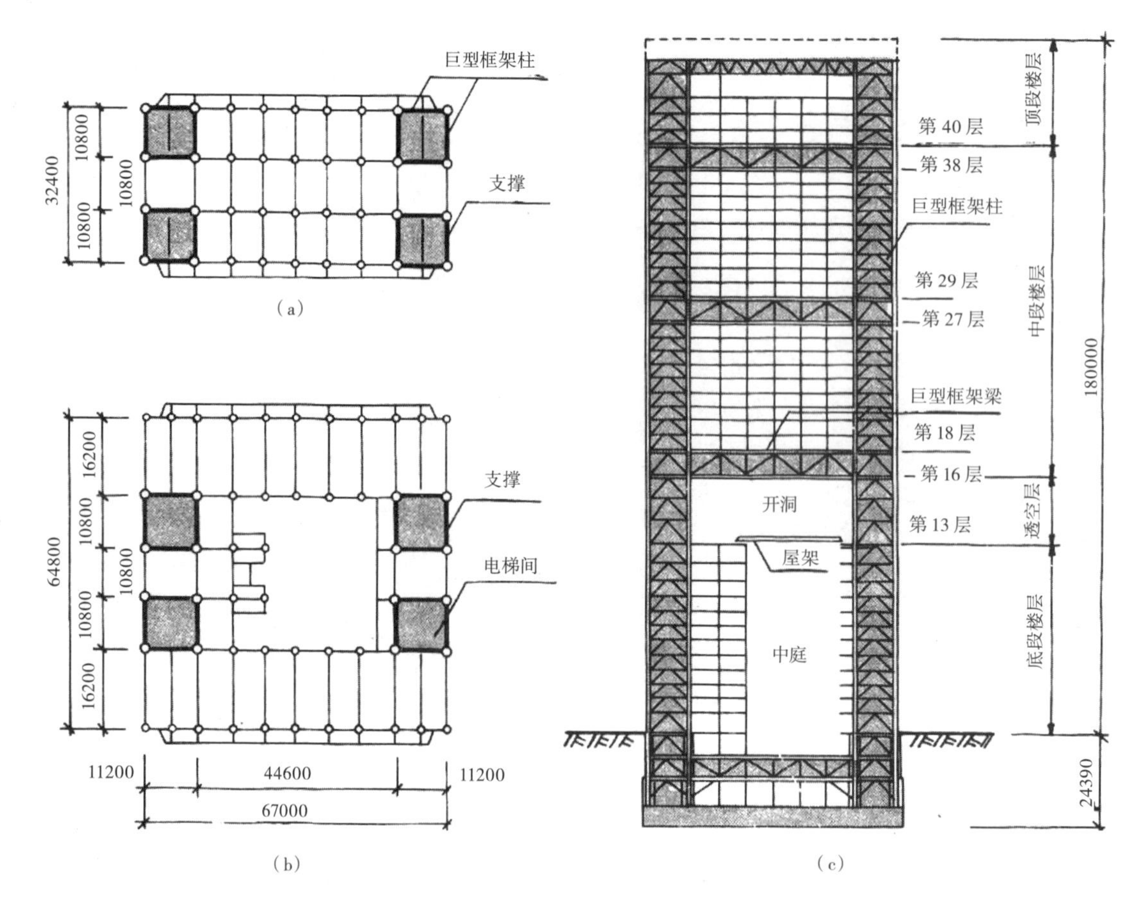

图 11-42　日本 NEC 大楼
(a)中段楼层结构平面；
(b)底部楼层结构平面；
(c)结构剖面
（图片来源：《世界建筑结构设计精品选——日本篇》中国建筑工业出版社）

近年来巨型结构在工程设计实践中有进一步的发展，在台北 101 大厦和上海中心的设计中，采用外围巨型结构与内部的核心筒结合的方式，创造出了新的结构形式。如图 11-43 所示。

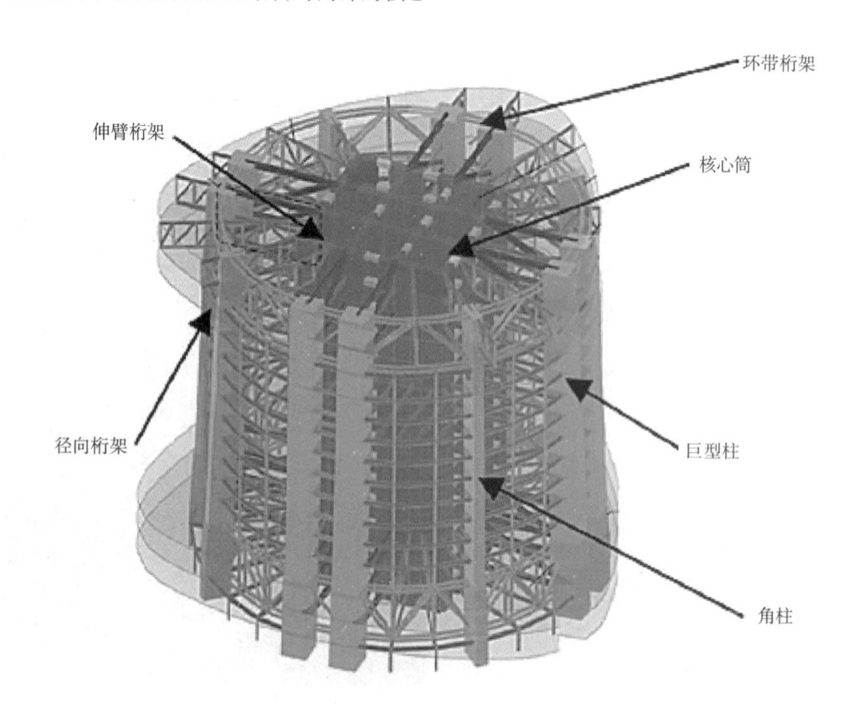

图 11-43　上海中心结构模型
（图片来源：http://www.buildingstructure.com.cn）

11.2.10　束筒结构

束筒结构由两个以上筒体排列成束状，称为束筒结构。在各筒体之间每隔数层用巨型梁相连，束筒结构可以更充分发挥结构空间作用，其刚度和强度都有很大提高，可建造层数更多、高度更高的高层建筑。

美国芝加哥西尔斯大厦是早期的束筒结构，由SOM事务所设计，1974年建成，建筑高443m，此后25年它一直是世界最高楼，直到今天也是世界最高建筑物之一。其总建筑面积418000m^2，地上110层，地下3层。底部平面68.7m×68.7m，由9个22.9m×22.9m的正方形组成。整个大厦平面随层数增加而分段收缩。在51层以上切去两个对角正方形，67层以上切去另外两个对角正方形，91层以上又切去三个正方形，只剩下两个正方形到顶。如图11-44、图11-45所示。

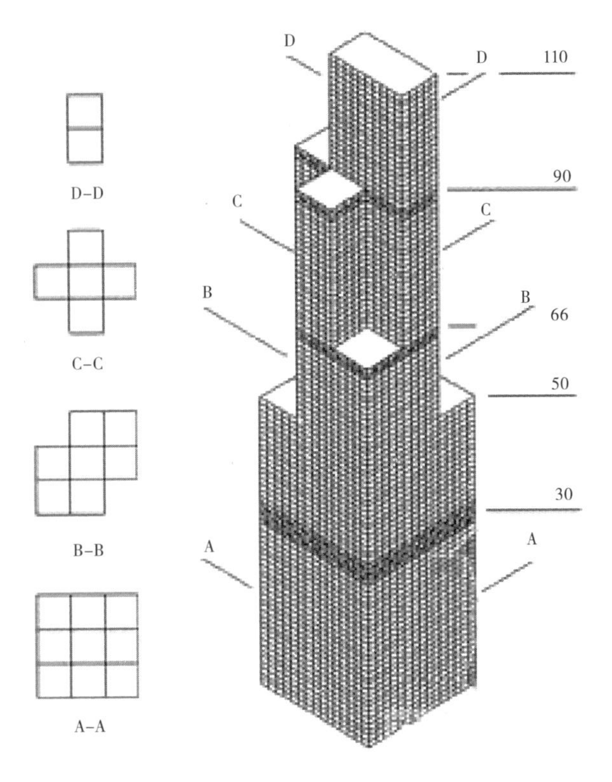

图11-44　西尔斯大厦结构示意
（图片来源：http://wiki.zhulong.com）

哈利法塔高828m，楼层总数162层，造价15亿美元，是当今世界最高的建筑。哈利法塔采用束筒结构，由SOM所设计。哈利法塔总共使用33万m^{3}混凝土、6.2万t强化钢筋。哈利法塔始建于2004年，2010年1月4日晚，迪拜酋长穆罕默德·本·拉希德·阿勒马克图姆揭开被称为“世界第一高楼”的“迪拜塔”纪念碑上的帷幕，宣告这座建筑正式落成，并将其更名为“哈利法塔”。如图11-46所示。

通过结构形式的介绍，我们终于发现了建筑不断长高的奥

图11-45　西尔斯大厦
（图片来源：http://bj.bendibao.com）

秘。此时要特别介绍一位著名的结构工程师，Fazlur Khan 先生。Fazlur Khan（1929-1982），美国国家工程院院士。他出生于孟加拉国，在美国 UIUC 取得博士学位，此后一直在 SOM 工作，是 SOM 的合伙人。1982 年获得国际桥协奖章。Khan 是高层建筑的一代宗师，提出并且完善了框架—剪力墙结构、筒体结构、框筒结构、束筒结构的概念，让人类可以在经济合理的范围内突破 400m 建筑高度大关。Khan 先生同时还提出了电梯分区分段运行和电梯转换层的设计思路，解决了超高层建筑的竖向交通问题。他的代表作包括了雄踞世界第一高楼宝座近 30 年的西尔斯大厦、汉考克中心。在他英年早逝之后，美国建筑界的终身成就奖以他的名字命名，颁发给对高层结构工程作出贡献的结构工程师。Fazlur Khan 先生被评价为世界科技领域最重要的幕后英雄之一。

图 11-46 哈利法塔
（图片来源：http://www.tripc.net）

11.3 结构形式适用高度

中国规范对不同材料的结构适用高度作了具体规定，通过介绍，可以对不同材料、不同结构体系的适用高度有明确的认识。不同结构类型结构的适用高度通过以下内容予以表示。

（1）砌体结构

砌体结构适用高度，见表 11–1、表 11–2 所列。

（2）钢筋混凝土结构

钢筋混凝土结构适用高度，见表 11–3、表 11–4 所列。

（3）钢结构

钢结构适用高度，见表 11–5 所列。

多层砌体房屋的层数和总高度限值（m） **表 11–1**

房屋类别		最小墙厚度（mm）	设防烈度和设计基本地震加速度											
			6		7				8				9	
			0.05g		0.10g		0.15g		0.20g		0.30g		0.40g	
			高度	层数	高度	层数	高度	层数	高度	层数	高度	层数	高度	层数
多层砌体房屋	普通砖	240	21	7	21	7	21	7	18	6	15	5	12	4
	多孔砖	240	21	7	21	7	18	6	18	6	15	5	9	3
	多孔砖	190	21	7	18	6	15	5	15	5	12	4	—	—
	混凝土砌块	190	21	7	21	7	18	6	18	6	15	5	9	3
底部框架—抗震墙砌体房屋	普通砖多孔砖	240	22	7	22	7	19	6	16	5	—	—	—	—
	多孔砖	190	22	7	19	6	16	5	13	4	—	—	—	—
	混凝土砌块	190	22	7	22	7	19	6	16	5	—	—	—	—

注：1. 房屋的总高度指室外地面到主要屋面板板顶或檐口的高度，半地下室从地下室室内地面算起，全地下室和嵌固条件好的半地下室应允许从室外地面算起；对带阁楼的坡屋面应算到山尖墙的 1/2 高度处。

2. 室内外高差大于 0.6m 时，房屋总高度应允许比表中的数据适当增加，但增加量应少于 1.0m。

3. 乙类的多层砌体房屋仍按本地区设防烈度查表，其层数应减少一层且总高度应降低 3m；不应采用底部框架—抗震墙砌体房屋。

配筋砌块砌体抗震墙房屋适用的最大高度（m） **表 11–2**

结构类型最小墙厚（mm）		设防烈度和设计基本地震加速度					
		6 度	7 度		8 度		9 度
		0.05g	0.10g	0.15g	0.20g	0.30g	0.40g
配筋砌块砌体抗震墙	190mm	60	55	45	40	30	24
部分框支抗震墙		55	49	40	31	24	—

注：1. 房屋高度指室外地面到主要屋面板板顶的高度（不包括局部凸出屋顶部分）。

2. 某层或几层开间大于 6.0m 以上的房间建筑面积占相应层建筑面积 40% 以上时，表中数据相应减少 6m。

3. 部分框支抗震墙结构指首层或底部两层为框支层的结构，不包括仅个别框支墙的情况。

4. 房屋的高度超过表内高度时，应根据专门研究，采取有效的加强措施。

A 级高度钢筋混凝土高层建筑的最大适用高度（m） 表 11-3

结构体系		非抗震设计	抗震设防烈度				
			6 度	7 度	8 度		9 度
					0.20g	0.30g	
框架		70	60	50	40	35	—
框架—剪力墙		150	130	120	100	80	50
剪力墙	全部落地剪力墙	150	140	120	100	80	60
	部分框支剪力墙	130	120	100	80	50	不应采用
筒体	框架—核心筒	160	150	130	100	90	70
	筒中筒	200	180	150	120	100	80
板柱—剪力墙		110	80	70	55	10	不应采用

注：1. 表中框架不含异形柱框架。
2. 部分框支剪力墙结构指地面以上有部分框支剪力墙的剪力墙结构。
3. 甲类建筑，6、7、8 度时宜按本地区抗震设防烈度提高一度后符合本表的要求，9 度时应专门研究。
4. 框架结构、板柱—剪力墙结构以及 9 度抗震设防的表列其他结构，当房屋高度超过本表数值时，结构设计应有可靠依据，并采取有效的加强措施。

B 级高度钢筋混凝土高层建筑的最大适用高度（m） 表 11-4

结构体系		非抗震设计	抗震设防烈度			
			6 度	7 度	8 度	
					0.20g	0.20g
框架—剪力墙		170	160	140	120	100
剪力墙	全部落地剪力墙	180	170	150	130	110
	部分框支剪力墙	150	140	120	100	80
筒体	框架—核心筒	220	210	180	110	120
	筒中筒	300	280	230	170	150

注：1. 部分框支剪力墙结构指地面以上有部分框支剪力墙的剪力墙结构。
2. 甲类建筑，6、7 度时宜按本地区设防烈度提高一度后符合本表的要求，8 度时应专门研究。
3. 当房屋高度超过表中数值时，结构设计应有可靠依据，并采取有效的加强措施。

钢结构和有混凝土剪力墙的钢结构高层建筑适用高度（m） 表 11-5

结构种类	结构体系	非抗震设防	抗震设防烈度		
			6、7	8	9
钢结构	框架 框架—支撑（剪力墙板） 各类筒体	110 260 360	110 220 300	90 200 260	70 140 180
有混凝土剪力墙的钢结构	钢框架—混凝土剪力墙 钢框架—混凝土核心筒	220	180	100	70
	钢框筒—混凝土核心筒	220	180	150	70

注：表中适用高度系指规则结构的高度，为从室外地坪算起至建筑檐口的高度。

11.4 竖向结构进步历程

世界第一高楼的美誉不仅代表了一个国家的经济实力，而且也反映出其技术水平的发展状况。以下内容记述了世界第一高楼的发展历程和发展状况。见表 11–6 所列。

当今世界，高层建筑鳞次栉比，表 11–7 中简单介绍了排名靠前的在建以及建成的高层建筑概况。资料截止到 2015 年，新的进步正在发生。

从表 11–7 中可以发现，美国引领了高层建筑的发展。西尔斯大厦、帝国大厦和世界贸易中心，至今在众多的高层建筑中，仍然具有标志性意义。然而，近年来中国、日本、韩国以及东南亚国家、海湾国家已经成为高层建筑的聚集地，说明亚洲经济的发展不可低估，同时也为现代城市管理提出了新的课题。

世界第一高楼发展历程 表 11–6

建成年代	中文名称	英文名称	城市	现状	楼板高度（m）	尖顶高度（m）	楼层	任期	备注
1885	家庭保险大楼	Home Insurance Building	芝加哥	已毁	54.9	54.9	12	1885 ~ 1890 年	1931 年拆除
1890	世界大楼	World Building	纽约	已毁	94.2	106.4	20	1890 ~ 1894 年	已拆除
1894	曼哈顿人寿保险大楼	Manhattan Life Insurance	纽约	已毁	106.1	106.1	18	1894 ~ 1899 年	已拆除
1899	公园街大楼	Park Row Building	纽约	尚存	119.2	119.2	30	1899 ~ 1901 年	
1901	费城大会堂	Philadelphia City Hall	费城	尚存	167	167	9	1901 ~ 1908 年	其中 120 多米是钟楼
1908	胜家大楼	Singer Building	纽约	已毁	186.6	186.6	47	1908 ~ 1909 年	1968 年拆除
1909	大都会人寿保险大楼	Metropolitan Life Insurance Company Tower	纽约	尚存	213.4	213.4	50	1909 ~ 1913 年	美国最高钟塔
1913	伍尔沃斯大楼	Woolworth Building	纽约	尚存	241.4	241.4	57	1903 ~ 1930 年	
1930	川普大楼	Trump Building	纽约	尚存	282.5	282.5	71	1930 年	只当了不到一年便被克莱斯勒大厦超过
1930	克莱斯勒大厦	Chrysler Building	纽约	尚存	281.9	318.8	77	1930 ~ 1931 年	
1931	帝国大厦	Empire State Building	纽约	尚存	381	448.7	102	1931 ~ 1972 年	任期最长的摩天大楼
1972	世界贸易中心	World Trade Center	纽约	已毁	417	526	110	1972 ~ 1973 年	“9.11 事件”中毁灭
1973	西尔斯大楼	Sears Tower	芝加哥	尚存	442	527.3	108	1973 ~ 1998 年	天线最高摩天大楼；改名韦莱塔
1998	石油双子塔	Petronas Towers	吉隆坡	尚存	452	452	88	1998 ~ 2003 年	最高的双子塔
2004	台北 101 大楼	Taipei 101	台北	尚存	480	508	101	2004 ~ 2008 年	中国建筑首次荣登世界最高楼
2008	上海环球金融中心	Shanghai World Financial Center	上海	尚存	492	492	104	2008 ~ 2010 年	楼板最高的大楼
2010	哈利法塔	Burj Khalifah	迪拜	尚存	828	828	162	现任	首次超过 800m

世界高楼排名 表 11-7

排名	国家	城市	中文名	高度（m）	层数	年份
1	阿联酋	迪拜	哈利法塔	828	162	2010
2	中国	上海	上海中心大厦	632	125	2013
3	沙特阿拉伯	麦加	皇家钟塔饭店	601	95	2010
4	中国	深圳	平安金融中心	600	118	2015
5	美国	纽约	新世贸 1 号大厦	541	105	2013
6	中国	广州	周大福中心	539.2	112	2015
7	美国	芝加哥	西尔斯大厦	527.3	108	1973
8	中国	台北	台北 101	508	101	2004
9	中国	上海	环球金融中心	492	101	2008
10	中国	香港	环球贸易广场	484	108	2010
11	美国	芝加哥	约翰·汉考克中心	457.2	100	1969
12	马来西亚	吉隆坡	石油双子塔 A 座	452	88	1998
13	马来西亚	吉隆坡	石油双子塔 B 座	452	88	1998
14	中国	南京	绿地紫峰大厦	450	88	2009
15	美国	纽约	帝国大厦	448.7	102	1931
16	中国	深圳	京基 100	441.8	100	2011
17	中国	广州	广州国际金融中心	441.75	103	2010
18	美国	纽约	公园大道 432 号	425	96	2015
19	美国	芝加哥	特朗普国际酒店大厦	423	98	2009
20	中国	上海	金茂大厦	420.5	88	1999
21	美国	纽约	世界贸易中心	417	110	1973（已毁）
22	阿联酋	迪拜	公主塔	413	101	2012
23	科威特	科威特城	阿尔哈姆拉塔	412.6	77	2011
24	中国	香港	国际金融中心二期	412	88	2003
25	阿联酋	迪拜	玛丽娜 23 号大厦	392.8	101	2012
26	中国	广州	中信广场	391	80	1997
27	中国	深圳	地王大厦	384	69	1996
28	中国	大连	裕景中心 1 号楼	383.4	80	2015
29	阿联酋	阿布扎比	阿布扎比中心市场	381	88	2014
30	阿联酋	迪拜	Elite Residence	380.5	80	2012
31	中国	高雄	高雄 85 大厦	378	85	1997
32	阿联酋	迪拜	阿联酋公园大厦 A 座	377	77	2009
33	阿联酋	迪拜	阿联酋公园大厦 B 座	377	77	2009
34	中国	香港	中环广场	373.9	78	1992
35	中国	香港	中银大厦	367.4	70	1989
36	美国	纽约	美国银行大厦	365.8	55	2009
37	阿联酋	迪拜	阿勒马斯大厦	363	74	2008
38	中国	广州	广晟国际大厦	360	60	2012
39	中国	深圳	赛格广场	355.8	72	2000
40	阿联酋	迪拜	阿联酋办公大厦 A 楼	354.6	56	2000
41	俄罗斯	莫斯科	莫斯科 Oko 大厦	352	85	2014
42	中国	沈阳	恒隆市府广场西塔	350.6	68	2015
43	美国	芝加哥	怡安中心	346	83	1973
44	中国	香港	中环中心	346	73	1998

续表

排名	国家	城市	中文名	高度(m)	层数	年份
45	阿联酋	迪拜	迪拜 Al Atter	342	76	2014
46	阿联酋	阿布扎比	阿布扎比国家石油公司大厦	342	65	2012
47	美国	纽约	时代广场	340.7	48	1999
48	中国	天津	天津现代城二期	339.6	68	2015
49	中国	重庆	重庆环球金融中心	339	78	2014
50	中国	无锡	九龙仓国金中心	339	67	2014
51	中国	南京	德基广场二期	337.5	62	2013
52	中国	天津	天津环球金融中心	336.9	75	2011
53	越南	河内	京南河内地标大厦	336	72	2012
54	中国	上海	世茂国际广场	333.3	60	2006
55	中国	温州	温州世贸中心	333	68	2009
56	中国	常州	现代传媒中心	333	58	2013
57	阿联酋	迪拜	Rose Rotana Tower	333	72	2007
58	俄罗斯	莫斯科	水银城市大厦	332	70	2014
59	中国	武汉	民生银行大厦	331.3	68	2006
60	中国	北京	国贸三期大厦	330	74	2009
61	朝鲜	平壤	柳京饭店	330	105	2012
62	中国	无锡	苏宁广场主楼	328	68	2013
63	中国	无锡	江阴空中华西村	328	72	2011
64	阿联酋	迪拜	The Index	328	80	2010
65	中国	烟台	世茂海湾 1 号	323	62	2014
66	澳大利亚	布里斯班	Q1 大厦	322.5	78	2005
67	阿联酋	迪拜	帆船酒店	321	60	1999
68	中国	上海	北外滩白玉兰广场	319.5	66	2015
69	美国	纽约	克莱斯勒大厦	319	77	1930
70	中国	香港	如心广场	318.9	80	2007
71	美国	纽约	纽约时报大厦	318.7	52	2007
72	中国	芜湖	侨鸿滨江世纪广场	318	69	2015
73	阿联酋	迪拜	HHHR Tower	317.6	72	2010
74	美国	亚特兰大	美国银行广场	317	55	1992
75	中国	南京	青奥中心 2 号楼	314	68	2014
76	阿联酋	迪拜	天空塔	312	74	2010
77	中国	深圳	长富金茂大厦	311.6	68	2014
78	沙特阿拉伯	利雅得	王国大厦	311	100	预计 2018
79	中国	沈阳	茂业中心 A 塔	310.95	75	2014
80	中国	柳州	柳州地王大厦	310.6	75	2015
81	美国	洛杉矶	美国联邦银行大厦	310.3	73	1989
82	马来西亚	吉隆坡	吉隆坡电信大厦	310	55	2001
83	阿联酋	迪拜	Ocean Heights	310	56	2015
84	中国	广州	珠江城大厦	309.65	71	2011
85	英国	伦敦	碎片大厦	309.6	72	2013
86	中国	广州	财富中心	309.4	68	2014
87	阿联酋	迪拜	阿联酋办公大厦 B 楼	309	59	2000
88	俄罗斯	莫斯科	莫斯科 Euresia	309	72	2013

续表

排名	国家	城市	中文名	高度（m）	层数	年份
89	中国	深圳	东海国际中心 E 座	308.6	82	2013
90	中国	香港	港岛东中心	308	69	2008
91	中国	昆明	昆明泛亚金融大厦双子塔 A 座	307	67	2015
92	中国	昆明	昆明泛亚金融大厦双子塔 B 座	307	67	2015
93	美国	芝加哥	美国电话电报企业中心	306.94	60	1989
94	阿联酋	迪拜	迪拜 The Address 大厦	306	63	2008
95	美国	纽约	ONE57 大厦	306	75	2014
96	美国	休斯敦	JP 摩根大通大厦	305.4	75	1982
97	阿联酋	阿布扎比	阿布扎比埃迪哈德大厦 A 座	305.3	77	2011
98	韩国	仁川	仁川东北亚贸易大厦	305	65	2014
99	沙特阿拉伯	利雅得	Rafal Tower	305	62	2010
100	泰国	曼谷	彩虹中心二期	304	85	1997
101	中国	无锡	茂业城二期	303.8	72	2014
102	美国	芝加哥	慎行广场二号大厦	303.4	64	1990
103	中国	南昌	绿地中心 A 塔	303	63	2015
104	中国	南昌	绿地中心 B 塔	303	63	2015
105	中国	深圳	深长城中心	302.95	61	2014
106	中国	广州	利通大厦	302.9	64	2011
107	美国	休斯敦	威尔斯·费高广场	302.4	71	1983
108	中国	苏州	东方之门	301.8	76	2014
109	中国	合肥	新广电中心	301.7	46	2013
110	俄罗斯	莫斯科	首都之城莫斯科塔	301	76	2010
111	中国	济南	绿地·普利中心	301	60	2014
112	中国	厦门	世茂海峡大厦 A 塔	300	64	2014
113	中国	厦门	世茂海峡大厦 B 塔	300	64	2014
114	日本	大阪	大阪 Abeno 大厦	300	59	2013
115	智利	圣地亚哥	Costanera Center	300	70	2014
116	中国	深圳	京基滨河时代	300	63	2015
117	韩国	釜山	海云台	300	80	2014
118	科威特	科威特城	Alraya Office Tower	300	56	2009

第 12 章　水平结构演变

前面的部分重点介绍竖向结构，水平结构则是将竖向结构拉结起来，形成整体的重要部分。以梁和楼板为代表的水平构件提供了结构在平面内的刚度，成为竖向结构的支点，最终形成结构总体刚度。如图 12-1 所示。本章从水平构件的结构形式入手，将其划分为单向构件、双向构件和空间构件，逐一加以分析。

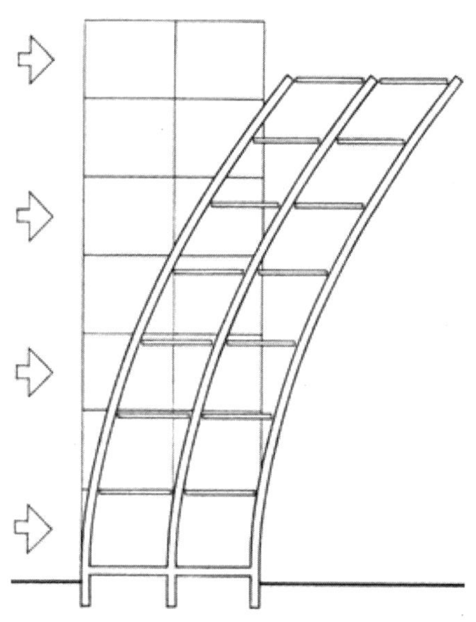

图 12-1　水平结构协调竖向结构整体变形
（图片来源：《结构体系与建筑造型》（德）海诺·恩格尔）

12.1 单向结构

单向构件顾名思义，即其在外力作用下，受力变形方向均作用在一个平面内，主要形式包括梁、拱、桁架和刚架。

12.1.1　梁

根据材料力学定义：以弯曲变形为主要变形的构件称之为梁。图 12-2 显示了梁在竖向荷载作用下变形的特点。梁在竖向荷载作用下，产生弯曲变形，一侧受拉，而另一侧受压，如图 12-3 所示。梁荷载传递路线，如图 12-4 所示。

梁通过截面之间的相互错动传递剪力，如图 12-5 所示，最终将作用在其上的竖向荷载传递至两边支座。梁的内力包含了剪力和弯矩。

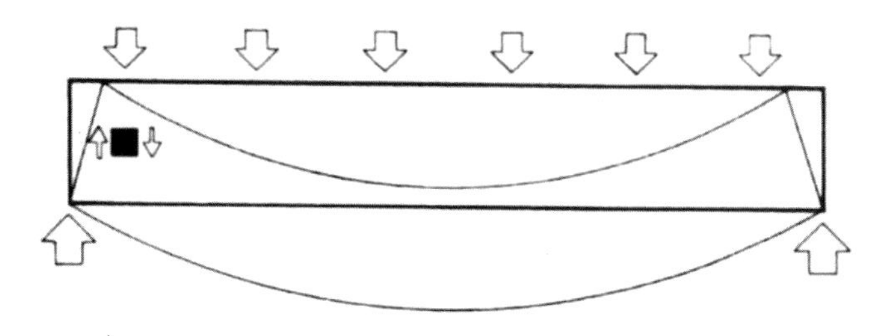

图 12-2　梁受力变形图
（图片来源：《结构体系与建筑造型》（德）海诺·恩格尔）

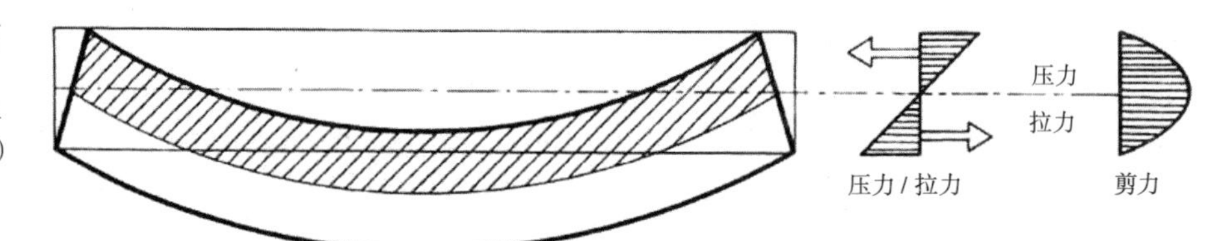

图 12-3 梁截面应力分布
（图片来源：《结构体系与建筑造型》（德）海诺·恩格尔）

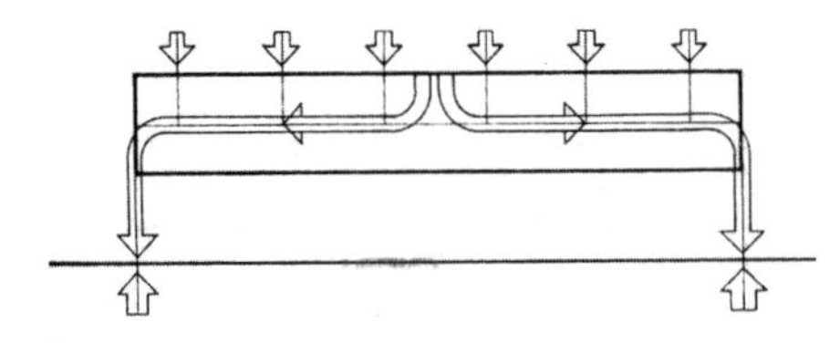

图 12-4 梁荷载传递路线
（图片来源：《结构体系与建筑造型》（德）海诺·恩格尔）

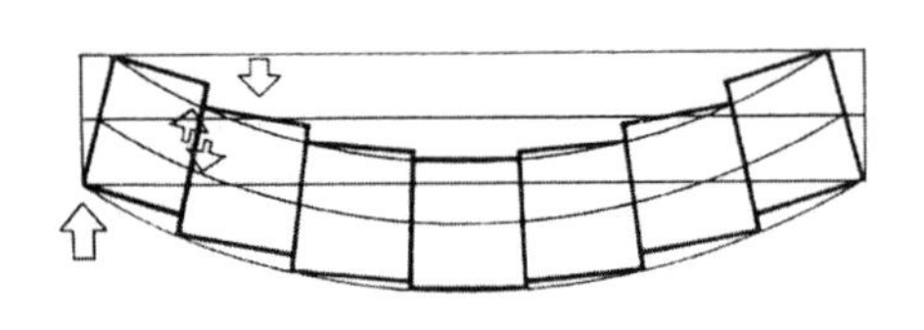

图 12-5 梁内部剪力传递
（图片来源：《结构体系与建筑造型》（德）海诺·恩格尔）

梁是建筑结构中经常出现的构件。在框架结构中，梁把各个方向的柱连接成整体；在墙结构中，洞口上方的连梁，将两个墙肢连接起来，使之共同工作，作为抗震设计的重要构件，起着第一道防线的作用。在框架—剪力墙结构中，梁既有框架结构中的作用，也有剪力墙结构中的作用，同时还要负责框架与剪力墙的变形协调。需要强调的是，虽然梁的形式多种多样，但是其变形规律和受力特点是一致的。梁的截面高度取决于梁的跨度，一般梁截面高度是跨度的 1/12 ~ 1/10。梁截面宽度是其截面高度的 1/3 ~ 1/2。在框架结构中，两端支承在柱上的梁称之为主梁，两端支承在主梁上的梁称之为次梁。

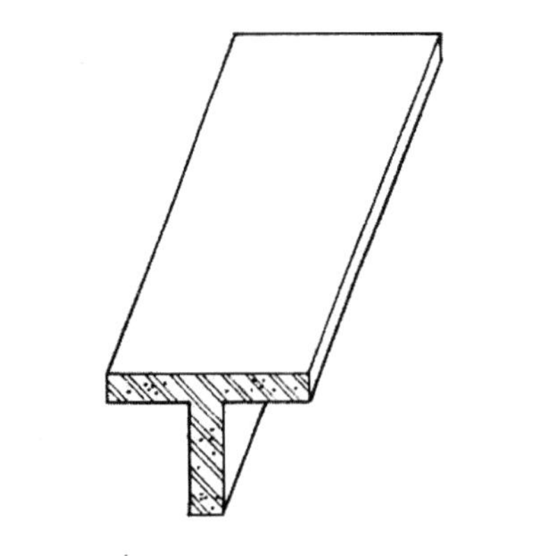

图 12-6 普通梁截面
（图片来源：绘制插图）

当梁跨度较大时，普通梁截面高度就会很大，这样会影响建筑层高的利用，因此创新设计出了扁梁的形式。如图 12-6、图 12-7 所示。

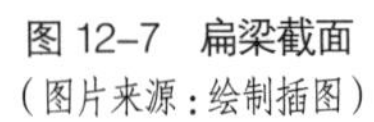

图 12-7 扁梁截面
（图片来源：绘制插图）

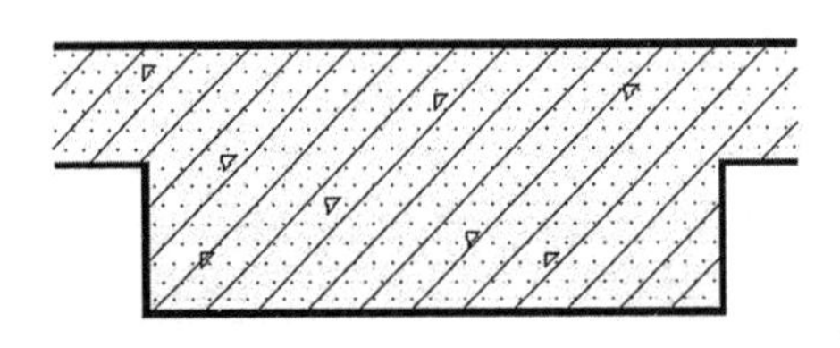

扁梁的截面高度一般可以取跨度的 1/25 ~ 1/18，比普通梁高度减小很多，表 12-1 中介绍了两种梁截面尺寸的对比。在梁高度减小的同时，为了保证梁的抗弯刚度，其截面宽度应相应加大，这样会导致结构自重加大。从这点上分析，扁梁对提高整个结构的抗震性能不十分有利。

梁截面取值（m）　　表 12-1

截面＼跨度	6.0	8.0	9.0
普通梁	0.3×0.6	0.3×0.8	0.3×0.9
扁梁	0.7×0.4	1.0×0.45	1.0×0.55

由于扁梁截面宽度加大，其宽度甚至超过了柱截面尺寸，因而对节点的保护不十分有利。通常在设计中，会采取梁柱节点水平加腋的方法，来改善节点的抗震性能，如图 12-8 所示。

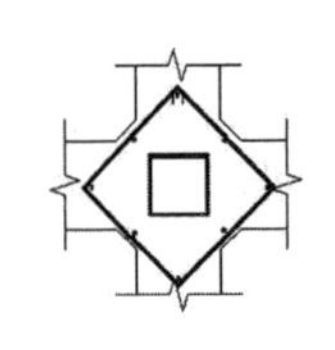
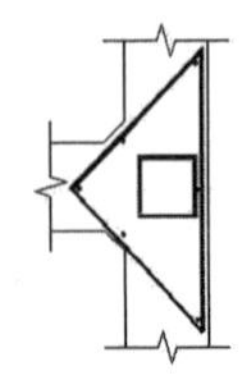
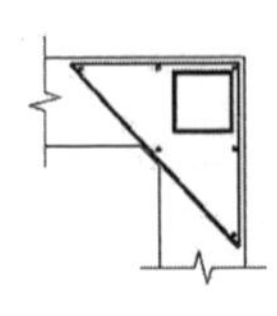

图 12-8 扁梁节点水平加腋构造
（图片来源：绘制插图）

在设计中，为减小梁高度，充分利用建筑层高，另外一种方法是采用单向密肋梁的方式。其特点是梁间距加密，一般梁轴线距离在 1m 左右。密肋梁的高度在相同跨度、相同荷载的情况下，比普通梁小。原因在于密肋梁承受荷载的面积减小了。由于荷载减小，内力相应减小。在早期的结构设计中，这种形式使用较多。密肋梁的变形规律和内力特点与普通梁相同，具体形式如图 12-9 所示，密肋梁的截面取值见表 12-2 所列。

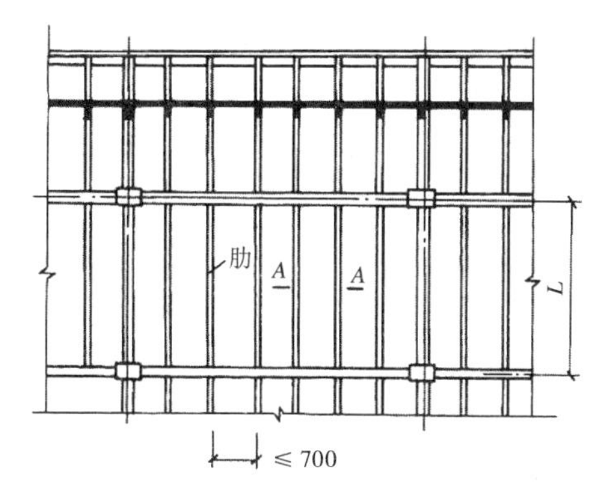

图 12-9 单向密肋楼盖
（图片来源：绘制插图）

不做挠度验算的密肋梁高跨比 表 12-2

肋支座构造特点	肋的容许高跨比$\frac{h}{l}$	
	普通混凝土	轻混凝土
简支	$l/20$	$l/17$
弹性固定	$l/25$	$l/20$

注：h 为肋的高度（包括板厚）；l 为肋的跨度。

12.1.2 拱

从形式上分析，拱结构只是在梁结构的基础上增加了一个弧度，但是拱和梁在内力上相比，却有了很大变化，图 12-10 显示了在竖向集中力作用下梁和拱反力的差别。从图中可以看出，梁在集中力的作用下，产生挠曲变形，支座反力为向上的力；而拱则不然，它不仅有向上的反力，而且还会产生水平推力。

推力大小与拱的矢高密切相关，矢高为地面到拱顶的高度，有的建筑要求矢高大，有的则要求扁平。矢高不仅对建筑形式有影响，而且对拱脚的水平力也有很大影响。在相同条件下，矢高小则推力大；反之，矢高大，则推力小。对一般建筑而言，矢高可以取跨度的 1/7 ~ 1/5。

图 12-10 拱与梁的受力分析
（a）简支梁受力特点；（b）拱的受力特点
（图片来源：《结构力学》龙驭球）

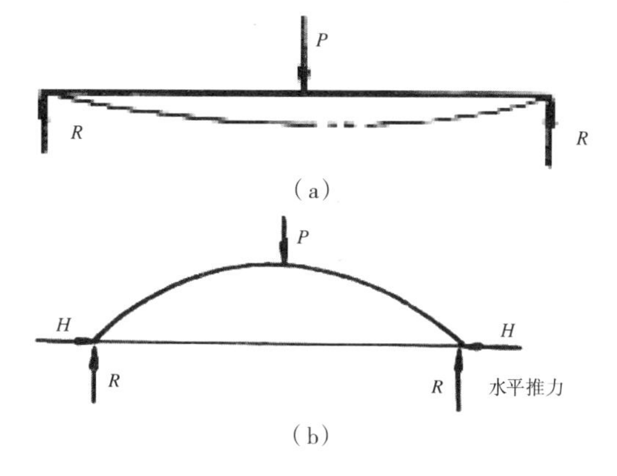

正是由于水平推力的存在，减小了拱截面上的弯矩。从图 12-11 的分析中可以清楚地看到这一点。从图中可以看出，水平推力 H 与高度 y 的乘积越大，则拱截面越小。因此，通过改变拱轴的形式，可以做到拱截面的弯矩为零，使之处于无弯矩的拱轴线称为合理拱线。在不同荷载作用下，合理拱线的形式不同。

图 12-11 三铰拱的受力分析
（a）三铰拱；（b）简支梁
（图片来源：《结构力学》龙驭球）

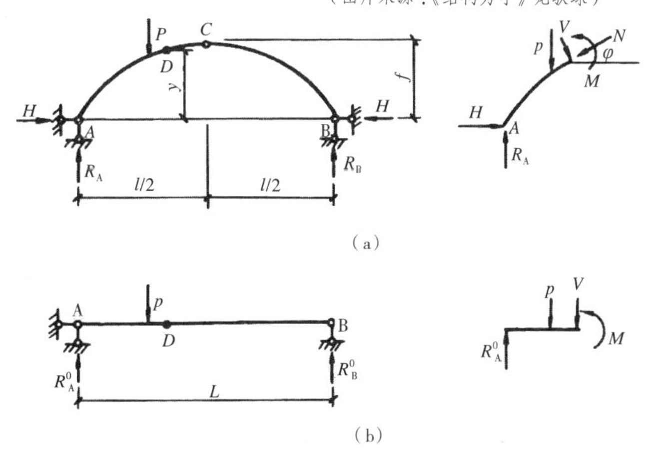

拱的形式很多，按组成方式和支承方式，可分为三铰拱、两铰拱和无铰拱，如图 12-12 所示。

由于拱是会产生推力的结构，因此在拱脚的设计中要保证推力能可靠地传递，否则就无法实现拱和周边结构的安全。在通常的设计中，一般采用以下三种方法来解决拱脚的推力。

方法 1：推力由拉杆承受。

拱脚处水平拉杆所承受的拉力，即等于拱的推力。这样支撑拱的砖墙或柱子就

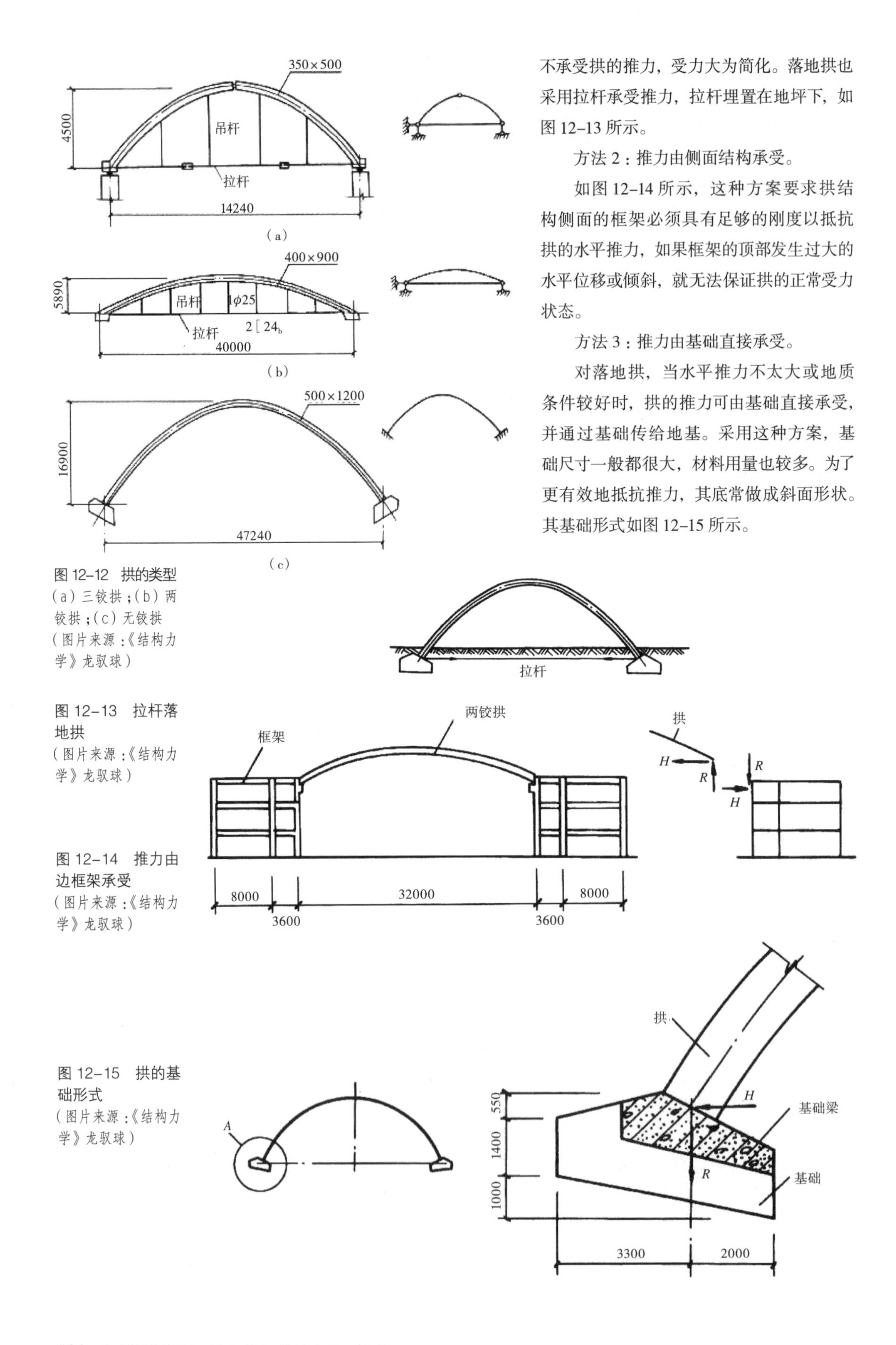

图 12–12 拱的类型
(a)三铰拱;(b)两铰拱;(c)无铰拱
(图片来源:《结构力学》龙驭球)

图 12–13 拉杆落地拱
(图片来源:《结构力学》龙驭球)

图 12–14 推力由边框架承受
(图片来源:《结构力学》龙驭球)

图 12–15 拱的基础形式
(图片来源:《结构力学》龙驭球)

不承受拱的推力，受力大为简化。落地拱也采用拉杆承受推力，拉杆埋置在地坪下，如图 12–13 所示。

方法 2：推力由侧面结构承受。

如图 12–14 所示，这种方案要求拱结构侧面的框架必须具有足够的刚度以抵抗拱的水平推力，如果框架的顶部发生过大的水平位移或倾斜，就无法保证拱的正常受力状态。

方法 3：推力由基础直接承受。

对落地拱，当水平推力不太大或地质条件较好时，拱的推力可由基础直接承受，并通过基础传给地基。采用这种方案，基础尺寸一般都很大，材料用量也较多。为了更有效地抵抗推力，其底常做成斜面形状。其基础形式如图 12–15 所示。

12.1.3 桁架

梁是典型的实腹构件，通过一侧伸长一侧缩短来承受弯矩作用，通过截面的相互错动来传递剪力。桁架与梁相比，则有了很大变化。首先，桁架由杆件组成，属于空腹构件，减轻了自重。其次，桁架所有杆件只承受拉力和压力，不再出现弯矩和剪力。梁、拱和桁架的内力传递状态，从图 12-16 中可以看到。

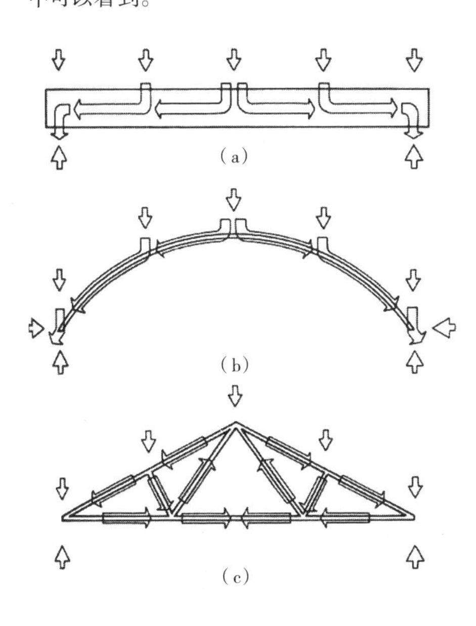

图 12-16 梁、拱、桁架受力分析比较
(a) 梁；
(b) 拱；
(c) 桁架
(图片来源：《结构体系与建筑造型》(德) 海诺·恩格尔)

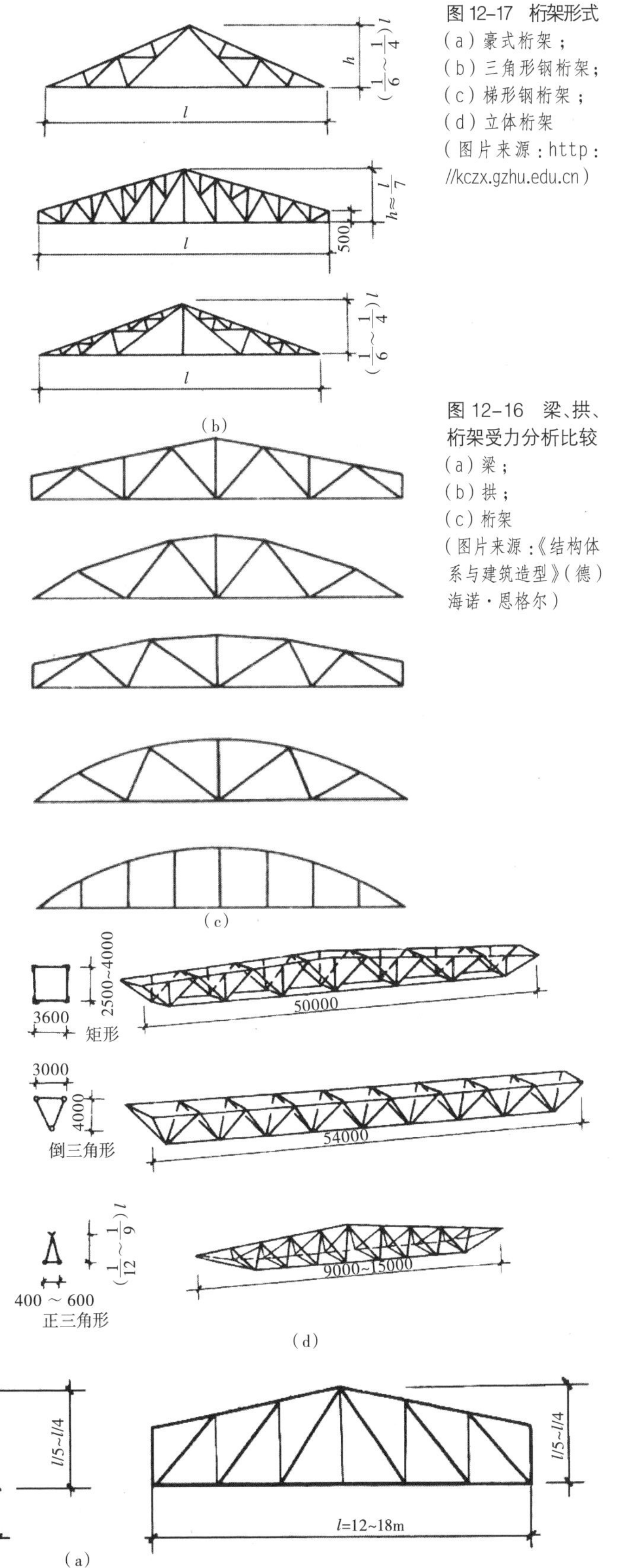

图 12-17 桁架形式
(a) 豪式桁架；
(b) 三角形钢桁架；
(c) 梯形钢桁架；
(d) 立体桁架
(图片来源：http://kczx.gzhu.edu.cn)

由于桁架杆件只受拉力、压力，因此杆件截面相对较小，在承载能力没有降低的同时，可以充分发挥材料的性能。桁架的形式分为豪式桁架、三角形桁架、梯形桁架和立体桁架，其形式如图 12-17 所示。

在计算模型中，桁架结构的节点都是理想的铰节点，在受力变形时杆可绕节点转动。在实际工程中，理想的铰并不存在，杆之间的角度不能随意改变，因而在桁架变形时会产生弯矩。另外，由于安装误差等原因，也会产生一些偏心弯矩。在计算中杆件只受轴力作用，但实际上也会受到弯矩作用。在有些情况下，次应力的影响不能忽视。所以有必要对桁架的次应力进行计算。图 12-18 将桁架的计算简图和实际施工用图进行对照。

桁架结构被广泛用于建筑和桥梁工程中。如图 12-19、图 12-20 所示。

图 12-18　桁架计算模型与工程设计实例

（图片来源：张京京同志提供）

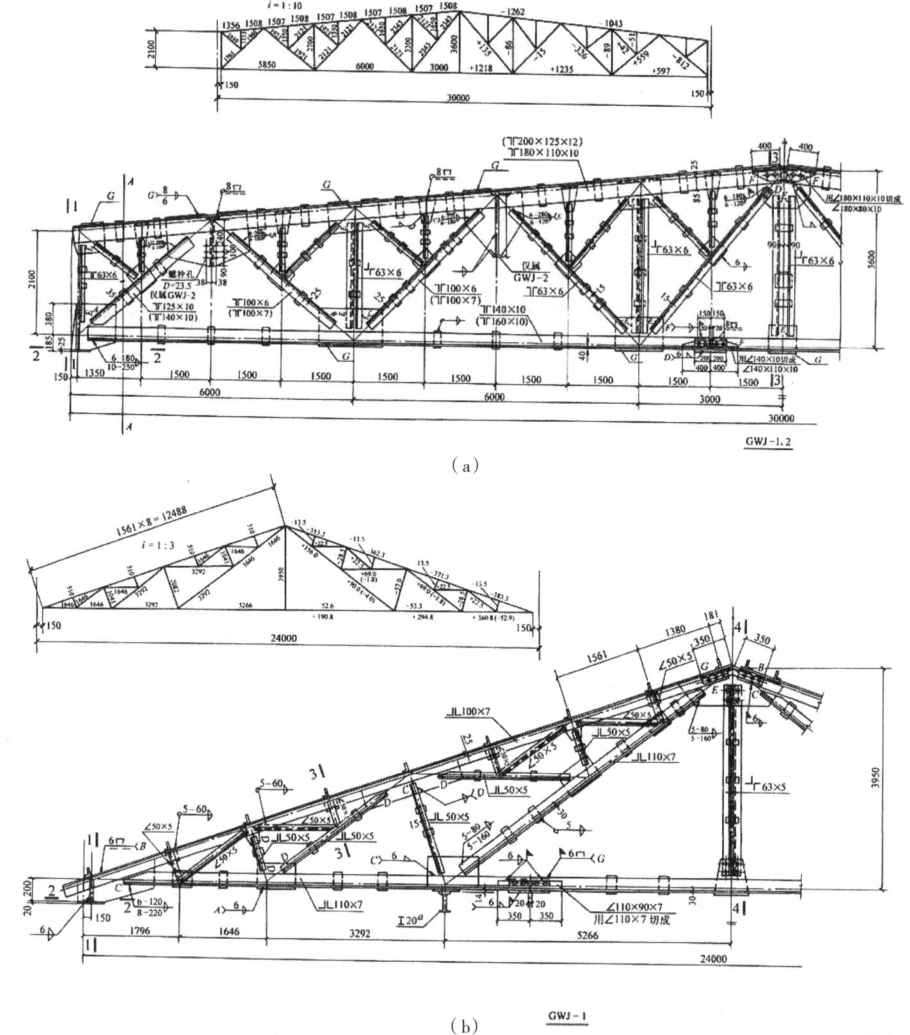

图 12-19　悉尼大桥

（图片来源：http://baike.baidu.com）

图 12-20　日本拱桥
（图片来源：http：//www.tianyouwang.net）

图 12-21　刚架受力分析
（图片来源：《结构体系与建筑造型》（德）海诺·恩格尔）

12.1.4　刚架

刚架和梁相比，形式上有所变化，它受荷后不仅梁产生弯曲变形，同时梁两侧的支撑刚臂与梁刚性连接，形成一体，共同受力。如图 12-21 所示。刚架的形式也有多种，有两铰刚架，也有三铰刚架，将其受力后的特点与梁相比，可以看出刚架受力峰值小于梁，且分布均匀。图 12-22 介绍了各种形式刚架结构内力分布的情况。

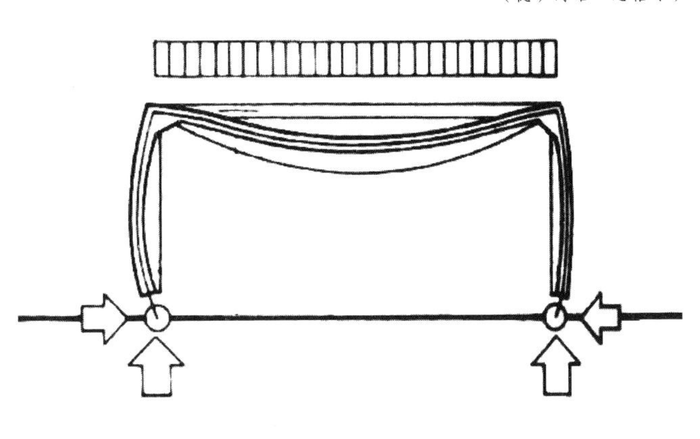

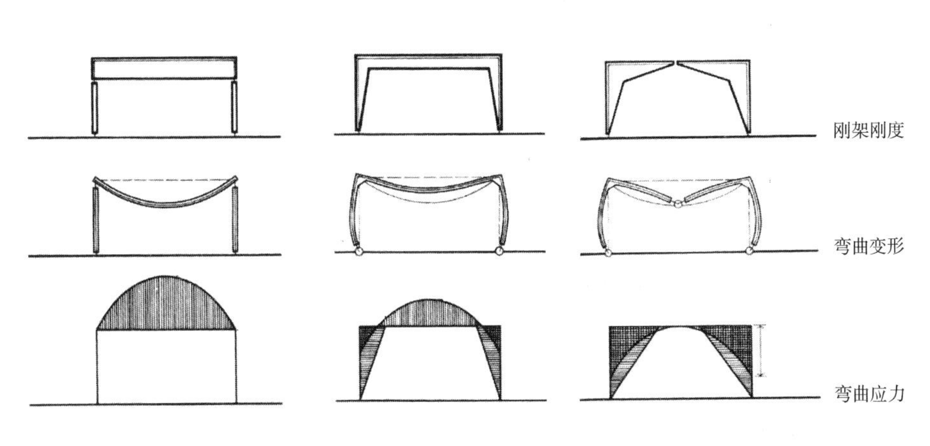

图 12-22　梁、双铰刚架与三铰刚架间受力比较
（图片来源：《结构体系与建筑造型》（德）海诺·恩格尔）

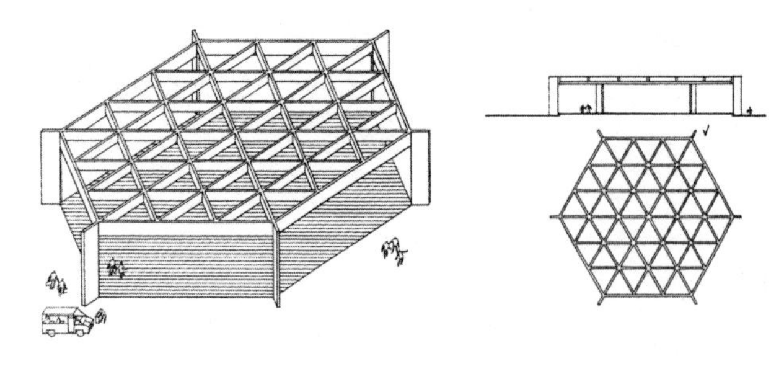

图 12-23　井字梁
（图片来源：《结构体系与建筑造型》（德）海诺·恩格尔）

图 12-24　井字梁受力特征
（图片来源：《结构体系与建筑造型》（德）海诺·恩格尔）

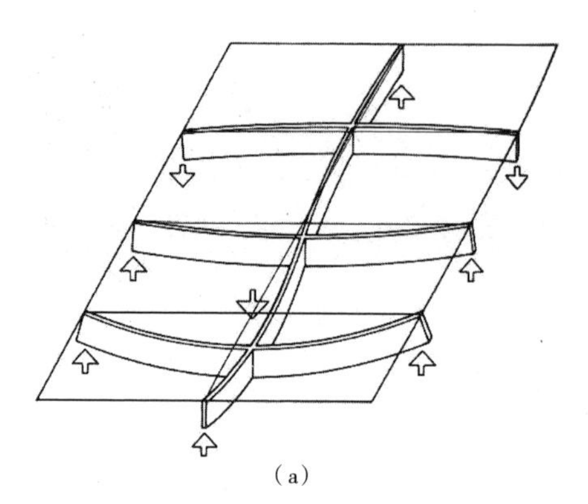

（a）

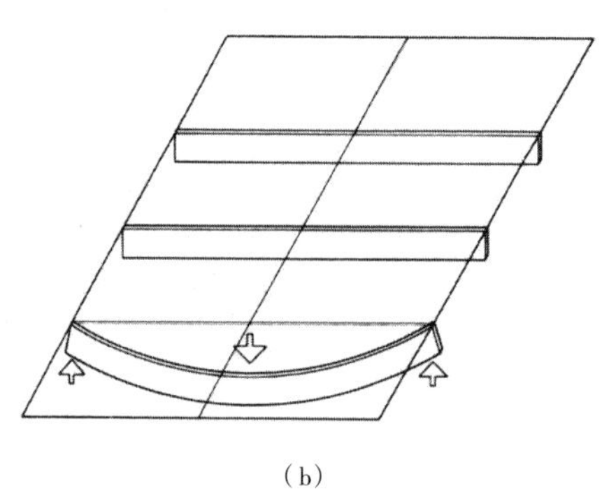

（b）

图 12-25　井字梁形式
（1）对角交叉梁；
（2）剪裁式交叉梁；
（3）矩形交叉梁
（图片来源：《结构体系与建筑造型》（德）海诺·恩格尔）

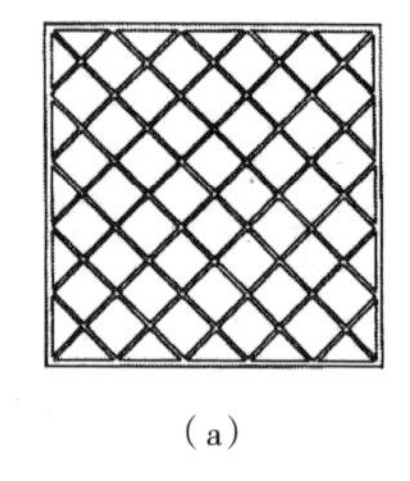

（a）

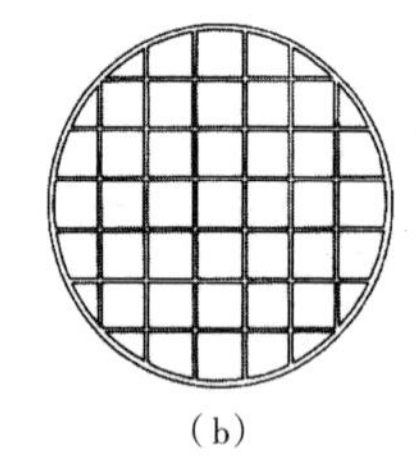

（b）

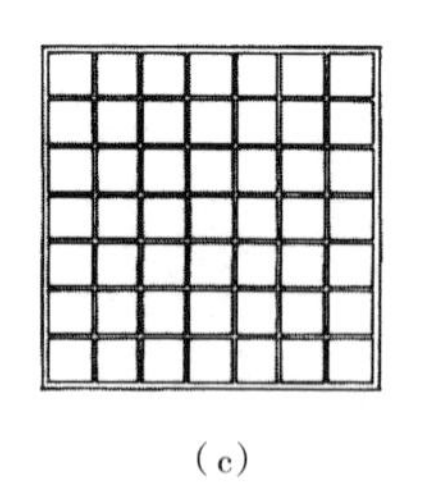

（c）

图 12-26　正方形与矩形井字梁受力差异
（图片来源：《结构体系与建筑造型》（德）海诺·恩格尔）

两根梁的弯曲形相等

12.2 双向结构

在设计中为形成比较大的建筑室内空间，同时减小梁尺寸对层高的影响，在单向结构的基础上，根据力学原理，充分发挥构件的材料性能，形成了双向受力结构。

12.2.1　井字梁

梁是简单受力构件，为了改善荷载作用下的受力特征，在设计中研究出使梁双向受力的方法，即井字梁结构。图 12-23 介绍了井字梁结构的形式。

井字梁的受力特点从图 12-24 可以清楚地看到。在平行的梁体系中，只有受到荷载作用的梁会产生变形，其余梁则不参与工作。但是当在平行梁中插入一根与之垂直的梁时，则不仅相交的两根梁共同承担荷载作用，另外两根平行梁也会担负一部分荷载。整个体系共同受力，两个方向梁不分主梁、次梁，截面高度一致，将荷载向四周传递。井字梁截面高度可以取跨度的 1/20 ~ 1/15。虽然梁截面高度减小，但是跨度却可以做到较大。特别是跨度在 18 ~ 21m 的空间范围，井字梁的作用最为明显。

井字梁的平面形式有很多种，如图 12-25 所示。如图 12-26 所示，矩形平面的井字梁和正方形平面的井字梁在受力上有一定区别。从图中可以看出，正方形平面因为两个方向长度相同，线刚度相同，所以各自承担一半荷载。而矩形平面，由于梁长度不同，线刚度不同，因此各梁承担荷载不同。如果两根梁长度比为 1 : 2，则其线刚度比为 8 : 1。那么短梁将承担 8/9 的荷载，而长梁只承担 1/9 的荷载。正是出于这个原因，在井字梁结构设计中，限制其长短边比例不大于 1.5。

对于矩形平面，在设计中有时采用斜交网格的做法，以减小两个方向的差异。如图 12-27 所示。

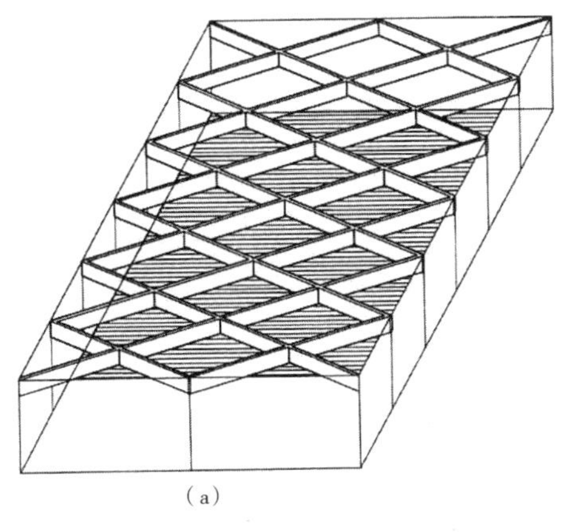

(a)

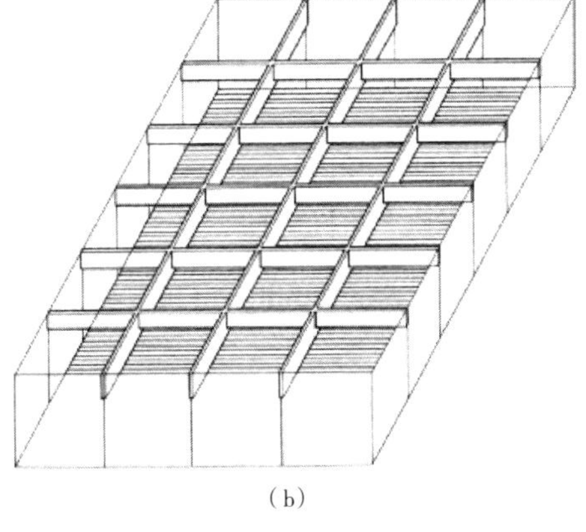

(b)

图 12-27 矩形平面井字梁
(a) 斜交网格；
(b) 正交网格
(图片来源：《结构体系与建筑造型》(德)海诺·恩格尔)

为了实现井字梁良好的受力特征，其四周必须有可靠的支承结构。或作用在承重墙上，或作用在截面高度大于井字梁截面高度的支承梁上。图 12-28 介绍了井字梁在实际工程中的应用情况。

24.60
15.75
8.25
台口
±0.00
3000 28500 3000
I－I
I I
10×2850=28500
3000 10×2850=28500 3000
34500
平面图

图 12-28 井字梁楼盖
(图片来源：绘制插图)

12.2.2 梁式板

楼板是在建筑结构中最常用的构件，很多人认为楼板只要能够保证竖向荷载作用也就可以了。其实不然，楼板在整体结构中的作用不仅是承受竖向荷载，并将其有效地传递到竖向结构上，同时楼板起着连接全部竖向结构，并保证其共同工作的作用。因为楼板的面积大，在其平面内的刚度也大，所以保证楼板在水平荷载下不产生大的翘曲，才能实现使楼板所连接的墙柱等竖向结构协同变形的目的。

在竖向荷载下，荷载通过板沿水平方向传递到周围的支座，并通过支座传到基础。大多数时候，板周围的支座只能以刚度较大的梁代替墙，此时荷载从板传至梁，从梁传至柱，再传至基础。可以将板划分为若干板带，来分析受力变形过程。图 12-29 显示了竖向荷载作用在板上，板两个方向受弯的变形过程。图 12-30 则显示了板上的荷载通过剪力，从挠曲的板带传至相邻板带，并

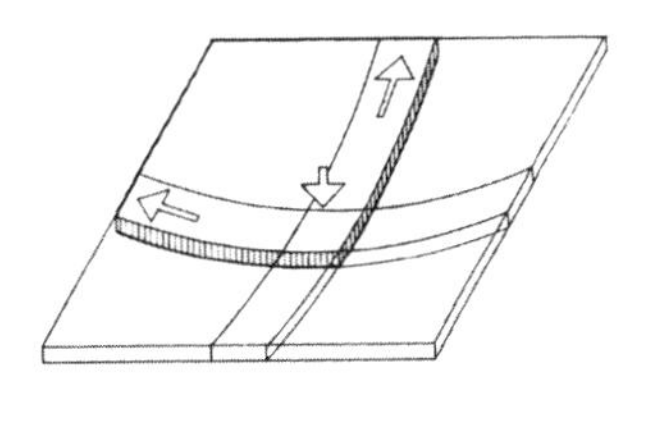

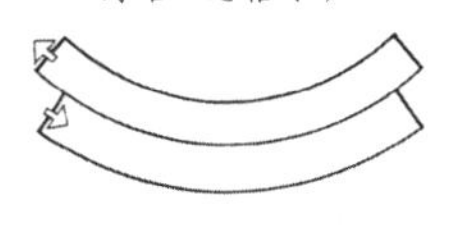

图 12-29 板弯曲变形
(图片来源：《结构体系与建筑造型》(德)海诺·恩格尔)

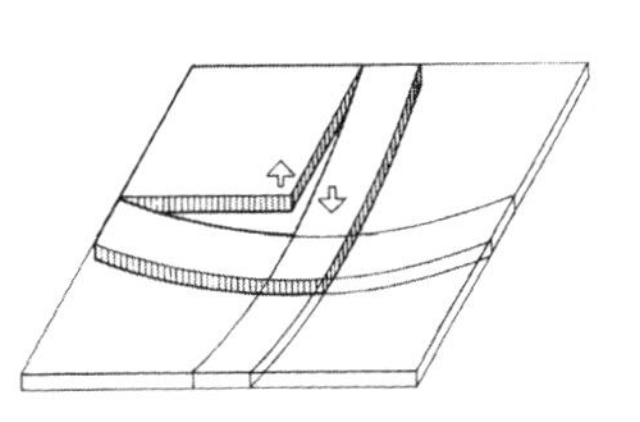

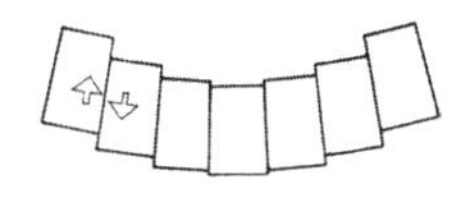

图 12-30 板剪切变形
(图片来源：《结构体系与建筑造型》(德)海诺·恩格尔)

最终传至支座的过程。图 12-31 显示当梁刚度足够大时，板的变形情况。作为支承结构的梁必须有足够的刚度，否则梁会随板变形而产生相应的变形，这样则不能保证板将竖向荷载传至周边梁上。

根据板的受力变形情况，对于只有一个方向或一个方向变形为主的板，称之为单向板。对两个方向的变形都要考虑的板称之为双向板。如图 12-32 所示，通常以板长短边尺寸来区分，即长边尺寸与短边尺寸之比大于 2 的称之为单向板，比值不大于 2 的称之为双向板。但是当板只有两边支承时，无论其板边尺寸如何，也仍为单向板。

图 12-33 介绍了几种常见的梁式板的形

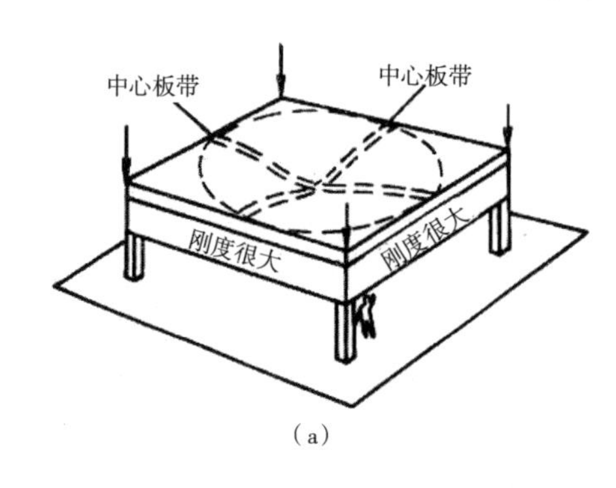

(a)

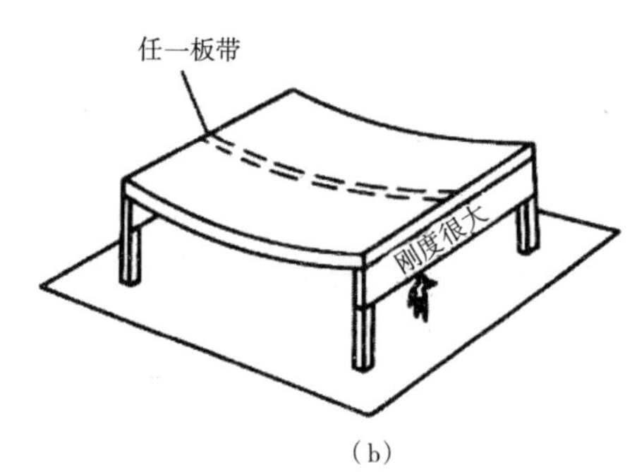

(b)

图 12-31　梁板的刚度关系
(a) 双向板；
(b) 单向板
(图片来源：《结构概念和体系》林同炎)

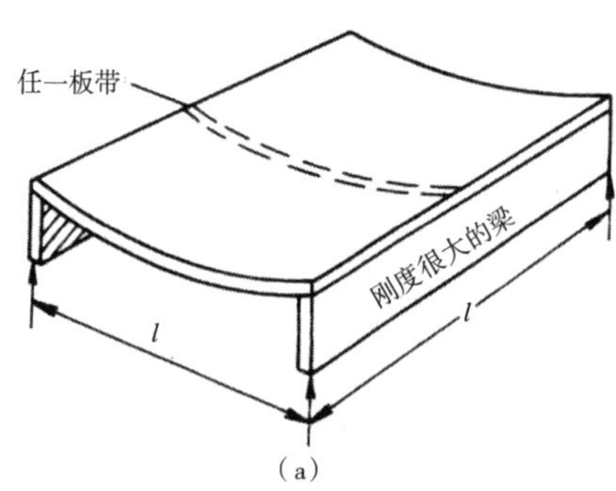

(a)

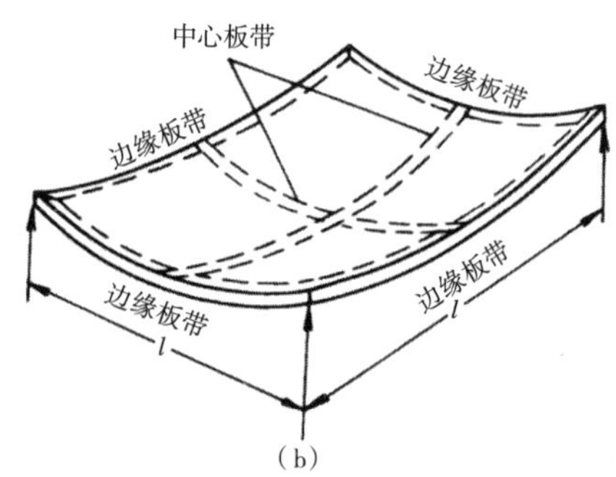

(b)

图 12-32　单向板与双向板
(a)单向板受力状态；
(b) 双向板受力状态
(图片来源：《结构概念和体系》林同炎)

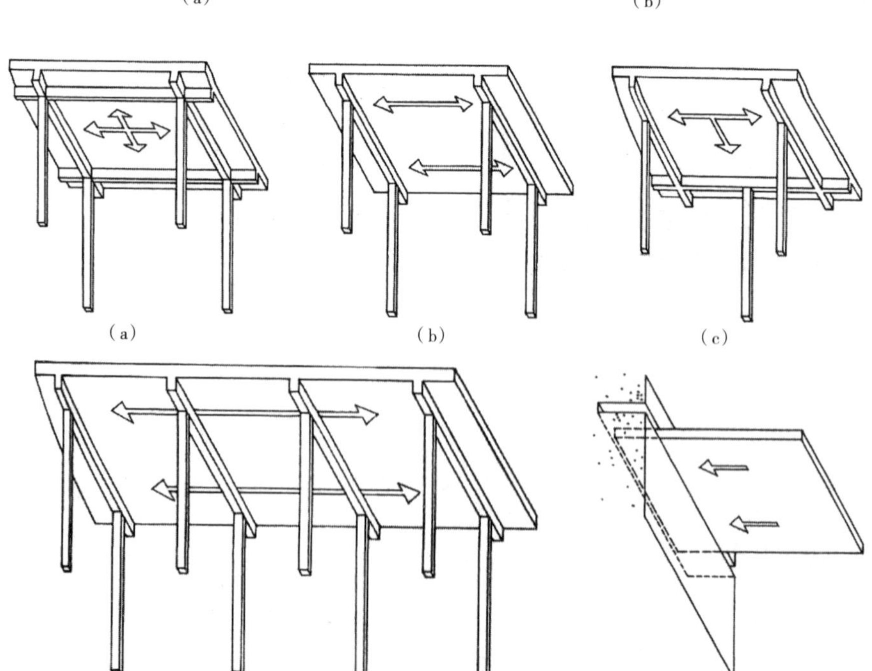

图 12-33　各种支撑条件的楼板(一)
(a) 双向板；
(b) 单向板；
(c) 三边支承的板；
(d) 多跨板；
(e) 悬臂板

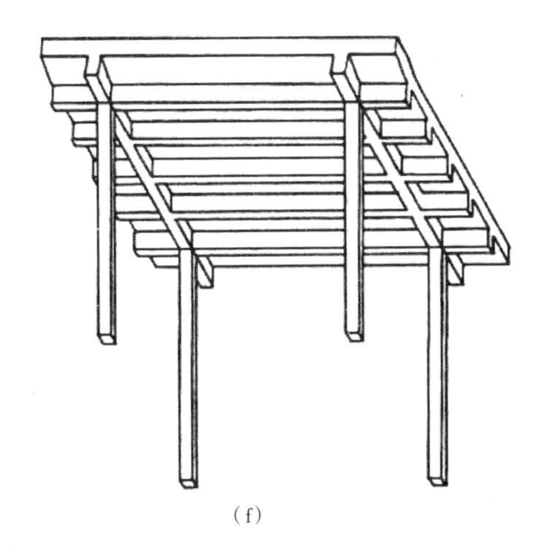
(f)

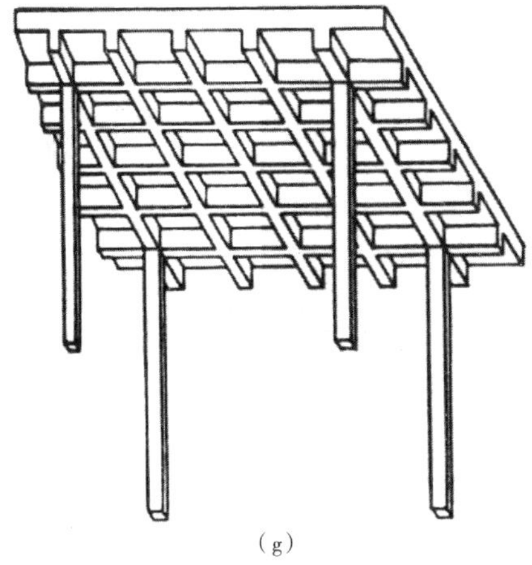
(g)

图 12-33 各种支撑条件的楼板(二)
(f) 单向密肋板；
(g) 井字梁板
(图片来源：《结构体系与建筑造型》(德)海诺·恩格尔)

式，即荷载传递形式。其实板的计算是非常复杂的，尤其在支座附近更为复杂。在设计中应避免在板上开大洞，尤其是在支座附近开大洞的情况，以保证楼板在整体结构中正常发挥作用。双向板的厚度可以取短边尺寸的 1/45 ~ 1/40，单向板的厚度可以取板跨度的 1/30，悬臂的厚度可以取挑出长度的 1/10。

无梁楼盖是从梁式板发展而来的，它的主要特点是荷载由板通过柱直接传给基础。由于取消板周边的梁，因此增加了楼层净空。图 12-34 介绍了典型的无梁楼盖工程实例。

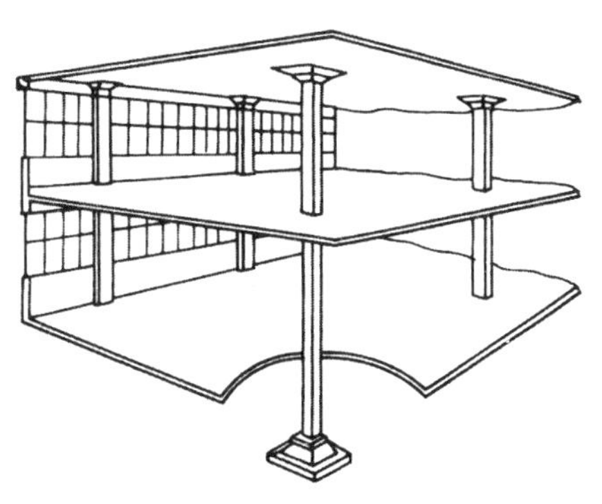

图 12-34 无梁楼盖室内透视
(图片来源：《钢筋混凝土楼盖计算》丁大钧)

无梁楼盖因为取消了梁，因而楼板较厚。在支座部位受到负弯矩作用，在跨中部位受到正弯矩作用。如图 12-35 所示。这种双向受弯构件，计算配筋较为复杂，通常将其划分为柱上板带和跨中板带，分别处理。图 12-36 介绍了柱上板带和跨中板带的配筋情况。

因为无梁楼盖直接将荷载传递给柱，因此在柱附近，板受力集中。当楼面荷载较

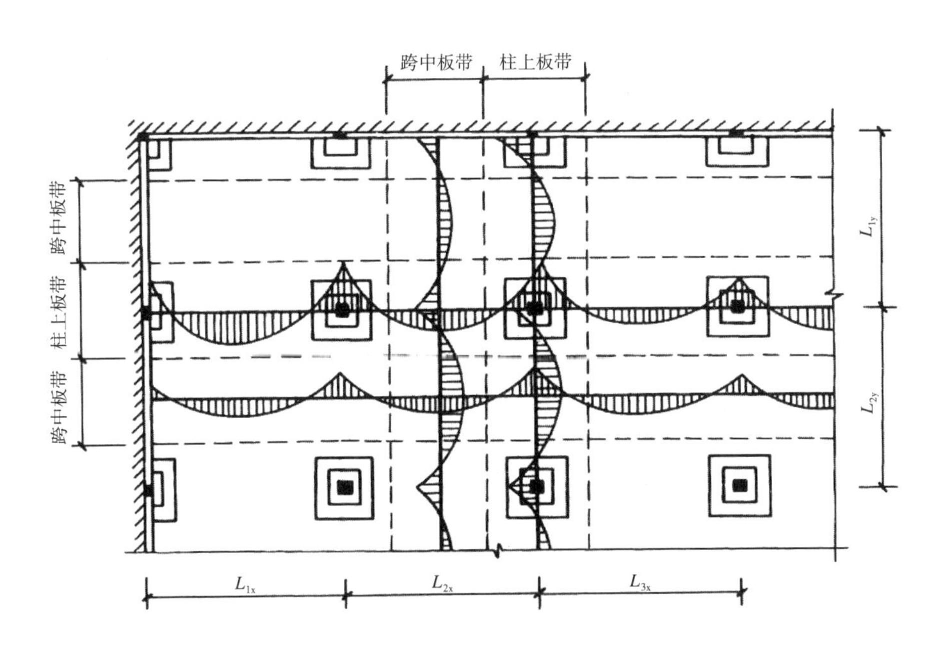

图 12-35 无梁楼盖弯矩分布示意图
(图片来源：《钢筋混凝土楼盖计算》丁大钧)

图 12–36　无梁楼盖配筋示意图
（图片来源：《钢筋混凝土楼盖计算》丁大钧）

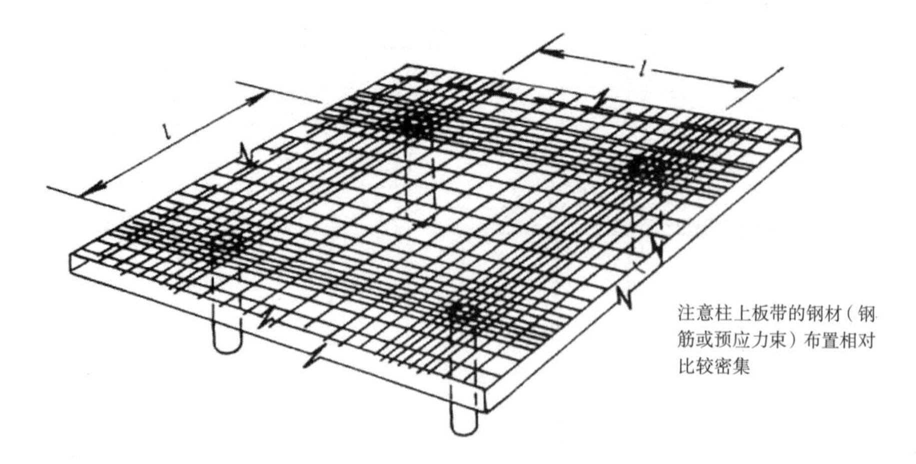

图 12–37　柱帽冲切破坏示意图
（图片来源：《钢筋混凝土楼盖计算》丁大钧）

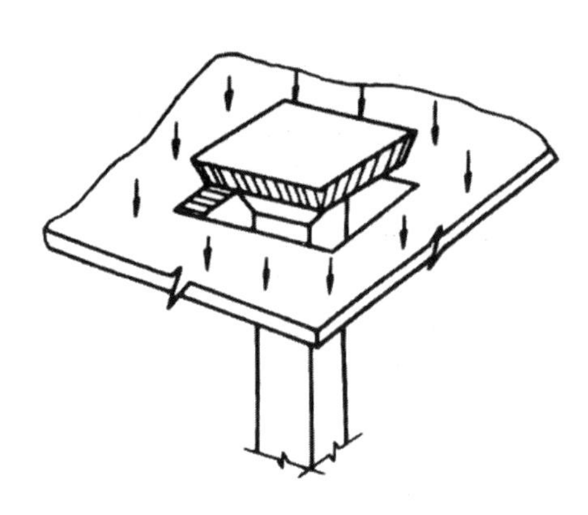

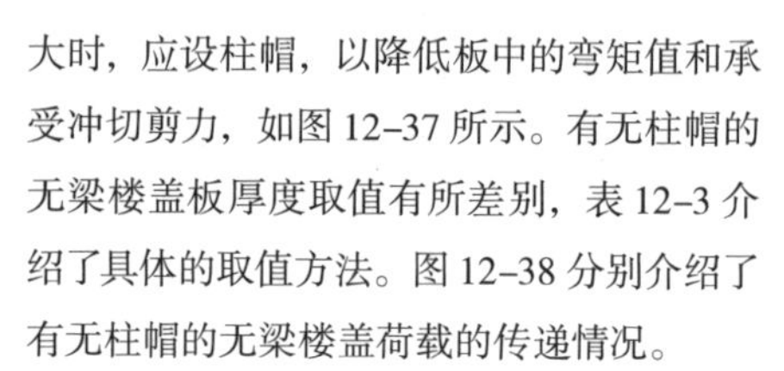
大时，应设柱帽，以降低板中的弯矩值和承受冲切剪力，如图 12–37 所示。有无柱帽的无梁楼盖板厚度取值有所差别，表 12–3 介绍了具体的取值方法。图 12–38 分别介绍了有无柱帽的无梁楼盖荷载的传递情况。

钢结构楼板的做法通常是在钢梁上铺上较厚的压型钢板，钢梁和压型钢板之间采用抗剪栓钉连接，通过栓钉实现楼板的共同作用。然后以压型钢板作为模板，浇筑混凝土，混凝土的作用是提高板的刚度。在这种组合楼板中，钢板起到抗弯的作用，混凝土起到受压的作用，栓钉保证组合楼板共同工作。钢—混凝土组合楼板的特点是自重轻，钢板上的混凝土层一般只有 6 ~ 8mm，和钢筋混凝土板相比，大大减轻了自重。同时，施工速度快，以钢板作模板，减少了装卸模板的过程。但是这种组合楼板容易产生振动，在使用中要加以注意。图 12–39 介绍了钢—混凝土组合楼板的设计方法。

无梁接盖不做挠度验算的板厚与长跨比　　表 12–3

	普通混凝土	轻混凝土
有柱帽的板	1/35	1/30
无柱帽的板	1/32	1/27

图 12–38　有无柱帽的传力方式比较
（图片来源：《结构体系与建筑造型》（德）海诺·恩格尔）

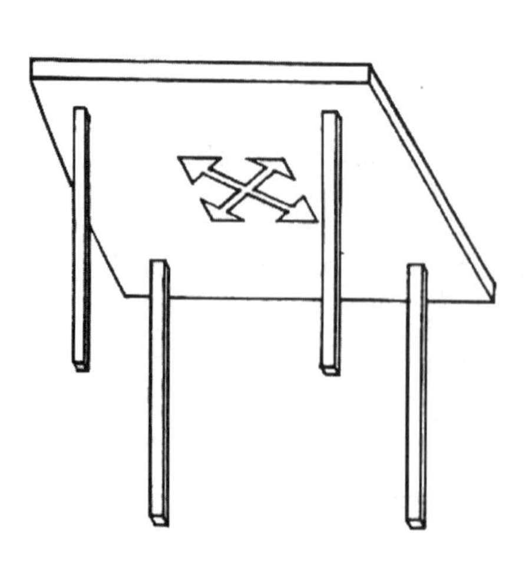

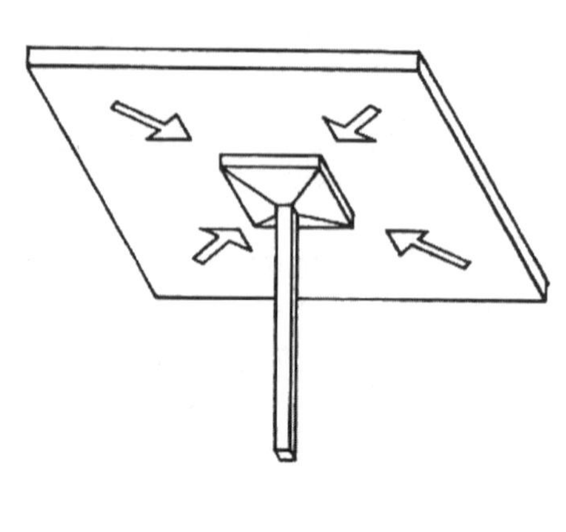

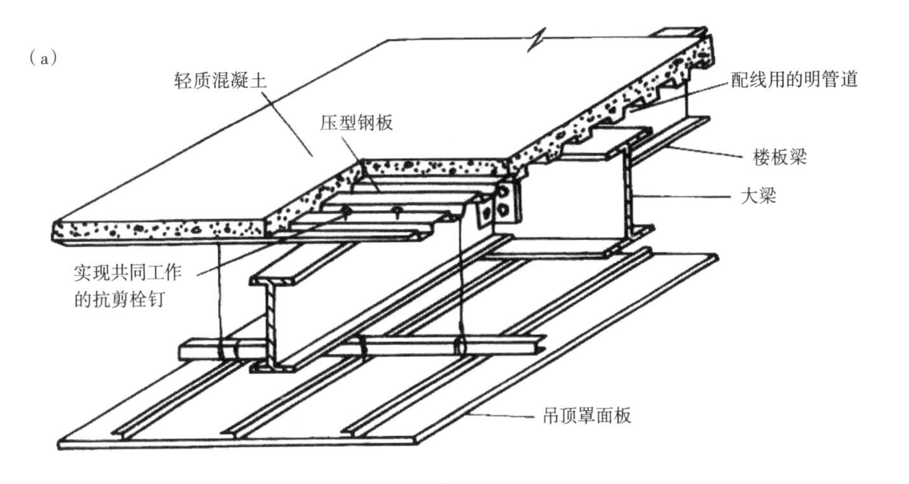

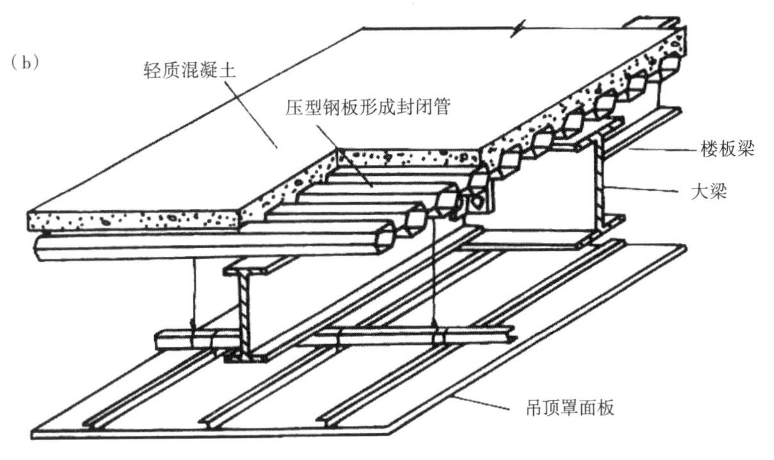

图 12-39 钢—混凝土组合楼板
(a) 单一波纹状；
(b) 可供铺设管线
(图片来源：《高楼结构方案优选》刘大海等)

12.3 空间结构

12.3.1 折板结构

从生活常识可以知道，一张纸几乎没有什么刚度，但是如果将纸折叠起来，如图 12-40 所示的形式，就具备了一定的刚度，这就是折板的原理。折板的弯折处相当于增加了肋的作用，减少了板的跨度。从中可以看出折脊的作用如同支座，由于支座的作用使折板的内力分布和平板完全不同。

由于折板和平板相比，增加了结构高度，因此具备一定的刚度，这种刚度和折板高度有直接联系。图 12-41 将梁式板结构和折板结构作了对比，从中可以看出折

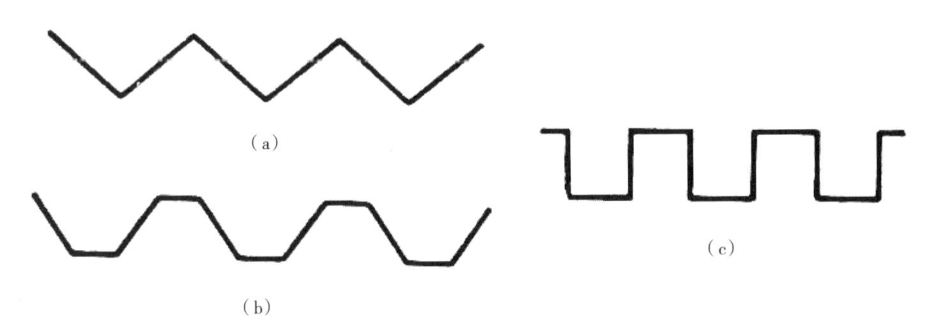

图 12-40 折纸模型
(图片来源：《结构体系与建筑造型》(德)海诺·恩格尔)

图 12-41　折板传力方式
（图片来源：《结构体系与建筑造型》（德）海诺·恩格尔）

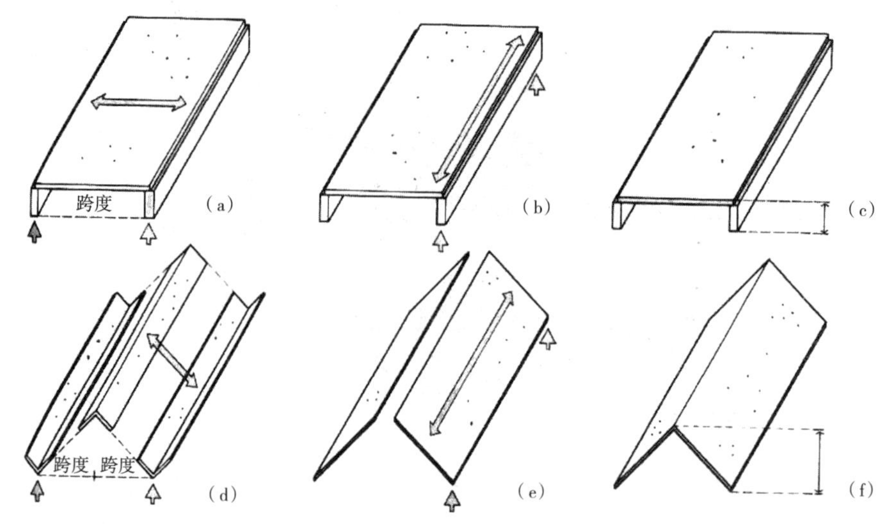

板的刚度作用。图（a）是典型的单向板，荷载向两边传递。在支座位置如图（b）所示，由于梁的作用，荷载沿梁跨度方向传递。图（c）表示因为梁具有一定的刚度，所以能够将荷载传递出去。图（d）表示的是荷载在折板上的传递，每一个折脊的作用好像一个刚性支承，因此可以使板跨度减少一半。图（e）显示沿折板纵向，其作用就是一个梁，所以不必单独设置肋梁。图（f）解释了折板沿纵向具备抗弯刚度的原因，其原因是结构高度的作用。

从以上的分析可以知道，为了保证实现折板的力学特征，因此板在弯折时是有规律的，而不是随意的，任意形状的折板不能保证上述内力传递规律。图 12-42 介绍了几种常用的折板形式及其内力分布。有时为了加强折板刚度，也会增加一些附加措施。如图 12-43 所示。

折板结构在工程上广泛使用，相互贯穿的折板面组成的折板体系可以独立应用于建筑结构之中。图 12-44 介绍了几个折板结构方案。

图 12-42　弯折对应力分布及跨越能力的影响
（图片来源：《结构体系与建筑造型》（德）海诺·恩格尔）

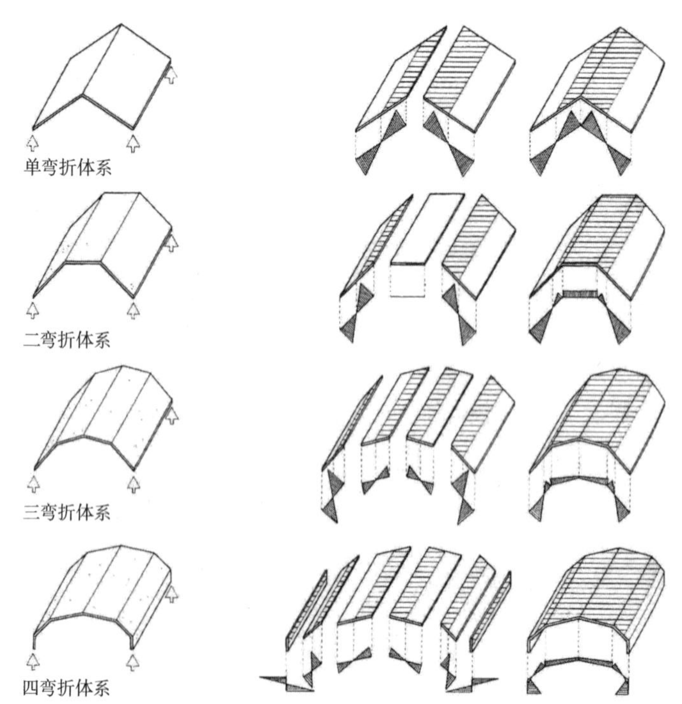

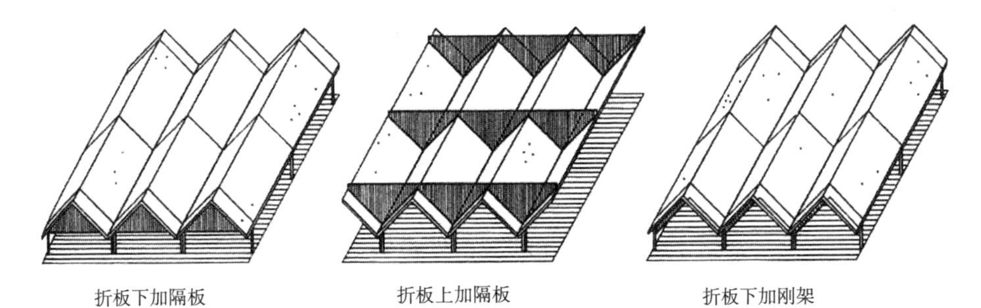

图 12-43 折板加强刚度示意
（图片来源：《结构体系与建筑造型》（德）海诺·恩格尔）

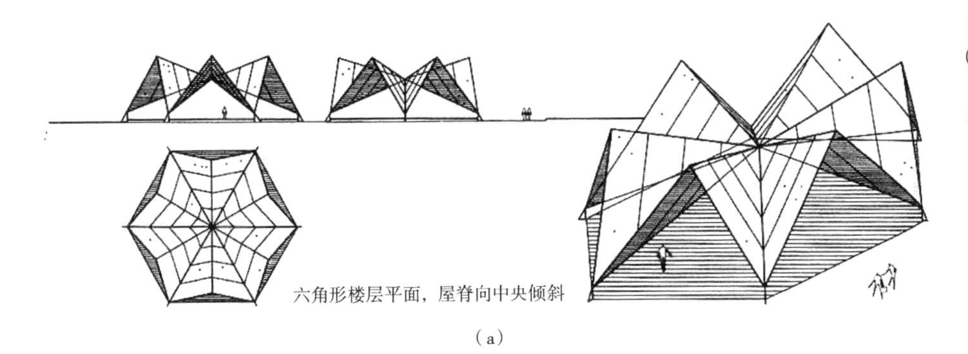

（a）

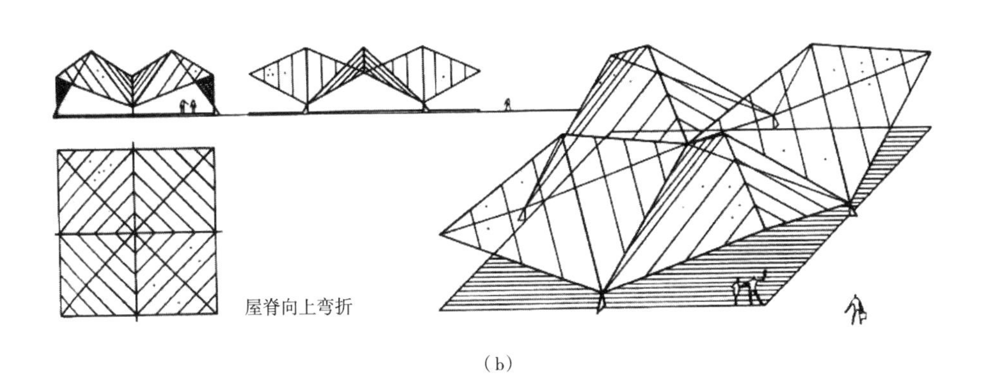

（b）

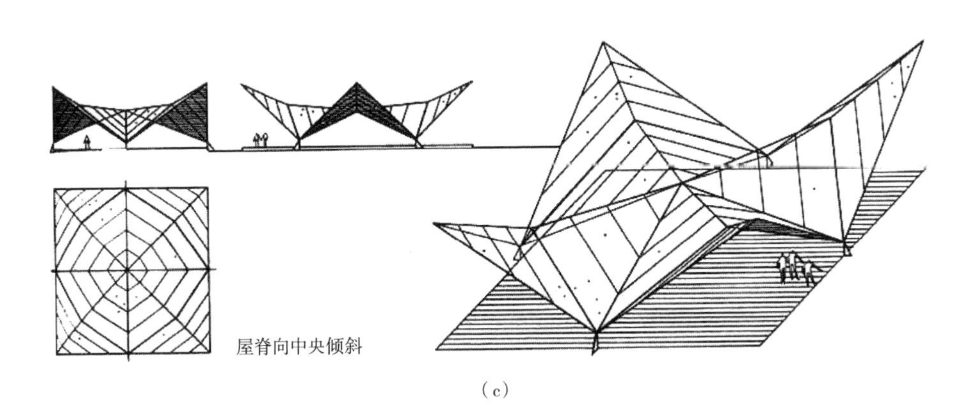

（c）

图 12-44 折板方案
（图片来源：《结构体系与建筑造型》（德）海诺·恩格尔）

12.3.2 筒壳结构

筒壳与折板类似，自身高度与壳矢高有关。筒壳的壳板为柱形曲面，一般由壳板、边梁和横隔三部分组成，两个横隔之间的距离 l_1 称为跨度，两梁之间的水平距离 l_2 称为波长，如图 12-45 所示。筒壳是拱结构的一种发展。根据这种分析可知，当 l_1 与 l_2 的比值增加到一定程度时，筒壳受力如同弧形梁。当 l_1 与 l_2 的比值逐渐减小时，筒壳的空间工作性能逐渐体现。筒壳结构受力作用如图 12-46 所示。

筒壳根据跨度与波长的比值分为两种。当 l_1 与 $l2$ 的比值大于 1 时，称为长壳；当 l_1 与 l_2 的比值小于 1 时，称为短壳。筒壳的受力特点复杂，不同于一般的梁板。通过图 12-47 来介绍筒壳的受力过程。

从图 12-47 中可以看出，壳板传递荷载的方式类似单向板，将荷载传至两边边梁。边梁传递荷载的方式和普通梁类似，通过剪力和弯矩最终传至两端支座。长壳中 l_1 与 l_2 的比值一般为 1.5 ~ 2.5，有时也可达 3 ~ 4。为了保证壳体的强度和刚度，壳体总高度 f 一般不应大于 $l_1/15$ ~ $l_1/10$，与壳体对应的圆心角以 60° ~ 90° 为宜，如图 12-48 所示。

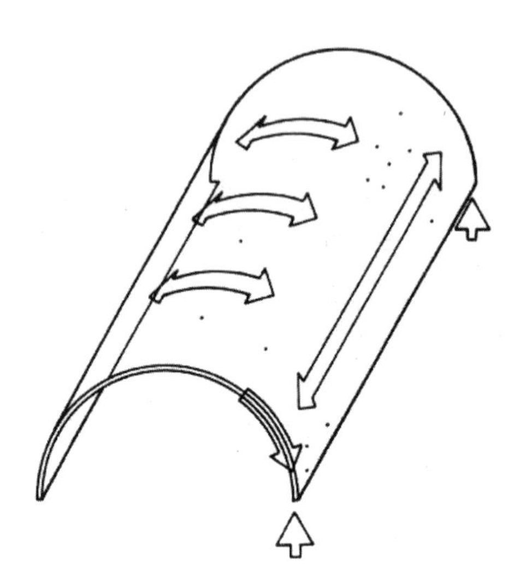

图 12-46　筒壳传力方式
（图片来源：《结构体系与建筑造型》（德）海诺·恩格尔）

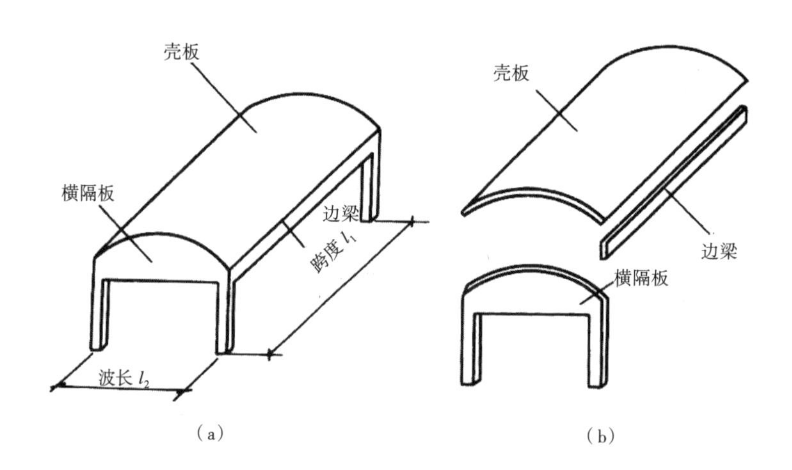

图 12-45　筒壳的组成
（图片来源：《结构体系与建筑造型》（德）海诺·恩格尔）

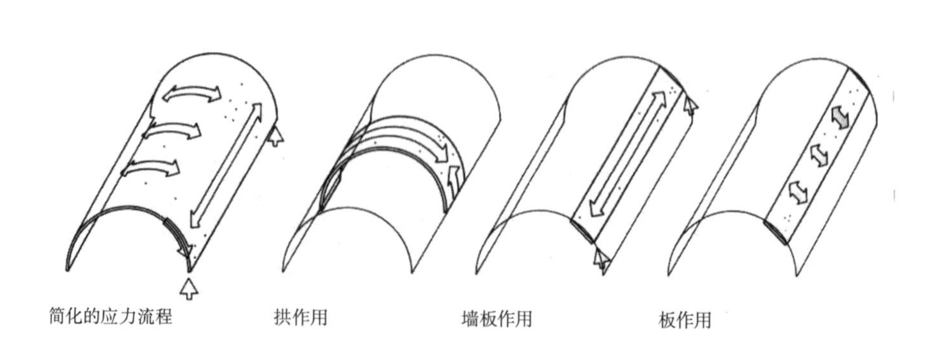

图 12-47　筒壳受力过程
（图片来源：《结构体系与建筑造型》（德）海诺·恩格尔）

短壳中 l_1 与 l_2 的比值一般为 0.5，壳板的矢高 f_1 不应小于 $l_2/8$，如图 12-49 所示。壳板厚度可按表 12-4 确定。

筒壳结构跨高比的取值直接影响其刚度大小。普通钢筋混凝土跨高比不应大于 15，预应力钢筋混凝土结构的跨高比可以达到 20。在实际工程中，几个筒壳结构相贯而成的结构也曾设计过。图 12-50 介绍了几个筒壳相贯而成的结构体系方案。

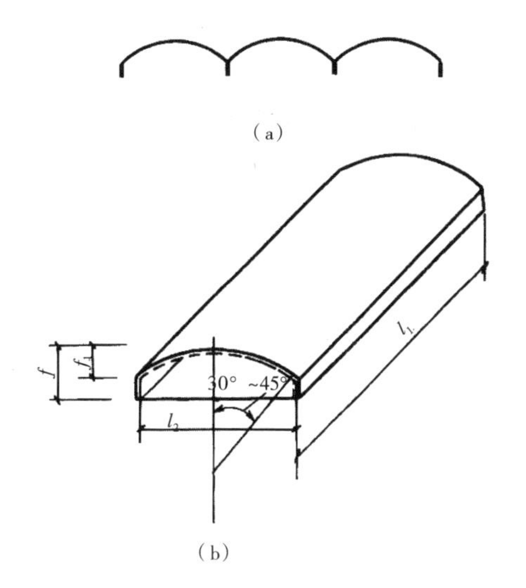

图 12-48 筒壳截面形式
(a) 多波；
(b) 剖面尺寸
(图片来源：《结构体系与建筑造型》(德) 海诺·恩格尔)

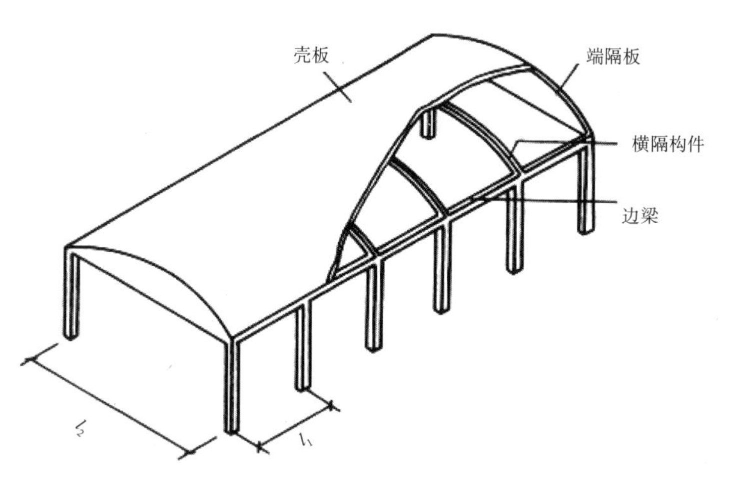

图 12-49 短壳形式
(图片来源：《结构体系与建筑造型》(德) 海诺·恩格尔)

短壳的板厚　　表 12-4

横隔的间距 l_1/(m)	6	7	8	9	10	11	12
壳板厚 δ/cm	5 ~ 6	6	7	7 ~ 8	8	9	10

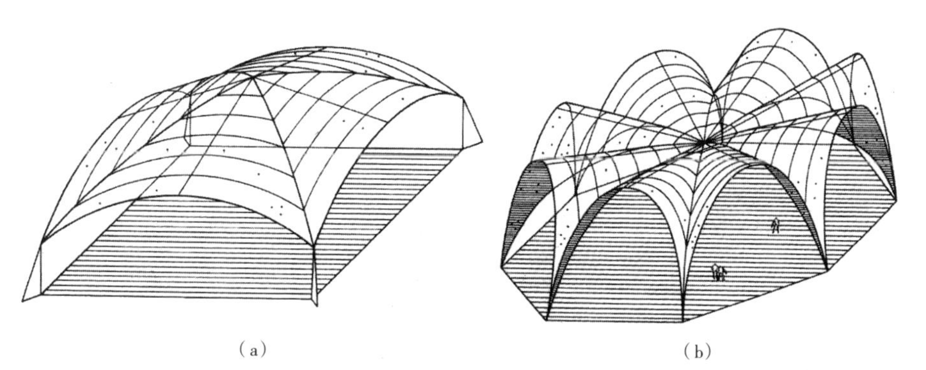

图 12-50 筒壳相贯结构形式
(a) 各母线向中心升起；(b) 圆筒段向中心倾斜的八角形平面
(图片来源：《结构体系与建筑造型》(德) 海诺·恩格尔)

在现代建筑结构设计中出现了将网架结构和壳结构相结合的形式，称之为网壳结构。网壳结构的形式可以分为单层网壳、双层网壳，如图 12–51 所示。也可以按网壳形式划分，分为单曲面网壳、双曲面网壳、球面网壳及径向加肋球面网壳，如图 12–52、图 12–53 所示。

单曲面网壳的受力性能在前文已经分析过。双曲面及球面网壳的受力性能十分复杂。但是它们存在一个共性，就是共同由两个部分组成——拱和环箍构件。双曲面网壳和球面网壳在荷载作用下的受力特征与拱相近，但是如同拱受力作用一样，拱的形式不能保证在每种荷载作用下都符合合理

图 12–51　网壳基本形式
(a) 单层柱面网壳；
(b) 双层柱面网壳
（图片来源：《结构体系与建筑造型》(德) 海诺·恩格尔）

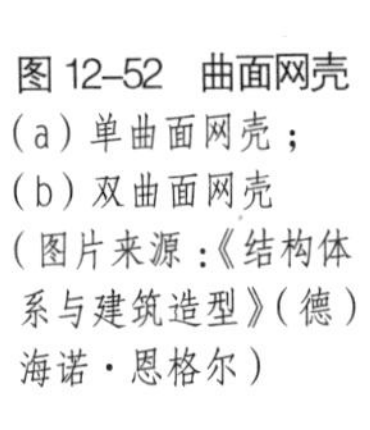

图 12–52　曲面网壳
(a) 单曲面网壳；
(b) 双曲面网壳
（图片来源：《结构体系与建筑造型》(德) 海诺·恩格尔）

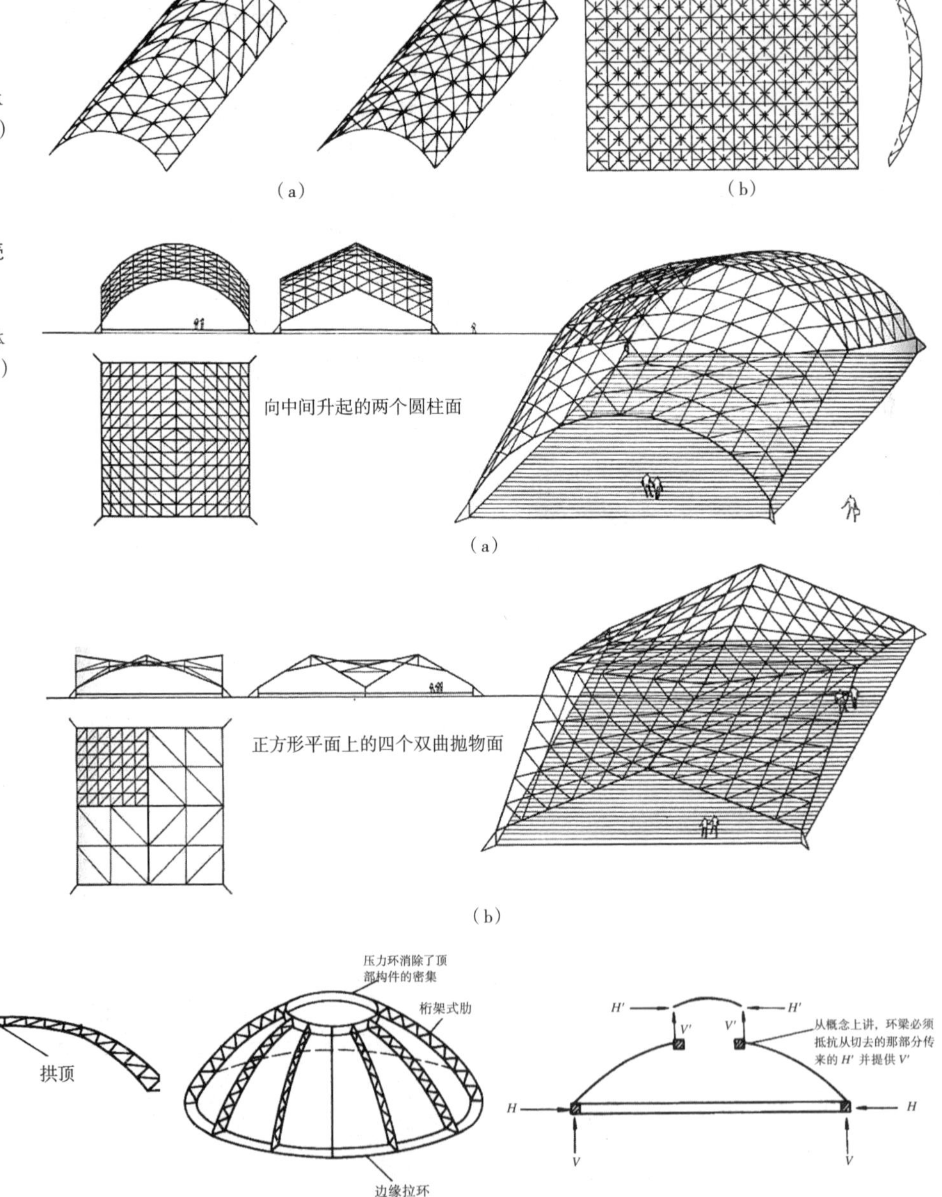

图 12–53　径向肋拱壳设计
(a) 桁架式肋；(b) 拱壳顶部的压力环；(c) 拱壳的剖面
（图片来源：《结构概念和体系》林同炎）

拱轴，使拱截面只受到压力作用，同时会产生局部弯曲。因此，需要环箍构件发挥约束作用，消除局部弯曲。这是网壳的基本受力原理。

图 12-54　首都国际机场四机位机库
（图片来源：http://pic.feeyo.com）

12.3.3　网架结构

网架结构是一种网状结构，空间受力，改变了桁架结构平面受力的特点。其整体性强，稳定性好，空间刚度大，抗震性能好。在节点荷载作用下，杆件主要承受轴力作用，能够充分发挥材料的强度。如图 12-54 所示。

网架结构形式可以分为交叉桁架体系和角锥体系两大类。

（1）交叉桁架体系由两向式、三向相互交叉的桁架组成，大致有三种主要形式。

1）两向正交正放网架

如图 12-55 所示，网架由两个方向互相正交的桁架组成，而且两个空间桁架均与轴线平行。这种网架的平面形式以正方形居多，对于跨度在 50m 左右的结构颇为有利。正交正放的网架从平面几何图形分析是几何可变的，为了保证网架的几何不变性和有效地传递水平力，必须设置一定量的水平支撑。

2）两向正交斜放网架

如图 12-56 所示，网架由两个方向互相正交的桁架组成，桁架与轴线的夹角为 45°。这种网架不仅适用于正方形平面，而且也适用于矩形平面，因为整个网架等高，所以角部短桁架刚度大，对与其垂直的长桁架起一定弹性支承作用，减少了跨中弯矩，与正交正放网架相比，其刚度更大。

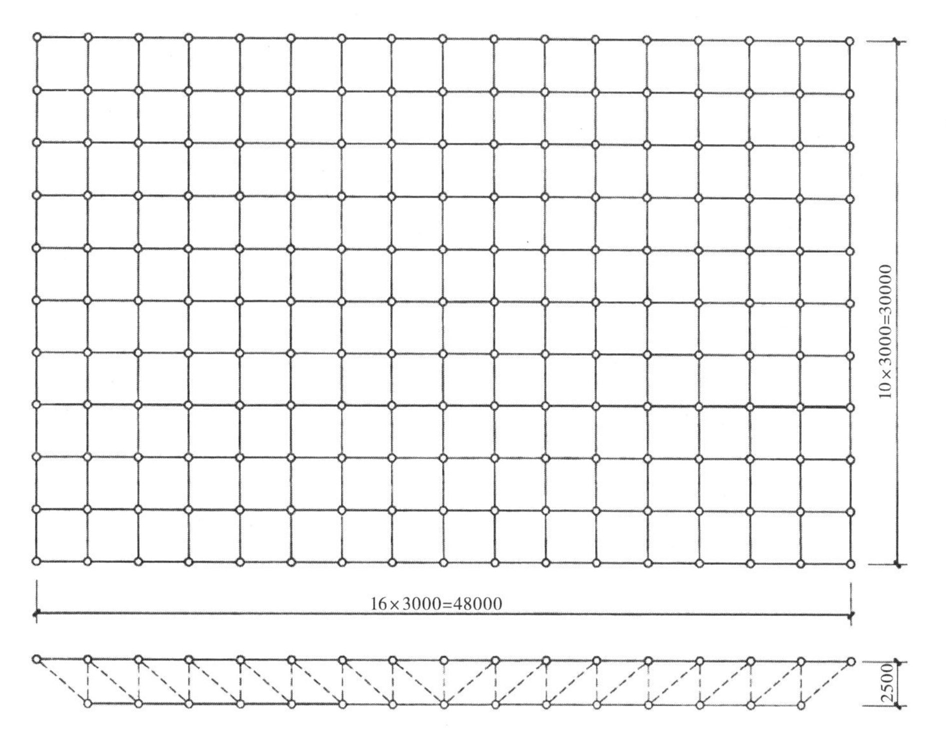

图 12-55　两向正交正放网架平面布置图
（图片来源：《网架结构设计手册》中国建筑工业出版社）

图 12-56 两向正交斜放网架平面布置图
（图片来源：《网架结构设计手册》中国建筑工业出版社）

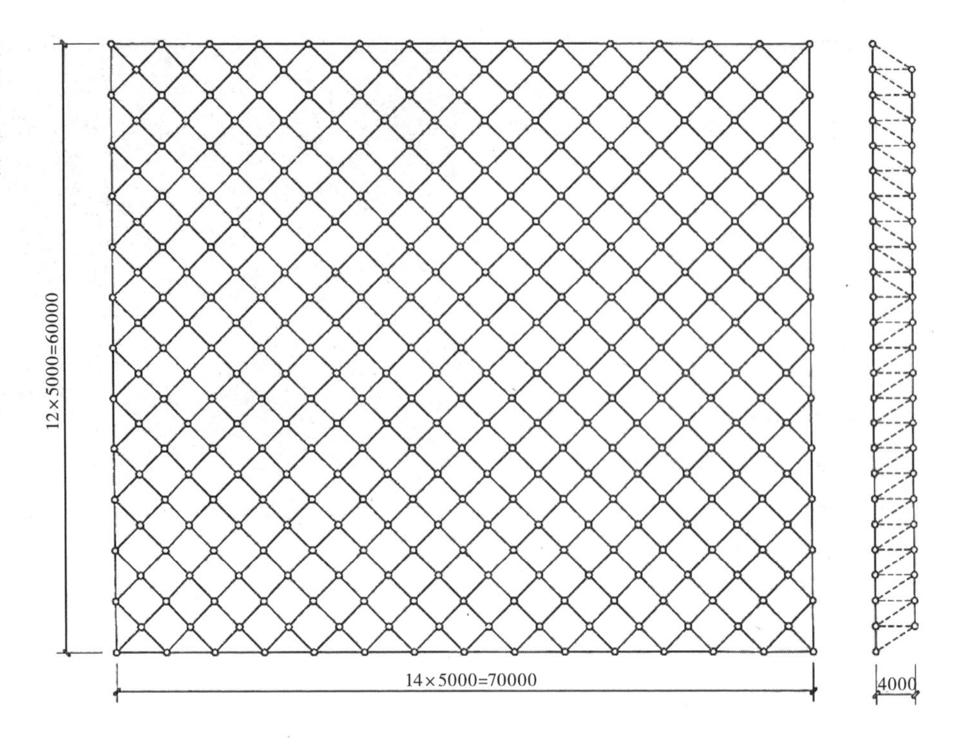

3）三向交叉网架

如图 12-57 所示，三向交叉网架是由三个方向的平面桁架相互成 60° 角组成的空间网架。适用于三角形、多边形、圆形平面，基本单元为几何不变，整个网架的高度大于两向网架，适用于大跨工程。

（2）角锥体系网架是由三角锥、四角锥和六角锥单元组成的空间网架结构，大致也有三种形式。

1）四角锥网架

四角锥网架以倒置四角锥为组成单元，将各个倒置的四角锥体底边相连，再将锥

图 12-57 三向交叉网架平面布置图
(a) 扇形平面；
(b) 八角形平面；
(c) 六角形平面；
(d) 三角形平面
（图片来源：《网架结构设计手册》中国建筑工业出版社）

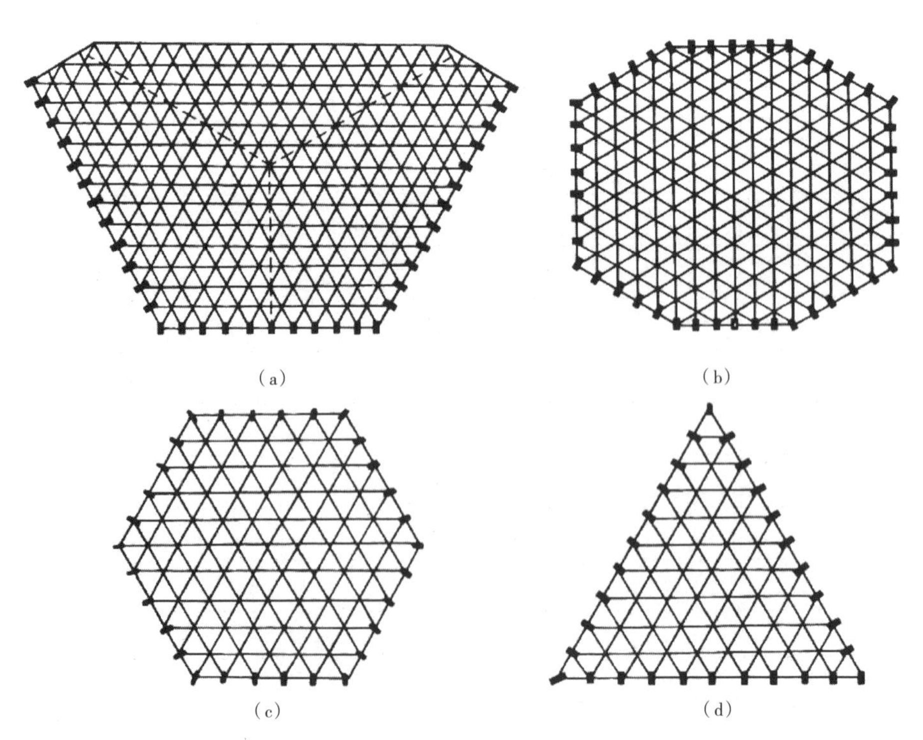

顶用与上弦杆平行的杆件连接起来，其上下弦杆均与边界平行，即上下弦杆均正放。四角锥网架下弦平面内的网格均呈正方形，网格的形心与下弦网格的角点投影重合，且没有垂直腹杆。其空间刚度比其他四角锥网架及两向网架为大且受力比较均匀。四角锥的组成单元——四角锥体如图 12-58 所示。四角锥网架比较适用于中小跨度工程。四角锥网架通常采用的形式包括：正放四角锥网架，棋盘形四角锥网架，斜放四角锥网架，星形四角锥网架。如图 12-59 所示。

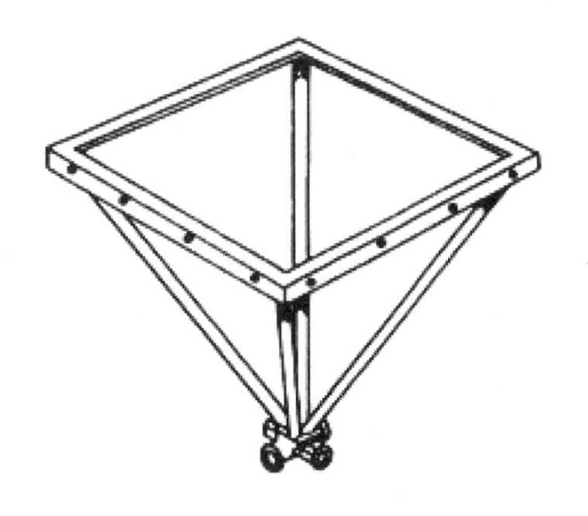

图 12-58　四角锥单元
（图片来源：《网架结构设计手册》中国建筑工业出版社）

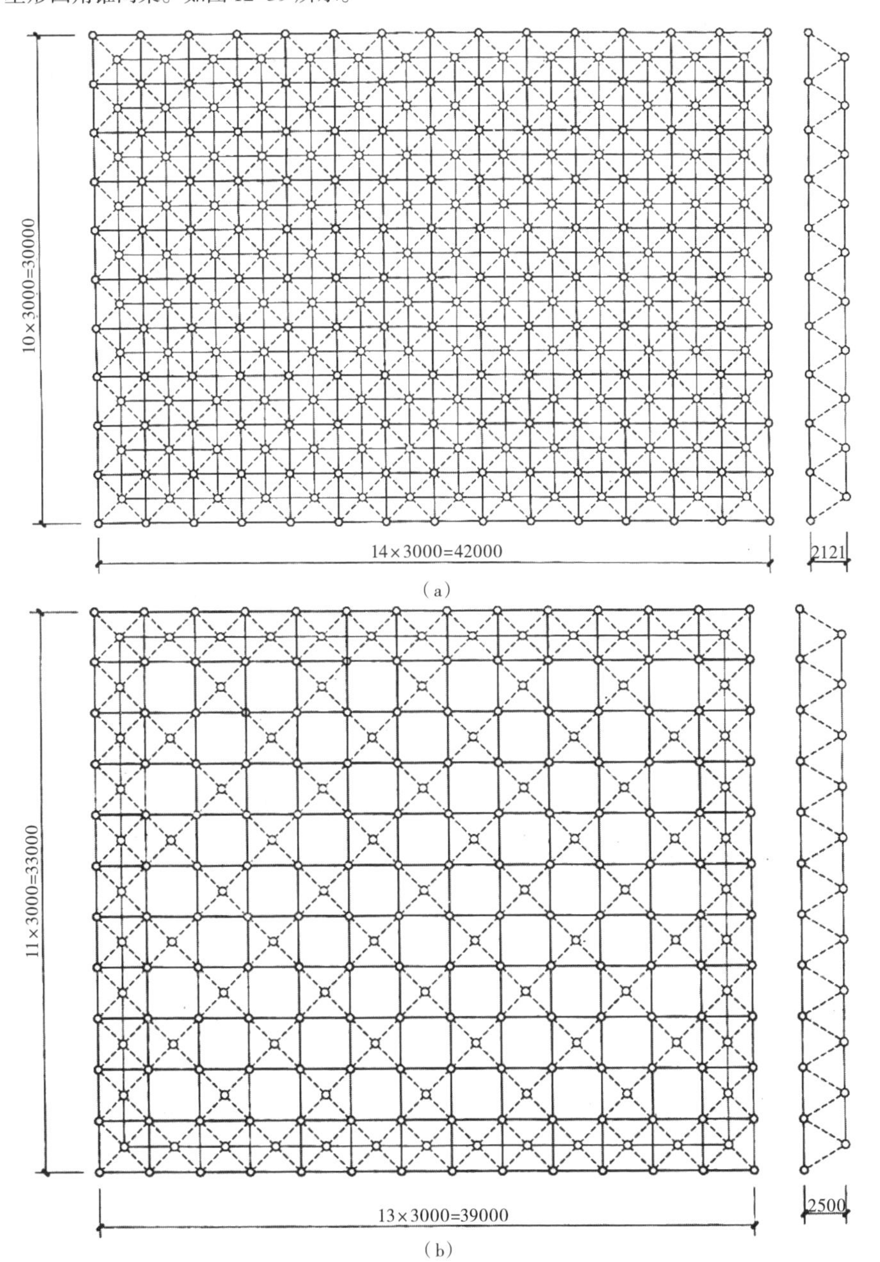

图 12-59　四角锥网架平面布置图（一）
(a) 正放四角锥网架平面布置图；
(b) 棋盘形四角锥网架平面布置图

图 12-59　四角锥网架平面布置图（二）
（c）斜放四角锥网架平面布置图；
（d）星形四角锥网架平面布置图
（图片来源：《网架结构设计手册》中国建筑工业出版社）

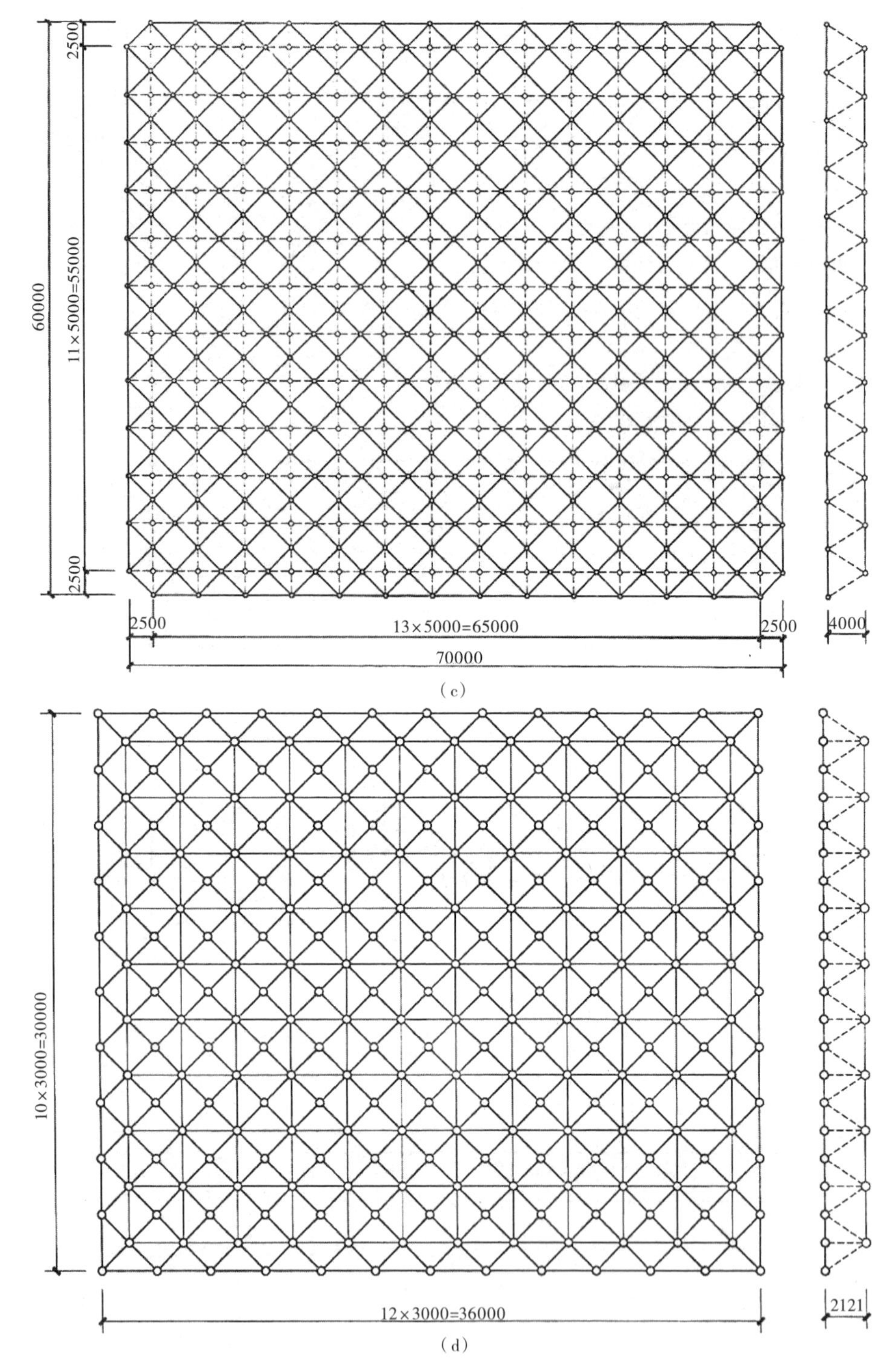

2）三角锥网架

三角锥网架以倒置的三角锥为组成单元，将各个倒置的三角锥底边相连即形成网架的上弦，再将锥顶用杆件连接起来即形成网架的下弦。三角锥的三条棱即为网架的斜腹杆。三角锥网架上下网格均为三角形。倒置三角形的锥顶与上弦三角形的形心投影重合，平面为六边形。其基本单元为几何不变体系，整体抗扭和抗弯刚度较好，适合用于大跨度工程。三角锥网架是大跨度建筑中常用的一种结构形式，适合于矩形、三角形、梯形、六边形和圆形等建筑平面。三角锥网架的形式如图 12-60 所示。

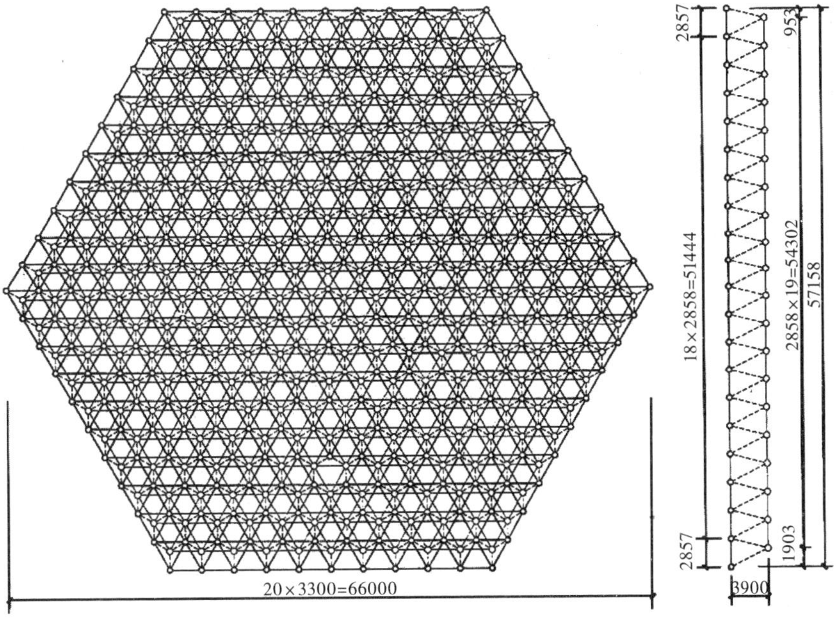

图 12-60 三角锥网架平面布置图（图片来源：《网架结构设计手册》中国建筑工业出版社）

3）六角锥网架

六角锥网架将倒置的锥体底面角与角相连形成网架的上弦。锥顶用杆件相连即形成网架的下弦。六角锥网架上弦平面为有规律排列的三角形与六边形。下弦网格为单一的六边形。其斜腹杆与下弦杆位于同一平面内。六角锥网架的刚度较三角锥网架差。为增加刚度，其周边布置成满锥。这种网架受压上弦杆短，受拉下弦杆长，能充分发挥杆件截面的作用，受力合理。六角锥网架形式如图 12-61 所示。

平面桁架只承担荷载在其平面内的作用，而垂直于平面的荷载作用无法承担。网架结构的特点是空间工作。以交叉桁架为例，其受力作用类似于井字梁结构。图 12-62 介绍了其受力特点。从图中可以看出，节点荷载由两个或多个方向的桁架共同承担，把平面问题转为空间问题。

网架形式、网架高度、网格尺寸、腹杆布置等，与建筑平面形状、支承条件、跨度大小、屋面材料、荷载大小、有无悬挂吊车、施工条件等因素有密切关系。

首先，网架的高度，即厚度，直接影响网架的刚度和杆件内力。增加网架的高度可以提高网架的刚度，减少弦杆内力，但相应的腹杆长度增加，围护结构加高。网架的高度主要取决于网架的跨度。网架的高度与短向跨度之比一般为：

当跨度小于 30m 时，约为 1/13 ~ 1/10

当跨度为 30~60m 时，约为 1/15 ~ 1/12

当跨度大于 60m 时，约为 1/18 ~ 1/14

第二，网格尺寸应与网架高度配合确定，以获得腹杆的合理倾角；同时还要考虑柱距模数、屋面构件和屋面做法等。网格的尺寸也取决于网架的跨度。在可能的条件下，网格宜大些，以减少节点数和更有效地发挥杆件的截面强度，简化构造，节约钢材。网格尺寸与网架短向跨度之比，一般为：

当跨度小于 30m 时，约为 1/12 ~ 1/8

当跨度为 30~60m 时，约为 1/14 ~ 1/11

当跨度大于 60m 时，约为 1/18 ~ 1/13

第三，网架的节点。平板网架节点汇交的杆件多，而且呈立体几何关系。因此，节点形成和构造合理与否，对结构的受力性能、制造安装、用钢量和工程造价影响很大。普通球节点是用两块钢板模压成半球，然后焊成整体。为了加强球的刚度，球内可焊上一个加劲环。球节点示意图，如图 12-63

图 12-61 六角锥网架平面布置图
（图片来源：《网架结构设计手册》中国建筑工业出版社）

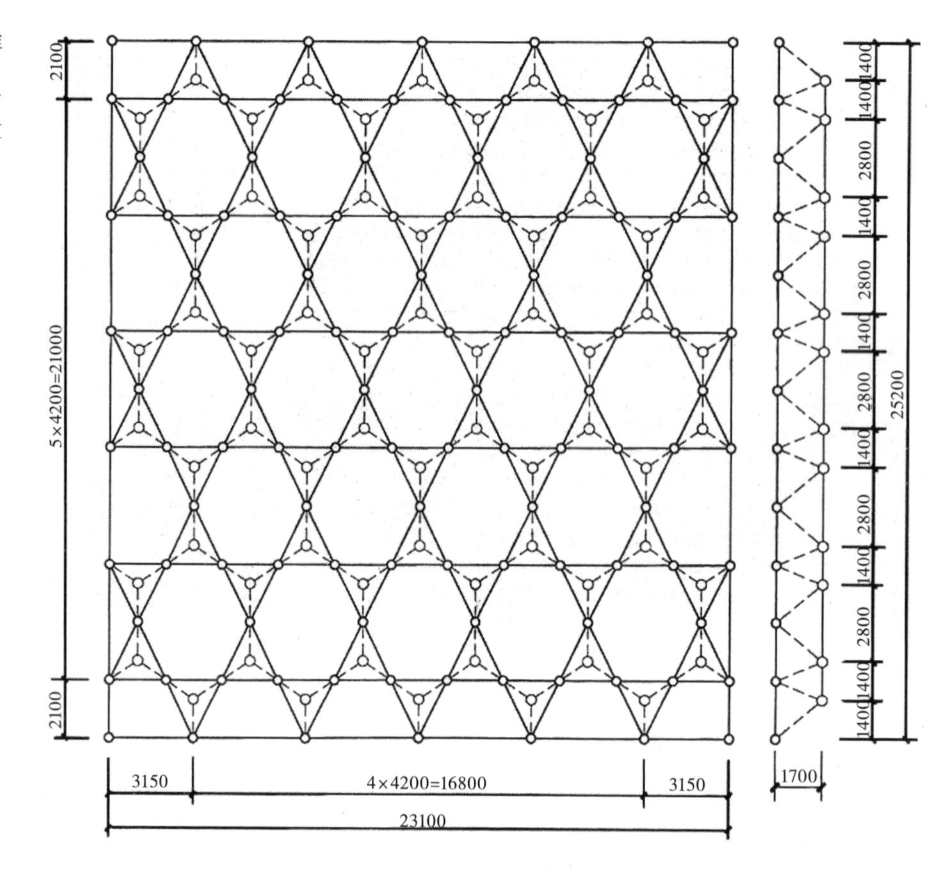

图 12-62 空间桁架的受力机制
（图片来源：《网架结构设计手册》中国建筑工业出版社）

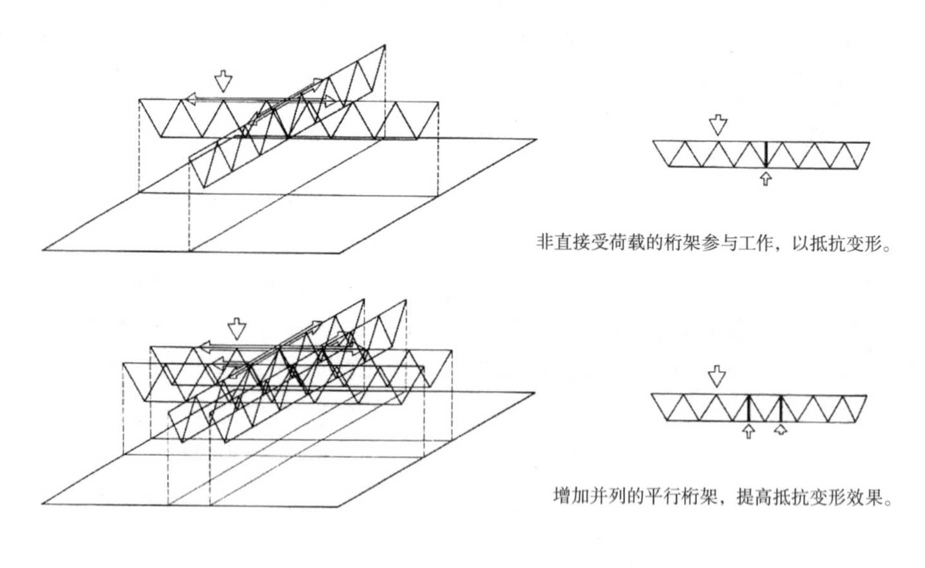

图 12-63 焊接球节点
（图片来源：《网架结构设计手册》中国建筑工业出版社）

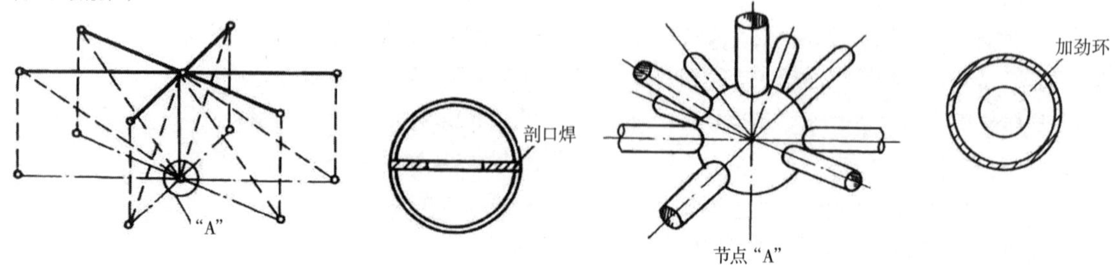

所示。螺栓球节点是在实心钢球上钻出螺栓孔，用螺栓连接杆件，如图 12-64 所示。这种节点不要焊接，避免了焊接变形，同时加快了安装速度，也有利于构件的标准化，适于工业化生产。其缺点是构造复杂，机械加工量大。图 12-65 ~图 12-70 介绍了几种网架方案，变换的图形丰富多样。

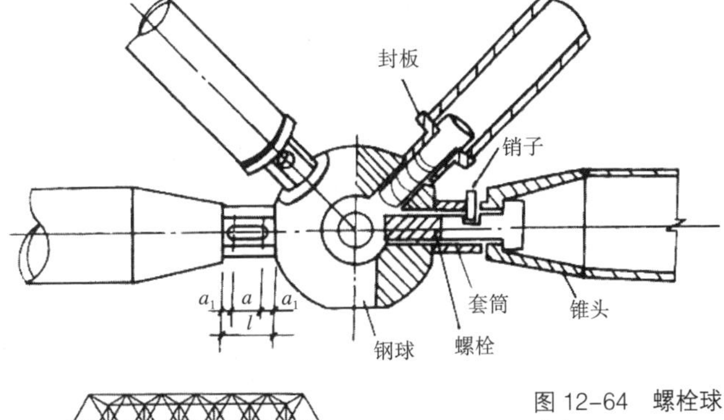

图 12-64　螺栓球节点
（图片来源：《网架结构设计手册》中国建筑工业出版社）

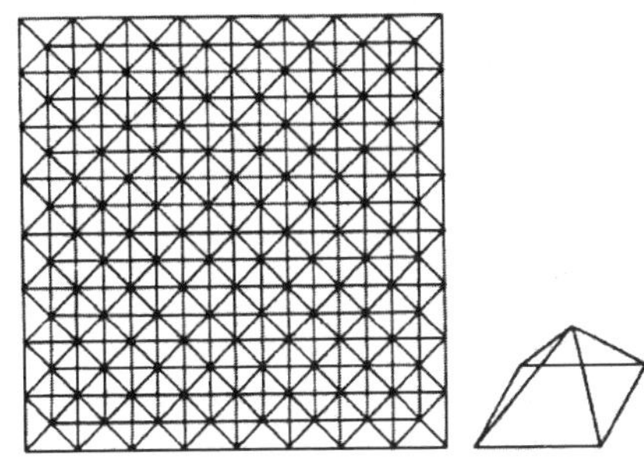

图 12-65　半八面体置于正方形网格上
（图片来源：《网架结构设计手册》中国建筑工业出版社）

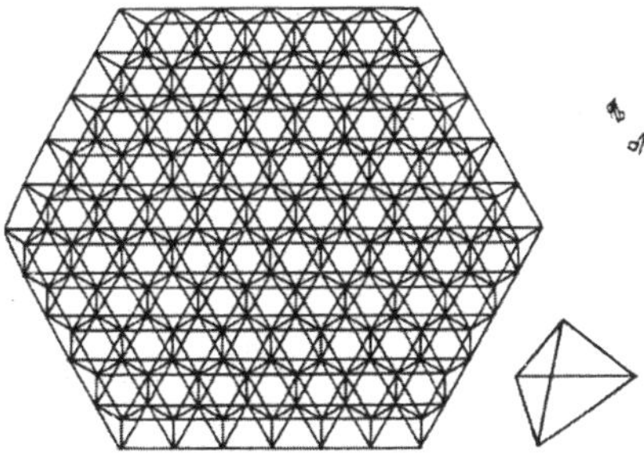

图 12-66　四面体置于三角形网格上
（图片来源：《网架结构设计手册》中国建筑工业出版社）

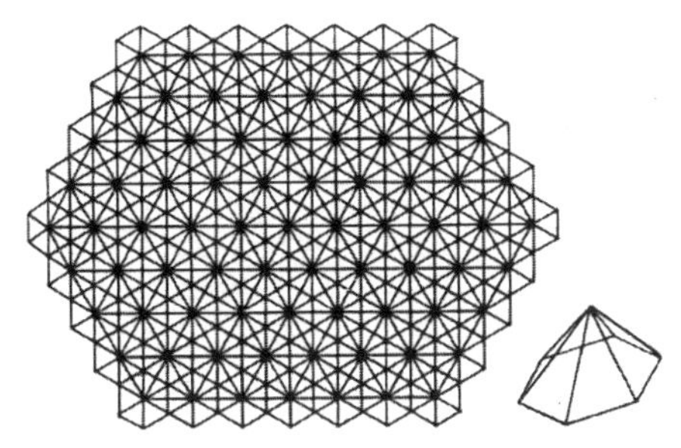

图 12-67　六面角锥体置于蜂窝形网格上
（图片来源：《网架结构设计手册》中国建筑工业出版社）

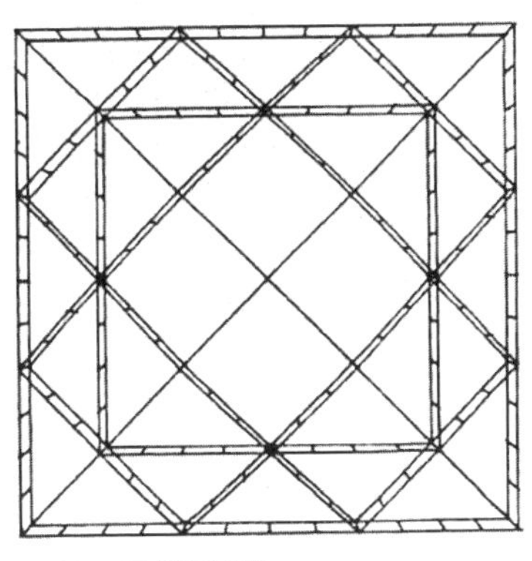

图 12-68　双曲面屋顶
（图片来源：《网架结构设计手册》中国建筑工业出版社）

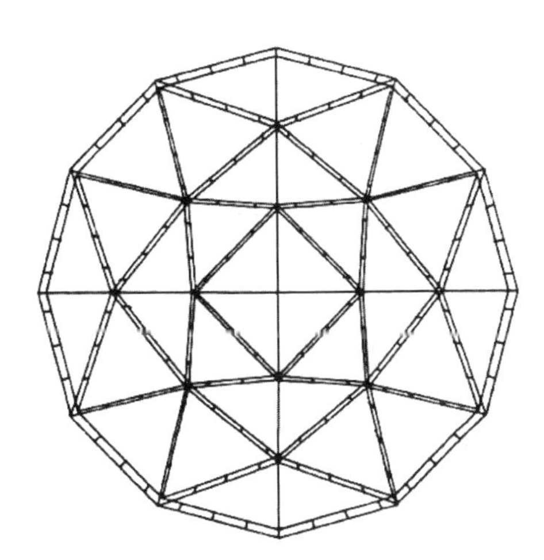

图 12-69　球形屋顶
（图片来源：《网架结构设计手册》中国建筑工业出版社）

图 12-70　球形曲面
（图片来源：《网架结构设计手册》中国建筑工业出版社）

12.3.4 索结构

将拱结构翻转过来，就变成了索结构，如图 12–71 所示。因此，拱结构截面处于受压状态，而索结构截面处于受拉状态。从图 12–72 可以看出索结构的受力特征。索结构和拱结构一样，也会在支座处产生水平力，但索产生的是拉力。因此，索结构一般由三个部分组成：索网、边缘构件和下部支承结构。

如图 12–73 所示，索网是中心受拉构件，既无弯矩也无剪力。边缘构件是索网的支座，承受支座处的拉力，因为拉力很大，所以其截面一般也很大。下部支承结构负责将荷载作用传至基础。

钢索通常采用高强钢铰线制成。索结构柔性好，但刚度稳定性较差，只能承受与其重力方向一致的力的作用，并且会随力作用形式的改变而改变形状，如图 12–74 所示。索一般采用以下五种形式。

图 12–71 银行大楼的结构模型
（图片来源：《结构概念和体系》林同炎）

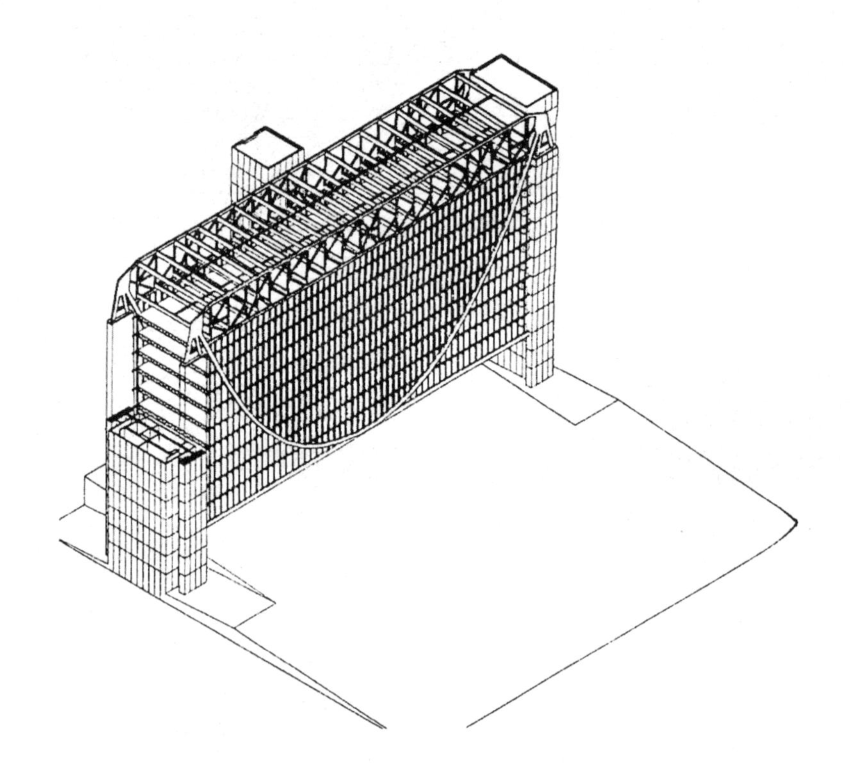

图 12–72 索结构受力分析
（图片来源：《静力分析手册》）

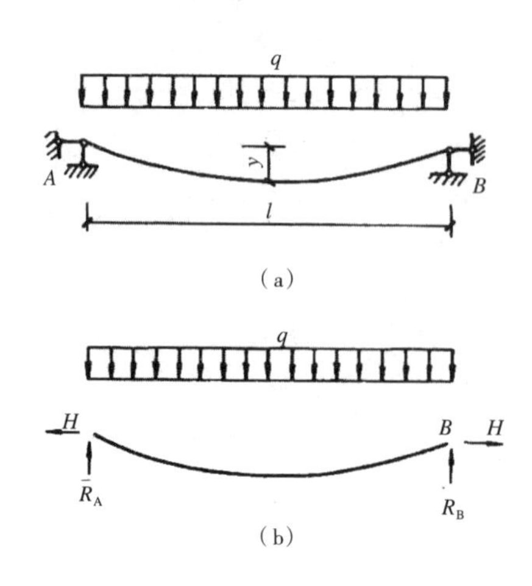

图 12–73 索组成部分
（图片来源：《结构体系与建筑造型》（德）海诺·恩格尔）

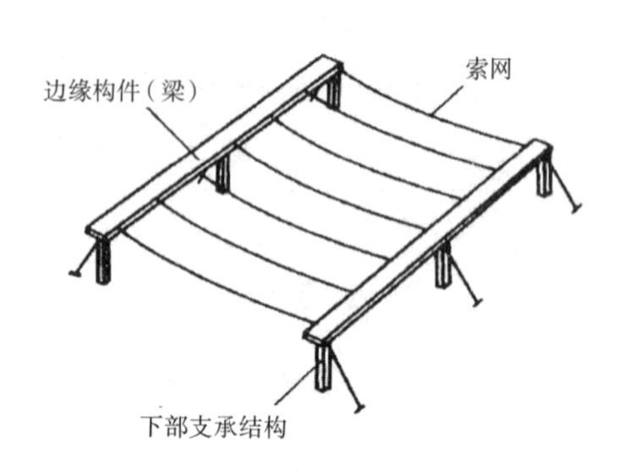

（1）单曲面单层拉索体系

单曲面单层拉索体系由许多平行的单根拉索构成，其表面呈圆筒形凹面，如图12–75所示。这种形式抗风能力差，因此在结构设计中要将层面做成完整的壳体。其高度一般取跨度的1/50～1/20。

（2）单曲面双层拉索体系

单曲面双层拉索体系由许多片平行的索网组成，每片索均为曲率相反的承重索和稳定索。这种形式大大提高了屋盖的强度和抗振动性能。如图12–76所示。其上索可取跨度的1/20～1/17，下索则取1/25～1/20。

（3）双曲面单层拉索体系

应用于圆形建筑平面时，拉索按辐射状

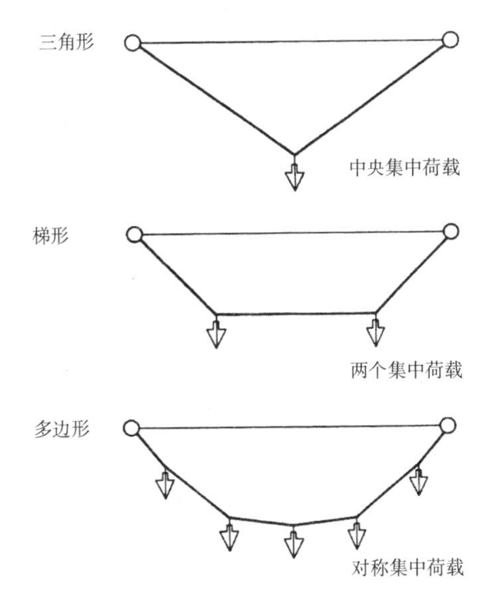

图12–74　索的形状
（图片来源：《结构体系与建筑造型》（德）海诺·恩格尔）

图12–75　单曲面单层拉索
（图片来源：《结构体系与建筑造型》（德）海诺·恩格尔）

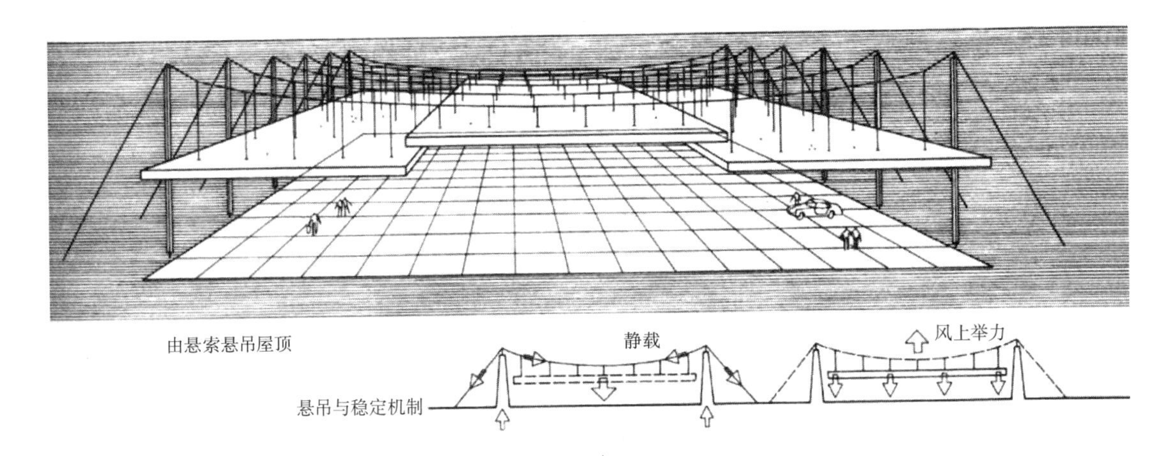

图12–76　单曲面双层拉索
（图片来源：《结构体系与建筑造型》（德）海诺·恩格尔）

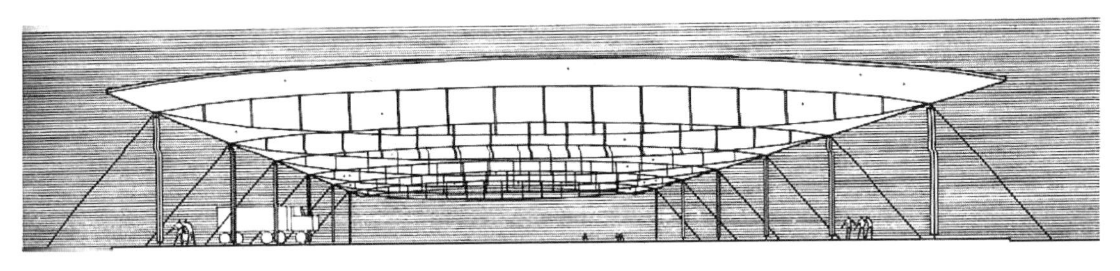

布置，使屋面形成一个旋转曲面，拉索的一端锚固在受压的外环梁上，另一端锚固在中心的受拉环上或立柱上。在均布荷载作用下，圆形平面的全部拉索内力相等，内力的大小也是随垂度的减小而增大。拉索的垂度与平行的单层拉索体系取值相同。这种悬索体系必须采用钢筋混凝土重层盖，并施加预应力，最后形成一个旋转面壳体。形式如图12–77所示。

图 12-77 双曲面单层拉索
（图片来源：《结构体系与建筑造型》（德）海诺·恩格尔）

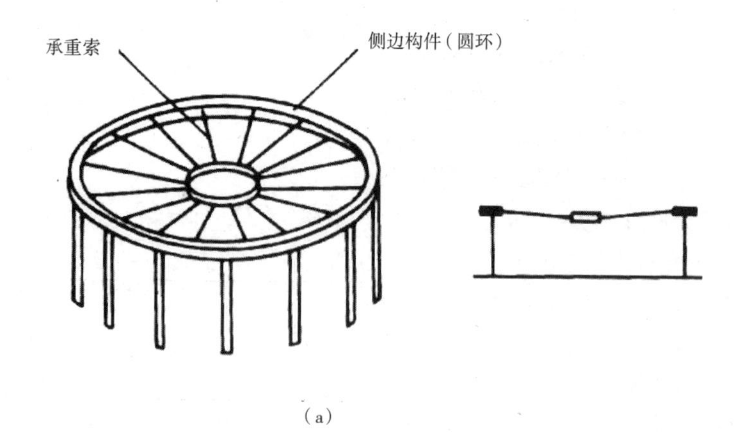

（a）

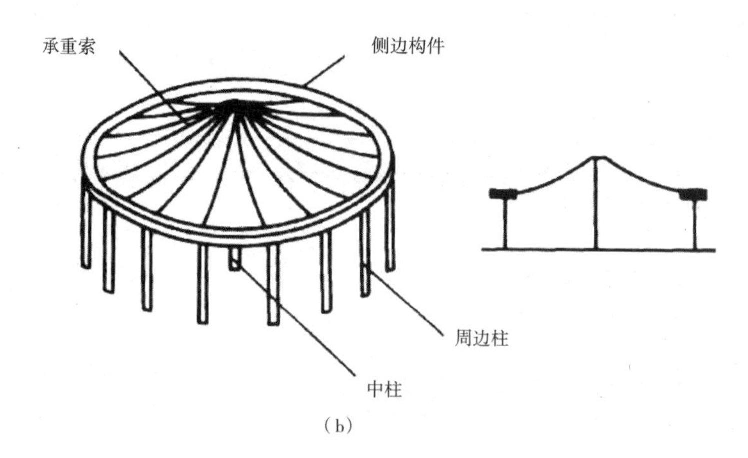

（b）

（4）双曲面双层拉索体系

双曲面双层拉索体系由承重索和稳定索构成，主要用于圆形建筑平面，拉索按辐射状布置，一般在中心设置受拉环。屋面可为上凸下凹或交叉形，其边缘构件可根据拉索的布置方式设置一道或两道受压环梁。屋面刚度较大，抗风和抗震性能好。其形式如图 12-78 所示。

图 12-78 双曲面双层拉索（一）
（a）以反向索稳定的平面旋转体系一

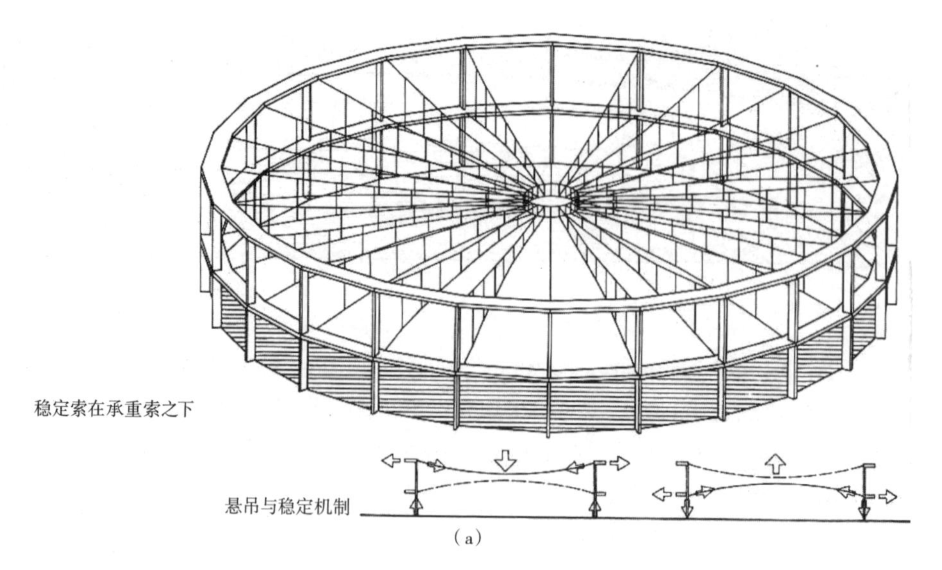

（a）

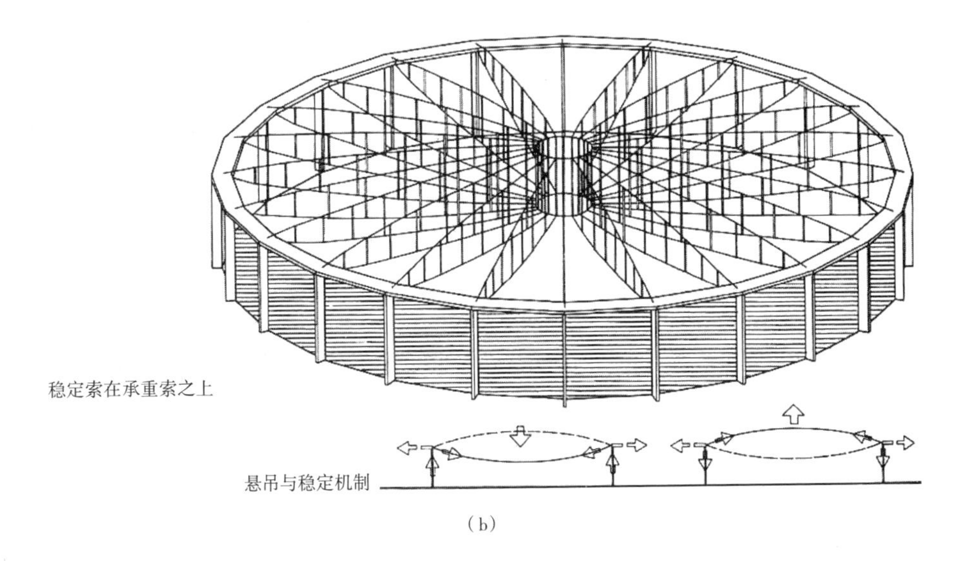

（b）

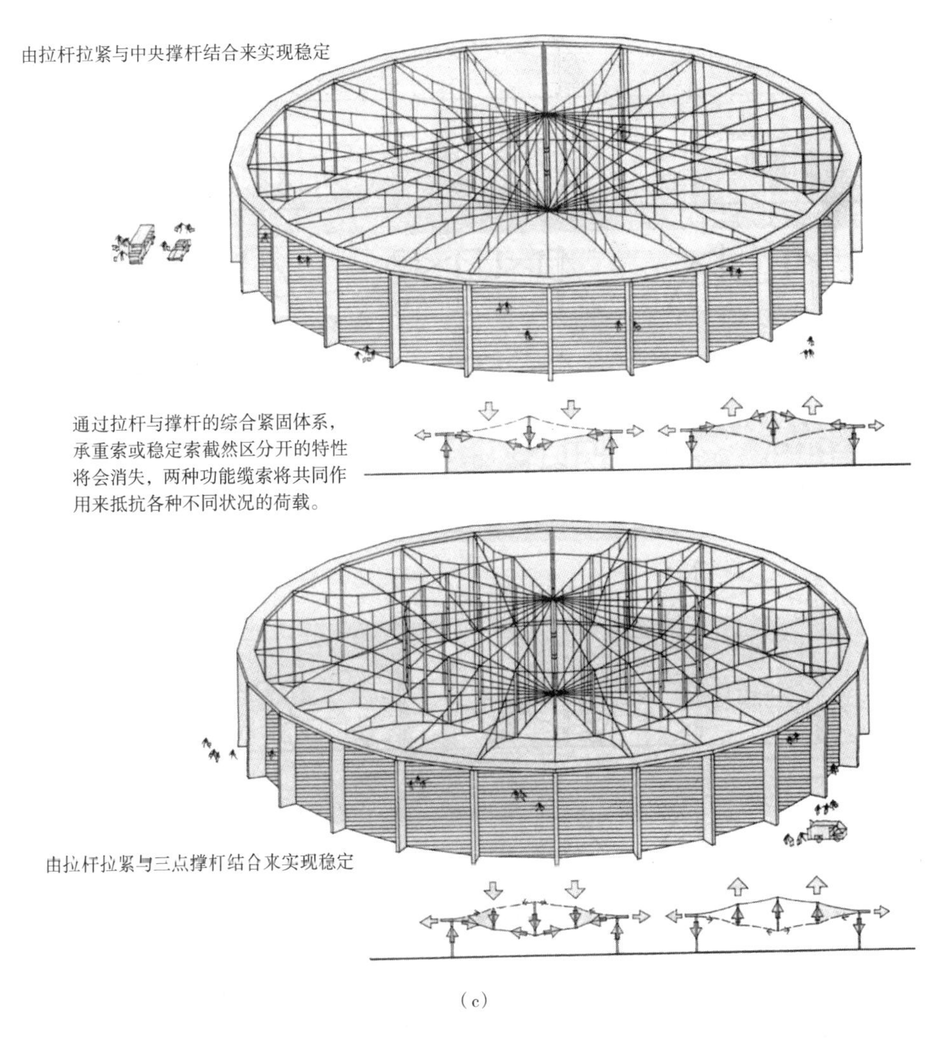

（c）

图 12-78　双曲面双层拉索（二）
（b）以反向索稳定的平面旋转体系二；（c）以交替方法稳定的旋转体系
（图片来源：《结构体系与建筑造型》（德）海诺·恩格尔）

（5）双曲面交叉索网体系

双曲面交叉索网体系由两组曲率相反的拉索交叉组成，其中下凹的一组为承重索，上凸的为稳定索。通常对稳定锁施加预应力，使承重索张紧，以增强屋面刚度。为了支承索网，鞍形悬索的边缘构件可以根据不同的平面形状和建筑造型的需要采用双曲环梁和斜向边拱等形式。其形式如图 12–79 所示。

图 12–79 双曲面交叉索网（一）
（图片来源：《结构体系与建筑造型》（德）海诺·恩格尔）

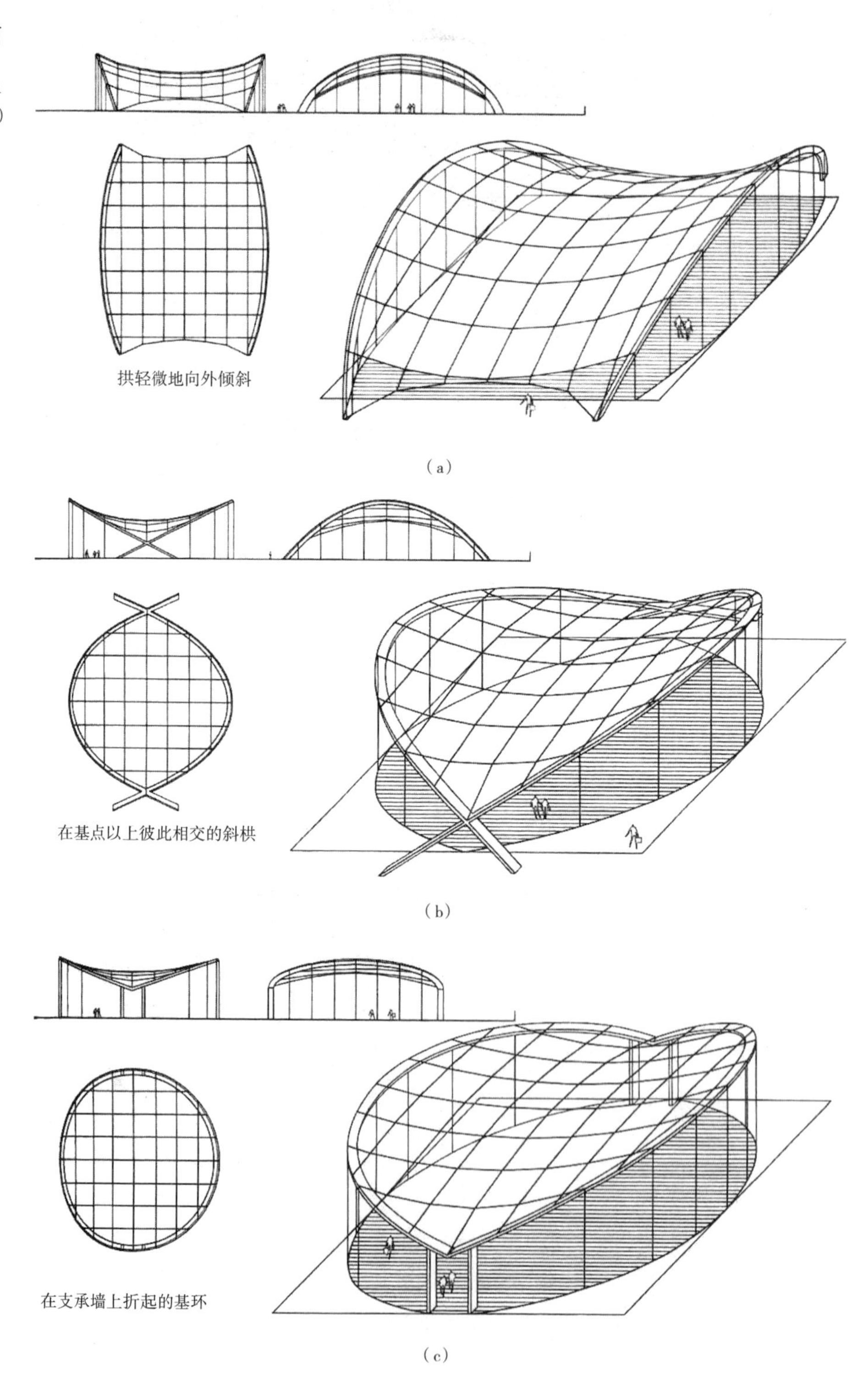

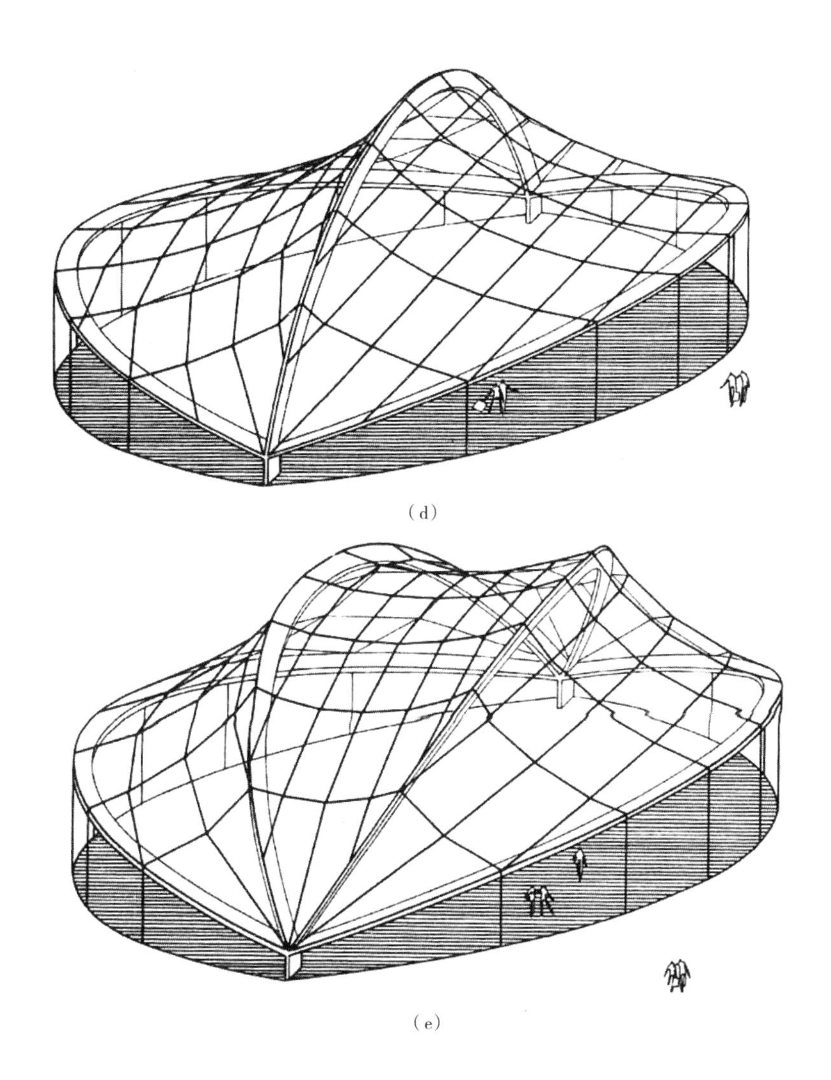

(d)

(e)

图 12-79　双曲面交叉索网（二）

索结构是大跨度建筑中非常好的结构形式，一般用于跨度在 60m 以上的建筑。索结构具备很多优点，特别是受力分散，充分利用材料性能，减轻结构重量，不需中间支承，形成很大的建筑空间。同时，悬索结构利于建筑造型，适于建造多种多样的平面和外形轮廓，能充分自由地满足各种建筑形式的要求，施工方便，速度较快，可以创造具有良好物理性能的建筑物。

12.3.5　索膜结构

索膜建筑起源于帐篷结构，由支杆、索和膜共同组成，图 12-80 所示为典型的索膜结构。

索膜结构的受力特点与网壳结构相似，有些资料称索膜结构为柔壳。之所以称之为柔壳，是因为张拉索膜结构与其他刚性结构的不同表现为所使用的主要材料本身不具有刚度和形状，即在自然状态下不具有保持固有形状和承载的能力，只有对膜材和索施加预应力后才能获得结构承载所必需的刚度和形状。

当结构覆盖空间的跨度较小时，可通过膜面内力直接将荷载传递给边缘结构，即形成整体式张拉膜结构；当跨度较大时，由于既轻且薄的膜材本身抵抗局部荷载的能力较差，难以单独受力，需要与钢索结合，形成索膜组合单元；当跨度更大时，可将结构划分成多个较小单元，形成多个整体式张拉膜单元或索膜组合单元的组合

图 12-80 索膜结构
（图片来源：《结构体系与建筑造型》（德）海诺·恩格尔）

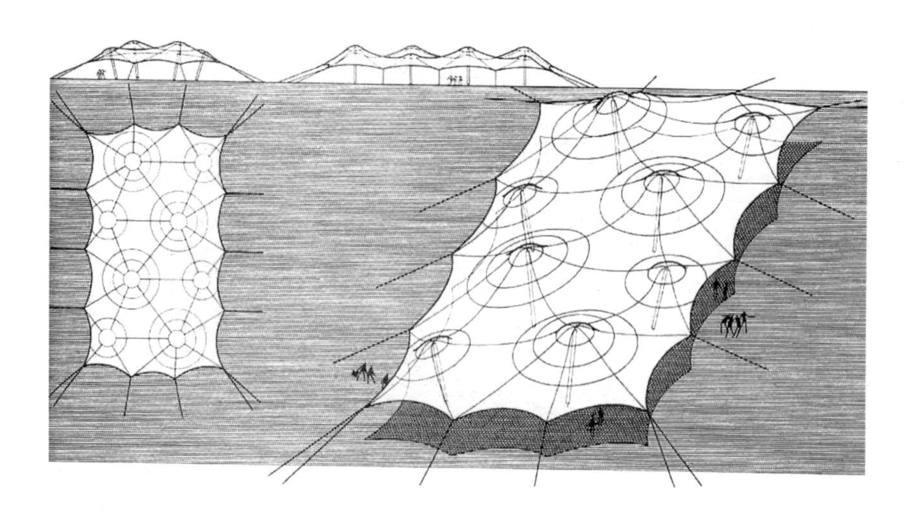

结构。在膜结构的应用过程中，索是必不可少的。如图 12-81 所示。支杆作为传力构件，负责将索膜承受的内力传给基础。对封闭性索膜的支承一般采用刚性构件，即将索膜边界和环梁等刚性构件相连，然后通过支杆将荷载传给基础。如图 12-82 所示。柔性支承则用于敞式的结构，支杆一般也采用柔性斜拉索，索之间通过节点传递内力，最终由斜拉索传给基础。如图 12-83 所示。

索膜结构大致有四种主要形式：双曲面单元结构、类锥形单元结构、索穹顶结构和桅杆斜拉结构。以下以图的方式分别加以介绍。

（1）双曲面单元结构

双曲面单元结构以双曲面为单元，膜布和周边设约束索。常用于小型建筑，组合灵活。如图 12-84 所示。

（2）类锥形单元结构

膜中心支承杆顶设吊环，膜布嵌固于环上，周边用定位杆和地锚索固定于地面或建筑物的环梁上。支承膜顶的吊环也可用室外

图 12-81 索膜组合
（图片来源：《结构体系与建筑造型》（德）海诺·恩格尔）

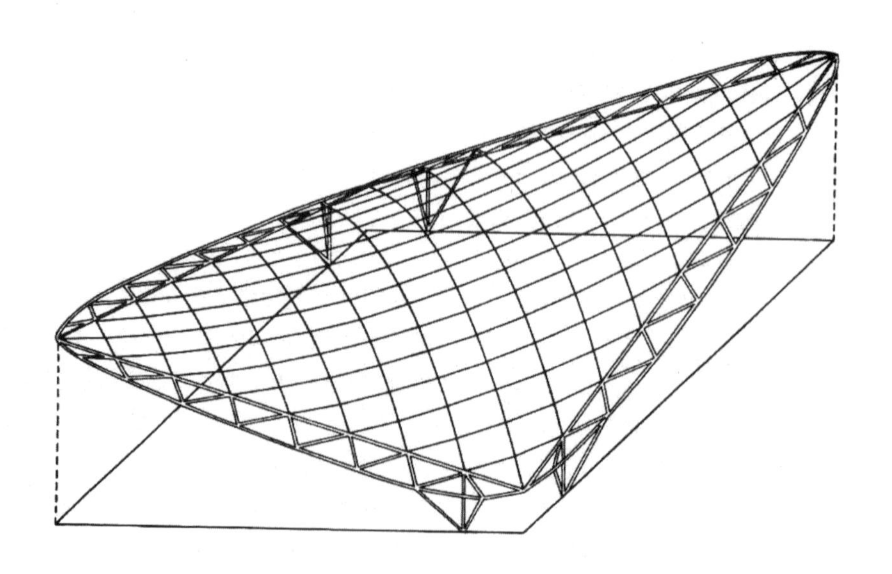

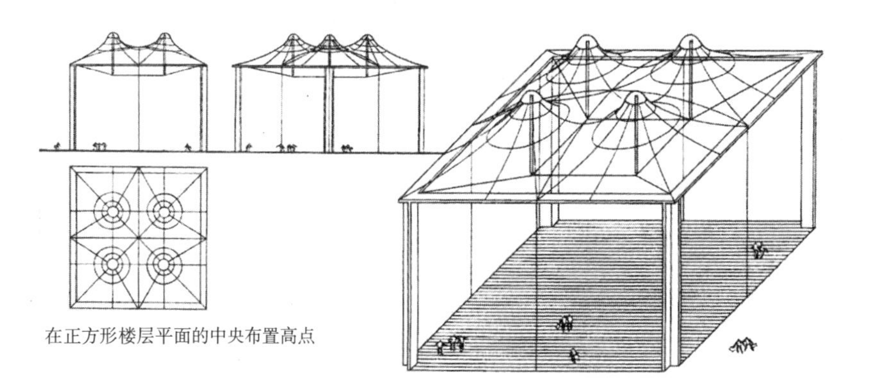

图 12-82　索膜刚性支承
（图片来源：《结构体系与建筑造型》（德）海诺·恩格尔）

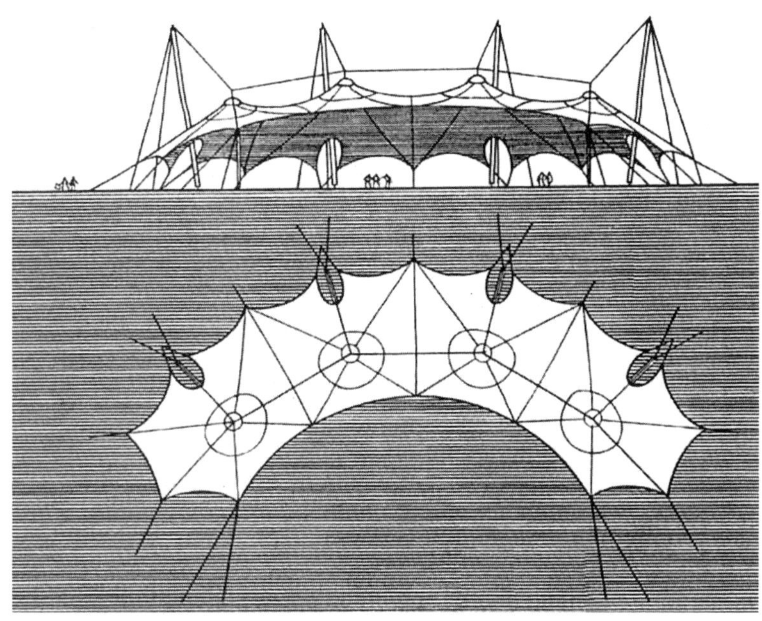

图 12-83　索膜柔性支承
（图片来源：《结构体系与建筑造型》（德）海诺·恩格尔）

图 12-84　德国联邦园艺博览会音乐台
（图片来源：http://www.szwintop.com）

桅杆与钢索吊起，这样室内则更易形成空旷的大空间。如图 12-85 所示。

（3）索穹顶结构

索穹顶结构是由不连续的系列压杆与连续的系列拉索构成的整体空间结构。结构体系中拉索若无松弛，杆件则不易失衡，属于张力结构体系。如图 12-86 所示。

（4）桅杆斜拉结构

顶部用钢索拉起膜面支承架或直接拉起膜面，即为桅杆斜拉索膜建筑体系，它适用于大型建筑。如图 12-87 所示。

图 12-85 沙特阿拉伯吉达机场（图片来源：http://jingguan.yuanlin.com）

图 12-86 千年穹顶（图片来源：http://www.afinance.cn）

图 12-87 Guthrie 高尔夫俱乐部
（图片来源：《张拉索—膜结构分析与设计》杨庆山）

12.3.6 充气结构

从最基本的水平结构开始，在经历了一系列发展变换后，水平结构的形式已经变得相当复杂了。在纷繁复杂的结构形式之中，凝聚的是基本结构性质。

最后，再介绍一种充气结构，这是一个相对独立的内容。1917 年，英国人 W.Lanchester 提出了用鼓风机吹胀膜布用作野战医院的设想，并申请了专利。但当时这个发明只是一种构想。直到 1946 年，该专利的第一个产品才正式问世，这就是 Walter Bird 为美国军方设计制作的一个直径 15m 的卫星充气雷达罩如图 12-88 所示。1957 年，他又将自家的游泳池罩在了一个充气膜结构中，并在美国的生活杂志上作了介绍，从此这种结构形式开始被世人知晓。充气结构在一个时期曾经十分盛行，其受力特性并不复杂。首先，充气膜各角点的承载是相同的，且垂直于膜面方向，当外荷载均匀地作用于其表面时，其形状会发生均匀的微小改变。但外荷载经常是不均匀的，因此充气结构形状会发生很大改变，利用气压变化来适应外荷载变化。其次，膜材刚度很小，不能将荷载传递很远，此时需要钢索作为加劲肋发挥作用。

在 1970 年日本大阪万国博览会上有两个充气结构，堪称充气结构的代表，一个是由建筑师 Davis、Brody 与工程师 David Geiger 设计的美国馆。它是一个椭圆形充气

图 12-88 雷达罩
（图片来源：http://www.szwintop.com）

膜结构，平面尺寸为139m×78m。无柱大厅的屋面由32根沿对角线交叉布置的钢索和膜布所覆盖。整个工程只用不到10个月时间就完成了。该设计不仅表现了膜结构非凡的跨越能力，而且表现了其优良的经济性。如图12-89所示。

博览会上另一个具有代表性的作品是日本的富士馆。它采用的是气肋式膜结构。该馆平面为圆形，直径50m，由16根直径4m、长78m的拱形气肋围成。气肋间每隔4m，用宽500mm的水平系带把它们环箍在一起。中间气肋呈半圆拱形，端部气肋向圆形平面外凸出，最高点向外凸出7m。这是迄今为止建成的最大的气肋式充气膜结构。如图12-90所示。

图12-89 美国馆（上）
（图片来源：http://www.szwintop.com）

图12-90 富士馆（下）
（图片来源：http://www.szwintop.com）

12.4 水平结构的发展进步

技术的进步推动建筑物的水平跨度不断扩大，1975年建成的美国新奥尔良“超级穹顶”（Super Dome），直径207m，长期被认为是世界上最大的球面网壳（图12-91）。1983年建成的加拿大卡尔加里体育馆采用双曲抛物面索网屋盖，其圆形平面直径135m，它是为1988年冬季奥运会修建的，外形极为美观，迄今仍是世界上最大的索网结构（图12-92）。1993年建成的直径为222m的日本福冈体育馆取代了超级穹顶，后者更著名的特点是它的可开合性。福冈体育馆的球形屋盖由三块可旋转的扇形网壳组成，扇形沿圆周导轨移动，体育馆即可呈全封闭，开启1/3或开启2/3等不同状态（图12-93）。20世纪70年代以来，由于结构使用织物材料的改进，膜结构和索膜结构获得了发展。美国和日本建造了许多规模很大的索膜结构。1988年东京建成的“后乐园”棒球馆，其近似圆形平面的直径为204m（图12-94）；美国亚特兰大为1996年奥运会修建的“佐治亚穹顶”（Georgia Dome，1992年建成）采用新颖的整体张拉式索膜结构，其准椭圆形平面的轮廓尺寸达192m×241m（图12-95）。许多大跨度建筑已成为一个地区的标志性建筑。

中国第一批具有现代意义的网壳结构是在20世纪50～60年代建造的，但数量不多。当时柱面网壳大多采用菱形网格体系，1956年建成的天津体育馆钢网壳（跨度52m）以及1961年同济大学建成的钢筋混凝土网壳跨度40m），可作为典型代表。球面网壳则主要采用肋环型体系，1954年建成的重庆人民礼堂半球形穹顶（跨度46.32m）和1967年建成的郑州体育馆圆形钢屋盖（跨度64m），是仅有的两个规模较大的球面网壳。近几年来，建造了一些规模相当宏大的网壳结构。1994年建成的天津体育馆采用肋环斜杆型双

图 12-91 新奥尔良超级穹顶
（图片来源：http://site.douban.com）

图 12-92 卡尔加里体育馆
（图片来源：http://blog.sina.com.cn）

图 12-93 福冈体育馆
（图片来源：http://news.kantsuu.com）

图 12-94　东京“后乐园”棒球馆（图片来源：http://img.autob.cn）

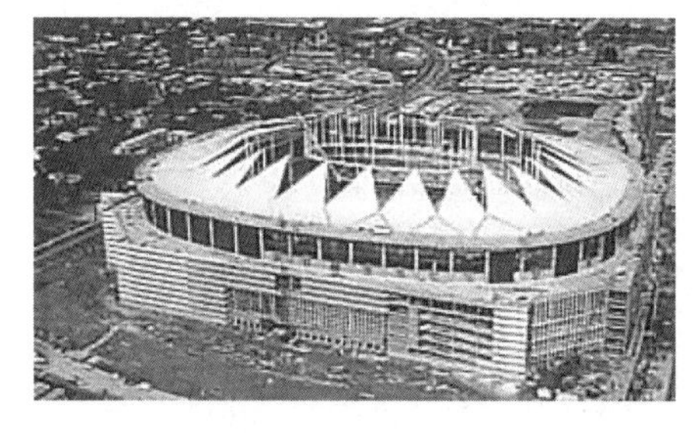

图 12-95　佐治亚穹顶体育场（图片来源：http://zhcn.responsejp.com）

层球面网壳，其圆形平面净跨 108m，周边伸出 13.5m，网壳厚度 3m，采用圆钢管构件和焊接空心球节点，用钢指标 $55kg/m^2$。1995 年建成的黑龙江省速滑馆用以覆盖 400m 速滑跑道，其巨大的双层网壳结构由中央柱面壳部分和两端半球壳部分组成，轮廓尺寸 86.2m×191.2m，覆盖面积达 $15000m^2$，网壳厚度 2.1m，采用圆钢管构件和螺栓球节点，用钢指标 $50kg/m^2$。1997 年建成的长春万人体育馆平面呈桃核形，由肋环型球面网壳切去中央条形部分再拼合而成，体形巨大，如果将外伸支腿计算在内，轮廓尺寸达 146m×191.7m，网壳厚度 2.8m，其桁架式“网片”的上、下弦和腹杆一律采用方钢管，焊接连接，是中国第一个方钢管网壳。在网壳结构的应用日益扩大的同时，平板网架结构并未停止其自身的发展。广州白云机场机库、成都机场机库、首都机场机库等大型机库都采用平板网架结构。这些三边支承的平板网架规模巨大，且需承受较重的悬挂荷载，常采用较重型的焊接型钢或钢管结构，有时需采用三层网架；其单位面积用钢指标可达到一般公共建筑所用网架的一倍或更多。工业建筑中也普遍采用这种结构形式。1991 年建成的第一汽车制造厂高尔夫轿车安装车间面积近 8 万 m^2，平面尺寸 189.2m×421.6m，柱网 21m×12m，采用焊接球节点网架，用钢指标 $31kg/m^2$。它是目前世界上面积最大的平板网架结构。1992 年建成的天津无缝钢管厂加工车间面积为 6 万 m^2，平面尺寸 108m×564m，柱网 36m×18m，采用螺栓球节点网架，用钢指标 $32kg/m^2$，与传统的平面钢桁架方案比较，节省了 47%。

近年来，中国和全世界在水平跨建筑设计领域又创造出许多新的作品，建筑跨度的纪录不断被刷新，建筑形式也在不断创新之中。这里介绍几个其中最具代表性的作品。

中国国家游泳中心又被称为“水立方”，位于北京奥林匹克公园内，是北京为 2008 年夏季奥运会修建的主游泳馆，也是 2008 年北京奥运会标志性建筑物之一。工程占地 $62828m^2$，赛时建筑面积 $79532m^2$，建筑物檐口高度 31m，基底面积 177m×177m，标准座席17000个，其中临时座席约13000个，永久座席4000个。工程主体结构设计使用年限100年。“水立方”的建筑外围护采用新型的环保节能ETFE（四氟乙烯）膜材料，由3000多个气枕组成，覆盖面积达到10万m^2。这些气枕大小不一，形状各异，最大一个约$9m^2$，最小一个不足$1m^2$。墙面和屋顶都分为内外3层，9803个球形节点、20870根钢质杆件中，没有一个零件在空间定位上是完全平行的。“水立方”最大的设计特色是建筑中气泡和自由结构的加入，使得形体上的极端简洁与表现上的极端丰富愈发相得益彰，体现出东方思想与现代的契合。“水立方”膜结构，是世界上规模最大的膜结构工程，也是唯一一个完全由膜结构来进行全封闭的大型公共建筑。如图12-96、图12-97所示。

上海世博会日本馆，基地形状狭长而不规则，长向两端最长距离约为115.5m，宽

图12-96 水立方
（图片来源：http://www.nipic.com）

图12-97 水立方夜景
（图片来源：http://travel.fengniao.com）

度最大约为 60m，基地面积为 6448m^2。展馆主体为地上 2 层，局部 3 ~ 4 层。整个建筑由穹顶覆盖，穹顶结构与各层楼板结构各自独立。穹顶采用钢骨空间网架结构，外表面装饰材料为双层 ETFE 内充气膜。穹顶内为主要展示空间、多功能剧场及辅助空间，地下为地热架空层、雨水储存槽及泵房等。外部结构围护体系分为主网壳和小网壳，均采用单层钢结构网壳，网壳外覆 ETFE 膜。主网壳长 94.5m，宽 51.9m，高 23.85m，内设 6 根异形钢网壳柱支承。小网壳为椭圆形，网壳长 27m，宽 20m，高 11.5m。内部结构体系采用带支承的钢框架结构。框架结构总高度为 19.5m。如图 12-98 所示。

北京奥运会国家体育场，昵称鸟巢。跨度为 333m×297m，结构形式为微弯平板网架结构，结构特点为屋盖主体结构是两向不规则斜交平面桁架系组成的椭圆平面网架结构，网架外形呈微弯形双曲抛物面，由 24 榀门式桁架围绕体育场内部碗状看台旋转而成，屋盖支承在 24 根不等高的立体桁架柱上，柱距为 37.958m。如图 12-99、图 12-100 所示。

新加坡综合体育馆，用地面积为 35hm^2，跨度达到 310m。屋顶可以开合，以适应热带气候。建筑可容纳 55000 人，弯曲的穹顶是标志性的建筑结构形式。为了应对当地的热带气候，屋顶内部的面板可以滑动，当体育馆不需要使用时可打开屋顶，保持草地的良好状态。可移动的屋顶使用了半透明的 ETFE 塑料，其强度和隔热性能很好。建筑由 Arup, DPArchitects 和 AECOM 的工程师和建筑师联合设计。采用两对曲线形的脊桁架和四块三角形网壳组成人字形剖面的屋盖。体育馆平面为菱形，平面尺寸 200m×100m，支承在周边 58 根钢柱和两对内柱上，总覆盖建筑面积 13750m^2，用钢指标 86kg / m^2，1990 年建成。

该网壳采用地面和低空拼装，并设置三道绞线用千斤顶提升就位。在安装阶段，屋盖各部分之间的边柱上、下两端均为铰接。待施工完后再加以固定，这种由日本空间结构专家川口卫开发的所谓 Pantadome 施工法，曾经在西班牙巴塞罗那奥运会主体育馆网壳穹顶施工时采用。如图 12-101、图 12-102 所示。

图 12-98　上海世博会日本馆
（图片来源：http://www.chinadaily.com.cn）

图 12-99　北京奥运会国家体育场
（图片来源：http://www.seelvyou.com）

图 12-100　北京奥运会国家体育场夜景
（图片来源：http://www.nipic.com）

图 12-101　新加坡综合体育馆
（图片来源：http://design.yuanlin.com）

图 12-102　新加坡综合体育馆内部
（图片来源：http://www.soujianzhu.cn）

第 13 章　基础形式变化

建筑结构可以分为上部结构和下部结构，前面两章介绍的内容属于上部结构，地基设计中的内容属于土的范畴。基础是向上与上部结构相连、向下与地基相接的结构部分，其作用对于建筑而言非常重要。

13.1 基础的概念

13.1.1　基础的概念和作用

上部结构通过基础将荷载传递到地基中去，因此建筑结构的安全不仅取决于上部结构的安全储备，也取决于基础结构的安全储备。特别值得一提的是，上部结构如果出现小的损伤，尚可以修复，但如果基础结构一旦出现损伤，修复的难度极大。因此基础结构的安全储备要比上部结构更大一些。在《建筑结构可靠度设计统一标准》GB 50068—2001 中规定结构在规定的设计使用年限内应满足下列功能要求。

（1）在正常施工和正常使用时，能承受可能出现的各种作用；

（2）在正常使用时具有良好的工作性能；

（3）在正常维护下具有足够的耐久性能；

（4）在设计规定的偶然事件发生时和发生后，仍能保持必需的整体稳定性。

对基础结构而言，则具体表现为必须有足够的强度、足够的刚度和良好的耐久性。在基础上既要考虑上部结构的影响，又要考虑到地基的影响，只有综合考虑上下两方面因素，才能使基础设计安全可靠。

13.1.2　上部结构与基础地基的共同作用

在结构设计中常规方法将上部结构与地基基础作为彼此分开、各自独立的结构单元进行考虑。在上部结构计算中，不考虑地基基础的刚度，将基础作为上部结构的固定端，将上部结构的底部荷载直接加载到基础上。在验算地基承载力和变形时也忽略了基础和上部结构的刚度，并假设基底反力直线分布。这种分析方法的问题在于，首先忽略了上部结构与地基、基础三者在荷载作用下的变形连续性，实际情况是三者相互联系成为整体共同作用，承担荷载并发生变形。同时，这三部分依照各自的刚度，对变形产生相互制约作用，从而使整体结构的内力和变形发生变化。其次，这种方法往往造成上部结构内力偏小，基础内力偏大的问题。

共同作用分析方法是将上部结构和地

基基础三者看作整体，在满足静力平衡条件的同时，还要满足三者接触部位的变形协调条件。利用共同作用来分析三者的内力和变形。基础在荷载作用下发生挠曲是进行共同作用分析的条件，由于基础和上部结构刚度的影响，当基础承受的荷载逐步加大时，其挠曲变形的速度会逐渐变慢。考虑基础和上部结构共同作用，使基础的整体挠曲和弯曲应力减小，这部分作用将由上部结构承担。因此，在分析上部结构时，这部分作用不能被忽略。与此同时，地基附加反力的大小与基础的抗弯刚度和挠曲变形有关。基础的挠曲变形越大，则地基附加反力越大。硬土与软土地基相比，软土地基使基础产生较大的挠曲变形，需要比较大的基础和上部结构刚度与之配合，确保整体结构的安全，因此硬土地基对结构设计更为有利。

13.1.3 地基处理

为了实现上部结构与地基基础的共同工作，当天然地基不能满足建筑物对地基强度与稳定性和变形的要求时，常采用各种地基加固、补强等类基础措施，改善地基土的工程性质，以满足工程要求。这些要求统称为地基处理。

工程上常需要处理的土类包括以下几种：淤泥及淤泥质土、粉质黏土、细粉砂土、砂砾石类土、膨胀土、黄土、红黏土以及岩溶等。处理方法不尽相同。

淤泥及淤泥质土简称为软土，大部分是饱和的，孔隙比大于1，抗剪强度低，压缩性高。当天然孔隙比 $e \geqslant 1.5$ 时，称为淤泥；$1.5>e \geqslant 1$ 时，称为淤泥质土。这类土比较软弱，天然地基的承载力较小，易出现地基局部破坏和滑动；在荷载作用下产生较大的沉降和不均匀沉降，以及较大的侧向变形且沉降与变形持续的时间很长，甚至出现蠕变等。

粉细砂、粉土和粉质土比淤泥质土的强度要大，压缩性较小，可以承受一定的静荷载。但是在机器振动、波浪和地震等作用下可能产生液化、振陷，这类地基处理问题主要是抗振动液化和隔振等。

砂土、砂砾石等，这类土的强度和变形性能随着其密度的大小变化而变化，一般来说强度较高，压缩性不大，但透水性较大，这类土的地基处理问题主要是抗渗和防渗、防止流土和管涌等。

其他类土，其中黄土具有湿陷性，膨胀土具有胀缩性，红黏土具有特殊的结构性，以及岩溶易出现塌陷等。

地基处理主要目的与内容应包括：第一是提高地基土的抗剪强度，以满足设计对地基承载力和稳定性的要求；第二是改善地基的变形性质，防止产生沉降和不均匀沉降以及侧向变形等；第三是实现渗透稳定，防止渗透过大和渗透破坏等；第四是提高地基土的抗震性能，防止液化，隔振和减小振动波的振幅等；第五是消除黄土的湿陷性、膨胀土的胀缩性等。针对上述各类土的地基问题，根据土力学的原理，发展了多种地基处理技术与方法。根据不同地方的特点，采用不同的处理方法，下面介绍主要的地基处理方法。见表 13-1 所列。

地基处理方法 表 13-1

分类	处理方法	原理及应用	适用范围
碾压及夯实	重锤夯实、机械碾压、振动压实、强夯	利用压实原理，通过机械碾压夯击，把表层地基土压实；强夯则利用强大的夯击能，在地基中产生强烈的冲击波和动应力，迫使土通过动力固结密实	适用于碎石土、砂土、粉土、低饱和度的黏性土、杂填土等，对饱和黏性土应慎重采用
换土垫层	砂石垫层、素土垫层、灰土垫层、矿渣垫层	以砂石、素土、灰土和矿渣等强度较高的材料，置换地基表层软弱土，提高持力层的承载力，扩散应力，减少沉降量	适用于处理地基表层软弱土和暗沟、暗塘等软弱土地基

续表

分类	处理方法	原理及应用	适用范围
排水固结	天然地基预压、砂井及排水带预压、真空预压、降水预压和强力固结等	在地基中增设竖向排水体，加速地基的固结和强度增长，提高地基的稳定性，加速沉降发展，使基础沉降提前完成	适用于处理饱和软弱黏土层，对于渗透性极低的泥炭土，必须慎重对待
振密挤密	振冲挤密、沉桩振密、灰土挤密、砂桩、石灰桩、爆破挤密等	采用一定的技术措施，使土体的孔隙减少，强度提高；必要时在振动挤密的过程中，回填砂、砾石、灰土、素土等，与地基土组成复合地基，从而提高地基的承载力，减少沉降量	适用于处理松砂、粉土、杂填土及湿陷性黄土、非饱和黏性土等
置换及拌入	振冲置换、冲抓置换、深层搅拌、高压喷射注浆、石灰桩等	采用专门的技术措施，以砂、碎石等置换软弱土地基中部分软弱土，或在部分软弱土地基中掺入水泥、石灰或砂浆等形成加固体，与未处理部分土组成复合地基，从而提高地基承载力，减少沉降量	黏性土、冲填土、粉砂、细砂等，振冲置换法限于不排水强度 c_u>20kPa 的地基土
加筋	土木合成材料加筋、锚固、树根桩、加筋土	在地基或土体中埋设强度较大的土木合成材料、钢片等加筋材料，使地基或土体能承受拉力，防止断裂，保持整体性，提高刚度，改变地基土体的应力场和应变场，从而提高地基的承载力，改善变形特性	软弱土地基、填土及陡坡填土、砂土
其他	灌浆、冻结、托换技术、纠倾技术	通过特种技术措施处理软弱土地基	根据实际情况确定

在地基处理过程中要保证施工质量监测与控制，监视地基加固动态的变化，控制地基的稳定性和变形的发展，检验加固的效果，确保地基处理方案顺利实施。

13.2 浅基础形式

基础按其埋置深度划分为浅基础和深基础。一般埋深小于 5m 的基础为浅基础，埋深大于 5m 的基础为深基础。浅基础大多位于天然地基或人工地基上，有多种形式。对于每一幢建筑结构而言，选择哪一种基础形式，如何确定基础面积，取决于“上下”两个因素。所谓“上”，指的是上部结构形式及上部结构传至基础底面的荷载大小。所谓“下”，指的是地基的承载力和变形特性。式（13-1）提供了确定基础底面积的方法。

$$A \geqslant \frac{F_k+G_k}{f_a} \tag{13-1}$$

式中　A——基础底面积；

F_k——上部结构传至基础底面的竖向力值；

G_k——基础自重和基础上的土重；

f_a——修正后的地基承载力特征值。

从上式可以看出，同一幢建筑，上部荷载不变的前提下，作用在承载力不同的土层，其基础面积会有差别。举例而言，同一幢房子建在松软的土上和建在坚硬的岩石上，其基础面积肯定不同，导致基础形式也随之不同。这是土对基础结构的影响。从另外一个角度分析，针对同一土层而言，其承载力是一定的，即 f_a 的取值不会改变。则对不同的结构，由于其荷载不同，结构形式不同，为满足承载力要求，则需要调整基础面积。随着上部结构荷载增加，基础面积不断增大，基础形式也随之改变。

13.2.1　独立基础

当上部结构为框架结构，荷载不太大的时候，可以采用柱下独立基础，其形式如图 13-1 所示。

独立基础比较适用于中心受压的受力状态，当柱根部有弯矩作用时，一般在设计中会在独立基础之间加设拉梁，依靠拉梁承担弯矩作用。在有些设置地下室的建筑中，拉梁之间还会有一块底板，以解决建筑物地下室防水防潮的问题。

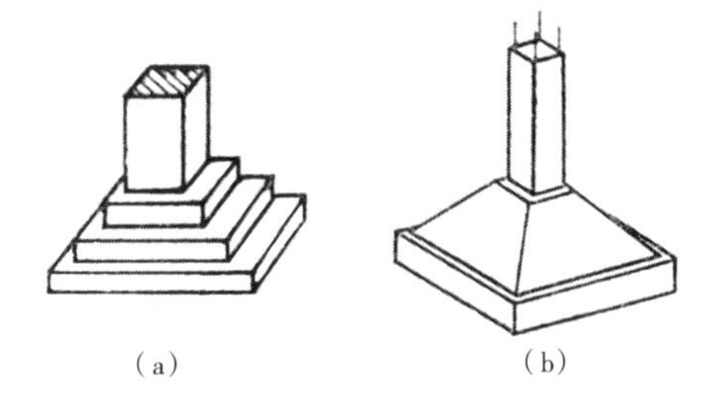

图 13-1 独立基础
（a）柱下阶梯形基础；（b）柱下锥形基础
（图片来源：《土力学基础工程》唐业清等）

对于基底压力小或地基承载力高的六层以下民用建筑，还可以采用刚性基础。刚性基础多采用砖、毛石、灰土及混凝土为材料。如图 13-2 所示。只要 α 角不大于基础材料的刚性角限值 $[\alpha]_{max}$，就能保证在基础内产生的拉应力和剪应力不超过材料的容许抗拉和抗剪强度，如图 13-3 所示。从而使上述建筑材料发挥抗压强度高的特点，同时又不会因抗拉和抗剪强度低出现破坏。这种基础挠曲变形很小，故称刚性基础。刚性基础台阶宽高比容许值可参见表 13-2 的规定。

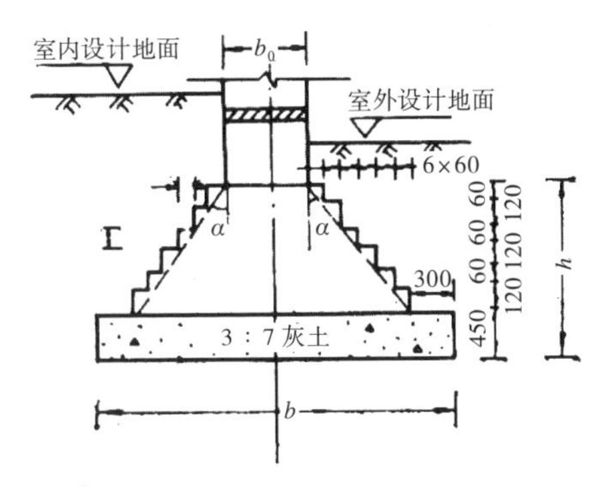

图 13-2 刚性基础构造
（图片来源：《土力学基础工程》唐业清等）

13.2.2 联合基础

当上部结构两根柱子距离较近时，可以将两个独立基础合并，设计成为联合基础。如图 13-4 所示。在设计联合基础时，要尽量使基础的形心和柱荷载的重心重合，否则将在基础上增加一个附加弯矩作用。

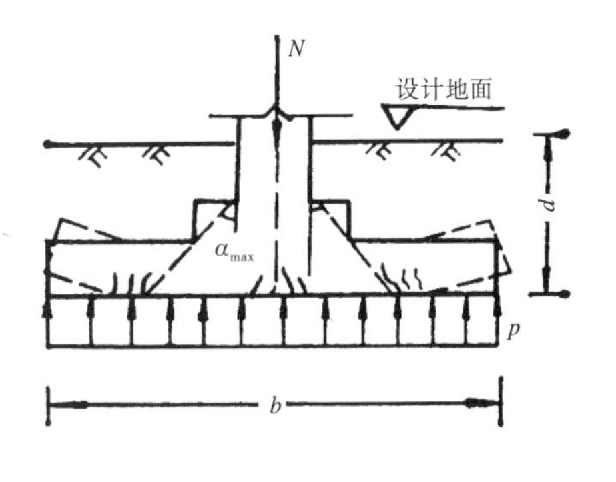

图 13-3 刚性基础受弯破坏
（图片来源：《土力学基础工程》唐业清等）

刚性基础台阶宽高比容许值　　表 13-2

基础名称	质量要求		台阶宽高比的容许值 $\left[\frac{b_i}{h_i}\right]_{max}$		
			$p \leqslant 100$	$100<p \leqslant 200$	$200<p \leqslant 300$
混凝土基础	C10 混凝土		1：1.00	1：1.00	1：1.25
	C7.5 混凝土		1：1.00	1：1.25	1：1.50
毛石混凝土基础	C7.5 ~ C10 混凝土		1：1.00	1：1.25	1：1.50
砖基础	砖不低于 MU7.5	M5 砂浆	1：1.50	1：1.50	1：1.50
		M2.5 砂浆	1：1.50	1：1.50	
毛石基础	M2.5 ~ M5 砂浆		1：1.25	1：1.50	
	M1 砂浆		1：1.50		
灰土基础	体积比为 3：7 或 2：8 的灰土，其最小干密度，黏质粉土 1.55t/m³，粉质黏土 1.50t/m³，黏土 1.45t/m³		1：1.25	1：1.50	
三合土基础	体积比为 1：2：4 ~ 1：3：6（石灰、砂、骨料），每层需铺 200mm，夯至 150mm		1：1.50	1：2.00	

注：1. p——基础底面处平均压力，kPa。
2. 阶梯形毛石基础的每阶伸出宽度不宜大于 200mm。
3. 当基础由不同材料叠合组成时，应对接触部分作抗压变化分析。

图 13-4　联合基础
（图片来源：《土力学基础工程》唐业清等）

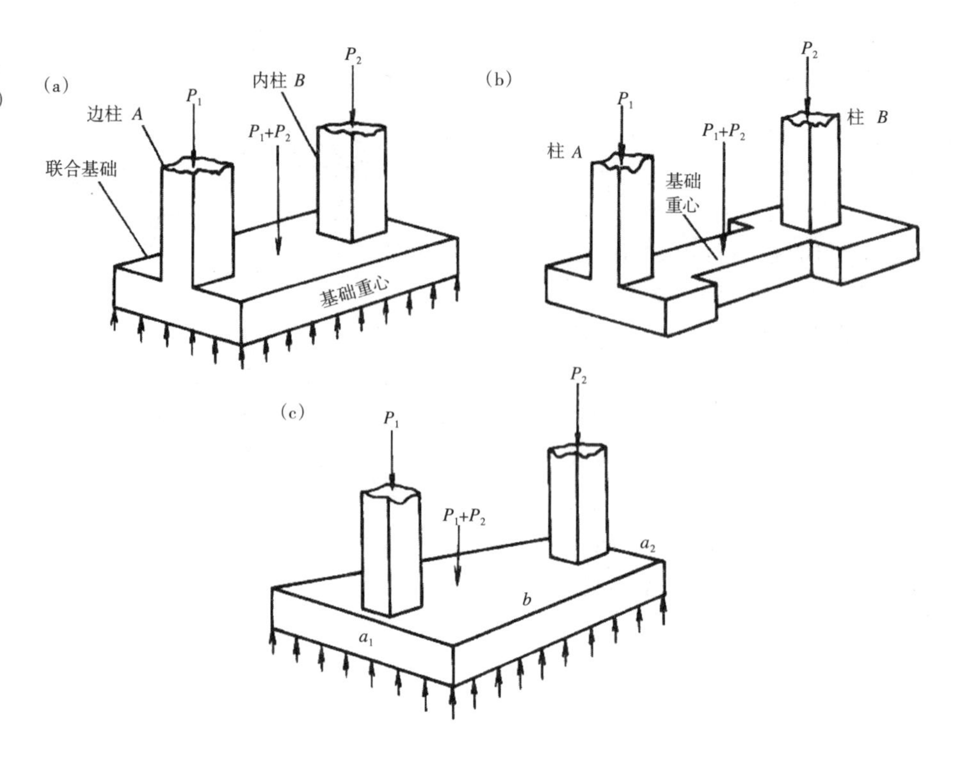

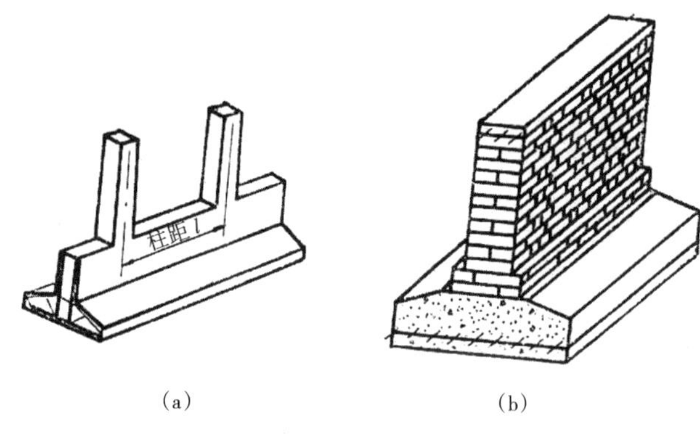

图 13-5　形基础
（图片来源：《土力学基础工程》唐业清等）

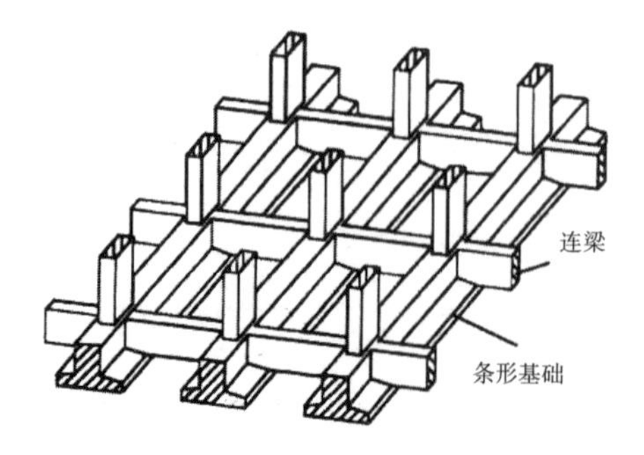

图 13-6　条形基础的连梁
（图片来源：《土力学基础工程》唐业清等）

13.2.3　条形基础

当上部荷载有一定增加，不论是框架结构还是墙结构，都可以采用条形基础，其形式如图 13-5 所示。若形象地进行比喻，条形基础好像是将一个个柱下独立基础联系起来。由式（13-1）可知，由于上部荷载加大，因此基础底面积也加大了。两种结构的基础形式设计方法基本相同，但是因为荷载分布不均，需要加强基础结构的刚度，调整变形，所以在条形基础之间加设连梁，如图 13-6 所示。连梁通常和基础分开，只起拉结作用。

13.2.4　交叉梁基础

当上部荷载继续增大时，可以采用交叉梁基础。其形式如图 13-7 所示。由于荷载增加，一个方向的条形基础底面不能满足承载力大小时，则可以设置交叉梁基础。另外，当地基在两个方向分布不均，需要基础在两个方向都具有一定刚度来调整不均匀沉降时，也可以采用交叉梁基础。交叉梁基础和条形基础之间设拉梁不同，交叉梁基础中两个方向都是基础结构的一部分。

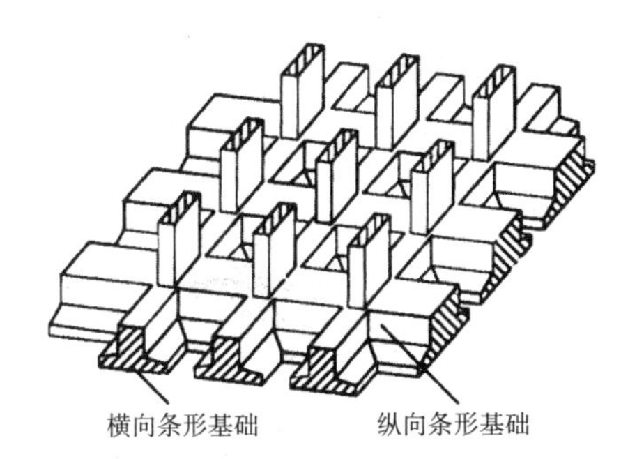

图 13-7　交叉梁基础
（图片来源：《土力学基础工程》唐业清等）

13.2.5　筏形基础

当上部结构荷载有显著增加，交叉梁基础在两个方向基底面积都增加。当增大到一定程度时，连成一片，则形成了筏形基础。筏形基础有两种形式：平板式和梁板式。平板式筏形基础为一块厚板，相当于无梁楼盖。梁板式筏形基础在柱之间设地梁，相当于梁式板。由底板、梁等整体组成。建筑物荷载较大，地基承载力较弱，常采用混凝土筏形基础，其整体性好，能很好地抵抗地基不均匀沉降。筏板形基础埋深比较浅，甚至可以做不埋深式基础。建筑物采用何种基础形式，与地基土类别及土层分布情况密切相关。高层建筑地下室通常作为地下停车库，建筑上不允许设置过多的内墙，因而限制了箱形基础的使用；筏板基础既能充分发挥地基承载力，调整不均匀沉降，又能满足停车库的空间使用要求，因而就成为较理想的基础形式。如图 13-8 ~图 13-10 所示。

图 13-8　梁板式筏形基础
（图片来源：http://www.fwxgx.com）

13.2.6　箱形基础

箱形基础是由钢筋混凝土的底板、顶板、侧墙及一定数量的内隔墙构成封闭的箱体，基础中部可在内隔墙开门洞作地下室。这种基础整体性和刚度都好，调整不均匀沉降的能力较强，可消除因地基变形使建筑物开裂的可能性，减少基底处原有地基自重应力，降低总沉降量。它适用于作软弱地基上的面积较小、平面形状简单、荷载较大或上部结构分布不均的高层建筑物的基础。在一定条件下采用，如能充分利用地下部分，则在技术上、经济效益上也是较好的。如图 13-11 所示。

图 13-9　平板式筏形基础
（图片来源：http://www.pmddw.com）

图 13-10　结构柱在筏形基础中生根
（图片来源：http://blog.sina.com.cn）

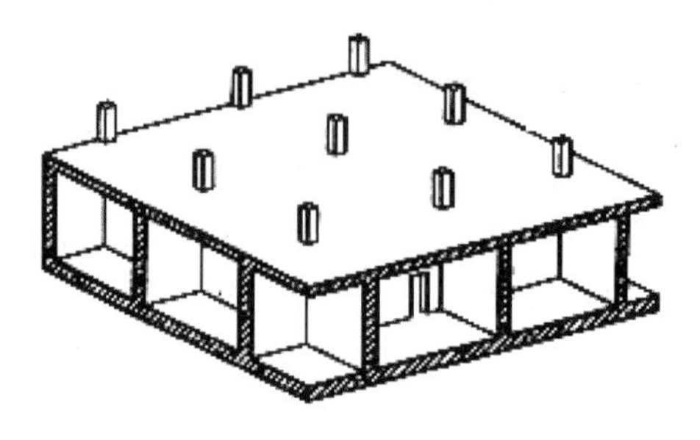

图 13-11　箱形基础示意
（图片来源：http://baike.sogou.com）

13.3 深基础形式

深基础是埋深较大，以下部坚实土层或岩层作为持力层的基础。其作用是把所承受的荷载相对集中地传递到地基的深层，而不像浅基础那样，是通过基础底面把承受的荷载分布于地基的浅层。因此，当建筑场地的浅层土质不能满足建筑物对地基承载力和变形的要求，而又不适宜采取地基处理措施时，就要考虑深基础方案。深基础主要有桩基础、地下连续墙和沉井沉箱等几种类型。

13.3.1　桩基础

桩是设置于土中的竖直或倾斜的柱形基础构件，其横截面尺寸比长度小得多，与连接桩顶和承接上部结构的承台组成深基础，简称桩基。承台将各桩连成一整体，把上部结构传来的荷载转换，调整分配于各桩，由穿过软弱土层或水的桩传递到深部较坚硬的、压缩性小的土层或岩层。桩所承受的荷载是通过作用于桩周土层的桩侧摩阻力和桩端地层的桩端阻力来支承的，而水平荷载则依靠桩侧土层的侧向阻力来支承。如图 13-12 所示。

桩的分类有很多方法，依照受力情况可以分为端承桩和摩擦桩。端承桩是指桩顶竖向荷载由桩侧阻力和桩端阻力共同承受，但桩端阻力分担荷载较多的桩，其桩端一般进入密实的砂类、碎石类土层。这类桩的侧摩阻力虽属次要，但不可忽略。摩擦桩是指桩顶竖向荷载由桩侧阻力和桩端阻力共同承受，但桩侧阻力分担荷载较多的桩。一般摩擦型桩的桩端持力层多为较坚实的黏性土、粉土和砂类土，且桩的长径比不很大。按照成桩方式又可以将桩分为预制桩和灌注桩。预制桩根据使用的材料不同，分为混凝土预制桩和钢桩。混凝土预制桩截面尺寸 300 ~ 500mm，桩长 25 ~ 30m。钢板桩多采用 H 型钢和钢管。H 型钢大多呈正方形，截面尺寸 200mm×300mm ~ 360mm×410mm，钢板厚度 9 ~ 26mm。钢管桩一般直径为 300 ~ 400mm，壁厚为6～50mm。灌注桩在设计桩位处成孔，放钢筋笼，再浇筑混凝土而成。截面一般采用圆形，也可以设计成直径在1m以上的大直径桩或扩底桩。

各类桩基础及施工，如图13-13～图13-21所示。

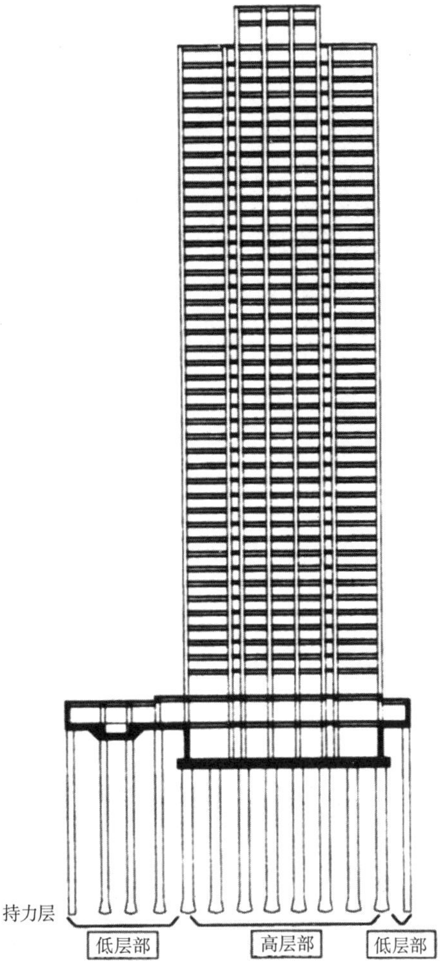

图13-12 桩基础
（图片来源：《建筑构造设计》日本建筑构造技术者协会）

13.3.2 地下连续墙基础

地下连续墙开挖技术起源于欧洲。它是根据打井和石油钻井使用泥浆和水下浇筑混凝土的方法而发展起来的，1950年，在意大利米兰首先采用了护壁泥浆地下连续墙施工，20世纪50～60年代，该项技术在西方发达国家及前苏联得到推广，成为地下工程和深基础施工中有效的技术。地下连续墙在地面上采用一种挖槽机械，沿着开挖工程的周边轴线，在泥浆护壁条件下，开挖出一条狭长的深槽，清槽后，在槽内吊放钢筋笼，然后用导管法灌筑水下混凝土，筑成一个单元槽段，如此逐段进行，在地下筑成一道连续的钢筋混凝土墙壁，作为截水、防渗、承重、挡水结构。这

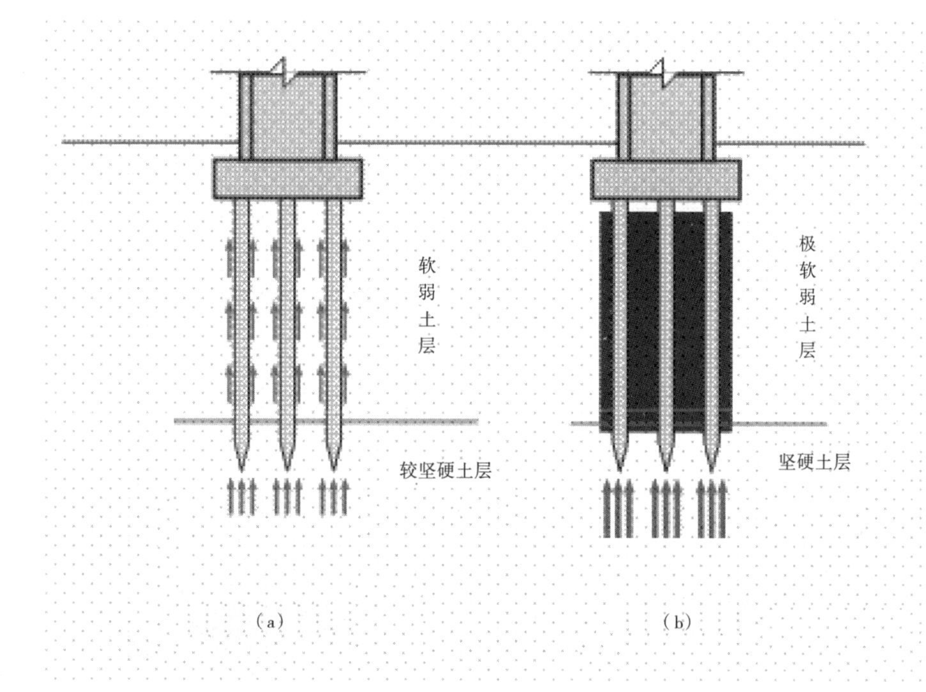

图13-13 摩擦桩和端承桩基础
（a）摩擦桩；
（b）端承桩
（图片来源：http://kczx.gzhu.edu.cn）

图 13-14　混凝土预制桩
（图片来源：http：//image.baidu.com）

图 13-15　混凝土预制桩施工
（图片来源：http：//zhuangshi.hui-chao.com）

图 13-16　钢板桩
（图片来源：http：//jingyan.baidu.com）

图 13-17　钢板桩施工
（图片来源：http：//detail.b2b.cn）

图 13-18　灌注桩
（图片来源：http：//www.r220.cc）

图 13-19　灌注桩施工
（图片来源：http：//www.hzmb.org）

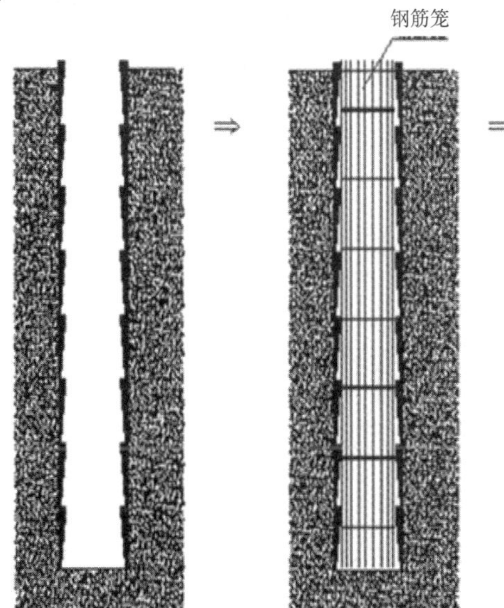

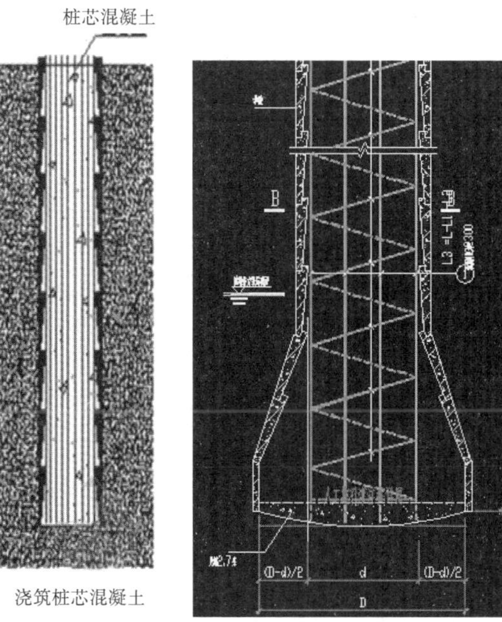

图 13-20　人工挖孔桩
（图片来源：http：//down6.zhulong.com）

图 13-21　扩大头人工挖孔桩
（图片来源：http：//www.fwxgx.com）

种方法的特点是：施工振动小，墙体刚度大，整体性好，施工速度快，可省土石方，可用于密集建筑群中建造深基坑支护及进行逆作法施工，可用于各种地质条件下，包括砂性土层、粒径50mm以下的砂砾层中施工等。适用于建造建筑物的地下室，地下商场，停车场，地下油库，挡土墙，高层建筑的深基础，逆作法施工围护结构，工业建筑的深池，坑和竖井等。

经过几十年的发展，地下连续墙的技术已经相当成熟，其中日本在此项技术上最为发达，已经累计建成了1500万m^2以上，目前地下连续墙的最大开挖深度为140m，最薄的地下连续墙厚度为20cm。1958年，中国水电部门首先在青岛丹子口水库用此技术修建了水坝防渗墙，到2013年为止，估计已建成地下连续墙120万~140万m^2。地下连续墙已经并且正在代替很多传统的施工方法，而被用于基础工程的很多方面。在初期阶段，基本上都是用作防渗墙或临时挡土墙。通过开发使用许多新技术、新设备和新材料，现在已经越来越多地用作结构物的一部分或用作主体结构，2003~2013年前后更被用于大型的深基坑工程中。如图13-22所示。

13.3.3 沉井基础

沉井基础是以沉井法施工的地下结构物和深基础的一种形式。事先在地表制作成一个井筒状的结构物，一般称沉

图13-22 地下连续墙施工
（图片来源：http://www.gdba.cn）

图13-23 沉井基础
（图片来源：http://cache.baiducontent.com）

图13-24 沉井基础施工
（图片来源：http://m.huangye88.com）

井，然后在井壁的围护下通过从井内不断挖土，使沉井在自重作用下逐渐下沉，达到预定设计标高后，再进行封底，构筑内部结构。广泛应用于桥梁、烟囱、水塔的基础；水泵房、地下油库、水池竖井等深井构筑物和盾构或顶管的工作井。如图 13-23、图 13-24 所示。技术上比较稳妥可靠，挖土量少，对邻近建筑物的影响比较小，沉井基础埋置较深，稳定性好，能支承较大的荷载。国内规模最大的桥梁沉井基础是江阴长江公路大桥锚锭的钢筋混凝土沉井，平面尺寸为 69m×51m，下沉 58m。世界上规模最大的桥梁沉井基础是日本明石海峡大桥，主塔的钢壳沉井，平面尺寸为 80m×70m 和 78m×67m，下沉 60m。

13.3.4 沉箱基础

沉箱基础是深基础的一种。沉箱是有盖无底，依靠自重或加重，随着挖土而能自沉的钢筋混凝土井筒。在有顶无底的箱形结构，即沉箱工作室作业，在顶盖上装有气闸，便于人员、材料、土进出工作室，同时保持工作室的固定气压。施工时，借助输入工作室的压缩空气，以阻止地下水渗入，便于工人在室内挖土，使沉箱逐渐下沉，同时在上面加筑混凝土。当其沉到预定深度后，用混凝土填实工作室，作为重型构筑物的基础。沉箱的平面形状可分为圆形、椭圆形和矩形。多用圆形模施工；井筒壁的下端有刃脚。人工在内部沿筒壁挖土，而由机械设备或半机械设备向井外弃土，有时需水下作业，如遇孤石阻碍下沉，尚需考虑爆破。随挖随沉，待地上浇筑的井筒混凝土强度达到要求时即可继续开挖；井筒自重不足时，应加钢轨、铁块或土袋，达到预定深度时即可封底。如图 13-25 所示。

图 13-25 沉箱基础
（图片来源：http://www.sdhangwu.com）

结构设计方法的发展

每当看到地震之后房倒屋塌的场景，心里总是非常难过，时常会在心里问自己，什么时候才能够实现杜甫当年安得广厦千万间，大庇天下寒士俱欢颜的梦想，什么时候才能让建筑风雨不动安如山！为了这个梦想，太多的工程师们作出了巨大的努力。一个多世纪以来，通过现场调查、试验研究以及理论分析，结构设计能力不断提高。现在，建筑已经从被动地承受环境作用，发展到可以在承受外界作用的同时主动采取防御措施。建筑正在变得越来越强劲智能。结构设计已经从粗略假设精确计算阶段，演变成为结构模型精准合理，结构计算准确可行，构造措施有的放矢。研究的成果不仅表现在建筑体量跨度的发展，而且表现在结构设计规范的水平不断提高。工程师们的目标是让建筑变得更加安全。

第 14 章　结构设计方法

14.1 结构规范

规范是结构设计的重要准则，原因在于规范集中了很多学者与工程师的研究成果和设计经验，以及对历次震害调查的总结，因此结构工程师的工作离不开规范的指导。与此同时，规范本身也在不断进步之中，因此对于规范要能够知其然，更要知其所以然，才能够做到融会贯通，运用得当。这里介绍世界几种主要规范的状况。

14.1.1　欧洲结构规范

在欧洲，随着欧洲一体化的进程，欧洲各成员国从 20 世纪 70 年代开始着手实现设计规范一体化。1975 年，欧洲各成员国代表计划用 14 年时间制定并推动欧洲规范。1980 年，出现第一代欧洲规范。1989 年，欧洲结构规范委员会正式成立。1995 ~ 1998 年，欧洲预规范 ENV 正式出版。1997 ~ 2000 年，欧洲结构规范委员会重新整理 ENV，并准备转化为正式版本 EN。2002 年，第一部分欧洲结构规范（EN1990）出版。2003 年，欧洲委员会建议各国接受欧洲结构规范。2007 年，出版了所有的 58 册欧洲结构规范。2010 年，欧洲大范围采用欧洲结构规范，撤出与之相抵触的原各国规范内容。欧洲规范有着逻辑性很强的结构体系，其中包括：

EN1990 Eurocode0：设计基础

EN1991 Eurocode1：作用在结构上的荷载

EN1992 Eurocode2：混凝土结构设计

EN1993 Eurocode3：钢结构设计

EN1994 Eurocode4：钢—混凝土组合结构设计

EN1995 Eurocode5：木结构设计

EN1996 Eurocode6：砌体结构设计

EN1997 Eurocode7：土工设计

EN1998 Eurocode8：结构抗震设计

EN1999 Eurocode9：铝结构设计

欧洲规范在制定的过程中，既考虑了统一性，又兼顾了各国的多样性。欧洲规范对于每个系统都给出了推荐值，同时结合各国情况又给出了具体调整系数。规范的编写非常注重理论性和科学性，集中了各国在各个领域的先进研究成果，具有很高的学术价值。

14.1.2　美国结构规范

1925 年美国加州发生的 Santa Barbara 地震促成了美国第一个带有建筑抗震内容的规范——《统一建筑规范》，《统一建筑规范》(Uniform Building Code, UBC) 于1927年出版。出版机构是建筑官员国际会议(International Conference of Building Officials, ICBO), 主要用于美国西部各州。这一阶段的地方性抗震规范除了上述的UBC之外, 又出现了NBC和SBC。国家建筑规范(National Building Code, NBC), 主要用于美国东北部各州, 由建筑官员与规范管理人员联合会(Building Officials and Code Administrators, BOCA) 出版。标准建筑规范(Standard Building Code, SBC), 主要用于美国中南部各州, 由南方建筑规范国际委员会(Southern Building Code Congress International, SBCCI) 出版。这两本规范在技术上并不先进, 主要采用了ASCE 7国家规范中的建议性条文。

而与此同时, UBC在美国加州结构工程师协会(Structural Engineers Association of California, SEAOC) 的技术支持下蓬勃发展。SEAOC于1959年出版了它的第一版蓝皮书, 即《推荐侧向力条文及评注》(Recommended Lateral Force Provisions and Commentary) 并坚持修订。SEAOC下设的应用技术委员会(Applied Technology Council, ATC) 于1978年出版的ATC 3-06也成为日后各种抗震规范的重要参考。

在这一阶段的后期, 美国从20世纪70年代中期开始, 联合NSF、NIST、USGS和FEMA等四家机构, 展开了一项"国家减轻地震灾害计划"(National Earthquake Hazards Reduction Program, NEHRP), 并于1985年出版了第一版NEHRP Provision, 并坚持修订。NEHRP Provision中的一些规定逐渐被ASCE 7采纳, 进而反映在NBC与SBC中。然而与此同时, UBC坚持在SEAOC的支持下独立发展, 是一个相对独立的阵营。

20世纪末, 美国人看到了将抗震规范统一起来的必要。1995年, UBC、NBC与SBC三本规范的编制机构成立了国际规范协会ICC(International Code Council), 开始推动规范的统一。1997年, SEAOC推出了最新版的UBC。同年, SEAOC与ASCE、ICC等机构合作编制了最新版的NEHRP Provision。2000年, 以1997 NEHRP Provision为基础的2000 IBC规范正式发布实施, 取代了UBC、SBC和NBC等规范, 从而使美国的建筑规范达到了统一。

IBC每3年修订一次, 目前最新版本是IBC(2006)。可以把IBC视为一个规范门户, 由它通向各个专门规范。在抗震设计方面, IBC大多引用了ASCE 7的内容。而ASCE 7也是一个针对各种结构形式的总规范, 只规定了设防目标、场地特性、设计地震作用、地震响应计算方法、结构体系与概念设计等通用的内容, 至于具体的构件性能需求与构件详细设计的内容, ASCE 7则援引到其他专门的规范, 如混凝土结构要求符合ACI 318的要求。因此, 统一后的抗震规范体系应该是"IBC-ASCE 7-ACI 318等专门结构规范"的链式体系。

因此, 目前美国的建筑抗震设计研究方法, 原则上可以从IBC(2006)着手, 但实际上IBC(2006)中关于抗震的内容集中在ASCE 7里面, 研究ASCE 7之后, 要具体了解某种结构体系是怎么设计的, 就要根据ASCE 7-05里面的Table 12.2-1去查找某一结构形式引用的具体规范。例如, 对于混凝土结构大多引用ACI 318, 因此需要再去研究ACI 318的内容。

14.1.3 日本结构规范

日本是中国的近邻,是一个多震的国家。日本学者和工程师长期以来致力于地震的研究和建筑结构抗震的研究, 取得了许多卓越的成果, 成为世界上在地震工程领域的领先者。这里会比较详细地介绍日本结构规范的情况, 使我们能够更加了解日本规范, 并从中学习日本学者的先进经验。日本的建筑抗震设计标准大致经历了三个阶段。

第一阶段:抗震设计基准的导入。

1923年, 关东大地震之后, 开始基于静态地震烈度的容许应力设计, 即根据静态地震烈度设计结构，其内力根据容许应力作为设计标准。设计基于弹性分析。

1924 年，修订市区建筑物法，导入抗震设计基准。其中，K=0.1 作为设计地震水平，容许应力采用材料强度的一半。

1950 年，实施建筑基准法，采用抗震设计基准设计方法。其中，K=0.2 作为设计地震水平，容许应力基本等于材料强度。

1964 年新潟地震和 1968 年十胜冲近海地震后，认识到应考虑结构最终的强度和延性以及非线性地震反应的设计必要性。

1971 年，修订建筑基准法与实施令，制定钢筋构造规定，为了增加延性，规定了钢筋间距。

1977 年，对于既有钢筋混凝土结构的建筑物制定了抗震鉴定标准与修复加固设计指南。

第二阶段：抗震诊断基准。对既有建筑抗震修复指针的规定，对新建筑抗震设计基准的修订。

1978 年，宫城县近海地震。

1981 年，修订建筑基准法与实施令。新的抗震设计方法考虑了最终强度、结构延性和非线性地震作用下的结构反应。

1995 年，阪神地震，对既有不满足抗震要求的建筑物，颁布了促进抗震修复加固的法律。

第三阶段：性能设计法导入抗震设计。

1998 年，根据性能化设计的损坏界限和安全界限，修订了建筑基准法与实施令。

2000 年，实施了修订建筑基准法。

2006 年，实施促进修订抗震修复的法律。

2007 年，实施修订建筑基准法。

日本规范抗震设计的原则基本涵盖四点：第一，建筑物在使用期限内能够承受偶然发生的中等强度的地震，并保证建筑物无损害；并且让建筑物在使用期限内遇到极少发生的强地震时保证不坍塌，并不会危及生命。小震不坏，大震不倒。第二，依据结构系统、房屋面积和高度等方面的差异，建筑物应当满足一个或多个结构要求。第三，根据结构要求的顺序形成了一个设计流程。第四，建筑物应当遵从建筑物基本法案，国土大臣知照，基础设施和交通法，建筑结构协会规定等的相关规定。

日本规范将建筑物的安全性分为四类：第一号建筑物是高度超过 60m 的建筑物，即超高层建筑物。第二号建筑物是高度低于 60m 建筑物中的大规模建筑物，一般高度超过 31m。第三号建筑物是高度低于 60m 建筑物中的中规模建筑物。第四号建筑物是以上三号以外的小规模建筑物，无需进行结构计算。

日本规范的抗震设计方法分两种：对于 60m 以下的建筑物，1981 年以前采用允许应力法或保有耐力计算法。其后采用极限耐力设计法，即性能设计法，直到 2000 年。从 2005 年开始采用能量平衡法。对于 60m 以上的建筑，采用弹塑性时程分析法。控制三个水准，其中水准 1 地震（地震速度 25cm/s）作用下层间位移角不大于 1/200。水准 2 地震（地震速度 50cm/s）作用下层间位移角不大于 1/100。水准 3 地震（地震速度 75cm/s）作用下层间位移角不大于 1/50。

日本规范关于地震作用的计算按照以下原则进行。地震作用按加速度反应谱和速度反应谱设计，其中小震的地震加速度约 80gal，建筑物加速度反应约 0.2g；大震的地震加速度约 400gal，建筑物加速度反应约 1.0g。对于大震情况下的地震动，并非一定要求对建筑物进行弹性设计，只是要求建筑物为满足延性应保持的水平承载力。小震大震均应进行结构计算分析。

日本规范对建筑物抗震设计规定为两个阶段，地震作用规定为两个等级。一次设计依照少有发生的中度地震动产生的地震作用，建筑物按允许工作应力计算，抗中小程度地震动不毁坏，维持功能。二次设计依照极少发生的最高级地震动产生的地震作用，建筑物保持水平承载能力，抗大的地震动不毁坏，确保生命安全。最高级是中度的 5 倍。

设计流程 1：

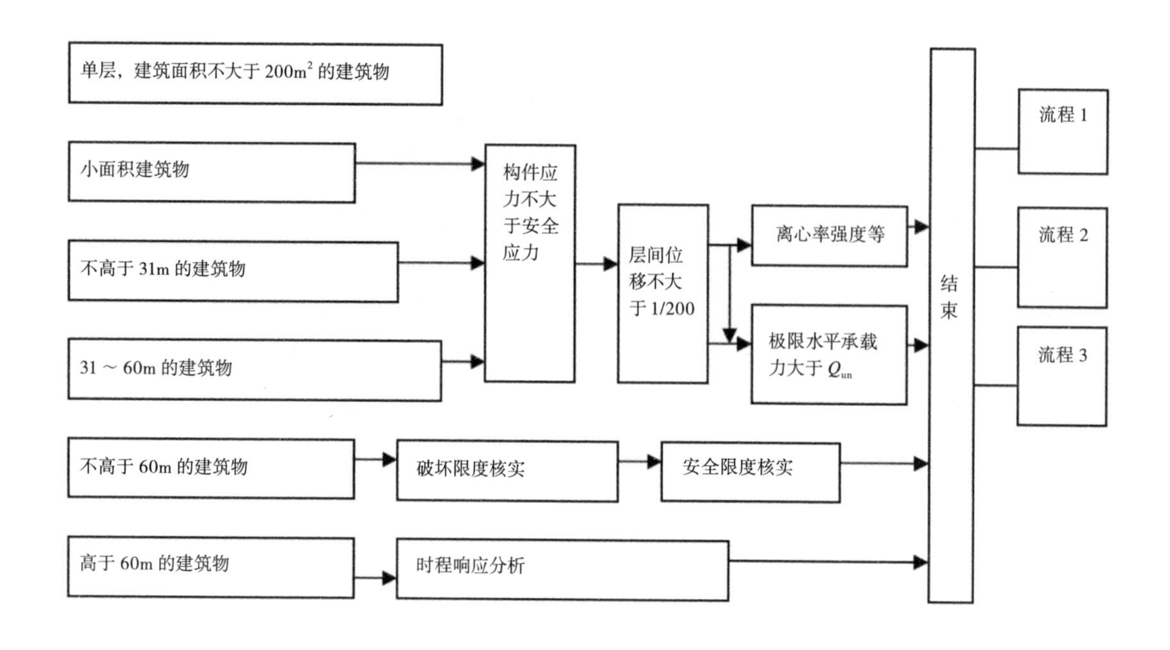
单层，建筑面积不大于 200m² 的建筑物
小面积建筑物
不高于 31m 的建筑物
31～60m 的建筑物
不高于 60m 的建筑物
高于 60m 的建筑物
构件应力不大于安全应力
层间位移不大于 1/200
离心率强度等
极限水平承载力大于 Q_{un}
破坏限度核实
安全限度核实
时程响应分析
结束
流程 1
流程 2
流程 3

设计流程 2：

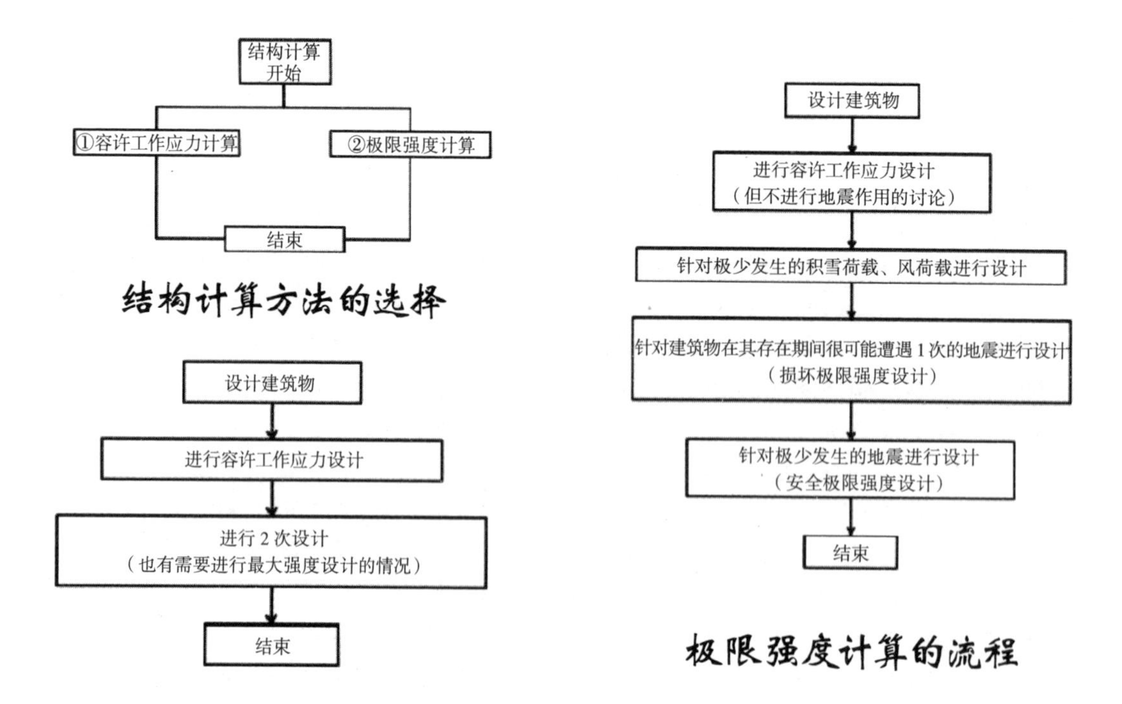
结构计算开始
①容许工作应力计算
②极限强度计算
结束
结构计算方法的选择
设计建筑物
进行容许工作应力设计
进行 2 次设计
（也有需要进行最大强度设计的情况）
结束
容许工作应力计算的流程
设计建筑物
进行容许工作应力设计
（但不进行地震作用的讨论）
针对极少发生的积雪荷载、风荷载进行设计
针对建筑物在其存在期间很可能遭遇 1 次的地震进行设计
（损坏极限强度设计）
针对极少发生的地震进行设计
（安全极限强度设计）
结束
极限强度计算的流程

设计流程 3：

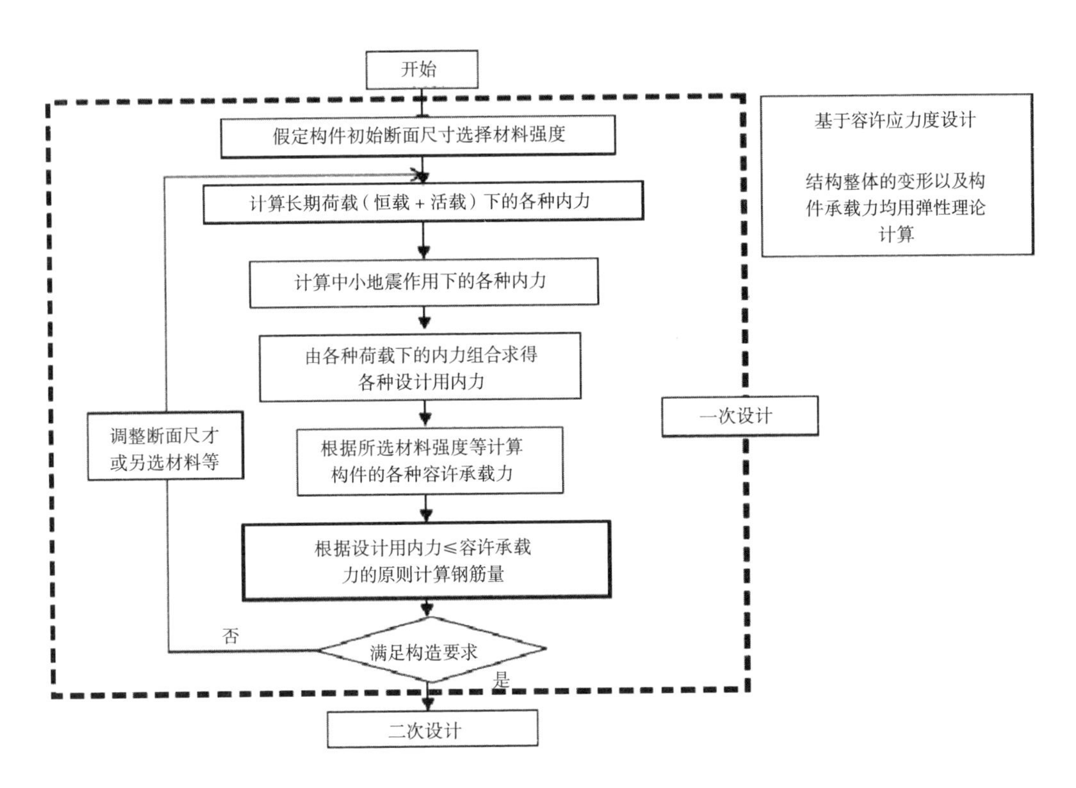
开始
假定构件初始断面尺寸选择材料强度
计算长期荷载（恒载＋活载）下的各种内力
计算中小地震作用下的各种内力
由各种荷载下的内力组合求得
各种设计用内力
根据所选材料强度等计算
构件的各种容许承载力
根据设计用内力≤容许承载
力的原则计算钢筋量
满足构造要求
否
是
调整断面尺才
或另选材料等
二次设计
一次设计
基于容许应力度设计
结构整体的变形以及构
件承载力均用弹性理论
计算

设计流程 4：

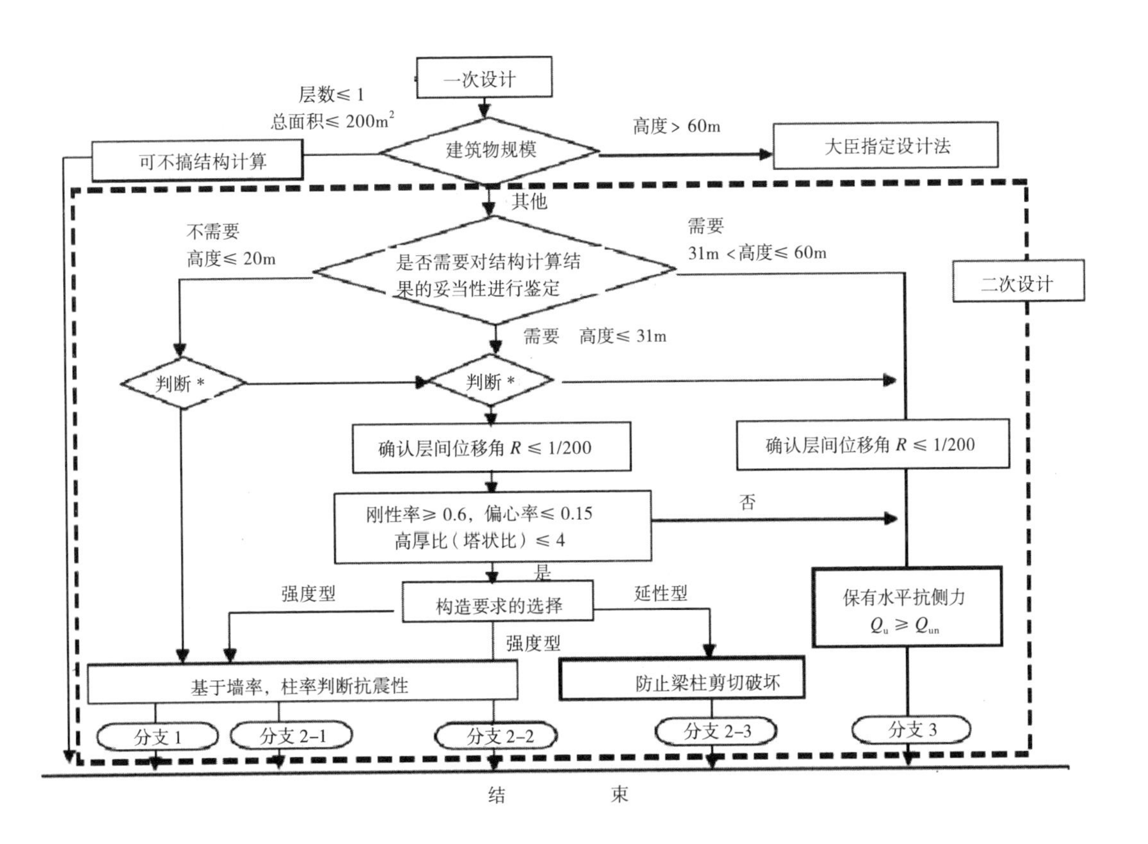
一次设计
层数≤ 1
总面积≤ 200m²
建筑物规模
高度＞60m
大臣指定设计法
可不搞结构计算
其他
不需要
高度≤ 20m
是否需要对结构计算结
果的妥当性进行鉴定
需要
31m＜高度≤ 60m
二次设计
需要　高度≤ 31m
判断＊
判断＊
确认层间位移角 R ≤ 1/200
确认层间位移角 R ≤ 1/200
刚性率≥ 0.6，偏心率≤ 0.15
高厚比（塔状比）≤ 4
否
是
强度型
构造要求的选择
延性型
强度型
保有水平抗侧力
Qu ≥ Qun
基于墙率，柱率判断抗震性
防止梁柱剪切破坏
分支 1
分支 2–1
分支 2–2
分支 2–3
分支 3
结　　束

14.1.4　中国结构规范

20 世纪 50 年代初，中国成立了专门的研究机构。由于强烈地震的复发周期很长，再加上经济条件的制约，在 1976 年 7 月 28 日唐山大地震以前，中国的建筑物都没有采取抗震措施。唐山大地震之前，中国只有《工业与民用建筑抗震设计规范（试行）》TJ11—74 这一部抗震规范。工程抗震的核心应该是用比较小的经济代价保证结构在强烈地震中不倒塌，确保人们生命、财产的安全。1975 年海城地震、1976 年唐山大地震以后，工程抗震研究受到了前所未有的重视，很多单位参与了地震灾害调查工作，并出版了一批地震灾害调查报告。惨痛的教训、严重的地震灾害推动了建筑结构的抗震研究和规范标准的制定。此后，中国建筑科学研究院主持对《工业与民用建筑抗震设计规范（试行）》进行了修订，并于 1978 年获得批准出版了共 4 章、44 页的《工业与民用建筑抗震设计规范》TJ 11—78。从《建筑抗震设计规范》GB 50011—2001 共 13 章、191 页，到《建筑抗震设计规范》GB 50011—2010 共 14 章、248 页。章节和页数的变化即可看出，中国工程抗震已经得到空前的发展。

《工业与民用建筑抗震设计规范》TJ 11—78 根据唐山大地震的灾后经验，在砖混结构房屋中提出了增设构造柱的要求。自此，中国开始了新建工程抗震设防的新阶段。该规范在执行 10 年左右后进行了全面修订，《建筑抗震设计规范》GBJ 11—89 开始实施，并首次提出了多目标、分层次的抗震设防目标。规范提出了 6 度区的建筑抗震设防的要求；提出了建筑的重要性分类概念，以基本烈度和建筑重要性分类共同确定设防标准；采用了 4 类场地分类；在地震作用计算中考虑了远、近震的影响。其中特别提出，多遇地震作用下要达到小震不坏的目标；设防烈度地震作用下要达到中震可修的目标；罕遇地震作用下要实现大震不倒的目标。这个三水平设防标准至今仍在沿用。

《建筑抗震设计规范》GB 50011—2010 总结了 2008 年汶川地震灾害的经验，在规范中增加了多层工业厂房、混凝土结构和钢支撑、钢框架组成的混合结构、大跨度屋盖建筑、地下建筑抗震设计及抗震性能化设计；扩大了隔震与消能减震房屋的适用范围。《建筑抗震设计规范》GB 50011—2010 对钢结构建筑的规定是：对甲类建筑、9 度时乙类建筑中的钢结构和高度大于 150m 的钢结构应进行弹塑性变形验算；对 7 度 III、IV 类场地，8 度时乙类建筑中的钢结构和高度不大于 150m 的钢结构宜进行弹塑性变形验算。也就是说，大部分建筑都可以不进行弹塑性变形验算。

多目标、分层次的抗震性能设计是目前国际上的发展方向。中国自《建筑抗震设计规范》GBJ 11—89 发布以来已经体现了该思想，其中包括三水平设防、两阶段验算和防倒塌的构造措施等。在小震作用下的弹性分析方法目前已经相对比较成熟，中震和大震作用下的分析方法虽然也已有不少研究，但不完善，更没有发展成为能与振型分解反应谱方法相提并论的标准化方法。大震不倒是建筑结构抵御地震的最后防线，在这方面的研究还有待提高。

14.2
结构计算

早期的结构分析工作完全依靠人工计算，随着计算机技术发展，计算速度越来越快，许多复杂问题得以解决。其中最重要的原因要归功于结构分析软件的进步。在软件的进步过程中，非常重要的环节是有限元软件的进步。

在 20 世纪 40 年代，由于航空事业的快速发展，对飞机内部结构设计提出了越来越高的要求，目标是重量轻、强度高、刚度好，人们不得不进行精确的设计和计算。

正是在这一背景下，有限元分析的方法逐渐发展起来。

早期的一些成功的实验求解方法与专题论文，完全或部分的内容对有限元技术的产生作出的贡献。首先在应用数学界发表的第一篇有限元论文是1943年Courant R.发表的*Variational Methods for the Solution of Problems of Equilibrium and Vibration*一文，文中描述了他使用三角形区域的多项式函数来求解扭转问题的近似解，由于当时计算机尚未出现，这篇论文并没有引起应有的注意。1956年，M.J.Turner（波音公司工程师），R.W.Clough（土木工程教授），H.C.Martin（航空工程教授）及L.J.Topp（波音公司工程师）等四位专家共同在航空科技期刊上发表一篇采用有限元技术计算飞机机翼的强度的论文，名为*Stiffness and Deflection Analysis of Complex Structures*，文中把这种解法称为刚性法（Stiffness），一般认为这是工程学界上有限元法的开端。1960年，R.W. Clough教授在美国土木工程师协会（ASCE）计算机会议上，发表另一篇名为*The Finite Element in Plane Stress Analysis*的论文，将应用范围扩展到飞机以外的土木工程上，同时有限元法（Finite Element Method）的名称也第一次被正式提出。

由此之后，有限元法的理论迅速地发展起来，并广泛地应用于各种力学问题和非线性问题，成为分析大型复杂工程结构的强有力手段。并且随着计算机的迅速发展，有限元法中人工难以完成的大量计算工作逐步由计算机来实现并快速地完成。因此，可以说计算机的发展很大程度上促进了有限元法的建立和发展。

1963年在加州大学Berkeley分校，Edward L.Wilson教授和R.W. Clough教授为了教授结构静力与动力分析而开发了SMIS（Symbolic Matrix Interpretive System），其目的是为了弥补在传统手工计算方法和结构分析矩阵法之间的隔阂。1969年，Wilson教授在第一代程序的基础上开发的第二代线性有限元分析程序就是著名的SAP（Structural Analysis Program），而非线性程序则为NONSAP。Wilson教授的学生Ashraf Habibullah于1978年创建了Computer and Structures Inc.（CSI），CSI的大部分技术开发人员都是Wilson教授的学生，并且Wilson教授也是CSI的高级技术发展顾问。而SAP2000则是由CSI在SAP5、SAP80、SAP90的基础上开发研制的通用结构分析与设计软件。同样是1963年，Richard MacNeal博士和Robert Schwendler先生联手创办了MSC公司,并开发第一个软件程序,名为SADSAM（Structural Analysis by Digital Simulation of Analog Methods），即数字仿真模拟法结构分析。1969年，John Swanson博士建立了自己的公司Swanson Analysis Systems Inc.（SASI）。其实，早在1963年John Swanson博士任职于美国宾夕法尼亚州匹兹堡西屋公司的太空核子实验室时，就已经为核子反应火箭作应力分析编写了一些计算加载温度和压力的结构应力和变位的程序，此程序当时命名为STASYS（Structural Analysis SYStem）。在Swanson博士公司成立的次年，早期的STASYS程序发布了商用软件ANSYS。1994年，Swanson Analysis Systems Inc.被TA Associates并购，并宣布了新的公司名称改为ANSYS。

1975年，在MIT任教的Bathe博士在NONSAP的基础上发表了著名的非线性求解器ADINA（Automatic Dynamic Incremental Nonlinear Analysis），而在1986年ADINA R&D Inc.成立以前，ADINA软件的源代码是公开的，即著名的ADINA81版和ADINA84版本的Fortran源程序，后期很多有限元软件都是根据这个源程序所编写的。

进入21世纪后，早期的三大软件商MSC、ANSYS、SDRC的命运各不相同，SDRC被EDS收购后与UGS进行了重组，其产品I-DEAS已经逐渐地淡出了人们的视线；MSC 自从 Nastran 被反垄断拆分后一蹶不振，2009 年 7 月被风投公司 STG 收购，前途至今还不明朗；而 ANSYS 则是最早出现的三大巨头中最为强劲的一支，收购了 Fluent、CFX、Ansoft 等众多知名厂商后，逐渐地塑造了一个体系规模庞大、产品线极为丰富的仿真平台。

从目前应用的情况分析，结构分析软件的应用情况大致如下。ETABS、SAP2000、SAFE、PERFORM-3D 等 CSI 系列是加州大学 Berkeley 分校开发的。其中 ETABS 是针对多高层建筑结构开发的。ETABS 对国内的软件行业起到了里程碑式的作用。ETABS 的出现让人们看到在计算中我们原来可以做到更多。ETABS 几乎涵盖了结构工程师的所有要求。SAP2000 则专注于空间结构，比如网壳类、桁架类、不规则结构等。和 ETABS 一样，SAP2000 对中国建筑结构领域软件的冲击也很大。SAFE 是专门进行楼板计算的。PERFORM-3D 是刚推出的一套软件，专注于动力弹塑性分析。

ANSYS、ABAQUS、NASTRAN、MARC、LS-DYNA 属于通用有限元软件，与设计软件不同的是，通用软件在结构计算上功能更强大，而且往往提供二次开发平台，对于高级用户而言具有更大的发挥空间。

MIDAS 是韩国的一套结构设计软件，是业内的后起之秀。可以进行多高层及空间结构的建模与分析，也可以进行中国规范校核。

STAAD PRO 和 ROBOT 应用不多。相比而言，STAAD 的应用可能更多一些，而且有中文版。这两款软件都是可以进行任何结构体系计算及多高层和空间结构的计算与分析。EASY、Forten 是两款索膜结构计算软件。

PKPM 是国内软件中拥有用户最多的。对于多高层结构特别好用，可以实现一些空间结构的建模与分析，其最大的优点就是可以很快地配筋并出图。

建筑结构分析中，建立模型的过程是非常重要的。其中涵盖对实际建筑的必要简化、结构计算单元的选取、支座形式的选取以及荷载的确定。没有精准的结构模型，单纯强调计算分析，常常是劳而无功，甚至会适得其反。对于复杂工程也可以通过采用几种不同的软件进行分析，以达到既准确又实用的目的。同时，对于计算结果的分析也非常重要。只有确实搞清楚计算结果的数据含义，才能准确把握结构的反应，才能有效地运用计算结果。

总之，在工程设计中需要分析结构的特点，确立相应的模型，并辅之以适当的结构分析软件。只有这样，设计才能尽可能减小分析结果的误差，满足结构的安全储备，使结构分析结果的可靠性得到保证。

14.3 构造措施

世界各国设计规范对一般结构的抗震设计都采用延性设计的思路，也就是采取建筑物比设防水准偏低的地震作用进行构件的截面设计，利用延性能力和滞回耗能能力来抵抗更高水准的地震作用。这要求结构在大震作用下通过弹塑性变形耗散地震能量，并保持整体性。结构构造措施即是保证结构具有延性、适应地震作用位移和变形的措施。因此，构造措施与设计地震作用合理配合极为重要。构造措施并非通过计算得到，更多的是从历次地震震害调查和结构试验过程中总结而来的。例如，根据唐山地震的经验，在砌体结构设计中增加了圈梁和构造柱等构造措施，对砌体结构抗震产生了非常重要的影响。中国规范强调在设计中要做到，强柱弱梁，强剪弱弯以及强节点强锚固，都是重要的构造措施原则。根据这些原则，在具体的构造设计中有很多具体的方法。例如，梁端柱端采取的箍筋加密措施，剪力墙的端部构造，楼层标高处的暗梁构造，扁梁节点的加腋措施，偏心节点的构造措施等。

对比中国《混凝土结构设计规范》GB 50010—2010，美国《混凝土结构设计规范》ACI318-02，ACI318M-05，欧洲《混凝土结构设计规范》EN1992-1-1：2004，发现在结构伸缩缝尺寸、混凝土保护层厚度、钢筋连接锚固等方面的构造要求有一些差异。通过比较发现，欧洲规范规定最详细，同时欧洲规范考虑相关因素较多，计算也比较复杂。中国规范则相对简单一些。美国规范对钢筋配筋率的要求比较高，通过配筋即能满足一些构造要求。从比较中认识到，构造措施对于结构的受力性能，特别是对结构抗震性能有很大的影响，这也是在结构设计中非常重要的一点。

在结构设计过程中，工程师们对于结构计算和构造措施必须保持同样的重视程度。而且对于构造而言，还要深入现场，认真研究工法，以保证构造措施得到有效落实，使其在受力过程中确实发挥作用。

第 15 章　结构抗震概念设计

从有记载以来，历次大地震造成人员伤亡和经济损失，主要是由于房屋工程设施倒塌破坏所造成的。因此有人说“造成伤亡的原因是建筑物而不是地震”。正是通过一次次惨痛的教训，人们对房屋的抗震设计有了从浅到深的认识。地震作用分析已经从静力法过渡到振型分解法，再进步到时程分析方法，今天已经开始用弹塑性理论分析地震作用下的结构变形和内力。从历次震害中，工程师们也积累了丰富的构造知识。

世界上一些大城市先后发生了若干次大地震，有的震中就在城区中心，通过震害分析对高层建筑的破坏规律逐步有了更多的认识，从而推动了科研工作，并取得了抗震设计经验。

1963 年前南斯拉夫司考比地震证明框剪结构抗震性能有明显的优越性，即使是无配筋的剪力墙，墙虽开裂但框架完好。

1964 年美国阿拉斯加地震，有些十几层高的剪力墙结构遭受破坏，有洞口剪力墙的洞口梁均有破坏，凡是洞口梁发生破坏的，墙身则完好。首层墙身有斜向裂缝，施工缝处多有水平错动。证明底层和施工缝处是剪力墙的薄弱部位，而洞口梁的破坏对墙肢起到了保护作用。

1967 年委内瑞拉加拉加斯地震，对倾覆力矩的作用表现出强烈反应。有些框架柱由于倾覆力矩产生的压力将柱压坏。有一栋 11 层旅馆，下部 3 层为框架，上部为剪力墙，下部 3 层的柱顶均发生剪压破坏。主要原因由于轴力大、延性低。震害还说明建筑外形的高宽比较大时，特别是大于 5 时，对倾覆力矩的作用更要注意。

1968 年日本十胜冲地震，许多 2 ~ 4 层的钢筋混凝土结构破坏，对剪力墙的设置数量提出了必要墙数量的规定。短柱的破坏引起重视，从而开展了对短柱的大量试验研究工作。

1971 年美国圣费尔南多地震，首层空旷、刚度突变的结构破坏严重。6 层楼的橄榄景医院，一至二层为框架结构，二层以上为剪力墙结构，上下刚度相差 10 倍，框架柱发生严重破坏，配有螺旋箍筋的柱表现良好。用坚实材料砌筑的填充墙对框架起不利作用，其对柱产生附加轴力，对梁柱节点增大剪力。

1974年马那瓜地震，再一次证明双肢剪力墙的洞口梁屈服，会对墙肢起保护作用。提出了洞口梁抗弯不要太强但要保证其受剪承载力的设计方法。此外还说明剪力墙的设置对减轻非结构构件及设备系统的震害起重要作用。

1975年日本大分地震，长、短柱合用的框架破坏严重。此外剪力墙沿对角线开洞非常不利。

1976年中国唐山地震又一次证明框剪结构在防止填充墙及建筑装修破坏方面比框架结构有明显的优越性。由砌砖填充墙形成的短柱，也遭受严重破坏。柱端、节点核心、角柱及加腋梁的变截面处是框架结构的主要破坏部位。

1979年美国加州爱尔生居地震，柱在首层埋入地面处破坏，说明地面的约束作用不能忽视。

1985年墨西哥城地震，梁、柱截面过小而且超量配筋造成框架倒塌，无梁平板及双向密肋板结构由于发生冲剪，破坏严重。

1995年阪神地震再一次证明避免底部软弱层及防止中间层刚度、承载力突变的重要性。

1999年中国台湾921地震大量柱端及底层墙、柱发生破坏，导致倒塌，说明加强预期塑性铰部位的承载力和构造的重要性。

2008年中国汶川地震，大量房屋倒塌，说明结构整体稳固设计和抗倒塌设计的重要性。

在这样的背景下，提出结构抗震概念设计的观点，意味着从平面布置和立面造型入手，使建筑物成为合理的受力体系。抗震概念设计包括三个方面含义：第一，明确抗震设计原则，即针对不同的阶段、不同的水准有不同的设防目标。第二，在建筑平面布置和体形设计过程中，选择合理的受力体系。第三，对建筑物的关键部位和薄弱部位进行分析，从而保证在地震发生时，能控制其破坏形态。

15.1 抗震设计原则

对地震作用分析和抗震设防标准，各国不尽相同。中国抗震设计规范对于一个地区可能遭受的地震分为、小震，即多遇地震；中震，即基本烈度；大震，即罕遇地震。与此同时，提出建筑物抗震设防的目标为：小震不坏，大震不倒，中震可修。三个水准的目标通过两个阶段的设计方法予以满足。

首先是小震作用分析。在这个阶段要按小震效应和其他荷载效应的基本组合验算结构构件的承载能力。同时用弹性刚度验算结构的变形，在满足承载力和刚度要求的同时，还要保证非结构构件不发生破坏或产生轻微破坏而不影响使用。因为非结构构件破坏也会影响建筑物正常使用和造成人员伤亡。

其次是中震作用分析。当建筑遭受相当于本地区抗震设防烈度的地震影响时，可能损坏，经一般修理或不需修理仍可继续使用。要求建筑结构具有相当的延性能力，即变形能力。不发生不可修复的脆性破坏，用结构延性设计来解决相应的问题。

第三是大震作用分析。在这个阶段要求维持结构承载力不降低，通过结构延性变形来达到耗能的目的。对钢筋混凝土结构而言，主要由不同等级的抗震措施来保证。但是变形过大，建筑物会被自重压垮，因此要控制大震作用下的位移，保证主体结构裂而不倒、非结构构件不脱落等。

目前抗震设计方法是基于承载力而不是位移，其原因与抗震研究历史上的发展演变有关。1930年以前很少有建筑会进行抗震设计与防护。20世纪20年代和30年代早期发生了几次重大的地震，包括日本在1925年发生的东京大地震；美国在1933年发生的长滩大地震；新西兰在

1933年发生的纳皮尔大地震。之后发现，那些经过抗侧力风荷载作用设计的结构要比没有的结构在地震中的表现好。结果，设计规范开始规定在地震活跃区的结构要进行抗侧力设计，比如规定取值为建筑重量的10%，不考虑结构周期，作为侧向作用来设计。

1940年代和50年代，结构动力特性的重要性逐渐被人认识，使大多数抗震规范在60年代前采用了以周期作为参量的设计抗侧力。同样，1960年代随着对结构的地震响应或称地震反应认识的提高，和非弹性时程分析方法的建立，发现许多结构在地震中幸免，而它们受到的作用却要比其强度大出许多倍，这引起了注意，并导致了延性概念的产生，来配合这种显然不必达到必需的强度就可以在地震中幸免的现象。延性和作用力折减系数的关系，比如像等位移原则（一般应用于中等周期或者长周期结构）、等能量原则（更适合短周期结构），在适合的侧向力设计水准方面得到了发展。

1970年代和80年代，很多研究内容指向了对不同结构体系的延性能力的确定。延性的考量成为设计中很基础内容的一部分，一些重要的教科书也在60年代和70年代期间完成，其中包括纽马克和罗森布卢斯在1966年的著作；帕克和鲍雷在1976年的著作等。直到现在，这些书籍也依旧是抗震设计中具有基础哲理和思辨性的书籍。为了对延性能力进行量化，进行了大量的试验性和分析性的研究来测定在循环位移下不同结构体系最大安全位移。这也许可以被看作是从基于承载力向位移的第一次转变的尝试。“要求强度（Required Strength）”是由作用力折减系数来确定的，而折减系数又影响着结构体系的延性能力和设计时选用的材料。尽管如此，设计过程依旧以“要求强度”来进行，若直接检视一番，位移能力的设计是设计流程的最后阶段。之后“能力设计”的概念得到引入，在帕克和鲍雷1976年的书中被予以诠释。首先确定意欲出现弯曲塑性铰的位置、不想出现塑性铰的位置和不愿见到的非弹性破坏形式，如剪切破坏。通过提高其抵抗强度的水准来确定。延性被认为要比位移能力更重要，尽管两者明显相关联。

近十多年的大地震表明，单一地以生命安全为抗震设防目标已被认为是不全面的。在美国和日本，性能设计方法的研究、开发和实施已提到日程上来。在美国，1989年Loma Preita地震，震级为6.9级（后定为7.1级），其能量释放仅为1906年旧金山地震（8.3级）的1/63，伤亡人数3000人，其中死亡65人。然而，经济损失很大。据估计，直接经济损失，主要是建筑物破坏重建的费用约80亿美元，间接经济损失超过150亿美元。其中包括城市设施功能破坏，失去就业机会等。1994年1月17日Northridge地震，震级仅为6.7级，经济损失约为200亿美元，这是一个震级不大，伤亡人数不多，但经济损失却很大的地震。日本1995年1月17日发生的阪神地震，震级为7.2级，经济损失达1000亿美元。1999年9月21日我国台湾集集地震，震级为7.2级，经济损失94亿美元。这是由于现代化城市发展，城市人口密度加大，城市设计复杂，经济生活节奏加快，这些因素都易受到地震影响而增加经济损失。因此在美国和日本，地震工程的专业人员和抗震防灾的决策人员认为，建立在单一水准设防目标上的抗震设计方法，已经不够了，应进一步考虑控制建筑和设施的地震破坏，保持地震时正常的生产、生活功能。因此，1992年加州结构工程师协会设立了Vision2000委员会，研究开发下一代性能设计规范，以及后来美国联邦应急管理机构（Federal Emergency Management Agency）组织ATC-33提出，对现有工程的鉴定加固要考虑性能目标的抗震设计要求。目前，中国规范也明确地提出了性能设计方法。

15.2 选择合理体系

15.2.1 结构平面布置

地震区的高层建筑设计，平面形状以方形、矩形、圆形为最好;正六边形、正八边形、椭圆形、扇形也比较好。其他复杂平面就要差一些。如图 15–1 所示。三角形平面虽然也属简单形状，但是，由于其沿主轴方向不全是对称的，地震时容易引起较强的扭转振动，因而不是地震区高楼的理想平面形状。墨西哥城的房屋平面多依场址形状而定，因而出现了不少三角形建筑。1985 年 9 月地震时，多数房屋因扭转振动而严重破坏。此外，带有较长翼缘的 L 形、T 形、十字形、U 形、H 形、Y 形平面，也不宜采用。因为这些平面的翼缘较长，地震时容易因发生图 15–2 所示的差异侧移而加重震害。1985 年 9 月墨西哥城地震后，墨西哥“国家重建委员会首都地区规范与施工规程分会”所提供的报告，对房屋破坏原因进行了分析，可以看出，拐角形建筑的破坏率高达 42%，由此可见这个问题的重要性 。

在平面设计中还有经常出现的两类问题，也会对整体结构抗震性能造成很大的影响。

第一类是平面内一端伸出尺寸过大，如图 15–3 所示。对于 $t/b>1$ 且 $t/d>0.3$ 的建筑物，当地震作用发生时，伸出部分的振动将使结构变得极为复杂，空间分析说明，当平面伸出较长，由于扭转及楼盖变形使三叉部分剪力墙处剪力比不考虑扭转及楼板变形可能增大一倍左右，在连接部位有显著的应力集中现象，加之楼梯和电梯对这些部位楼板的削弱，使其成为整幢建筑的薄弱环节。1958 年智利 SANANTONl0 地震，15 层的 Y 形平面钢筋混凝土塔楼在三叉体与中间核心筒交接处严重断裂。所以，对于平面不规则的建筑物，控制伸出部分的长度是非常必要的。另外，也可以通过设置连系梁的方法，如图 15–4 所示，减小各部分的自由变形，增加整体刚度，以达到抗震设计的目的。

第二类问题是设计中关于楼板的绝对刚性假定。在以往的计算分析中，都假设楼板在平面内是绝对刚性的，通过刚性楼板将竖向支承结构连接起来，因此楼层标高处

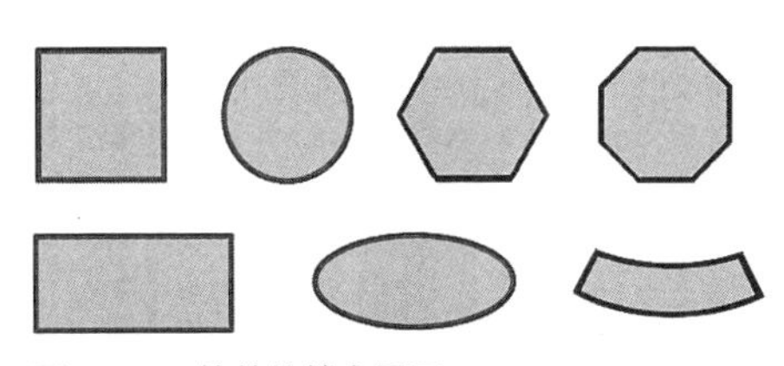

图 15–1　简单的楼房平面
（图片来源 :《建筑结构抗震设计与研究》胡庆昌）

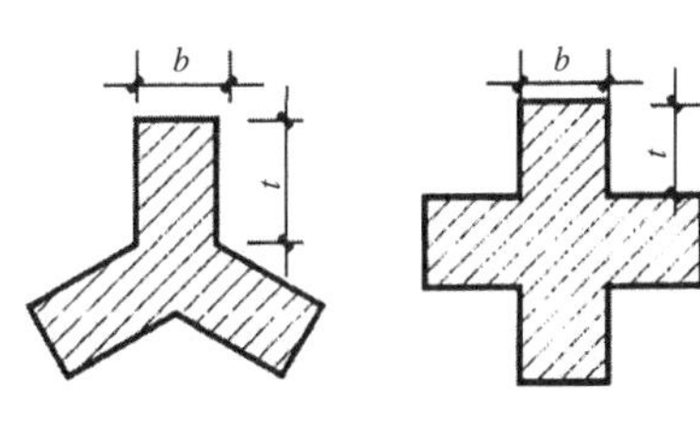

图 15–3　一端伸出过大示意
（图片来源 :《建筑结构抗震设计与研究》胡庆昌）

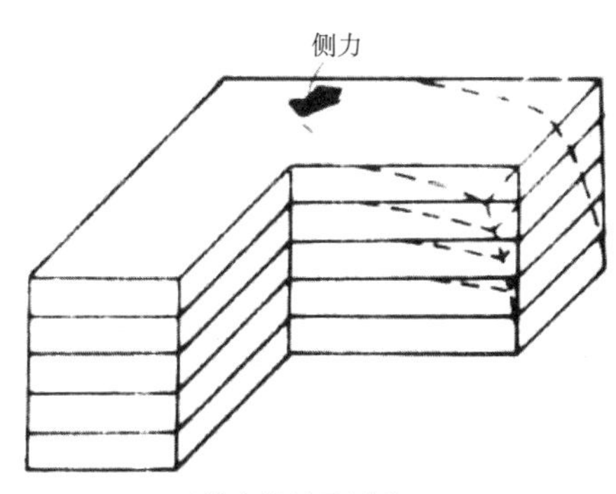

图 15–2　L 形楼房的差异侧移
（图片来源 :《建筑结构抗震设计与研究》胡庆昌）

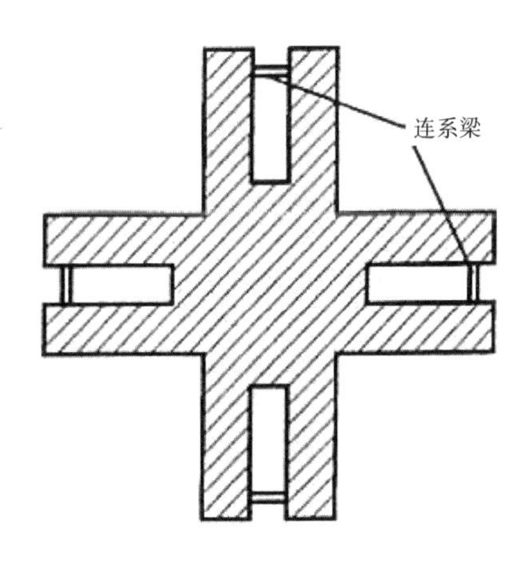

图 15–4　伸出端增加连系梁示意
（图片来源 :《建筑结构抗震设计与研究》胡庆昌）

结构刚度很大。但是地震作用会导致楼板产生平面内变形和翘曲。因此，在平面布置时应尽量保证楼板的整体性，使其具有较大的平面刚度，从而保证抗侧力构件变形协调。楼板上设置过大的洞口对楼板的刚度有比较大的削弱，会导致抗侧力构件变形不一致，从而产生严重的震害，甚至倒塌。控制楼板开洞面积，对提高结构整体刚度有极大帮助。

15.2.2 结构立面布置

地震区高楼的立面，也要求采用矩形、梯形、三角形、双曲线形以及锥形、截锥形等均匀变化的几何形状，尽量避免采用带有突然变化的阶梯形立面。如图 15-5 所示。因为立面形状的突然变化，必然带来质量和抗侧刚度的剧烈变化。地震时，该突变部位就会因剧烈振动或塑性变形集中效应而加重破坏。出于建筑风格的需要，下部向内收进的倒梯形楼房，在地震区使用就更不合适(图 15-6)。因为这种倒梯形楼房，在质量分布、刚度分布和强度分布上，均与抗震设计原则相背离。上部质量大，下部质量小，重心比一般楼房偏高，倾覆力矩增大。上部刚度大，下部刚度小，进一步增大了底层的相对薄弱程度。由上而下，楼层剪力是逐层递增，而楼层受剪承载力则是逐层递减。1960 年摩洛哥阿加迪尔地震，一座倒置的阶梯形楼房，上部几层全部坍塌。

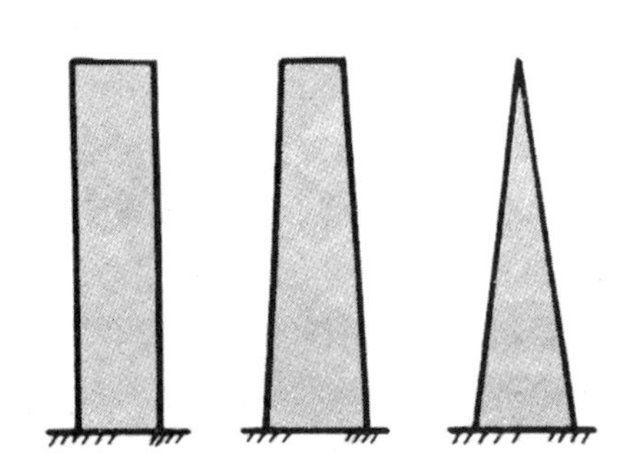

图 15-5 良好的楼房立面
(图片来源 :《建筑结构抗震设计与研究》胡庆昌)

在立面设计中还要特别注意刚度和承载力不连续的问题。刚度和承载力沿高度不连续，形成薄弱层，造成严重震害。中国建筑抗震设计规范、美国加州规范和日本规范都规定了楼层刚度变化率界限。在承载力方面，中国规范以屈服强度系数来判别。在历次地震中，那些存在明显薄弱层的建筑都遭到破坏。近来新建的高层建筑，不

图 15-6 捷克 Panorama 酒店
(图片来源 : http : //vacations.ctrip.com)

少都采取开敞的底层。还有一些高层建筑，底部几层因设置门厅、餐厅，上部的抗震墙或竖向支撑，到这些楼层时被截断，使底部几层变成框架体系。也就是说，楼房的上部各层为剪力墙体系或框架—剪力墙体系，而底层或底部两三层则为框架体系，整个结构属“框托墙”体系。这种体系的特点是，上部楼层抗侧刚度大，下部楼层抗侧刚度小，在建筑底层或底部两三层形成柔弱层。地震检验机构指出，这种体系很不利于抗震。如图 15-7 所示。1971 年美国圣费尔南多地震，位于 9 度区的 Olive-View 医院，主楼遭到严重破坏。虽然它不是高楼，但它是底层柔弱楼房的典型震例，其教训是值得借鉴的。该主楼是六层钢筋混凝土结构，剖面如图 15-8 所示。三层以上为现浇剪力墙体系，底层和二层为框架体系。上、下楼层的抗侧刚度相差约 10 倍。地震后，上面几层震害很轻，而底层严重偏斜，纵向侧移达 600mm，横向侧移约 600mm，角柱酥碎。

图 15-7　阿尔及利亚地震出现的柔弱底层的侧移
（图片来源：《建筑结构抗震设计与研究》胡庆昌）

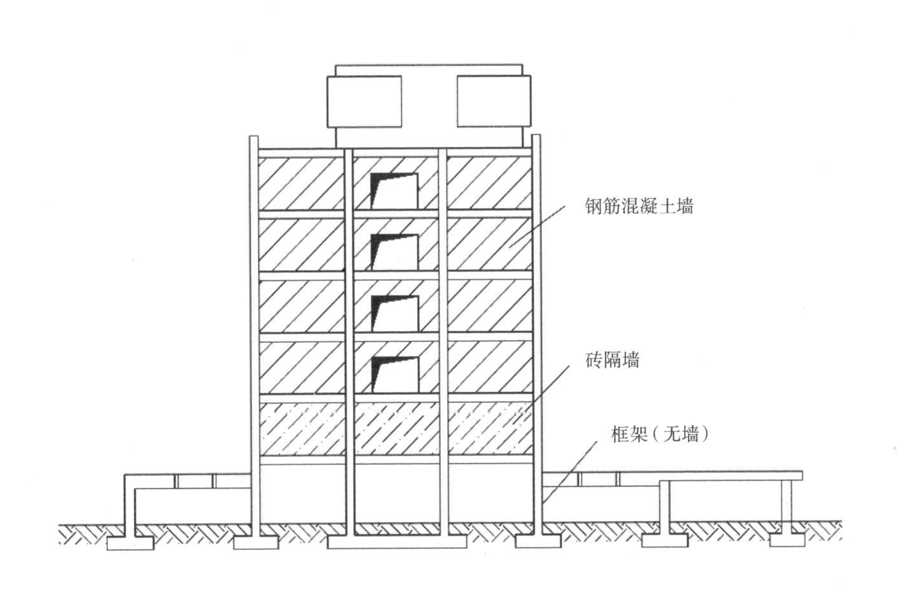

图 15-8　Olive-View 医院结构简图
（图片来源：《建筑结构抗震设计与研究》胡庆昌）

说明此种“框托墙”体系很不利于抗震。

15.2.3 设置防震缝

当建筑平面过长、结构单元的结构体系不同、高度或刚度相差过大以及各结构单元的地基条件有较大差异时，应考虑设防震缝，其最小宽度应符合以下要求：框架结构房屋的防震缝宽度，当高度不超过 15m 时可采用 70mm；超过 15m 时，6 度、7 度、8 度和 9 度相应每增加高度 5m、4m、3m 和 2m，宜加宽 20mm。框架—剪力墙结构房屋的防震缝宽度可采用框架结构规定数值的 70%，剪力墙结构房屋的防震缝宽度可采用框架结构规定数值的 50%，且均不宜小于 70mm。防震缝两侧结构类型不同时，宜按需要较宽防震缝的结构类型和较低房屋高度确定缝宽。

震害表明，满足了规定的防震缝宽度，在强烈地震作用下由于地面运动变化、结构扭转、地基变形等复杂因素，相邻结构仍可能局部碰撞而损坏。防震缝宽度过大，会给建筑处理造成困难。因此，高层建筑宜选用合理的建筑结构方案。对于不能设置防震缝的建筑，应同时采用合理的计算方法和有效的措施，以解决不设缝带来的不利影响。

对于由多层地下室形成大底盘，上部结构为带裙房的单塔或多塔结构的高层建筑，可将裙房用防震缝自地下室以上分隔，地下室顶板应有良好的整体性和刚度，保证能够将上部结构的地震作用分布到地下室结构。如图 15-9 所示。

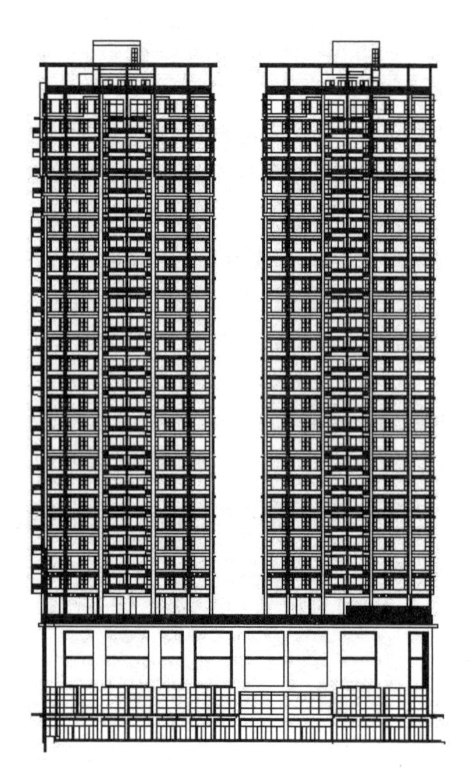

图 15-9 大底盘地下室示意图

（图片来源：《建筑结构抗震设计与研究》胡庆昌）

15.2.4 多道防线设计

地震有一定的持续时间，大震比小震的持续时间长。持续的时间越长，房屋的破坏越严重。而且，每次大震往往伴随多次余震，余震的等级有时也很高。为适应这一特点，满足大震不倒的要求，在设计上利用多道防线是必要的。如果建筑物采用的是多重抗侧力体系，第一道防线的抗侧力构件在强烈地震袭击下遭到破坏后，后备的第二道乃至第三道防线的抗侧力构件立即接替，以抵挡住后续的地震动的冲击，保证建筑物最低限度的安全，免于倒塌。在遇到建筑物基本周期与地震动卓越周期相同或相近的情况时，多道防线就更显示出它的优越性。当第一道防线抗侧力构件因共振而破坏，第二道防线接替后，建筑物自振周期将出现较大幅度的变动，和地震动卓越周期错开，使建筑物的共振现象得以缓解，从而减轻地震的破坏作用。

在框架结构中，梁作为第一道防线，柱是第二道防线。在框架—剪力墙结构中，抗震墙的连系梁是第一道防线，剪力墙的墙肢是第二道防线，再加上框架的两道防线，一共四道防线。所以，在框架—剪力墙结构和剪力墙结构中不应采用无连系梁的墙体形式，这种设计方式相当于放弃了第一道防线作用。

在每道防线中，使构件均匀受力是非常必要的，利用延性充分发挥每道防线的作用。

相反，则整体防线作用会被削弱。例如，在框架—剪力墙结构中，一道墙刚度过大，吸引地震作用过于集中，其刚度一旦退化，会给整个结构的抗震性能带来不利影响。

尼加拉瓜的马那瓜市美洲银行大楼，地面以上 18 层，高 61m，平面如图 15–10 所示，这个工程就是一个应用多道抗震防线概念的成功实例。这幢大楼所采取的设计指导思想是：在风荷载和规范规定的等效静力地震作用下，结构具有较大的抗侧刚度，以满足变形方面的要求；但当遭遇更高地震烈度，建筑物所受的地震作用很大时，通过某些构件的屈服，过渡到另一个具有较高变形能力的结构体系。因此，该大楼采用 11.6m×11.6m 的钢筋混凝土芯筒作为主要的抗风和抗震构件。不过该芯筒又是由四个小筒所组成，每个 L 形小筒的外边尺寸为 4.6m×4.6m。在每层楼板处，采用较大截面的钢筋混凝土连系梁，将 4 个小筒连成一个具有较强整体性的大筒。进行抗震设计时，既考虑 4 个小筒作为大筒组成部分发挥整体作用，又考虑连系梁损坏后 4 个小筒各自作为独立构件时的受力状态。为此，每个小筒中各片墙的配筋几乎都是相同的。此外，当各层连梁的两端出现塑性铰之后，整个结构的振动周期加长，地震反应减弱，地震作用减小，也有利于保持结构的安全和稳定。震后，美国加州大学伯克利分校对这幢大楼进行了结构动力分析，并分别考虑了4 个小筒作为一个整体而共同工作及 4 个小筒分别独立工作时的两种结构状态，计算出结构的动力特性以及对马那瓜地震的反应。分析结果列于表 15–1。可以看出，在“大震”作用下，当小筒之间的连系梁破坏后，动力特性和地震反应显著改变，基本周期加长 1.5 倍，结构底部水平地震作用减小一半，地震倾覆力矩减少 3/5；但结构顶点侧移则加大 1 倍。

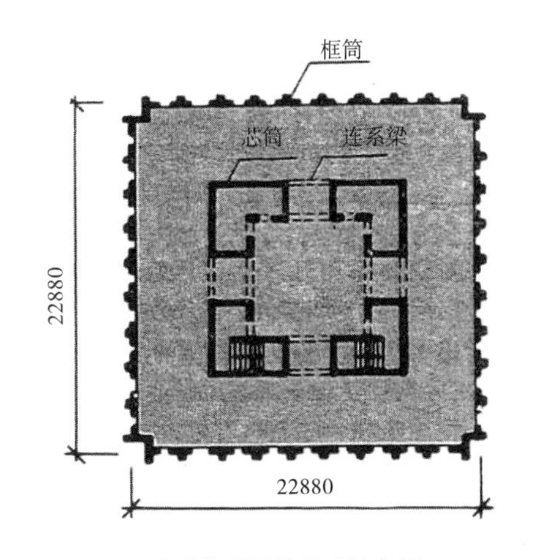

图 15–10 多道抗震防线的建筑实例
（图片来源：《高楼结构方案优选》刘大海等）

15.3 关注关键部位

抗震概念设计的下一个重点就是对关键结构部位的分析，防止因为关键部位的破坏而造成整幢建筑物破坏，或者控制关键部位的破坏形态，从而形成理想的屈服机制。特别是为保证延性设计的目标，在结构设计中对一些关键部位应予以加强。在结构设计中强调强柱弱梁，也就是要求柱的承载力要明显高于梁的承载力。尽量实现梁铰机制，而柱上下端不出现铰。在构件设计中强调强剪弱弯，即要求构件受剪 15.3.1 承载力要高于受弯承载力。同时，抗震设计还要求强节点强锚固。下面就对历次地震中建筑物关键部位的破坏状况分别加以分析。

美洲银行大楼对马那瓜地震的反应　　表 15–1

结构动力反应 \ 结构工作状态	4 个小筒整体工作时	4 个小筒单独工作时
基本周期（s）	1.3	3.3
结构底部地震作用（kN）	27000	13000
结构底部地震倾覆力矩（kN·m）	930000	370000
结构顶点侧移（mm）	120	240

15.3.1 节点问题

节点是指梁柱连接部位，包括梁端和柱端。节点是整幢建筑的关键，节点破坏会导致建筑物的整体破坏。在节点设计中应遵循的原则是，承载力高于所有连接的构件；有足够的刚度；方便施工，易于保证质量。但是因为大量钢筋要通过节点，有一些钢筋还要锚固于节点内，因此在施工中，节点部位的混凝土很难灌注，这样反而影响了节点的质量，降低了其承载力。合理配筋是保证节点强度的重要方面。

节点设计中的另一个问题是偏心节点所带来的影响。节点偏心使剪应力集中，节点核心区有效宽度减小，图 15-11 介绍了伴随梁柱偏心距增加，节点剪应力集中的状况。同时，节点偏心导致柱会受到附加扭矩的作用。图 15-12 显示了由于节点偏心而导致的扭矩作用。由于附加扭矩的作用，导致了柱侧面产生纵向劈裂。图 15-13 和图 15-14 介绍了唐山地震及偏心节点试验中柱侧面纵向劈裂的现象，试验的现象与唐山地震震

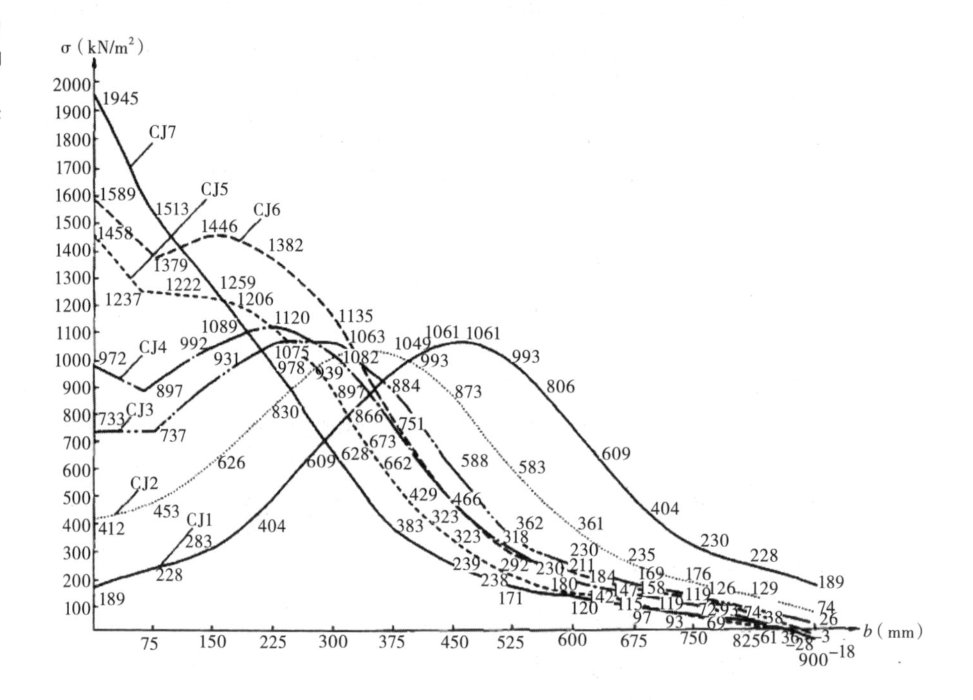

图 15-11 剪应力分布随节点偏心的变化情况
（图片来源：《结构学报》郑琪等）

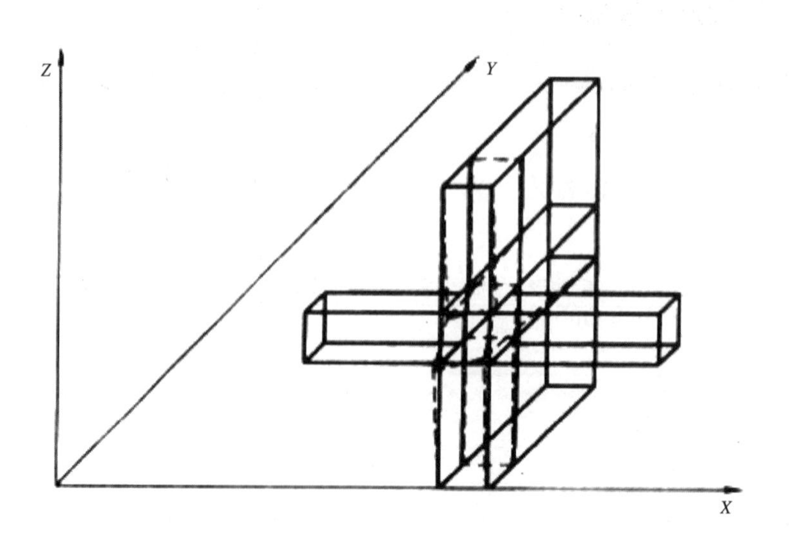

图 15-12 节点偏心产生的扭矩
（图片来源：《结构学报》郑琪等）

害现象一致。通过试验研究发现了柱劈裂的原因，证明了大偏心节点的扭矩影响。试验研究证明了之前的推测，并根据试验成果提出了偏心节点承载力计算方法和构造措施。特别强调，在设计中通过设置柱身内的暗柱以及梁端加腋等构造措施来改变偏心节点的受力性能，保护梁与柱的抗震性能，减少扭矩作用是十分必要的。

15.3.2 转换部位

上部结构在荷载作用下的动力反应应该能够直接地传递到支撑构件和地基上，在设计中实现传力途径直接是一个重要的方面。如图 15-15 所示。

但是有些结构设计中采用了梁托柱的结构，这样通过柱传递的荷载，则只有通

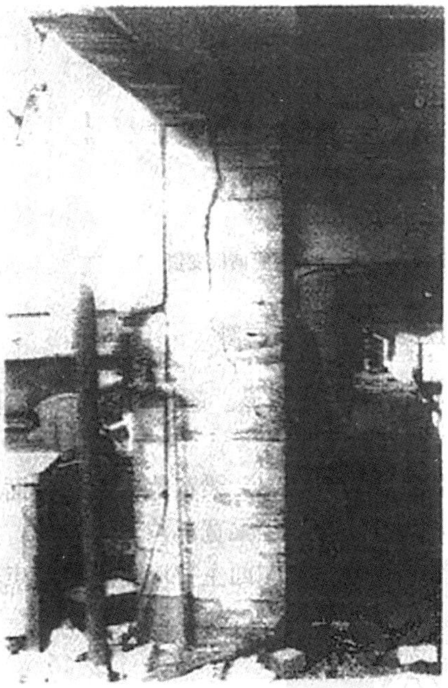

图 15-13 唐山地震大偏心梁柱节点的柱上竖向裂缝（左）
（图片来源：《结构学报》郑琪等）

图 15-14 大偏心梁柱节点试验中出现柱上竖向裂缝（右）
（图片来源：《结构学报》郑琪等）

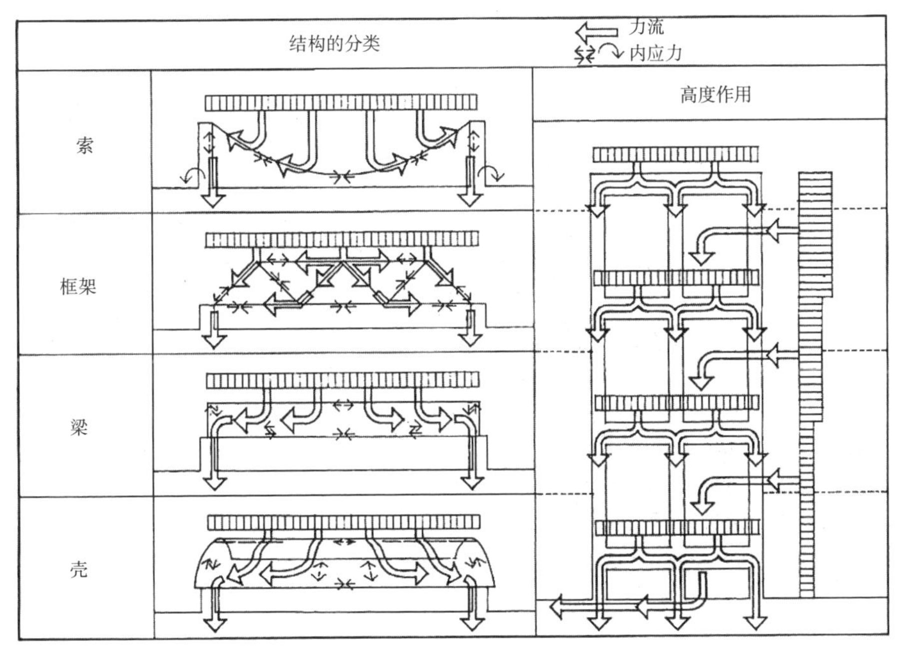

图 15-15 建筑合理传力途径
（图片来源：《结构体系与建筑造型》（德）海诺·恩格尔）

过梁再传递下去。在地震作用发生时，不能形成明确的抗侧力体系，而且梁的受力状态也区别于普通梁。还有一些高层建筑采用转换层改变结构体系或结构布置，转换层上下的竖向构件不能直接传力而形成错位，使得传力和地震反应都很复杂。如图 15-16、图 15-17 所示。有限元计算表明，转换层构

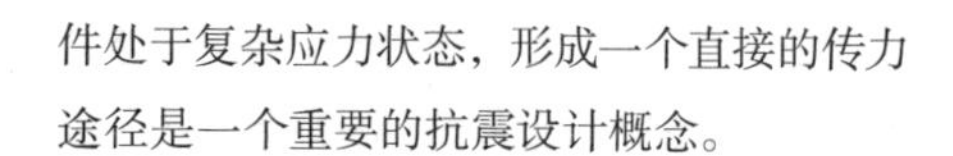
件处于复杂应力状态，形成一个直接的传力途径是一个重要的抗震设计概念。

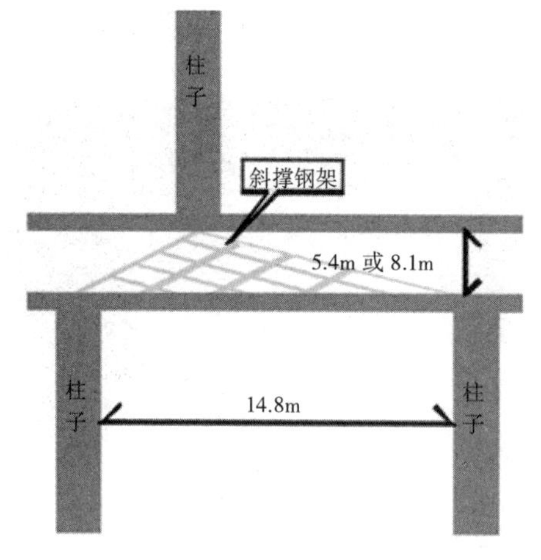

图 15-16　转换层示意图
（图片来源：http://news.sina.com.cn）

15.3.3　连接部位

横跨两栋楼的高空天桥连廊在地震作用下容易发生倒塌。阪神地震有多处震害实例，如图 15-18 所示。关键问题是支座连接构造，比较安全的做法是天桥两端打入主体结构有足够长度，一端铰接，另一端可滑动，从而保证地震作用下，连接部位能够随两侧建筑作相应的滑动，减轻震害。

15.3.4　边缘构件

在地震作用下，倾覆力矩对边缘构件会有明显的影响，因此在平面布置中要注意建筑宽度与其对应方向倾覆力矩的关系。不仅如此，支撑体系结构形式，也会对整体结构的安全性产生影响。如图 15-19 所示。图中

图 15-17　高层建筑结构转换层
（图片来源：http://wiki.zhulong.com）

图 15-18 高层建筑连接部位震害
（图片来源：《世界建筑结构设计精品选—日本篇》中国建筑工业出版社）

阴影部分是结构危险区。在图15-19（a)、(c)中，阴影部分支承结构面积较小，因而会造成很大的应力集中，甚至可能会造成此部分结构破坏。在图15-19（b)、(d）中，支承结构与上部结构不贯通，需要通过水平结构进行转换，造成结构不安全。因此，在设计中不仅要保持整个结构的高宽比合理，减小倾覆力矩对边缘构件的影响，加强边缘构件的设计，保证其强度安全与合理的构造措施。同时更要注意保持支承结构体系合理，其中保持竖向结构上下贯通也是一个十分重要的问题。

15.3.5 非结构构件连接

非结构因素含义较为宽泛，其中最主要的是非结构构件的处理。非结构构件的存在，会影响主体结构的动力特性，如阻尼和结构周期等。同时，一些非结构构件，例如玻璃幕墙、吊顶、室内设备等，在地震中往往会先期破坏。因此，在结构抗震概念设计中，应特别注意非结构构件与主体之间要有可靠的连接或锚固。同时，对可能对主体结构振动造成影响的非结构构件，如围护墙、隔墙等，应注意分析或估计其对主体结构可能带来的影响，并采取相应的抗震措施。

美国加州大学著名教授 V.V.Bertero 认为，到现在，建筑结构设计可以说仍是一种艺术，很大程度上靠工程师的判断，而判断来自概念的积累。人们对于地震的认识仍然处于逐步深入的过程中，因此对于抗震设计方法也在逐步深入。通过不断地积累，抗震设计方法会逐步进入更高的水平。

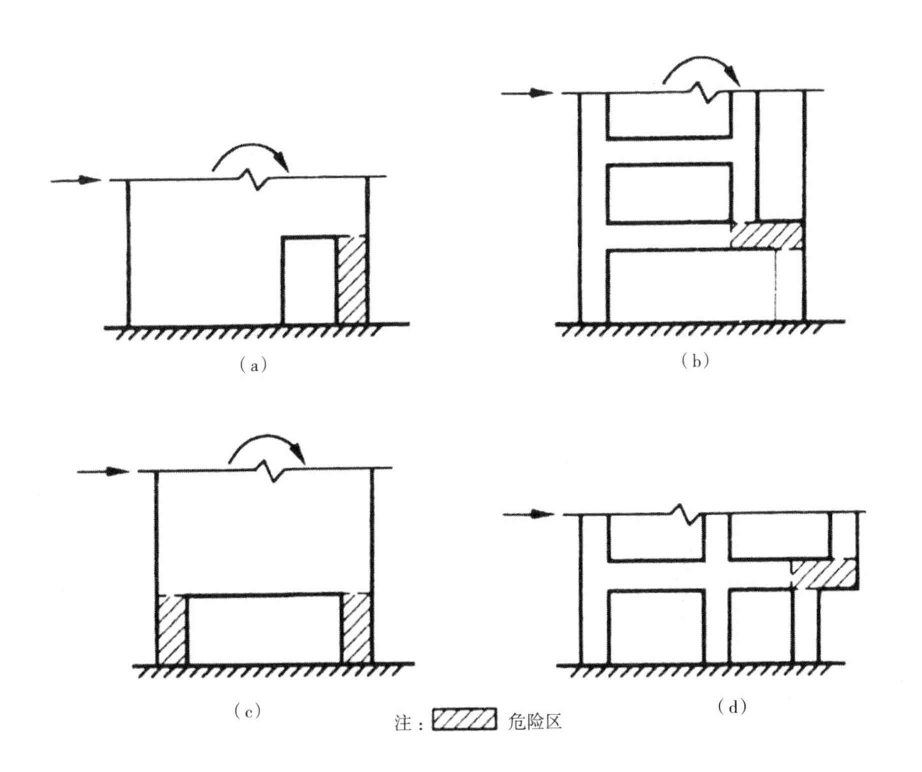

图 15-19 建筑物高宽比关系示意图
（图片来源：绘制插图）

第 16 章　建筑结构隔震和消能减震

传统的抗震设计方法是以部分结构构件产生延性破坏为代价达到抗震要求，因此震后需要大量的修复和加固工作。1989年美国加州洛马·普雷塔地震，1994年美国加州北岭地震，1995年日本阪神地震，1999年土耳其地震及我国台湾集集地震都说明按当地当时抗震设计规范设计的建筑，震后修复的费用及需用的时间都大为超过预料。已有的研究和震后经验说明，隔震和消能减震可以很大程度减轻地震对结构的作用，全面提高结构的抗震性能，包括改善已有建筑的抗震能力，这是一种完全不同于传统抗震设计方法的抗震设计思路和结构保护体系。

采用隔震和消能减震并不是把常规抗震设计要求完全抛弃或完全照搬，应当把隔震减震同常规抗震设计更好地结合起来，使结构抗震更有效更经济。

16.1 建筑隔震

16.1.1　隔震原理

隔震的原理是在结构底部水平面内设置柔性隔震层以阻断水平地面运动传到上部结构，同时在隔震层内设阻尼器以控制风的作用和地震引起隔震层过大位移。据记载，早在20世纪初就有了底部隔震的建议文章。在将近一百年的时间里，由于多方面技术发展使隔震技术由设想变成现实，其中主要包括几个重要的技术进步：

（1）高质量叠层橡胶支座的研制成功；

（2）各类阻尼耗能器的设计与生产；

（3）开发了用于隔震结构分析的计算软件；

（4）采用实际地震动记录振动台试验，评估结构性能。因为采用隔震应考虑隔震层上、下相连部件的分离构造措施。

16.1.2 隔震应用

（1）隔震用于新建房屋

隔震的主要作用是使结构周期增长，因此比较适用于以剪切变形为主的短周期建筑（基本周期小于 1s），也就是少层或多层建筑。这点也和结构体系有关，剪力墙和框架—剪力墙结构适用建筑约为 12 ~ 15 层，框架结构适用建筑约为 8 ~ 10 层。此外，当风载引起的侧力大于结构自重的 10% 时，不宜采用。场地类别宜为Ⅰ、Ⅱ、Ⅲ类，因为坚实的地基对隔震更为有利，对可液化地基应进行有效处理，方可采用隔震技术。相邻建筑的距离根据具体情况来确定，一般不宜小于 20 ~ 50cm。采用橡胶支座隔震，特别对于较高的房屋，应仔细进行抗倾覆验算，因为橡胶垫不宜受过大的拉力。在基础设计中应注意，在遭受罕遇地震作用下，隔震支座不宜出现拉力。在美国曾采用松动连接螺栓方法解决拉力问题。抗震设防烈度为 8 度和 9 度时，根据抗震规范要求，应考虑竖向地震作用。隔震结构与传统结构地震反应对比，如图 16-1 所示。

（2）隔震用于旧房改造

除新建房屋应考虑的问题外，对于既存房屋要考虑设隔震层的适当位置。设置隔震措施不干扰上部结构，这是隔震的很大优点，但如果上部结构抗侧能力过小，特别是小于最小底部水平地震作用，则仍应适当考虑隔震层以上某些结构部件的适当加固。

16.1.3 结构隔震设计方法

20 世纪 40 年代以前，由于人们对抗震要求以及房屋抗震能力的了解尚不够，因此在进行房屋抗震设计时，只能通过加大抗震力或者加大安全系数进行弹性设计。进入 20 世纪 50 年代，开始考虑结构延性及结构按照非弹性进行设计，也就是以部分结构构件产生耗能及延性破坏为代价达到抗震要求，这样就要求震后需要大量的修复费用和时间。常规的抗震设计，很大的问题是在地震作用下，刚性房屋会发生很高的楼面加速度，而柔性房屋会产生很大的层间位移，如图 16-2 所示。这两种情况都很难使建筑的附属部件，如非结构墙体及室内设施不遭受损坏。从 20 世纪开始，对建筑隔震进行了一系列研究，

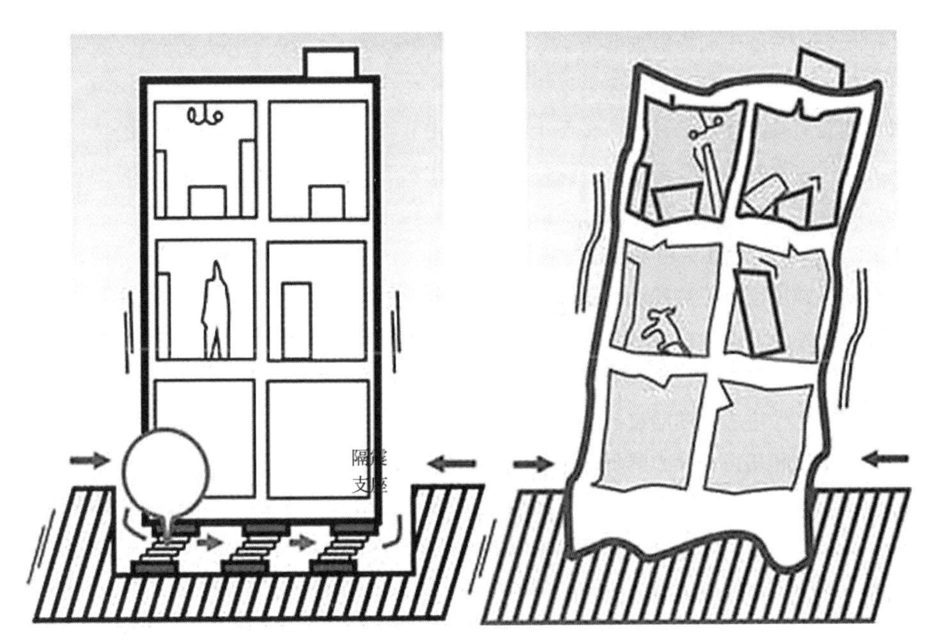

图 16-1 隔震结构与传统结构地震反应对比
（图片来源：《建筑结构抗震减震与连续倒塌控制》）

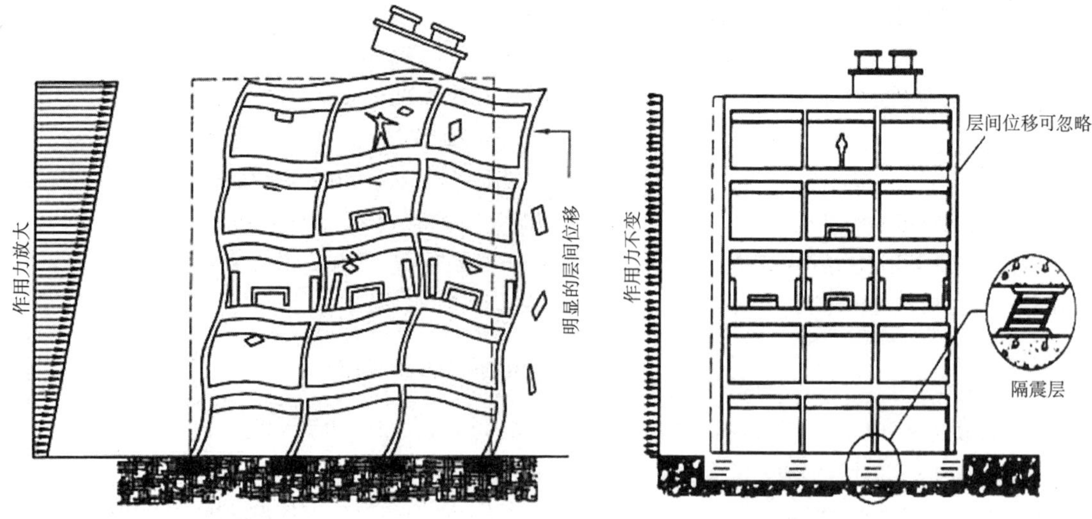

图 16-2　结构在地震作用下的位移
（图片来源：《建筑结构抗震减震与连续倒塌控制》）

图 16-3　隔震设计原理
（图片来源：《建筑结构抗震减震与连续倒塌控制》）

使建筑隔震技术逐步成为可实施的设计方法。采用隔震体系可以阻止大部分地面水平运动的作用传到建筑，这样就使楼面加速度和层间位移大为减少，如图 16-3、图 16-4 所示。从而保护建筑结构、部件及室内设施不受损坏。

图 16-5 说明了隔震设计原理。图中最上部曲线表示典型规范（UBC94）中作用于非隔震结构基于 5% 阻尼比地面反应谱实际的力，图示反应谱对应于岩石场地上的结构具有足够大的弹性承载力来承受这样大的地震作用。最下部曲线表示规范要求结构设计应满足的作用力。按照上部曲线的表示，依照规范要求作用力设计的结构可能承载力，大约比实际设计承载力高出 1.5 ~ 2.0 倍。这主要由于设计荷载系数、材料实际强度大于假定的设计值，以及结构设计其他偏于安全的方面。最大的弹性力与可能的屈服承载力的差值近似地表明结构构件延性应吸收的能量。建筑隔震后其弹性最大作用力将大为降低，主要由于周期变动及能量耗散。作用于隔震结构的弹性力如图 16-5 的虚线所示，这条线反映出等效黏滞阻尼的体系高达 30%。假如对于一个底部固定、周期不大于 1s 的刚性建筑进行隔震，它的基本周期将要增长到 1.5 ~ 2.5s 幅度，这将导致地震作用降低，更重要的是在 1.5 ~ 2.5s 阶段，隔震建筑的屈服承载力与其承受的最大地震作用相当，因此对结构体系的延性很少要求或者不需要。从理论上讲，如规范允许，则水平力设计值可以降低 50%。

但是，采用橡胶隔震垫的隔震结构应仔细验算在大震作用下抬起效应，主要是由于橡胶垫不宜承受较大的拉力。对于采用螺栓连接的节点，在橡胶垫明显软化之前，使其可以承受 1723 ~ 2069kPa 的拉力。因此对于可能抬起的隔震结构，应仔细对竖向位移进行定量分析以满足连接节点的构造要求。分析工作包括按实际地震记录的非线性分析。为了避免复杂的分析，应避免或尽量减少抬起。主要控制因素是抗侧力体系的高宽比及所承受的重力荷载。当然，另一方案是采用“松动螺栓”连接构造，从而可以使隔震装置适当抬起但隔震垫不受拉力，这种构造已成功地在美国洛杉矶一些重要工程中应用。

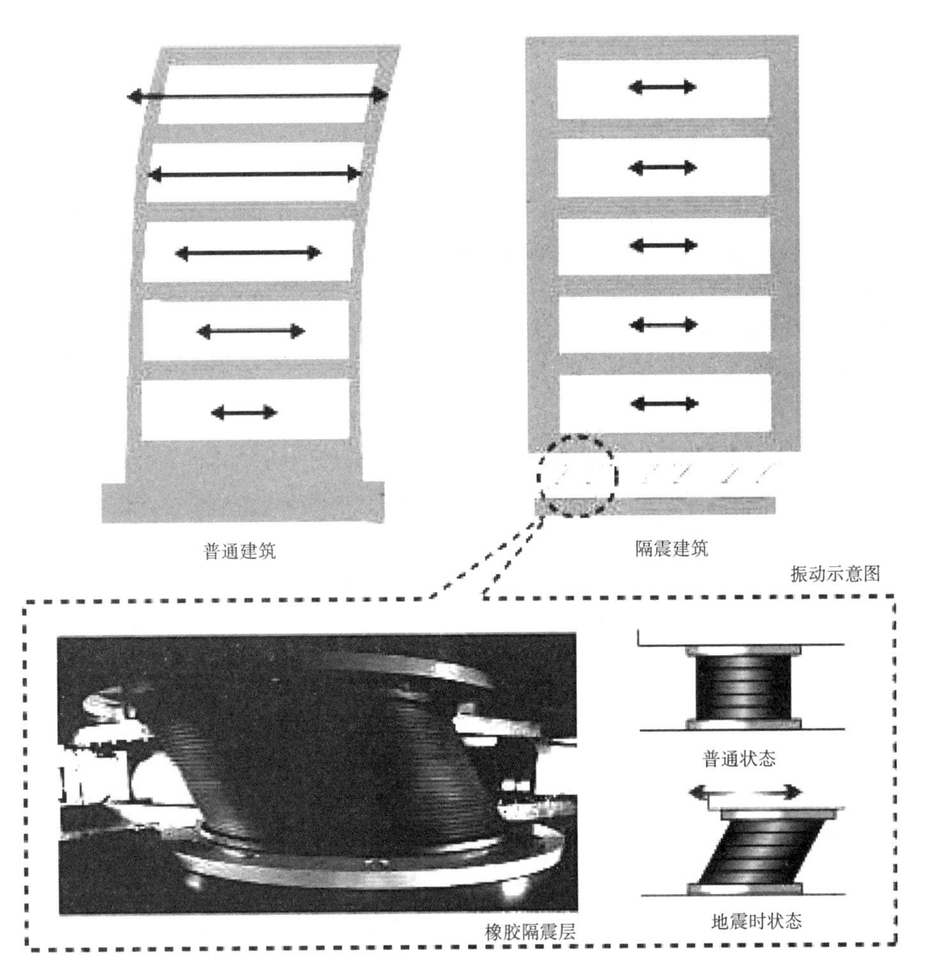

图 16-4 隔震结构与传统结构地震作用位移对比
（图片来源：《建筑结构抗震减震与连续倒塌控制》）

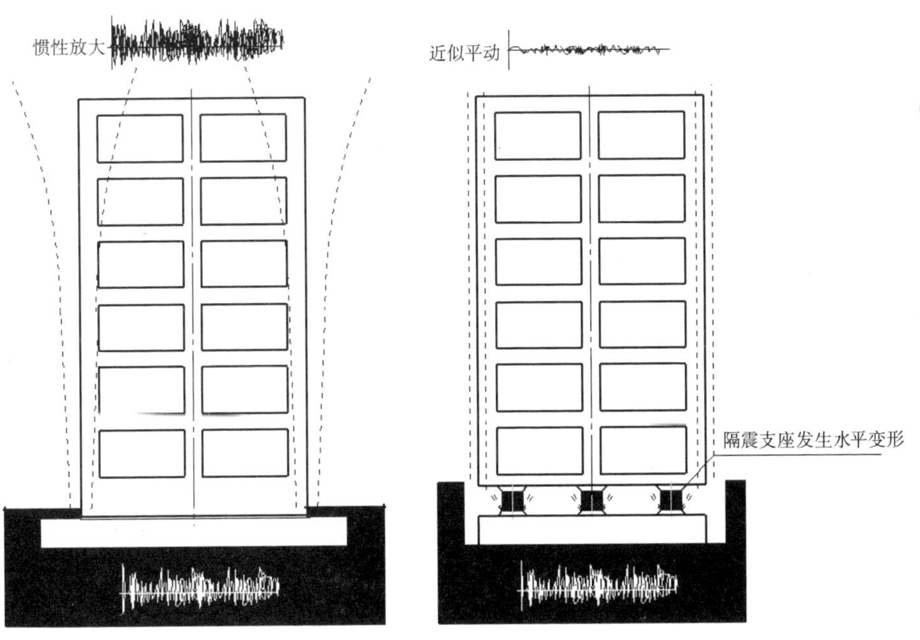

图 16-5 隔震结构与传统结构地震作用反应对比
（图片来源：《建筑结构抗震减震与连续倒塌控制》）

16.2 建筑消能减震

16.2.1 消能减震原理

消能器减震技术用于房屋建筑是最近30余年的事。消能减震通过结构部件附加消能器，以提高结构的总体阻尼，减少建筑所受到的地震作用及所产生水平位移。消能器原则上可用于各种类别的结构。由于消能器的相对位移增大，其耗能也增大，因此消能器更适合于较柔的结构。从有效和经济方面考虑，增设消能器更适合于提高既存建筑的抗震性能。

按照常规设计的抗震结构可以满足"生命安全"的性能水准，增设消能器可以更加严格地控制位移，增强对结构和非结构体系的保护。设置消能器结构要求在中震作用下结构状态基本处于弹性，其层间位移比不大于1/100，在弹性阶段增加阻尼对位移和加速度都可以降低，但当结构进入非弹性时，增加阻尼只对加速度或作用力产生有限的效应。

消能减震应用中还有一个重要的问题是优化设置消能器的位置。消能减震结构可同时减少结构的水平和竖向地震作用，适用范围较广，结构类型和高度均不受限制。目前，减震技术仍处于基本使用要求有条件的应用阶段，是应当引起重视的一种被动控制抗震减灾结构保护体系，其最大的优点是可以避免或减少震后对结构的修复工作，同时增强对非结构部件的保护。

消能减震设计方法和常规的抗震设计方法不同。一方面，设消能器结构比传统结构明显地增大阻尼，特别是高振型，阻尼比可能接近甚至超过临界值。设置消能器不仅增加结构阻尼，同时导致振型阻尼的重分布。某些部件的振型反应对传统结构的总体反应本来不大，设消能器后可能变为有重要影响。另一方面，传统结构为了简化分析，一般假定阻尼比例分布，这样就可用常规的振型组合方法。消能器的设置部位及选用消能器特性对原有结构均有一定影响。有时，消能器只需在个别楼层设置，很难做到消能器附加刚度与质量不改变原有振型的比例关系。此时，对常规的振型分析方法应进行调整。第三，在给定荷载条件下，传统结构可能表现为线性，屈服后表现为非线性。带消能器结构由于消能器对局部位移和速度的非线性动力特性，使结构整体呈现非线性性能，一般可采用近似分析法，必要时采用非线性时程分析。

传统建筑与消能减震建筑对比，如图16-6所示。

16.2.2 消能器的选择

增大阻尼如果只针对小位移，宜选用固态VE或液态黏滞消能器，因为这两种消能器可在任何动作程度下耗能。滞回型及摩擦型消能器则需要足够的相对位移达到屈服或克服摩擦力进行耗能。消能器可以耗

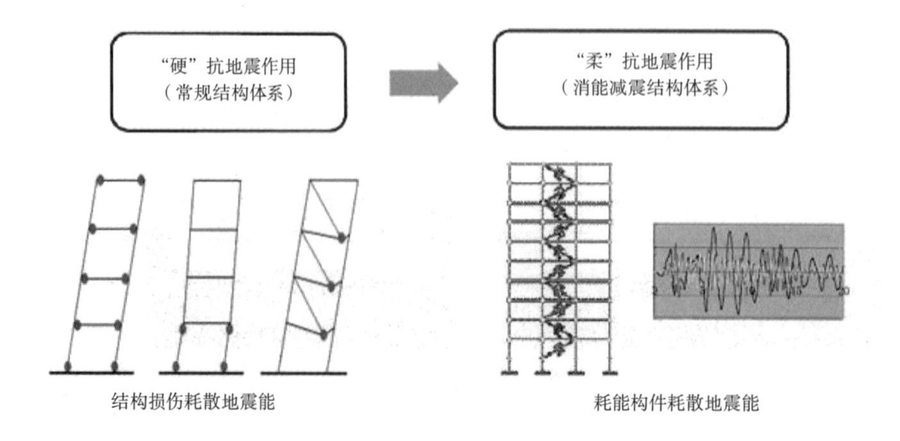

图16-6 传统建筑与消能减震建筑对比
（图片来源：《建筑结构抗震减震与连续倒塌控制》）

散能量，同时也可以提高结构刚度和承载力。过分依靠消能器也有问题。研究证明，临界阻尼比 β 超过 30%，对反应的降低作用很小，因此也是不经济的。

当消能器位于大幅度温度变化的周边环境时，则很难设计消能器性能适用于这种温度效应。如同时增大侧向刚度及阻尼，则可采用滞回型或 VE 型，如不需要增大刚度，则宜采用液态黏滞消能器。

图 16-7 为消能器示意图。

16.2.3 结构消能减震设计方法

在结构中如何确定消能器的分布，对其作用有很大影响。确定消能器的优化位置原则是，将消能器设在可导致消能器与结构连接点之间产生最大相对位移和速度的位置。这些位置的层间位移要考虑平动和扭转反应。对消能器位置选择另一个优化考虑是，如何用最少的消能器达到非优化布置的相同效果。设置消能器形成支撑框架，减少了层间位移，同时也减小柱的弯矩。但是柱的轴力会相应加大，基础也会受到影响。这是设计中应该考虑的问题。

设置消能器的结构设计过程，一般属于迭代过程。首先对未设消能器的结构进行分析，对新设计的建筑而言，主要针对减小侧力，满足位移限制。对既存建筑主要是在不增加或少增加构件内力条件下，提高变形能力。以上说明需要的阻尼比是结构设置消能器的首要设计参数。设计主要包括以下步骤：

（1）确定结构的性能，完成结构分析；

（2）确定需要的总体阻尼比；

（3）选定满意及可能的消能器在建筑中的位置；

（4）计算由于消能器引起的阻尼及刚度；

（5）计算等效振型阻尼比、刚度及带消能器的结构振型；

（6）完成带消能器结构的分析。

当（5）、（6）步过程满足所需要的阻尼比及结构要求，则设计完成。否则重新开始设计，包括结构特性，消能器位置、尺寸及性能。全部设计过程的流程图如图 16-8 所示。

图 16-7 消能器示意图
（图片来源：《建筑结构抗震减震与连续倒塌控制》）

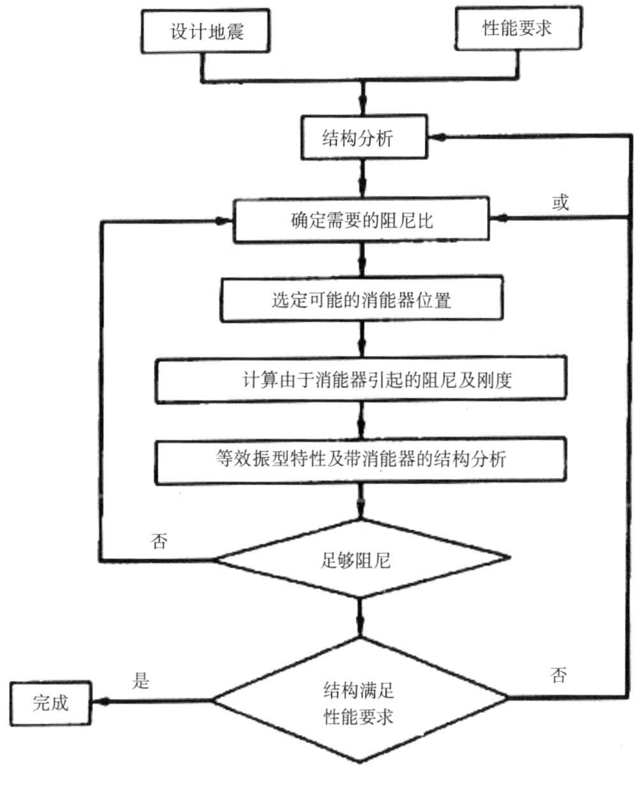

图 16-8 结构消能减震设计流程（右）
（图片来源：《建筑结构抗震减震与连续倒塌控制》）

第 17 章　防止连续倒塌

近年来在世界各地出现了一些连续倒塌的工程案例，究其原因可以归结为两类：第一类是由于地震作用下结构进入非弹性大变形，构件失稳，有效传力途径失效引起连续倒塌。第二类是由于撞击、爆炸、人为破坏，造成部分承重构件失效，阻断有效传力途径导致连续倒塌。

通过对工程案例的分析发现，有一些结构容易引发连续倒塌问题，属于不利结构体系。框支结构及各类转换结构、板柱结构、大跨度单向结构、装配式大板结构、无配筋现浇层的装配式楼板、楼梯及装配式幕墙结构，均属于容易引发连续倒塌的不利结构。其中，框支柱、转换梁及大跨度单向结构，由于缺少转变传力途径的有效方式，一旦失效将导致连续倒塌。板柱结构中的板柱节点在侧向大变形作用下，节点受弯剪失效，会导致连续倒塌。装配式结构及各类装配式幕墙在大震特别是爆炸作用下，极易造成连接部位失效。L形及U形建筑平面，由于爆炸冲击波受约束，不利于冲击波消散，因此易造成连续倒塌。预应力结构在爆炸冲击波作用下，可能出现结构反向受力，引起不利作用。针对上述问题，本章介绍了一些防止结构连续倒塌的措施与建议。

首先，在结构设计中要选择防止结构连续倒塌的有利结构体系及构造。剪力墙结构、筒中筒结构及剪力墙较多的框剪结构均属于防止连续倒塌的有利结构体系。剪力墙结构、筒中筒结构有利于抗震，但在发生人为爆炸时，对抗爆设计不十分有利。对不利的结构体系，要采用坚固性较强的组合结构和构件，有利于防止连续倒塌发生。型钢混凝土结构、钢管混凝土叠合柱、钢管混凝土结构、钢板组合剪力墙均属于坚固性较强的组合结构。

其次，要创造转变有效传力途径的条件。例如，采用双向相交梁系代替单向大梁，用空腹桁架代替转换大梁，在空间网架结构中考虑构件内力重分布等。楼板应按双向设计，当一个方向失效时，另一方向可起承重作用。内隔墙的材料、设计和构造应能起到梁的传力作用。楼板的配筋构造应连续不断，接头采用焊接，与支座应有良好的锚固，当楼板混凝土断裂时，板内配筋应起到悬挂的作用。

第三，降低构件内力，特别是轴压比、剪压比，保证结构总体稳定及局部稳定，并针对特殊问题，进行特殊处理。如考虑防爆的结构不宜采用预应力结构；高烈度区及有防爆要求的高层建筑不宜采用装配式大板结构；抗震框架结构不宜采用钢筋混凝土预制楼梯。钢结构控制连续倒塌除以上要求外还要考虑抗火问题。

关于防止地震或人为事故连续倒塌分析验算，美国国防部（UFC）2005年编制的“Design of Buildings to Resist Progressive Collapse”及2006年美国国家标准及技术学院（NIST）编制的“Best Practices for Reducing the Potential for Progressive Collapse in Buildings”可供参考。

17.1 防止连续倒塌基本设计方法

中国建筑抗震设计规范要求抗震设防对应三个目标，其中对保证生命安全最重要的一个目标是遭受罕遇地震时不致倒塌，或简称大震不倒。如何满足这一要求，规范从地震验算、变形控制及构造措施来保证。但是对不同结构体系的倒塌机制，特别是对部分构件遭受严重破坏，如何避免引起连续倒塌方面，还缺少深入研究。其原因在于，造成连续倒塌的原因有多种，如地震、风灾、爆炸、撞击、高温等。

早在1968年，英国Ronan Point就发生了由于燃气爆炸引起房屋连续倒塌的灾难，暴露出传统结构设计的一个缺点。此后，英国在有关房屋设计管理文件中提出考虑意外荷载的要求，但并不具体。美国比较滞后地提到这方面的要求。自从1995年美国Oklahoma联邦大厦遭受爆炸倒塌事件以后，对一些重要建筑设计防止连续倒塌有所考虑，同时在抗震设计中也引入一些重要概念。2001年9月11日，美国世界贸易中心由于飞机撞击发生灾难性的连续倒塌，这次灾难引起工程界的高度关注。目前，美国对防止连续倒塌采用的方法是基于结构总体的整体性要求。ASCE对结构整体性要求是结构构件满足足够的连续性、冗余度及延性，特别重视结构构造及材料性能。2006年8月美国NIST已提出Best Practices for Reducing the Potential for Progressive Collapse in Buildings。

美国政府制定的专门设计导则与英国及其他欧洲规范非常类似。美国着重用以下数值分析方法模拟连续倒塌：线性静力、线弹性时程、非线性静力及非线性时程。最简单的方法包括静力线弹性方法，主要用于较简单的结构，主要结构构件按每次一个静力消除，将被消除构件的反力作用于消除后的结构并采用动力放大系数2，然后校核损坏后结构的稳定性。这种方法非常保守，因为在分析中未考虑材料的非线性影响。非线性时程分析是模拟连续倒塌最彻底的方法。总的说来就是突然移去一个结构构件，引起结构非线性突然变化，导致势能的释放及内部动力的迅速变化，包括惯性力。因此，有效的分析方法应考虑材料及几何非线性与动力内部荷载效应，包括惯性力、阻尼。在非线性时程分析方法中主要的承重结构构件根据实时按动力移去（时程分析），结构材料允许承受非线性性能，允许大变形、能量耗散及材料屈服，这种方法需要进行长时间的计算分析。

2004年，英国建筑法规强制要求所有建筑根据后果风险系数校核连续倒塌。风险系数主要依据房屋类别、高度及使用情况。避免非常意外荷载作用下倒塌的现行方法一般是基于改进结构延性及荷载重分布性能。采取的措施是设置横向及竖向拉。通过去掉内柱及角柱连同楼板来检验，说明拉结机制和悬挂力可以阻止连续倒塌。美国的方法根据建筑物的复杂性及重要性，更注重于采用线弹性及非线性时程分析。

结构工程师对连续倒塌的详细设计一般不太熟悉，目前在这方面的研究还不多，只有有限的技术资料，为了减少建筑破坏、挽救生命，避免造成不现实的造价，仍需进行大量研究。防止连续倒塌基本设计思路及方法，如图17-1、图17-2所示。

图 17-1　防止连续倒塌基本设计思路
（图片来源：《建筑结构抗震减震与连续倒塌控制》）

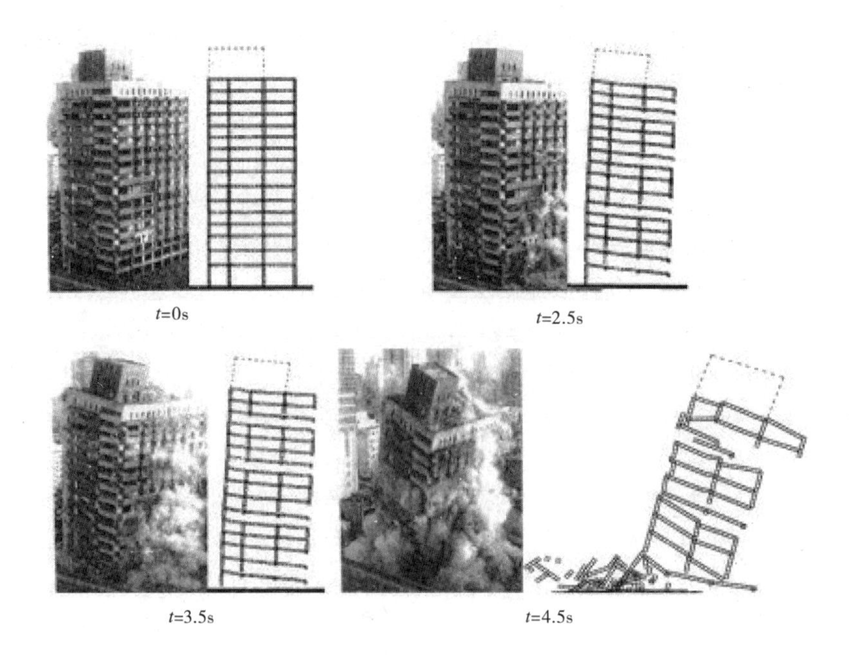

图 17-2　防止连续倒塌基本设计方法
（图片来源：《建筑结构抗震减震与连续倒塌控制》）

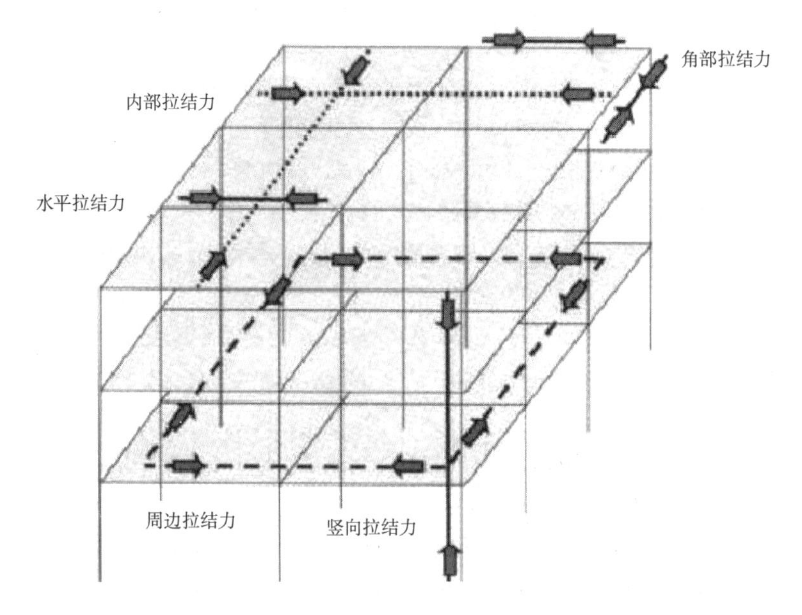

17.2 建筑结构整体坚固性标准

结构不应该对较小的意外荷载或局部损伤过分敏感，一个好的设计应该考虑到可能的意外事件或者是局部损伤。近年来一些高层建筑的连续倒塌事件明显地要求设计考虑意外事件，减轻潜在危机的影响。

意外事件可能是自然现象，如飓风、暴雪、洪水或地震；也可能是人为的，如车辆撞击、爆炸。按正常使用荷载的结构设计可能抵抗自然界的意外事件，如采用较大的设计值考虑风、雪等结构形式，构件承载力和延性，以及按正常使用荷载设计的构件，节点也能提供抵抗意外事件及减小破坏作用的可能性。然而这种可能性不足以限制意外的破坏，在这种情况下需要具有限制由于特定意外事件造成破坏的措施。考虑意外事件作用与结构功能及预期灾害有关，有些预见的灾害不一定需要考虑，如飞机撞击小建筑，设计不会考虑，因为发生概率非常低，而且一个很小的建筑要求对这种破坏情况的限制，从经济方面考虑也是不允许的。

破坏是由于意外事件而产生的结果。总体来讲大约有三种，一是生命损失或伤害；二是结构破坏；三是由于结构破坏带来的次生灾害，如存储物品、居住及商业方面的损失。因此，结构及其附近设施的设计主要包括以上三种破坏情况。考虑意外事件的结构设计，一般来说要求保护生命并减少结构破坏。然而，也并不永远是这样。防止生命损失或伤害是必须考虑的，在这种情况下，结构及其周边房屋设计除了局部结构破坏以外，为了减少生命损失，其他部分或全部结构都可牺牲。牺牲的结构是不坚固的，但联系到生命损失，结构环境体系的总体是坚固的。

关于结构应能承受意外事件所导致的破坏不应是非比例的，这一观念已被广泛接受且已成为衡量结构坚固性的标准。通俗地讲，当结构遭受较小的破坏会导致倒塌，则这种结构是非坚固的。所谓非比例破坏（Disproportionate Damage）是用以说明初始意外事件造成结构局部破坏会引发连续倒塌，破坏范围从局部发展到大部结构范围。连续倒塌的程度和发展方向与结构形式，包括结构构件设计，节点和整体结构的延性和承载力，以及事件发生部位和结构潜在能量可能释放途径有关。当移动构件的动能不超过构件的承载力时则不会发生连续倒塌。高层建筑面临竖向连续倒塌的风险，很长的低层住宅或很长的输电网的塔架则面临横向连续倒塌的风险。

结构坚固性，判别结构坚固性有以下三方面：具有较多的传力途径；结构构件及连续节点的承载力，延性及能量吸收能力；具有避免结构承受峰值意外荷载的装置，从而限制破坏及其后果。

通过四种措施，可单独应用也可综合应用于结构工程的坚固性，其中包括：

抵抗。利用结构的承载力和构件与连接的坚固性、延性及多道独立传力途径。

避免。结构设计避免意外事件引起全部破坏作用，如采取弱连接或释放机制，类似电路中保险丝。

保护。保护结构不受意外作用影响。

牺牲。结构设计考虑部分或全部失效，从而降低危机后果，这种人为控制的，牺牲一部分或全部结构以减少危机后果的措施，是特别出于保护生命的考虑。

“抵抗”是面对意外事件，减少结构破坏。“避免”、“保护”及“牺牲”可考虑为运用工程艺术与技巧减少结构破坏风险及其后果。这四种措施可以具体理解为以下含义。

抵抗意外作用，这种措施主要针对具备坚固性的结构、构件及连续的承载力和延性以及多道传力途径，均属于针对设计阶段未知事件的坚固性要求。承载力和延性对静定结构提供必要的抗力。独立的多传力途径提供冗余度，当发生局部结构破坏时，可转向其他的传力途径。1968 年 Ronan Point 22 层建筑发生部分连续倒塌事件后，抗连续倒塌成为英国对 5 层以上房屋的设计要求，目前这种要求发展到基于后果的风险系数分析。

避免极端作用，这种措施采用一个弱部件，利用“释放”或“保险丝”作用降低峰值意外作用，限制结构破坏同时降低生命威胁。例如，利用房屋的窗户对意外爆炸卸压，在长度很大的结构中设置弱连接节点以阻止峰值荷载的水平传递，同时阻止水平连续倒塌。

对意外作用的防护，这种措施是指当不能针对预见的事件，将结构设计为高强度的延性结构以减轻破坏时，也就是不能用“抗”的方法时，可采用“防”的手段。例如，围绕建筑设置保护性障碍物，避免公路车辆碰撞破坏。“防护”是一种改变结构所处环境的方法，可使环境减少威胁，从而使结构和环境体系更为坚固。针对爆炸事件的防护方法,则需要包括管理方面的措施。例如，建筑中禁止存放爆炸性气体及堆入爆炸物等。2001年美国世界贸易中心的连续倒塌说明在火灾情况下非比例破坏导致了结构的易损性。目前，对高层建筑结构在剧烈火灾条件下的防火保护，为了降低易损性达到坚固性，应当采取一些必要的更为有效的措施。

对结构必要的牺牲，这种措施是为了避免公路交通等意外事故对生命带来的威胁。例如，公路两侧的设施结构宜为轻质、低强度。在斯堪的纳维亚及英国都采用所谓“撞击安全”或“消极安全”的路旁设施结构，这些结构本身不坚固，但为生命安全作出牺牲，从结构和环境体系整体联系生命风险来看是坚固的。

附录 1　常用材料和构件的重度

常用材料和构件的自重表　　表 1–1

项次	名称		重度	备注
1	木材（kN/m^3）	杉木	4.0	随含水率而不同
		冷杉、云杉、红松、华山松、樟子松、铁杉、拟赤杨、红椿、杨木、枫杨	4.0 ~ 5.0	随含水率而不同
		马尾松、云南松、油松、赤松、广东松、桤木、枫香、柳木、檫木、秦岭落叶松、新疆落叶松	5.0 ~ 6.0	随含水率而不同
		东北落叶松、陆均松、榆木、桦木、水曲柳、苦楝、木荷、臭椿	6.0 ~ 7.0	随含水率而不同
		锥木（栲木）、石栎、槐木、乌墨	7.0 ~ 8.0	随含水率而不同
		青冈栎（楮木）、栎木（柞木）、桉树、木麻黄	8.0 ~ 9.0	随含水率而不同
		普通木板条、椽檩木料	5.0	随含水率而不同
		锯末	2.0 ~ 2.5	加防腐剂时为 3kN/m^3
		木丝板	4.0 ~ 5.0	—
		软木板	2.5	—
		刨花板	6.0	—
2	胶合板材（kN/m^2）	胶合三夹板（杨木）	0.019	—
		胶合三夹板（椴木）	0.022	—
		胶合三夹板（水曲柳）	0.028	—
		胶合五夹板（杨木）	0.030	—
		胶合五夹板（椴木）	0.034	—
		胶合五夹板（水曲柳）	0.040	—
		甘蔗板（按 10mm 厚计）	0.030	常用厚度为 13mm，15mm，19mm，25mm
		隔声板（按 10mm 厚计）	0.030	常用厚度为 13mm，20mm
		木屑板（按 10mm 厚计）	0.120	常用厚度为 6mm，10mm
3	金属矿产（kN/m^3）	锻铁	77.5	—
		铁矿渣	27.6	—
		赤铁矿	25.0 ~ 30.0	—
		钢	78.5	—
		紫铜、赤铜	89.0	—
		黄铜、青铜	85.0	—
		硫化铜矿	42.0	—

续表

项次	名称		重度	备注
3	金属矿产（kN/m³）	铝	27.0	—
		铝合金	28.0	—
		锌	70.5	—
		亚锌矿	40.5	—
		铅	114.0	—
		方铅矿	74.5	—
		金	193.0	—
		白金	213.0	—
		银	105.0	—
		锡	73.5	—
		镍	89.0	—
		水银	136.0	—
		钨	189.0	—
		镁	18.5	—
		锑	66.6	—
		水晶	29.5	—
		硼砂	17.5	—
		硫矿	20.5	—
		石棉矿	24.6	—
		石棉	10.0	压实
		石棉	4.0	松散，含水量不大于15%
		石垩（高岭土）	22.0	—
		石膏矿	25.5	—
		石膏	13.0 ~ 14.5	粗块堆放 φ=30°
				细块堆放 φ=40°
		石膏粉	9.0	—
4	土、砂、砂砾、岩石（kN/m³）	腐殖土	15.0 ~ 16.0	干，φ=40°；湿，φ=35°；很湿，φ=25°
		黏土	13.5	干，松，空隙比为1.0
		黏土	16.0	干，φ=40°，压实
		黏土	18.0	湿，φ=35°，压实
		黏土	20.0	很湿，φ=25°，压实
		砂土	12.2	干，松
		砂土	16.0	干，φ=35°，压实
		砂土	18.0	湿，φ=35°，压实
		砂土	20.0	很湿，φ=25°，压实
		砂土	14.0	干，细砂
		砂土	17.0	干，粗砂
		卵石	16.0 ~ 18.0	干
		黏土夹卵石	17.0 ~ 18.0	干，松
		砂夹卵石	15.0 ~ 17.0	干，松
		砂夹卵石	16.0 ~ 19.2	干，压实
		砂夹卵石	18.9 ~ 19.2	湿
		浮石	6.0 ~ 8.0	干

续表

项次	名称		重度	备注
4	土、砂、砂砾、岩石(kN/m³)	浮石填充料	4.0 ~ 6.0	—
		砂岩	23.6	—
		页岩	28.0	—
		页岩	14.8	片石堆置
		泥灰石	14.0	φ=40°
		花岗岩、大理石	28.0	—
		花岗岩	15.4	片石堆置
		石灰石	26.4	—
		石灰石	15.2	片石堆置
		贝壳石灰岩	14.0	—
		白云石	16.0	片石堆置 φ=48°
		滑石	27.1	—
		火石(燧石)	35.2	—
		云斑石	27.6	—
		玄武岩	29.5	—
		长石	25.5	—
		角闪石、绿石	30.0	—
		角闪石、绿石	17.1	片石堆置
		碎石子	14.0 ~ 15.0	堆置
		岩粉	16.0	黏土质或石灰质的
		多孔黏土	5.0 ~ 8.0	作填充料用，φ=35°
		硅藻土填充料	4.0 ~ 6.0	—
		辉绿岩板	29.5	—
5	砖及砌块(kN/m³)	普通砖	18.0	240mm×115mm×53mm(684 块 /m³)
		普通砖	19.0	机器制
		缸砖	21.0 ~ 21.5	230mm×110mm×65mm(609 块 /m³)
		红缸砖	20.4	—
		耐火砖	19.0 ~ 22.0	230mm×110mm×65mm(609 块 /m³)
		耐酸瓷砖	23.0 ~ 25.0	230mm×113mm×65mm(590 块 /m³)
		灰砂砖	18.0	砂：白灰 =92：8
		煤渣砖	17.0 ~ 18.5	—
		矿渣砖	18.5	硬矿渣：烟灰：石灰 =75:15:10
		焦渣砖	12.0 ~ 14.0	—
		烟灰砖	14.0 ~ 15.0	炉渣：电石渣：烟灰 =30：40：30
		黏土坯	12.0 ~ 15.0	—
		锯末砖	9.0	—
		焦渣空心砖	10.0	290mm×290mm×140mm(85 块 /m³)
		水泥空心砖	9.8	290mm×290mm×140mm(85 块 /m³)

续表

项次	名称		重度	备注
5	砖及砌块（kN/m^3）	水泥空心砖	10.3	300mm×250mm×110mm（121 块 /m^3）
		水泥空心砖	9.6	300mm×250mm×160mm（83 块 /m^3）
		蒸压粉煤灰砖	14.0 ~ 16.0	干重度
		陶粒空心砌砖	5.0	长 600mm、400mm，宽 150mm、250mm，高 250mm、200mm
			6.0	390mm×290mm×190mm
		粉煤灰轻渣空心砌砖	7.0 ~ 8.0	390mm×190mm×190mm，390mm×240mm×190mm
		蒸压粉煤灰加气混凝土砌块	5.5	—
		混凝土空心小砌块	11.8	390mm×190mm×190mm
		碎砖	12.0	堆置
		水泥花砖	19.8	200mm×200mm×24mm（1042 块 /m^3）
		瓷面砖	17.8	150mm×150mm×8mm（5556 块 /m^3）
		陶瓷马赛克	0.12kN/m^2	厚 5mm
6	石灰、水泥、灰浆及混凝土（kN/m^3）	生石灰块	11.0	堆置，φ=30°
		生石灰粉	12.0	堆置，φ=35°
		熟石灰膏	13.5	—
		石灰砂浆、混合砂浆	17.0	—
		水泥石灰焦渣砂浆	14.0	—
		石灰炉渣	10.0 ~ 12.0	—
		水泥炉渣	12.0 ~ 14.0	—
		石灰焦渣砂浆	13.0	—
		灰土	17.5	石灰 : 土 =3 : 7，夯实
		稻草石灰泥	16.0	—
		纸筋石灰泥	16.0	—
		石灰锯末	3.4	石灰 : 锯末 =1 : 3
		石灰三合土	17.5	石灰、砂子、卵石
		水泥	12.5	轻质松散，φ=20°
		水泥	14.5	散装，φ=30°
		水泥	16.0	袋装压实，φ=40°
		矿渣水泥	14.5	—
		水泥砂浆	20.0	—
		水泥蛭石砂浆	5.0 ~ 8.0	—
		石棉水泥浆	19.0	—
		膨胀珍珠岩砂浆	7.0 ~ 15.0	—
		石膏砂浆	12.0	—
		碎砖混凝土	18.5	—
		素混凝土	22.0 ~ 24.0	振捣或不振捣
		矿渣混凝土	20.0	—
		焦渣混凝土	16.0 ~ 17.0	承重用
		焦渣混凝土	10.0 ~ 14.0	填充用

续表

项次	名称		重度	备注
6	石灰、水泥、灰浆及混凝土（kN/m³）	铁屑混凝土	28.0 ~ 65.0	—
		浮石混凝土	9.0 ~ 14.0	—
		沥青混凝土	20.0	—
		无砂大孔性混凝土	16.0 ~ 19.0	—
		泡沫混凝土	4.0 ~ 6.0	—
		加气混凝土	5.5 ~ 7.5	单块
		石灰粉煤灰加气混凝土	6.0 ~ 6.5	—
		钢筋混凝土	24.0 ~ 25.0	—
		碎砖钢筋混凝土	20.0	—
		钢丝网水泥	25.0	用于承重结构
		水玻璃耐酸混凝土	20.0 ~ 23.5	—
		粉煤灰陶砾混凝土	19.5	—
7	沥青、煤灰、油料（kN/m³）	石油沥青	10.0 ~ 11.0	根据相对密度
		柏油	12.0	—
		煤沥青	13.4	—
		煤焦油	10.0	—
		无烟煤	15.5	整体
		无烟煤	9.5	块状堆放，φ=30°
		无烟煤	8.0	碎状堆放，φ=35°
		煤末	7.0	堆放，φ=15°
		煤球	10.0	堆放
		褐煤	12.5	—
		褐煤	7.0 ~ 8.0	堆放
		泥炭	7.5	—
		泥炭	3.2 ~ 3.4	堆放
		木炭	3.0 ~ 5.0	—
		煤焦	12.0	—
		煤焦	7.0	堆放，φ=45°
		焦渣	10.0	—
		煤灰	6.5	—
		煤灰	8.0	压实
		石墨	20.8	—
		煤蜡	9.0	—
		油蜡	9.6	—
		原油	8.8	—
		煤油	8.0	—
		煤油	7.2	桶装，相对密度 0.82 ~ 0.89
		润滑油	7.4	—
		汽油	6.7	—
		汽油	6.4	桶装，相对密度 0.72 ~ 0.76
		动物油、植物油	9.3	—
		豆油	8.0	大铁桶装，每桶 360kg
8	杂项（kN/m³）	普通玻璃	25.6	—
		钢丝玻璃	26.0	—

续表

项次	名称		重度	备注
8	杂项（kN/m^3）	泡沫玻璃	3.0 ~ 5.0	—
		玻璃棉	0.5 ~ 1.0	作绝缘层填充料用
		岩棉	0.5 ~ 2.5	—
		沥青玻璃棉	0.8 ~ 1.0	导热系数 0.035 ~ 0.047 [W/（m·K）]
		玻璃棉板（管套）	1.0 ~ 1.5	
		玻璃钢	14.0 ~ 22.0	—
		矿渣棉	1.2 ~ 1.5	松散，导热系数 0.031 ~ 0.044 [W/（m·K）]
		矿渣棉制品（板、砖、管）	3.5 ~ 4.0	导热系数 0.047 ~ 0.07 [W/（m·K）]
		沥青矿渣棉	1.2 ~ 1.6	导热系数 0.041 ~ 0.052 [W/（m·K）]
		膨胀珍珠岩粉料	0.8 ~ 2.5	干，松散，导热系数 0.052 ~ 0.076[W/（m·K）]
		水泥珍珠岩制品、憎水珍珠岩制品	3.5 ~ 4.0	强度 $1N/m^2$；导热系数 0.058 ~ 0.081[W/（m·K）]
		膨胀蛭石	0.8 ~ 2.0	导热系数 0.052 ~ 0.07 [W/（m·K）]
		沥青蛭石制品	3.5 ~ 4.5	导热系数 0.81 ~ 0.105 [W/（m·K）]
		水泥蛭石制品	4.0 ~ 6.0	导热系数 0.093 ~ 0.14 [W/（m·K）]
		聚氯乙烯板（管）	13.6 ~ 16.0	—
		聚苯乙烯泡沫塑料	0.5	导热系数不大于 0.035 [W/（m·K）]
		石棉板	13.0	含水率不大于 3%
		乳化沥青	9.8 ~ 10.5	—
		软性橡胶	9.30	—
		白磷	18.30	—
		松香	10.70	—
		磁	24.00	—
		酒精	7.85	100% 纯
		酒精	6.60	桶装，相对密度 0.79 ~ 0.82
		盐酸	12.00	浓度 40%
		硝酸	15.10	浓度 91%
		硫酸	17.19	浓度 87%
		火碱	17.00	浓度 60%
		氯化铵	7.50	袋装堆放
		尿素	7.50	袋装堆放
		碳酸氢铵	8.00	袋装堆放
		水	10.00	温度 4℃密度最大时
		冰	8.96	—
		书籍	5.00	书架藏置
		道林纸	10.00	—
		报纸	7.00	—

续表

项次	名称		重度	备注
8	杂项（kN/m³）	宣纸类	4.00	—
		棉花、棉纱	4.00	压紧平均重量
		稻草	1.20	—
		建筑碎料（建筑垃圾）	15.00	—
9	食品（kN/m³）	稻谷	6.00	φ=35°
		大米	8.50	散放
		豆类	7.50 ~ 8.00	φ=20°
		豆类	6.80	袋装
		小麦	8.00	φ=25°
		面粉	7.00	—
		玉米	7.80	φ=28°
		小米、高粱	7.00	散装
		小米、高粱	6.00	袋装
		芝麻	4.50	袋装
		鲜果	3.50	散装
		鲜果	3.00	箱装
		花生	2.00	袋装带壳
		罐头	4.50	箱装
		酒、酱、油、醋	4.00	成瓶箱装
		豆饼	9.00	圆饼放置，每块 28kg
		矿盐	10.0	成块
		盐	8.60	细粒散放
		盐	8.10	袋装
		砂糖	7.50	散装
		砂糖	7.00	袋装
10	砌体（kN/m³）	浆砌细方石	26.4	花岗石，方整石块
		浆砌细方石	25.6	石灰石
		浆砌细方石	22.4	砂岩
		浆砌毛方石	24.8	花岗石，上下面大致平整
		浆砌毛方石	24.0	石灰石
		浆砌毛方石	20.8	砂岩
		干砌毛石	20.8	花岗石，上下面大致平整
		干砌毛石	20.0	石灰石
		干砌毛石	17.6	砂岩
		浆砌普通砖	18.0	—
		浆砌机砖	19.0	—
		浆砌缸砖	21.0	—
		浆砌耐火砖	22.0	—
		浆砌矿渣砖	21.0	—
		浆砌焦渣砖	12.5 ~ 14.0	—
		土坯砖砌体	16.0	—
		黏土砖空斗砌体	17.0	中填碎瓦砾，一眠一斗
		黏土砖空斗砌体	13.0	全斗
		黏土砖空斗砌体	12.5	不能承重

续表

项次	名称		重度	备注
10	砌体（kN/m³）	黏土砖空斗砌体	15.0	能承重
		粉煤灰泡沫砌块砌体	8.0 ~ 8.5	粉煤灰:电石渣:废石膏=74 : 22 : 4
		三合土	17.0	灰:砂:土=1 : 1 : 9 ~ 1 : 1 : 4
11	隔墙与墙面（kN/m²）	双面抹灰板条隔墙	0.9	每面抹灰厚16 ~ 24mm，龙骨在内
		单面抹灰板条隔墙	0.5	灰厚16 ~ 24mm，龙骨在内
		C形轻钢龙骨隔墙	0.27	两层12mm纸面石膏板，无保温层
			0.32	两层12mm纸面石膏板，中填岩棉保温板50mm
			0.38	三层12mm纸面石膏板，无保温层
			0.43	三层12mm纸面石膏板，中填岩棉保温板50mm
			0.49	四层12mm纸面石膏板，无保温层
			0.54	四层12mm纸面石膏板，中填岩棉保温板50mm
		贴瓷砖墙面	0.50	包括水泥砂浆打底，共厚25mm
		水泥粉刷墙面	0.36	20mm厚，水泥粗砂
		水磨石墙面	0.55	25mm厚，包括打底
		水刷石墙面	0.50	25mm厚，包括打底
		石灰粗砂粉刷	0.34	20mm厚
		剁假石墙面	0.50	25mm厚，包括打底
		外墙拉毛墙面	0.70	包括25mm水泥砂浆打底
12	屋架、门窗（kN/m²）	木屋架	$0.07+0.007l$	按屋面水平投影面积计算，跨度l以m计算
		钢屋架	$0.12+0.011l$	无天窗，包括支撑，按屋面水平投影面积计算，跨度l以m计算
		木框玻璃窗	0.20 ~ 0.30	—
		钢框玻璃窗	0.40 ~ 0.45	—
		木门	0.10 ~ 0.20	—
		钢铁门	0.40 ~ 0.45	—
13	屋顶（kN/m²）	黏土平瓦屋面	0.55	按实际面积计算，下同
		水泥平瓦屋面	0.50 ~ 0.55	—
		小青瓦屋面	0.90 ~ 1.10	—
		冷摊瓦屋面	0.50	—
		石板瓦屋面	0.46	厚6.3mm
		石板瓦屋面	0.71	厚9.5mm
		石板瓦屋面	0.96	厚12.1mm
		麦秸泥灰顶	0.16	以10mm厚计
		石棉板瓦	0.18	仅瓦自重
		波形石棉瓦	0.20	1820mm×725mm×8mm

续表

项次	名称		重度	备注
13	屋顶（kN/m²）	镀锌薄钢板	0.05	24 号
		瓦楞铁	0.05	26 号
		彩色钢板波形瓦	0.12 ~ 0.13	0.6mm 厚彩色钢板
		拱形彩色钢板屋面	0.30	包括保温及灯具重 0.15kN/m²
		有机玻璃屋面	0.06	厚 1.0mm
		玻璃屋顶	0.30	9.5mm 夹丝玻璃，框架自重在内
		玻璃砖顶	0.65	框架自重在内
		油毡防水层（包括改性沥青防水卷材）	0.05	一层油毡刷油两遍
			0.25 ~ 0.30	四层做法，一毡二油上铺小石子
			0.30 ~ 0.35	六层做法，二毡三油上铺小石子
			0.35 ~ 0.40	八层做法，三毡四油上铺小石子
		捷罗克防水层	0.10	厚 8mm
		屋顶天窗	0.35 ~ 0.40	9.5mm 夹丝玻璃，框架自重在内
14	顶棚（kN/m²）	钢丝网抹灰吊顶	0.45	—
		麻刀灰板条顶棚	0.45	吊木在内，平均灰厚 20mm
		砂子灰板条顶棚	0.45	吊木在内，平均灰厚 25mm
		苇箔抹灰顶棚	0.48	吊木龙骨在内
		松木板顶棚	0.25	吊木在内
		三夹板顶棚	0.18	吊木在内
		马粪纸顶棚	0.15	吊木及盖缝条在内
		木丝板吊顶棚	0.26	厚 25mm，吊木及盖缝条在内
		木丝板吊顶棚	0.29	厚 30mm，吊木及盖缝条在内
		隔声纸板顶棚	0.17	厚 10mm，吊木及盖缝条在内
		隔声纸板顶棚	0.18	厚 13mm，吊木及盖缝条在内
		隔声纸板顶棚	0.20	厚 20mm，吊木及盖缝条在内
		V 形轻钢龙骨吊顶	0.12	一层 9mm 纸面石膏板，无保温层
			0.17	二层 9mm 纸面石膏板，有厚 50mm 的岩棉板保温层
			0.20	二层 9mm 纸面石膏板，无保温层
			0.25	二层 9mm 纸面石膏板，有厚 50mm 的岩棉板保温层
		V 形轻钢龙骨及铝合金龙骨吊顶	0.10 ~ 0.12	一层矿棉吸声板厚 15mm，无保温层
		顶棚上铺焦渣锯末绝缘层	0.20	厚 50mm 焦渣、锯末按 1：5 混合
15	地面（kN/m²）	地板格栅	0.20	仅格栅自重
		硬木地板	0.20	厚 25mm，剪刀撑、钉子等自重在内，不包括格栅自重
		松木地板	0.18	—
		小瓷砖地面	0.55	包括水泥粗砂打底
		水泥花砖地面	0.60	砖厚 25mm，包括水泥粗砂打底
		水磨石地面	0.65	10mm 面层，20mm 水泥砂浆打底
		油地毡	0.02 ~ 0.03	油地纸，地板表面用
		木块地面	0.70	加防腐油膏铺砌厚 76mm
		菱苦土地面	0.28	厚 20mm

续表

项次	名称		重度	备注
15	地面（kN/m²）	铸铁地面	4.00 ~ 5.00	60mm 碎石垫层，60mm 面层
		缸砖地面	1.70 ~ 2.10	60mm 砂垫层，53mm 棉层，平铺
		缸砖地面	3.30	60mm 砂垫层，115mm 棉层，侧铺
		黑砖地面	1.50	砂垫层，平铺
16	建筑用压型钢板（kN/m²）	单波型 V–300（S--30）	0.120	波高 173mm，板厚 0.8mm
		双波型 W–500	0.110	波高 130mm，板厚 0.8mm
		三波型 V–200	0.135	波高 70mm，板厚 1mm
		多波型 V–125	0.065	波高 35mm，板厚 0.6mm
		多波型 V–115	0.079	波高 35mm，板厚 0.6mm
17	建筑墙板（kN/m²）	彩色钢板金属幕墙板	0.11	两层，彩色钢板厚 0.6mm，聚苯乙烯芯材厚 25mm
		金属绝热材料（聚氨酯）复合板	0.14	板厚 40mm，钢板厚 0.6mm
			0.15	板厚 60mm，钢板厚 0.6mm
			0.16	板厚 80mm，钢板厚 0.6mm
		彩色钢板夹聚苯乙烯保温板	0.12 ~ 0.15	两层，彩色钢板厚 0.6mm，聚苯乙烯芯材板厚（50 ~ 250）mm
		彩色钢板岩棉夹心板	0.24	板厚 100mm，两层彩色钢板，Z 型龙骨岩棉芯材
			0.25	板厚 120mm，两层彩色钢板，Z 型龙骨岩棉芯材
		GRC 增强水泥聚苯复合保温板	1.13	—
		GRC 空心隔墙板	0.30	长（2400 ~ 2800）mm，宽 600mm，厚 60mm
		GRC 内隔墙板	0.35	长（2400 ~ 2800）mm，宽 600mm，厚 60mm
		轻质 GRC 保温板	0.14	3000mm×600mm×60mm
		轻质 GRC 空心隔墙板	0.17	3000mm×600mm×60mm
		轻质大型墙板（太空板系列）	0.70 ~ 0.90	6000mm×1500mm×120mm，高强水泥发泡芯材
		轻质条型墙板（太空板系列） 厚度 80mm	0.40	标准规格 3000mm×1000（1200、1500）mm 高强水泥发泡
		厚度 100mm	0.45	芯材，按不同檩距及荷载配有不同钢骨架及冷拔钢丝网
		厚度 120mm	0.50	
		GRC 墙板	0.11	厚 10mm
		钢丝网岩棉夹芯复合板（GY 板）	1.10	岩棉芯材厚 50mm，双面钢丝网水泥砂浆各厚 25mm
		硅酸钙板	0.08	板厚 6mm
			0.10	板厚 8mm
			0.12	板厚 10mm
		泰柏板	0.95	板厚 10mm，钢丝网片夹聚苯乙烯保温层，每面抹水泥砂浆层 20mm
		蜂窝复合板	0.14	厚 75mm
		石膏珍珠岩空心条板	0.45	长（2500 ~ 3000）mm，宽 600mm，厚 60mm
		加强型水泥石膏聚苯保温板	0.17	3000mm×600mm×60mm
		玻璃幕墙	1.00 ~ 1.50	一般可按单位面积玻璃自重增大 20% ~ 30% 采用

附录2 民用建筑楼面均布活荷载

民用建筑楼面均布活荷载　　附表2-1

项次	类别	标准值（kN/m^2）	组合值系数 ψ_c	频遇值系数 ψ_f	准永久值系数 ψ_q
1	（1）住宅、宿舍、旅馆、办公楼、医院病房、托儿所、幼儿园	2.0	0.7	0.5	0.4
	（2）试验室、阅览室、会议室、医院门诊室	2.0	0.7	0.6	0.5
2	教室、食堂、餐厅、一般资料档案室	2.5	0.7	0.6	0.5
3	（1）礼堂、剧场、影院、有固定座位的看台	3.0	0.7	0.5	0.3
	（2）公共洗衣房	3.0	0.7	0.6	0.5
4	（1）商店、展览厅、车站、港口、机场大厅及其旅客等候室	3.5	0.7	0.6	0.5
	（2）无固定座位的看台	3.5	0.7	0.5	0.3
5	（1）健身房、演出舞台	4.0	0.7	0.6	0.5
	（2）运动场、舞厅	4.0	0.7	0.6	0.3
6	（1）书库、档案库、贮藏室	5.0	0.9	0.9	0.8
	（2）密集柜书库	12.0	0.9	0.9	0.8
7	通风机房、电梯机房	7.0	0.9	0.9	0.8
8	汽车通道及客车停车库　（1）单向板楼盖（板跨不小于2m）和双向板楼盖（板跨不小于3m×3m）　客车	4.0	0.7	0.7	0.6
	汽车通道及客车停车库　（1）单向板楼盖（板跨不小于2m）和双向板楼盖（板跨不小于3m×3m）　消防车	35.0	0.7	0.5	0.0
	汽车通道及客车停车库　（2）双向板楼盖（板跨不小于6m×6m）和无梁楼盖（柱网不小于6m×6m）　客车	2.5	0.7	0.7	0.6
	汽车通道及客车停车库　（2）双向板楼盖（板跨不小于6m×6m）和无梁楼盖（柱网不小于6m×6m）　消防车	20.0	0.7	0.5	0.0
9	厨房　（1）餐厅	4.0	0.7	0.7	0.7
	厨房　（2）其他	2.0	0.7	0.6	0.5
10	浴室、卫生间、盥洗室	2.5	0.7	0.6	0.5
11	走廊、门厅　（1）宿舍、旅馆、医院病房、托儿所、幼儿园、住宅	2.0	0.7	0.5	0.4
	走廊、门厅　（2）办公楼、餐厅、医院门诊部	2.5	0.7	0.6	0.5
	走廊、门厅　（3）教学楼及其他可能出现人员密集的情况	3.5	0.7	0.5	0.3

续表

项次	类别		标准值（kN/m^2）	组合值系数 ψ_c	频遇值系数 ψ_f	准永久值系数 ψ_q
12	楼梯	（1）多层住宅	2.0	0.7	0.5	0.4
		（2）其他	3.5	0.7	0.5	0.3
13	阳台	（1）可能出现人员密集的情况	3.5	0.7	0.6	0.5
		（2）其他	2.5	0.7	0.6	0.5

注：1. 本表所给各项活荷载适用于一般使用条件，当使用荷载较大、情况特殊或有专门要求时，应按实际情况采用。

2. 第 6 项书库活荷载当书架高度大于 2m 时，书库活荷载尚应按每米书架高度不小于 $2.5kN/m^2$ 确定。

3. 第 8 项中的客车活荷载仅适用于停放载人少于 9 人的客车；消防车活荷载适用于满载总重为 300kN 的大型车辆；当不符合本表的要求时，应将车轮的局部荷载按结构效应的等效原则，换算为等效均布荷载。

4. 第 8 项消防车活荷载，当双向板楼盖板跨介于 $3m\times3m \sim 6m\times6m$ 之间时，应按跨度线性插值确定。

5. 第 12 项楼梯活荷载，对预制楼梯踏步平板，尚应按 1.5kN 集中荷载验算。

6. 本表各项荷载不包括隔墙自重和二次装修荷载；对固定隔墙的自重应按永久荷载考虑，当隔墙位置可灵活自由布置时，非固定隔墙的自重应取不小于 1/3 的每延米长墙重（kN/m）作为楼面活荷载的附加值（kN/m^2）计入，且附加值不应小于 $1.0kN/m^2$。

附录 3 工业建筑楼面均布活荷载

金工车间楼面均布活荷载　　附表 3–1

序号	项目	标准值（kN/m²）					组合值系数 ψ_c	频遇值系数 ψ_f	准永久值系数 ψ_q	代表性机床型号
		板		次梁（肋）		主梁				
		板跨 ≥ 1.2m	板跨 ≥ 2.0m	梁间距 ≥ 1.2m	梁间距 ≥ 2.0m					
1	一类金工	22.0	14.0	14.0	10.0	9.0	1.00	0.95	0.85	CW6180、X53K、X63W、B690、M1080、Z35A
2	二类金工	18.0	12.0	12.0	9.0	8.0	1.00	0.95	0.85	C6163、X52K、X62W、B6090、M1050A、Z3040
3	三类金工	16.0	10.0	10.0	8.0	7.0	1.00	0.95	0.85	C6140、X51K、X61W、B6050、M1040、Z3025
4	四类金工	12.0	8.0	8.0	6.0	5.0	1.00	0.95	0.85	C6132、X50A、X60W、B635–1、M1010、Z32K

注：1. 表列荷载适用于单向支承的现浇梁板及预制槽形板等楼面结构，对于槽形板，表列板跨系指槽型板纵肋间距。
2. 表列荷载不包括隔墙和吊顶自重。
3. 表列荷载考虑了安装、检修和正常使用情况下的设备（包括动力影响）和操作荷载。
4. 设计墙、柱、基础时，表列楼面活荷载可采用与设计主梁相同的荷载。

仪器仪表生产车间楼面均布活荷载　　附表 3–2

序号	车间名称		标准值（kN/m²）				组合值系数 ψ_c	频遇值系数 ψ_f	准永久值系数 ψ_q	附注
			板		次梁（肋）	主梁				
			板跨 ≥ 1.2m	板跨 ≥ 2.0m						
1	光学车间	光学加工	7.0	5.0	5.0	4.0	0.80	0.80	0.70	代表性设备H015研磨机、ZD–450型及GZD300型镀膜机、Q8312型透镜抛光机
2	光学车间	较大型光学仪器装配	7.0	5.0	5.0	4.0	0.80	0.80	0.70	代表性设备C0502A精整车床，万能工具显微镜
3	光学车间	一般光学仪器装配	4.0	4.0	4.0	3.0	0.70	0.70	0.60	产品在桌面上装配

续表

序号	车间名称		标准值（kN/m²）板 板跨≥1.2m	板跨≥2.0m	次梁（肋）	主梁	组合值系数 ψ_c	频遇值系数 ψ_f	准永久值系数 ψ_q	附注
4	较大型光学仪器装配		7.0	5.0	5.0	4.0	0.80	0.80	0.70	产品在楼面上装配
5	一般光学仪器装配		4.0	4.0	4.0	3.0	0.70	0.70	0.60	产品在桌面上装配
6	小模数齿轮加工，晶体元件（宝石）加工		7.0	5.0	5.0	4.0	0.80	0.80	0.70	代表性设备 YM3680 滚齿机，宝石平面磨床
7	车间仓库	一般仪器仓库	4.0	4.0	4.0	3.0	1.0	0.95	0.85	—
		较大型仪器仓库	7.0	7.0	7.0	6.0	1.0	0.95	0.825	—

半导体器件车间楼面均布活荷载 **附表 3-3**

序号	车间名称	标准值（kN/m²）板 板跨≥1.2m	板 板跨≥2.0m	次梁（肋）梁间距≥1.2m	次梁（肋）梁间距≥2.0m	主梁	组合值系数 ψ_c	频遇值系数 ψ_f	准永久值系数 ψ_q	代表性设备单件自重（kN）
1	半导体器件车间	10.0	8.0	8.0	6.0	5.0	1.0	0.95	0.85	14.0 ~ 18.0
2		8.0	6.0	6.0	5.0	4.0	1.0	0.95	0.85	9.0 ~ 12.0
3		6.0	5.0	5.0	4.0	3.0	1.0	0.95	0.85	4.0 ~ 8.0
4		4.0	4.0	3.0	3.0	3.0	1.0	0.95	0.85	≤ 3.0

注：见表 D.0.1-1 注。

棉纺织造车间楼面均布活荷载 **附表 3-4**

<table>
<tr><th rowspan="3">序号</th><th rowspan="3" colspan="2">车间名称</th><th colspan="5">标准值（kN/m²）</th><th rowspan="3">组合值系数 ψ_c</th><th rowspan="3">频遇值系数 ψ_f</th><th rowspan="3">准永久值系数 ψ_q</th><th rowspan="3">代表性设备</th></tr>
<tr><th colspan="2">板</th><th colspan="2">次梁（肋）</th><th rowspan="2">主梁</th></tr>
<tr><th>板跨≥1.2m</th><th>板跨≥2.0m</th><th>梁间距≥1.2m</th><th>梁间距≥2.0m</th></tr>
<tr><td rowspan="2">1</td><td rowspan="2" colspan="2">梳棉间</td><td>12.0</td><td>8.0</td><td>10.0</td><td>7.0</td><td rowspan="2">5.0</td><td rowspan="7">0.8</td><td rowspan="7">0.8</td><td rowspan="7">0.7</td><td>FA201,203</td></tr>
<tr><td>15.0</td><td>10.0</td><td>12.0</td><td>8.0</td><td>FA221A</td></tr>
<tr><td>2</td><td colspan="2">粗纱间</td><td>8.0（15.0）</td><td>6.0（10.0）</td><td>6.0（8.0）</td><td>5.0</td><td>4.0</td><td>FA401,415A,
421TJEA458A</td></tr>
<tr><td>3</td><td colspan="2">细纱间
络筒间</td><td>6.0（10.0）</td><td>5.0</td><td>5.0</td><td>5.0</td><td>4.0</td><td>FA705,506,507A
GA013,015ESPERO</td></tr>
<tr><td>4</td><td colspan="2">捻线间
整经间</td><td>8.0</td><td>6.0</td><td>6.0</td><td>5.0</td><td>4.0</td><td>FAT05,721,762
ZC-L-180
D3-1000-180</td></tr>
<tr><td rowspan="2">5</td><td rowspan="2">织布间</td><td>有梭织机</td><td>12.5</td><td>6.5</td><td>6.5</td><td>5.5</td><td>4.4</td><td>GA615-150
GA615-180</td></tr>
<tr><td>剑杆织机</td><td>18.0</td><td>9.0</td><td>10.0</td><td>6</td><td>4.5</td><td>GA731-190,
733-190
TP600-200
SOMET-190</td></tr>
</table>

注：括号内的数值仅用于粗纱机机头部位局部楼面。

轮胎厂准备车间楼面均布活荷载　　附表 3-5

序号	车间名称	标准值（kN/m²）				组合值系数 ψ_c	频遇值系数 ψ_f	准永久值系数 ψ_q	代表性设备
		板		次梁（肋）	主梁				
		板跨 ≥1.2m	板跨 ≥2.0m						
1	准备车间	14.0	14.0	12.0	10.0	1.0	0.95	0.85	炭黑加工投料
2		10.0	8.0	8.0	6.0	1.0	0.95	0.85	化工原料加工配合、密炼机炼胶

注：1. 密炼机检修用的电葫芦荷载未计入，设计时应另行考虑。

2. 炭黑加工投料活荷载系考虑兼作炭黑仓库使用的情况，若不作仓库时，上述荷载应予降低。

粮食加工车间楼面均布活荷载　　附表 3-6

序号	车间名称		标准值（kN/m²）							组合值系数 ψ_c	频遇值系数 ψ_f	准永久值系数 ψ_q	代表性设备
			板			次梁			主梁				
			板跨 ≥2.0m	板跨 ≥2.5m	板跨 ≥3.0m	梁间距 ≥2.0m	梁间距 ≥2.5m	梁间距 ≥3.0m					
1	面粉厂	拉丝车间	14.0	12.0	12.0	12.0	12.0	12.0	12.0	1.0	0.95	0.85	JMN10 拉丝机
2		磨子间	12.0	10.0	9.0	10.0	9.0	8.0	9.0				MF011 磨粉机
3		麦间及制粉车间	5.0	5.0	4.0	5.0	4.0	4.0	4.0				SX011 振动筛 GF031 擦麦机 GF011 打麦机
4		吊平筛的顶层	2.0	2.0	2.0	6.0	6.0	6.0	6.0				SL011 平筛
5		洗麦车间	14.0	12.0	10.0	10.0	9.0	9.0	9.0				洗麦机
6	米厂	砻谷机及碾米车间	7.0	6.0	5.0	5.0	4.0	4.0	4.0				LG309 胶辊砻谷机
7		清理车间	4.0	3.0	3.0	4.0	3.0	3.0	3.0				组合清理筛

注：1. 当拉丝车间不可能满布磨辊时，主梁活荷载可按 10kN/m² 采用。

2. 吊平筛的顶层荷载系按设备吊在梁下考虑的。

3. 米厂清理车间采用 SX011 振动筛时，等效均布活荷载可按面粉厂麦间的规定采用。

附录 4　屋面积灰荷载

屋面积灰荷载　　　　附表 4-1

<table>
<tr><th rowspan="3">项次</th><th rowspan="3">类别</th><th colspan="3">标准值（kN/m²）</th><th rowspan="3">组合值系数 ψ_c</th><th rowspan="3">频遇值系数 ψ_f</th><th rowspan="3">准永久值系数 ψ_q</th></tr>
<tr><th rowspan="2">屋面无挡风板</th><th colspan="2">屋面有挡风板</th></tr>
<tr><th>挡风板内</th><th>挡风板外</th></tr>
<tr><td>1</td><td>机械厂铸造车间（冲天炉）</td><td>0.50</td><td>0.75</td><td>0.30</td><td rowspan="8">0.9</td><td rowspan="8">0.9</td><td rowspan="8">0.8</td></tr>
<tr><td>2</td><td>炼钢车间（氧气转炉）</td><td>—</td><td>0.75</td><td>0.30</td></tr>
<tr><td>3</td><td>锰、铬铁合金车间</td><td>0.75</td><td>1.00</td><td>0.30</td></tr>
<tr><td>4</td><td>硅、钨铁合金车间</td><td>0.30</td><td>0.50</td><td>0.30</td></tr>
<tr><td>5</td><td>烧结室、一次混合室</td><td>0.50</td><td>1.00</td><td>0.20</td></tr>
<tr><td>6</td><td>烧结厂通廊及其他车间</td><td>0.30</td><td>—</td><td>—</td></tr>
<tr><td>7</td><td>水泥厂有灰源车间（窑坊、磨房、联合贮库、烘干房、破碎房）</td><td>1.0</td><td>—</td><td>—</td></tr>
<tr><td>8</td><td>水泥厂无灰源车间（空气压缩机站、机修间、材料库、配电站）</td><td>0.50</td><td>—</td><td>—</td></tr>
</table>

注：1. 表中的积灰均布荷载，仅应用于屋面坡度 α 不大于 25°；当 α 大于 45° 时，可不考虑积灰荷载；当 α 在 25° ~ 45° 范围内时，可按插值法取值。

2. 清灰设施的荷载另行考虑。

3. 对第 1 ~ 4 项的积灰荷载，仅应用于距烟囱中心 20m 半径范围内的屋面；当邻近建筑在该范围内时，其积灰荷载对第 1、3、4 项应按车间屋面无挡风板的采用，对第 2 项应按车间屋面挡风板外的采用。

高炉邻近建筑的屋面积灰荷载标准值及其组合值系数、频遇值系数和准永久值系数　　　　附表 4-2

<table>
<tr><th rowspan="3">高炉容积（m³）</th><th colspan="3">标准值（kN/m²）</th><th rowspan="3">组合值系数 ψ_c</th><th rowspan="3">频遇值系数 ψ_f</th><th rowspan="3">准永久值系数 ψ_q</th></tr>
<tr><th colspan="3">屋面离高炉距离（m）</th></tr>
<tr><th>≤ 50</th><th>100</th><th>200</th></tr>
<tr><td>< 255</td><td>0.50</td><td>—</td><td>—</td><td rowspan="3">1.0</td><td rowspan="3">1.0</td><td rowspan="3">1.0</td></tr>
<tr><td>255 ~ 620</td><td>0.75</td><td>0.30</td><td>—</td></tr>
<tr><td>> 620</td><td>1.00</td><td>0.50</td><td>0.30</td></tr>
</table>

注：当邻近建筑屋面离高炉距离为表内中间值时，可按插入法取值。

附录5　木材强度等级、强度设计值和弹性模量及其调整系数

针叶树种木材适用的强度等级　　附表5-1

强度等级	组别	适用树种
TC17	A	柏木 长叶松 湿地松 粗皮落叶松
	B	东北落叶松 欧洲赤松 欧洲落叶松
TC15	A	铁杉 油杉 太平洋海岸黄柏 花旗松—落叶松 西部铁杉 南方松
	B	鱼鳞云杉 西南云杉 南亚松
TC13	A	油松 新疆落叶松 云南松 马尾松 扭叶松 北美落叶松 海岸松
	B	红皮云杉 丽江云杉 樟子松 红松 西加云杉 俄罗斯红松 欧洲云杉 北美山地云杉 北美短叶松
TC11	A	西北云杉 新疆云杉 北美黄松 云杉—松—冷杉 铁—冷杉 东部铁杉 杉木
	B	冷杉 速生杉木 速生马尾松 新西兰辐射松

阔叶树种木材适用的强度等级　　附表5-2

强度等级	适用树种
TB20	青冈 椆木 门格里斯木 卡普木 沉水稍克隆 绿心木 紫心木 孪叶豆 塔特布木
TB17	栎木 达荷玛木 萨佩莱木 苦油树 毛罗藤黄
TB15	锥栗（栲木）桦木 黄梅兰蒂 梅萨瓦木 水曲柳 红劳罗木
TB13	深红梅兰蒂 浅红梅兰蒂 白梅兰蒂 巴西红厚壳木
TB11	大叶椴 小叶椴

木材的强度设计值和弹性模量（N/mm^2）　　附表5-3

强度等级	组别	抗弯 f_m	顺纹抗压及承压 f_c	顺纹抗拉 f_t	顺纹抗剪 f_v	横纹承压 $f_{c,90}$			弹性模量 E
						全表面	局部表面和齿面	拉力螺栓垫板下	
TC17	A	17	16	10	1.7	2.3	3.5	4.6	10000
	B		15	9.5	1.6				
TC15	A	15	13	9.0	1.6	2.1	3.1	4.2	10000
	B		12	9.0	1.5				
TC13	A	13	12	8.5	1.5	1.9	2.9	3.8	10000
	B		10	8.0	1.4				9000
TC11	A	11	10	7.5	1.4	1.8	2.7	3.6	9000
	B		10	7.0	1.2				
TB20	—	20	18	12	2.8	4.2	6.3	8.4	12000

续表

强度等级	组别	抗弯 f_m	顺纹抗压及承压 f_c	顺纹抗拉 f_t	顺纹抗剪 f_v	横纹承压 $f_{c,90}$			弹性模量 E
						全表面	局部表面和齿面	拉力螺栓垫板下	
TB17	—	17	16	11	2.4	3.8	5.7	7.6	11000
TB15	—	15	14	10	2.0	3.1	4.7	6.2	10000
TB13	—	13	12	9.0	1.4	2.4	3.6	4.8	8000
TB11	—	11	10	8.0	1.3	2.1	3.2	4.1	7000

注：计算木构件端部（如接头处）的拉力螺栓垫板时，木材横纹承压强度设计值应按“局部表面和齿面”一栏的数值采用。

不同使用条件下木材强度设计值和弹性模量的调整系数　　附表 5-4

使用条件	调整系数	
	强度设计值	弹性模量
露天环境	0.9	0.85
长期生产性高温环境，木材表面温度达 40 ~ 50℃	0.8	0.8
按恒荷载验算时	0.8	0.8
用于木构筑物时	0.9	1.0
施工和维修时的短暂情况	1.2	1.0

注：1. 当仅有恒荷载或恒荷载产生的内力超过全部荷载所产生的内力的 80% 时，应单独以恒荷载进行验算。

2. 当若干条件同时出现时，表列各系数应连乘。

不同设计使用年限时木材强度设计值和弹性模量的调整系数　　附表 5-5

设计使用年限	调整系数	
	强度设计值	弹性模量
5 年	1.1	1.1
25 年	1.05	1.05
50 年	1.0	1.0
100 年及以上	0.9	0.9

附录 6　木材、板材材质标准

承重结构方木材质标准　　附表 6-1

项次	缺陷名称	材质等级		
		Ⅰa	Ⅱa	Ⅲa
1	腐朽	不允许	不允许	不允许
2	木节 在构件任一面任何 150mm 长度上所有木节尺寸的总和，不得大于所在面宽的	1/3（连接部位为 1/4）	2/5	1/2
3	斜纹 任何 1m 材长上平均倾斜高度，不得大于	50mm	80mm	120mm
4	髓心	应避开受剪面	不限	不限
5	裂缝 （1）在连接部位的受剪面上 （2）在连接部位的受剪面附近，其裂缝深度（有对面裂缝时用两者之和）不得大于材宽的	不允许 1/4	不允许 1/3	不允许 不限
6	虫蛀	允许有表面虫沟，不得有虫眼		

注：1. 对于死节（包括松软节和腐朽节），除按一般木节测量外，必要时尚应按缺孔验算；若死节有腐朽迹象，则应经局部防腐处理后使用。

2. 木节尺寸按垂直于构件长度方向测量，木节表现为条状时，在条状的一面不量（附图 6-1），直径小于 10mm 的活节不量。

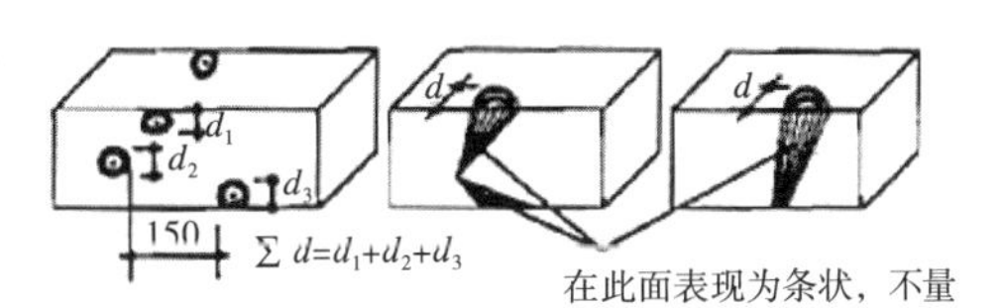

附图 6-1　木节量法

承重结构板材材质标准 **附表 6-2**

项次	缺陷名称	材质等级		
		I_a	II_a	III_a
1	腐朽	不允许	不允许	不允许
2	木节 在构件任一面任何 150mm 长度上所有木节尺寸的总和，不得大于所在面宽的	1/4（连接部位为 1/5）	1/3	2/5
3	斜纹 任何 1m 材长上平均倾斜高度，不得大于	50mm	80mm	120mm
4	髓心	不允许	不允许	不允许
5	裂缝 在连接部位的受剪面及其附近	不允许	不允许	不允许
6	虫蛀	允许有表面虫沟，不得有虫眼		

注：对于死节（包括松软节和腐朽节），除按一般木节测量外，必要时尚应按缺孔验算，若死节有腐朽迹象，则应经局部防腐处理后使用。

承重结构原木材质标准 **附表 6-3**

项次	缺陷名称	材质等级		
		I_a	II_a	III_a
1	腐朽	不允许	不允许	不允许
2	木节 （1）在构件任一面任何 150mm 长度上沿周长所有木节尺寸的总和，不得大于所测部位原木周长的	1/4	1/3	不限
	（2）每个木节的最大尺寸，不得大于所测部位原木周长的	1/10（连接部位为 1/12）	1/6	1/6
3	粗纹 小头 1m 材长上倾斜高度不得大于	80mm	120mm	150mm
4	髓心	应避开受剪面	不限	不限
5	虫蛀	容许有表面虫沟，不得有虫眼		

注：1. 对于死节（包括松软节和腐朽节），除按一般木节测量外，必要时尚应按缺孔验算；若死节有腐朽迹象，则应经局部防腐处理后使用。
2. 木节尺寸按垂直于构件长度方向测量，直径小于 10mm 的活节不量。
3. 对于原木的裂缝，可通过调整其方位（使裂缝尽量垂直于构件的受剪面）予以使用。

胶合木结构板材材质标准 **附表 6-4**

项次	缺陷名称	材质等级		
		I_a	II_a	III_a
1	腐朽	不允许	不允许	不允许
2	木节 （1）在构件任一面任何 200mm 长度上所有木节尺寸的总和，不得大于所在面宽的	1/3	2/5	1/2
	（2）在木板指接及其两端各 100mm 范围内	不允许	不允许	不允许
3	斜纹 任何 1m 材长上平均倾斜高度，不得大于	50mm	80mm	150mm
4	髓心	不允许	不允许	不允许

续表

项次	缺陷名称	材质等级		
		Ⅰ$_a$	Ⅱ$_a$	Ⅲ$_a$
5	裂缝 （1）在木板窄面上的裂缝，其深度（有对面裂缝用两者之和）不得大于板宽的 （2）在木板宽面上的裂缝，其深度（有对面裂缝用两者之和）不得大于板厚的	1/4 不限	1/3 不限	1/2 对侧立腹板工字梁的腹板：1/3，对其他板材不限
6	虫蛀	允许有表面虫沟，不得有虫眼		
7	涡纹 在木板指接及其两端各100mm范围内	不允许	不允许	不允许

注：1. 按本标准选材配料时，尚应注意避免在制成的胶合构件的连接受剪面上有裂缝。
2. 对于有过大缺陷的木材，可截取缺陷部分，经重新接长后按所定级别使用。

轻型木结构用规格材材质标准 附表 6–5

<table>
<tr><th rowspan="2">项次</th><th rowspan="2">缺陷名称</th><th colspan="12">材质等级</th></tr>
<tr><th colspan="3">Ⅰ$_c$</th><th colspan="3">Ⅱ$_c$</th><th colspan="3">Ⅲ$_c$</th><th colspan="3">Ⅳ$_c$</th></tr>
<tr><td>1</td><td>振裂和干裂</td><td colspan="6">允许个别长度不超过600mm，不贯通</td><td colspan="3">贯通：长度不超过600mm；
不贯通：长度不超过900mm或$L/4$</td><td colspan="3">贯通—$L/3$
不贯通—全长
三面环裂—$L/6$</td></tr>
<tr><td>2</td><td>漏刨</td><td colspan="6">构件的10%轻度漏刨[3]</td><td colspan="3">5%构件含有轻度漏刨[5]，或重度漏刨[4]，600mm</td><td colspan="3">10%轻度漏刨伴有重度漏刨[4]</td></tr>
<tr><td>3</td><td>劈裂</td><td colspan="6">b</td><td colspan="3">$1.5b$</td><td colspan="3">$b/6$</td></tr>
<tr><td>4</td><td>斜纹：斜率不大于</td><td colspan="3">1：12</td><td colspan="3">1：10</td><td colspan="3">1：8</td><td colspan="3">1：4</td></tr>
<tr><td>5</td><td>钝棱[6]</td><td colspan="6">不超过$h/4$和$b/4$，全长或等效材面
如果每边钝棱不超过$h/2$或$b/3$，$L/4$</td><td colspan="3">不超过$h/3$和$b/3$，全长或等效材面
如果每边钝棱不超过$2h/3$或$b/2$，$L/4$</td><td colspan="3">不超过$h/2$和$b/2$，全长或等效材面
如果每边钝棱不超过$7h/8$或$3b/4$，$L/4$</td></tr>
<tr><td>6</td><td>针孔虫眼</td><td colspan="12">每25mm的节孔允许48个针孔虫眼，以最差材面为准</td></tr>
<tr><td>7</td><td>大虫眼</td><td colspan="12">每25mm的节孔允许12个6mm的大虫眼，以最差材面为准</td></tr>
<tr><td>8</td><td>腐朽—材心[16]a</td><td colspan="6">不允许</td><td colspan="3">当h > 40mm时，不允许，否则$h/3$或$b/3$</td><td colspan="3">1/3截面[12]</td></tr>
<tr><td>9</td><td>腐朽—白腐[16]b</td><td colspan="6">不允许</td><td colspan="3">1/3体积</td><td colspan="3"></td></tr>
<tr><td>10</td><td>腐朽—蜂窝腐[16]c</td><td colspan="6">不允许</td><td colspan="3">1/6材宽[12]—坚实[12]</td><td colspan="3">100%坚实</td></tr>
<tr><td>11</td><td>腐朽—局部片状腐[16]d</td><td colspan="6">不允许</td><td colspan="3">1/6材宽[12]、[13]</td><td colspan="3">1/3截面</td></tr>
<tr><td>12</td><td>腐朽—不健全材</td><td colspan="6">不允许</td><td colspan="3">最大尺寸$b/12$和50mm长，或等效的多个小尺寸[12]</td><td colspan="3">1/3截面，深入部分1/6长度[14]</td></tr>
<tr><td>13</td><td>扭曲，横弯和顺弯[7]</td><td colspan="6">1/2中度</td><td colspan="3">轻度</td><td colspan="3">中度</td></tr>
<tr><td rowspan="4">14</td><td rowspan="2">节子和节孔[15]
高度（mm）</td><td colspan="2">健全，均匀分布的死节（mm）</td><td rowspan="2">死节和节孔[8]（mm）</td><td colspan="2">健全，均匀分布的死节（mm）</td><td rowspan="2">死节和节孔[9]（mm）</td><td colspan="2">任何节子（mm）</td><td rowspan="2">节孔[10]（mm）</td><td colspan="2">任何节子（mm）</td><td rowspan="2">节孔[11]（mm）</td></tr>
<tr><td>材边</td><td>材心</td><td>材边</td><td>材心</td><td>材边</td><td>材心</td><td>材边</td><td>材心</td></tr>
<tr><td>40</td><td>10</td><td>10</td><td>10</td><td>13</td><td>13</td><td>13</td><td>16</td><td>16</td><td>16</td><td>19</td><td>19</td><td>19</td></tr>
<tr><td>65</td><td>13</td><td>13</td><td>13</td><td>19</td><td>19</td><td>19</td><td>22</td><td>22</td><td>22</td><td>32</td><td>32</td><td>32</td></tr>
</table>

续表

项次	缺陷名称	材质等级											
		I_c			II_c			III_c			IV_c		
14	90	19	22	19	25	38	25	32	51	32	44	64	44
	115	25	38	22	32	48	29	41	60	35	57	76	48
	140	29	48	25	38	57	32	48	73	48	70	95	51
	185	38	57	32	51	70	38	64	89	51	89	114	64
	235	48	67	32	64	93	38	83	108	64	114	140	76
	285	57	76	32	76	95	38	95	121	76	140	165	89

项次	缺陷名称	材质等级						
		V_c			VI_c		VII_c	
1	振裂和干裂	不贯通—全长 贯通和三面环裂 $L/3$			材面—长度不超过 600mm		贯通—长度不超过 600mm 不贯通—长度不超过 900mm 或不大于 $L/4$	
2	漏刨	任何面中的轻度漏刨中，宽面含 10% 的重度漏刨 [4]			轻度漏刨—10% 构件		轻度漏刨 [5] 占构件的 5%，或重度漏刨 [4]，600mm	
3	劈裂	$2b$			b		$\frac{3b}{2}$	
4	斜纹：斜率不大于	1：4			1：6		1：4	
5	钝棱 [6]	不超过 $h/3$ 和 $b/4$，全长或等效材面， 如果每边钝棱不超过 $h/3$ 或 $3b/4$,$L/4$			不超过 $h/4$ 和 $b/4$，全长或等效材面， 如果每边钝棱不超过 $h/2$ 或 $b/3$，$L/4$		不超过 $h/3$ 和 $b/3$，全长或等效材面， 如果每边钝棱不超过 $2h/3$ 或 $b/2$，$L/4$	
6	针孔虫眼	每 25mm 的节孔允许 48 个针孔虫眼，以最差材面为准						
7	大虫眼	每 25mm 的节孔允许 12 个或 6mm 大虫眼，以最差材面为准						
8	腐朽—材心 [16]a	1/3 截面 [14]			不允许		$h/3$ 或 $b/3$	
9	腐朽—白腐 [16]b	无限制			不允许		1/3 体积	
10	腐朽—蜂窝腐 [16]c	100% 坚实			不允许		$b/6$	
11	腐朽—局部片状腐 [16]d	1/3 截面			不允许		$L/6$[13]	
12	腐朽—不健全材	1/3 截面，深入部分 $L/6$[14]			不允许		最大尺寸 $b/12$ 和 500mm 长，或等效的小尺寸 [12]	
13	扭曲，横弯和顺弯 [7]	1/2 中度			1/2 中度		轻度	
14	节子和节孔 [15] 宽度（mm）	任何节子（mm）		节孔 [11]（mm）	健全，均匀分布的死节（mm）	死节和节孔 [9]（mm）	任何节子（mm）	节孔 [10]（mm）
		材边	材心					
	40	19	19	19				
	65	32	32	32	19	16	25	19
	90	44	64	38	32	19	38	25
	115	57	76	44	38	25	51	32
	140	70	95	51	—	—	—	—
	185	89	114	64	—	—	—	—
	235	114	140	76	—	—	—	—
	285	140	165	86	—	—	—	—

注：1. 目测分等应考虑构件所有材面以及两端，表中，b= 构件宽度，h= 构件厚度，L= 构件长度。

2. 除本注解已说明，缺陷定义详见国家标准《锯材缺陷》GB/T 4832。

3. 深度不超过 1.6mm 的一组漏刨、漏刨之间的表面刨光。

4. 重度漏刨为宽面上深度为 3.2mm、长度为全长的漏刨。

5. 部分或全部漏刨，或全部糙面。

6. 离材端全部或部分占据材面的钝棱，当表面要求满足允许漏刨规定，窄面上破坏要求满足允许节孔的规定（长度不超过同一等级最大节孔直径的二倍），钝棱的长度可为 300mm，每根构件允许出现一次。含有该缺陷的构件不得超过总数的 5%。

7. 顺弯允许值是横弯的 2 倍。
8. 每 1.2m 有一个或数个小节孔，小节孔直径之和与单个节孔直径相等。
9. 每 0.9m 有一个或数个小节孔，小节孔直径之和与单个节孔直径相等。
10. 每 0.6m 有一个或数个小节孔，小节孔直径之和与单个节孔直径相等。
11. 每 0.3m 有一个或数个小节孔，小节孔直径之和与单个节孔直径相等。
12. 仅允许厚度为 40mm。
13. 假如构件窄面均有局部片状腐，长度限制为节孔尺寸的二倍。
14. 不得破坏钉入边。
15. 节孔可以全部或部分贯通构件。除非特别说明，节孔的测量方法同节子。

16*a*. 材心腐朽是指某些树种沿髓心发展的局部腐朽，用目测鉴定。心材腐朽存在于活树中，在被砍伐的木材中不会发展。

16*b*. 白腐是指木材中白色或棕色的小壁孔或斑点，由白腐菌引起。白腐存在于活树中，在使用时不会发展。

16*c*. 蜂窝腐与白腐相似但囊孔更大。含有蜂窝腐的构件较未含蜂窝腐的构件不易腐朽。

16*d*. 局部片状腐是柏树中槽状或壁孔状的区域。所有引起局部片状腐的木腐菌在树砍伐后不再生长。

参考文献

[1] 丁大钧，蒋永生．土木工程概论．北京：中国建筑工业出版社，2003.
[2] Mlatio Salvadori. 建筑生与灭：建筑物如何站起来．天津：天津大学出版社，2007.
[3]（以）阿里埃勒·哈瑙尔．结构原理．北京：中国建筑工业出版社，2003.
[4] 季天健，Adrian Bell. 感知结构概念．北京：高等教育出版社，2009.
[5] Andrew W. Charleson. 建筑中的结构思维．北京：机械工业出版社，2008.
[6]（英）托尼·亨特．托尼·亨特的结构学手记 1. 北京：中国建筑工业出版社，2004.
[7]（英）托尼·亨特．托尼．亨特的结构学手记 2. 北京：中国建筑工业出版社，2007.
[8] 陈保胜．建筑结构选型．上海：同济大学出版社，2008.
[9]（德）海诺·恩格尔．结构体系与建筑造型．天津：天津大学出版社，2002.
[10]（英）萨瑟兰·莱尔．结构大师．天津：天津大学出版社，2004.
[11]（美）林同炎等．结构概念和体系（第一版）．北京：中国建筑工业出版社，1985.
[12]（美）林同炎等．结构概念和体系(第二版)．北京：中国建筑工业出版社，2004.
[13]（英）李约瑟．中国科学技术史(第四卷)．北京：科学出版社，上海：上海古籍出版社，2008.
[14] 李国豪．中国土木建筑百科词典（工程力学卷）．北京：中国建筑工业出版社，2001.
[15]（意)P.L. 奈尔维．建筑的艺术与技术．北京：中国建筑工业出版社，1981.
[16] 中国建筑科学研究院《建筑结构荷载规范》管理组．建筑结构的荷载．
[17] 陈基发，沙志国．建筑结构荷载设计手册（第二版）．北京：中国建筑工业出版社，2004.
[18]（丹麦）克莱斯．迪尔比耶，斯文·奥勒·汉森．结构风荷载作用．北京：中国建筑工业出版社，2006.
[19] 李国强，黄宏伟，郑步全．工程结构荷载与可靠度设计原理(第二版)．北京：中国建筑工业出版社；2004.
[20]《地震工程概论》编写组．地震工程概论．北京：科学出版社，1997.
[21]《地震工程概论》编写组．地震工程概论(第二版)．北京：科学出版社，1985.
[22] 胡聿贤．地震工程学．北京：地震出版社，1988.
[23] 钱培风．竖向地震力和抗震砌块建筑．北京：中国大地出版社，1997.
[24] 刘肇昌．板块构造学．成都：四川科学技术出版社，1985.
[25] 顾功叙等．中国地震目录．北京：科学出版社，1983.
[26]《一九七六年唐山地震》编写组．一九七六年唐山地震．北京：地震出版社，1982.
[27] 赵树德，廖红建，徐林荣．高等工程地质学．北京：机械工业出版社，2005.
[28] 何培玲，张婷．工程地质．北京：北京大学出版社，2005.
[29] 中国土地勘测规划院，国土资源部土地利用重点实验室．遥感影像下的汶川大地震 .http://cache.bai ducontent.com
[30] 闫寒．建筑学场地设计．北京：中国建筑工业出版社，2015.
[31] 赵晓光等．民用建筑场地设计．北京：中国建筑工业出版社，2010.
[32] 张建平．信息化土木工程设计．北京：中国

建筑工业出版社, 2005.
[33] 唐业清 . 土力学基础工程 . 北京 : 中国铁道出版社, 1989.
[34] 天津大学等 . 地基与基础 . 北京 : 中国建筑工业出版社, 1979.
[35] 华南工学院等 . 地基及基础 . 北京 : 中国建筑工业出版社, 1987.
[36] 陈希哲 . 土力学地基基础 (第二版) . 北京: 清华大学出版社, 1991.
[37] 高大钊 . 土力学与基础工程 . 北京 : 中国建筑工业出版社, 2004.
[38] 钱力航 . 基础抗浮问题 . 北京 : 中国建筑科学研究院, 2013.
[39] 顾宝和 . 岩土工程典型案例述评 . 北京 : 中国建筑工业出版社, 2006.
[40] 陈希哲 . 地基事故与预防 . 北京 : 清华大学出版社, 1992.
[41] 赵明华等 . 土力学地基与基础疑难释义 (第二版) . 北京 : 中国建筑工业出版社, 2003.
[42] 龙驭球, 包世华 . 结构力学教程 (上下册) . 北京 : 高等教育出版社, 1988.
[43] 哈尔滨工业大学 . 理论力学 . 北京 : 高等教育出版社, 1965.
[44] 孙训方, 方孝淑, 关来泰 . 材料力学 . 北京 : 高等教育出版社, 1986.
[45] (美) 铁摩辛柯 . 材料力学 . 北京 : 科学出版社, 1979.
[46] Tay W.Clough.*DYNAMICS OF STRUCTURES.* 1993.
[47] (日) 泷口克己 . 基本建筑结构力学 . 北京 : 科学出版社, 2008.
[48] 刘鸣 . 工程力学 . 北京 : 中国建筑工业出版社, 2004.
[49] 慎铁刚 . 建筑力学与结构 . 北京 : 中国建筑工业出版社, 2004.
[50] 慎铁刚 . 建筑力学与结构 . 北京 : 中国建筑工业出版社, 1992.
[51] Andrew.Pytel, Jaan.Kiusalaas. 材料力学 . 北京 : 中国建筑工业出版社, 2004.
[52] 虞季森 . 建筑力学 . 北京 :中国建筑工业出版社, 2002.
[53] 吕令毅, 吕小华 . 建筑力学 . 北京 : 中国建筑工业出版社, 2006.
[54]《数学手册》编写组 . 数学手册 . 北京 : 高等教育出版社, 1979.
[55]《建筑结构静力计算手册》编写组 . 建筑结构静力计算手册 . 北京 : 中国建筑工业出版社, 1993.
[56]《建筑结构静力计算手册》编写组 . 建筑结构静力计算手册 (第二版) . 北京 : 中国建筑工业出版社, 1998.
[57] 姚谦等 . 建筑结构静力计算实用手册 . 北京: 中国建筑工业出版社, 2009.
[58] (美) 陈惠发, A.F. 萨里普 .ELASTICITY AND PLASTICITY. 北京 : 中国建筑工业出版社, 2006.
[59] (美) 陈惠发, A.F. 萨里普 . 弹性与塑性力学 . 北京 : 中国建筑工业出版社, 2004.
[60] 丁大钧, 丁大业 . 钢筋混凝土楼盖计算 . 北京 : 科学技术出版社, 1956.
[61] daolin1230. 关于楼板假定 . http://wenku.baidu.com
[62] 邵弘 . 楼板的刚度和分析 . http://www.docin.com
[63] 佚名 . 楼板刚度假定在结构分析中的选用方法及其原理 . http://www.chinabaike.com
[64] 蒋欢军, 吕西林 . 用一种墙体单元模型分析剪力墙结构 . http://www.docin.com
[65] 滕智明 . 钢筋混凝土基本构件 . 北京 : 清华大学出版社, 1988.
[66] 周绪红, 郑宏 . 钢结构稳定 . 北京 : 中国建筑工业出版社, 2004.
[67] Eathquakes. http://www.quzhe.net/Earthquake
[68] 施岚青 . 注册结构工程师专业考试应试指南 . 北京 : 中国建筑工业出版社, 2009.
[69] 姚振纲, 刘祖华 . 建筑结构试验 . 上海 : 同济大学出版社, 1996.
[70] 卫龙武, 吕志涛, 朱万福 . 建筑物评估加固与改造 . 南京 : 江苏科学技术出版社, 1992.
[71] 佚名 . 钢结构房屋的震害 . http://zt.ggditu.com
[72] 秦永乐 . 汶川地震震害 . http://blog.sina.com.cn
[73] 黄南翼等 . 日本阪神大地震建筑震害分析与加固技术 . 北京 : 地震出版社, 1999.
[74] 国家地震局地质研究所 . 中国八大震害摄影图集 . 北京 : 地震出版社, 1983.
[75] 刘恢先 . 唐山大地震震害 (1-4 册) . 北京 : 地震出版社, 1985.
[76] 湖南大学等 . 建筑材料 . 北京 : 中国建筑工业出版社, 1988.
[77] 西安建筑科技大学等 . 建筑材料 . 北京 : 中国建筑工业出版社, 1996.
[78] 王忠德等 . 实用建筑材料试验手册 . 北京 : 中国建筑工业出版社, 2003.
[79] 哈尔滨建筑工程学院等 . 木结构 . 北京 : 中国建筑工业出版社, 1981.
[80] 高承勇等 . 轻型木结构建筑设计 . 北京 : 中国建筑工业出版社, 2011.
[81] 中国建筑西南院等 . 木结构设计手册 . 北京 : 中国建筑工业出版社, 1993.
[82] 李燕 . 现代大跨木结构建筑设计研究 . 南京 : 东南大学研究生论文 .2007.

[83] 高大峰，赵鸿铁，薛建阳．中国木结构古建筑的结构及其抗震性能研究．北京：科学出版社，2008.
[84] 王天．古代大木作经理初探．北京：文物出版社，1984.
[85]《木结构设计手册》编写组．木结构设计手册．北京：中国建筑工业出版社，1981.
[86] 佚名．用木头打造高层大楼：探秘伦敦木质公寓 Stadthaus.
http://www.evolife.cn
[87] biyafan. 木材在当代建筑中的新潜力．
http://wenku.baidu.com
[88] 佚名．木结构房屋在历次地震中的表现．
http://cache.baiducontent.com
[89]（日)坂本 功．木造住宅与地震．广岛出版会，1997.
[90] 陈启仁，张纹韶．认识现代木建筑．天津：天津大学出版社，2005.
[91] 施楚贤．砌体结构．北京：中国建筑工业出版社，2004.
[92] 丁大钧．砌体结构．北京：中国建筑工业出版社，2004.
[93] 朱伯龙．砌体结构设计原理．上海：同济大学出版社，1990.
[94]《砖石结构设计手册》编写组．砖石结构设计手册．北京：中国建筑工业出版社，1982.
[95] 苑振芳．砌体结构设计手册．北京：中国建筑工业出版社，2002.
[96] James E.Amrhein. 配筋砌体工程手册.1996.
[97] 编写组．建筑结构设计资料集——砌体结构．北京：中国建筑工业出版社，2011.
[98] 佚名．绝妙神秘的中国古代宫殿和庙宇建筑．
http://www.360doc.com
[99] 凤凰空间．华南编辑部．砌体材料与结构．南京：江苏科学技术出版社，2013.
[100] 张大力．砌体材料与结构 II. 南京：江苏凤凰科学技术出版社，2015.
[101] 孙元习．新型混凝土空心小砌块的力学及物理性能研究．广西大学研究生论文，2006.
[102] 宋小平．室内装饰设计．
http://www.doc88.com
[103] 佚名．砌体结构．
http://jpkj.tjee.cn
[104] 佚名．砌体结构．
http://wenku.baidu.com
[105] 佚名．砌体结构的抗震设计．
http://wenku.baidu.com
[106] zhloveluy. 多层砌体房屋抗震减灾对策．
http://wenku.baidu.com
[107] 孙惠镐等．混凝土小型空心砌块生产技术．北京：中国建材工业出版社，2001.
[108] 孙惠镐等．混凝土小型空心砌块施工技术．北京：中国建材工业出版社，2001.
[109] 孙惠镐等．小砌块建筑设计与施工．北京：中国建材工业出版社，2001.
[110] 周炳章．砌体结构抗震的新发展．建筑结构，2002，32(5).
[111] 罗福午，郑金床，叶知满．混合结构设计(第二版)．北京：中国建筑工业出版社，1991.
[112] 南京工学院等．钢筋混凝土与砖石结构．北京：中国建筑工业出版社，1981.
[113] 重庆建筑工程学院等．钢筋混凝土及砖石结构．北京：中央广播电视大学出版社，1986.
[114] 叶锦秋，孙惠镐．混凝土结构与砌体结构．北京：中国建材工业出版社，2003.
[115] 王传志，滕智明．钢筋混凝土结构理论．北京：中国建筑工业出版社，1983.
[116] 程文瀼，康谷贻，颜德姮．混凝土结构(上中下)．北京：中国建筑工业出版社，2004.
[117] 过镇海．混凝土的强度和变形．北京：清华大学出版社，1997.
[118]（美）陈惠发，A.F. 萨里普，混凝土和土的本构方程．北京：中国建筑工业出版社，2004.
[119]（美）A.H. 尼尔逊，G. 温特尔．混凝土结构设计(第十一版)．北京：中国建筑工业出版社，1994.
[120]（美）A.H. 尼尔逊，G. 温特尔．混凝土结构设计(第十二版)．北京：中国建筑工业出版，2003.
[121] 吴德安．混凝土结构计算手册(第三版)．北京：中国建筑工业出版社，2002.
[122]《高强混凝土工程应用》委员会．高强混凝土工程应用．北京：清华大学出版社，1998.
[123] 杜拱辰．现代预应力混凝土结构．北京：中国建筑工业出版社，1988.
[124] 吕志涛等．《现代预应力设计》．北京：中国建筑工业出版社，1998.
[125] 柳炳康等．工程结构鉴定与加固．北京：中国建筑工业出版社，2003.
[126] 会议论文集．建筑结构裂缝控制新技术．北京：中国建材工业出版社，1998.
[127] 冯大斌，栾贵臣．后张预应力混凝土施工手册．北京：中国建筑工业出版社，1999.
[128] 杨桂元．混凝土材料在当代建筑设计中的建构逻辑和艺术表现．天津：天津大学研究生论文.2010.
[129] 游绍勇．初论混凝土建筑形式生成的建造逻辑．南京：东南大学研究生论文.2003.
[130] 李丹锋．奥古斯特·佩雷及其混凝土建筑．上海：同济大学研究生论文.2008.
[131] 秦腔 123. 追寻预应力之父——林同炎．
http://bbs.zhulong.com
[132] 佚名．水泥的发明这是谁．
http://zhidao.baidu.com
[133] 张磊．初探佛朗索瓦·埃内比克钢筋混凝土体系及其应用．

http://www.docin.com
[134] James K Wight, James G Macgregor. 钢筋混凝土结构与设计——Reinforced Concrete Mechanics and Design.
http://www.douban.com
[135] 张洪滨 6208. 混凝土的历史沿革 .
http://wenku.baidu.com
[136] 刘清君, 卫大可 . 近现代钢筋混凝土结构建筑的发展 . 黑龙江纺织, 2010, 2.
[137] 聂波 . 上海近代混凝土工业建筑的保护与再生和研究 1880-1940.
[138] 陈绍蕃 . 钢结构 . 北京 : 中国建筑工业出版社, 1988.
[139] 陈绍蕃 . 钢结构 . 北京 : 中国建筑工业出版社, 2004.
[140] 瞿履谦, 李少甫 . 钢结构 . 北京 : 地震出版社, 1991.
[141]《钢结构设计手册》编辑委员会 . 钢结构设计手册(第三版上下). 北京:中国建筑工业出版社, 2004.
[142](日) 田岛富男,(日) 德山昭 . 图解钢结构设计 . 北京 : 中国电力出版社, 2009.
[143] 王肇民等 . 钢结构设计原理 . 上海 : 同济大学出版社, 1989.
[144] 包头钢铁设计研究院等 . 钢结构设计与计算 . 北京 : 机械工业出版社, 2000.
[145] 美国钢结构学会 . 钢结构细部设计 . 北京 : 中国建筑工业出版社, 1987.
[146] 刘声扬 . 钢结构疑难释义 . 北京 : 中国建筑工业出版社, 1999.
[147] 罗卜小蔡 . 钢结构历史 .
http://wenku.baidu.com
[148] 佚名 . 电焊起始于什么时间 .
http://zhidao.baidu.com
[149] 佚名 . 钢结构的发展历程 .
http://wenku.baidu.com
[150] 佚名 . 钢结构的发展史 .
http://wenku.baidu.com
[151] 史瑞民 . 钢结构发展简史 .
http://wenku.baidu.com
[152] 黄林华 . 钢结构的连接 .
http://wenku.baidu.com
[153] 佚名 . 世界钢铁历史发展概况 .
http://www1.chinaccm.com
[154](美) 布莱恩 · 布朗奈尔 . 建筑设计的材料策略 . 南京 : 江苏科学技术出版社, 2014.
[155] 秦鸿根 . 建筑工程常用材料规范应用详解 . 北京 : 中国建筑工业出版社, 2013.
[156] 褚智勇 . 建筑设计的材料语言 . 北京 : 中国电力出版社, 2011.
[157] 褚智勇 . 建筑设计的材料语言 2. 北京 : 中国电力出版社, 2010.
[158] 涣影 . 建构的历程——建筑与结构的分歧与融合 . 上海 : 同济大学研究生论文 .2012.
[159] 和田章, 曲哲 . 现代建筑材料和结构构件 . 建筑结构, 2014, 44(7).
[160] 罗小未 . 外国近现代建筑史 . 北京 : 中国建筑工业出版社, 2004.
[161] 潘谷西 . 中国建筑史 . 北京 : 中国建筑工业出版社, 2004.
[162] 陈志华 . 外国建筑史 . 北京 : 中国建筑工业出版社, 2004.
[163] Matthew Wells.Egineers.Routledge.2010.
[164] 中国建筑科学研究院 . 高层建筑结构设计 . 北京 : 科学出版社, 1985.
[165] 包世华, 方鄂华 . 高层建筑结构设计 . 北京: 清华大学出版社, 1982.
[166] 徐培福 . 复杂高层建筑结构设计 . 北京 : 中国建筑工业出版社, 2005.
[167] 钟善桐 . 高层钢管混凝土结构 . 哈尔滨 : 黑龙江科学技术出版社, 1999.
[168] 刘大海, 杨翠如, 钟锡根 . 高楼结构方案优选 . 西安 : 陕西科学技术出版社, 1992.
[169] 刘大海, 杨翠如 . 高楼钢结构设计 . 北京 : 中国建筑工业出版社, 2003.
[170] 李静, 朱炳寅 . 多高层混凝土结构设计与工程应用 . 北京 : 中国建筑工业出版社, 2008.
[171] 赵西安 . 钢筋混凝土高层建筑结构设计 . 北京 : 中国建筑工业出版社, 1992.
[172] 赵志缙, 赵帆 . 高层建筑施工 . 北京 : 中国建筑工业出版社, 1996.
[173](美) 安妮特 · 勒古耶 . 超越钢结构 . 北京: 中国建筑工业出版社, 2009.
[174](英) 塞西尔 · 巴尔蒙德 . 异规 . 北京 : 中国建筑工业出版社, 2007.
[175](美) 佛吉尼亚 · 费尔韦瑟 . 大型建筑的结构表现技术 . 北京 : 中国建筑工业出版社, 2008.
[176](美) M. 索尔维多尼, M. 利维 . 建筑结构设计 . 北京 : 中国建筑工业出版社, 1983.
[177] 陈以一 . 世界建筑结构设计精品选日本篇 . 北京 : 中国建筑工业出版社, 1999.
[178](西) 贝伦 . 加西亚 . 世界名建筑抗震方案设计 . 北京 : 中国水利水电出版社, 2002.
[179] 刘大海, 杨翠如 . 型钢钢管混凝土高楼计算和构造 . 北京 : 中国建筑工业出版社, 2003.
[180] 刘维亚 . 型钢混凝土组合结构构造与计算手册 . 北京 : 中国建筑工业出版社, 2004.
[181] 周起敬等 . 钢与混凝土组合结构设计施工手册 . 北京 : 中国建筑工业出版社, 1991.
[182] 荣柏生 . 超高层建筑的结构体系 .
http://blog.sina.com.cn
[183] 河边章 . 框筒结构中的剪力滞后 .
http://blog.sina.com.cn
[184] ahfei . 钢框架——支撑结构概念小结 .
http://www.doc88.com
[185] 高岩松 . 塔和桥——结构工程的新艺术 . 工

业建筑 .
http://www.wtoutiao.com
[186] 筑龙网－爵士 . 广州东塔今日封顶！530米摩天大楼的施工过程 .
http://tieba.baidu.com
[187] 李君， 张耀春 . 超高层结构的新体系－巨型结构 . 哈尔滨建筑大学学报，1997，30（6）.
[188] 佚名 . 三维图解北方第一高楼钢结构施工流程 .
http://www.tianyouwang.net
http://max.book118.com
[189] 魏捷 . 高层钢结构设计实例分析 .
http://www.docin.com
[190] 张丽平 9 9 9. "动感城堡" ——达·芬奇塔 .
http://wenku.baidu.com
[191] omni66. 抗侧力结构与布置 .
http://wenku.baidu.com
[192] 佚名 . 高层钢结构结构体系 .
http://wenku.baidu.com
[193] 紫伊 . 高层建筑的主要结构形式 .
http://www.docin.com
[194] 佚名 . 高层建筑结构概念设计 .
http://wenku.baidu.com
[195] 佚名 . 高层建筑结构设计 .
http://wenku.baidu.com
[196] itz50288. 框架、剪力墙、框剪结构的变形特点 .
http://news.zhulong.com
[197] 佚名 . 框架变形原理 .
http://www.docin.com
[198] wei-jiebin. 框架—剪力墙结构的变形及受力特点 .
http://blog.sina.com.cn
[199] 谢孝 . 高层建筑结构设计 .
http://wenku.baidu.com
[200] 佚名 . 龙卷风般旋转的摩天大楼——达·芬奇塔 .
http://www.wtoutiao.com
[201] 罗杰·谢菲尔德 . 摩天大楼 .
http://baike.baidu.com
[202] 丁洁民等 . 上海中心大厦塔楼结构设计 .
http://wenku.baidu.com
[203] 李伟兴 . 上海中心大厦结构设计介绍 .
http://wenku.baidu.com
[204] 佚名 . 世界十大高层建筑 TOP1：迪拜塔 .
http://mt.sohu.com
[205] 佚名 . 世界最高的建筑有哪些 .
http://www.360doc.com
[206] 张振旭 . 世界最高建筑发展史 .
http://wenku.baidu.com
[207] 佚名 . 现代著名建筑赏析 .
http://www.360doc.com
[208] 佚名 . 香港中国银行大厦建筑结构分析 .
http://wiki.zhulong.com
[209] ohanghaigu. 香港中银大厦－建筑结构设计论文 .
http://www.doc88.com
[210] 彭观寿, 高轩能, 陈明华 . 支撑布置对钢框架结构抗侧刚度的影响 . 工业建筑,2008,38（5）.
[211] 刘锡良 . 现代空间结构 . 天津：天津大学出版社，2003.
[212]（英）约翰·奇尔顿 . 空间网格结构 . 北京：中国建筑工业出版社，2004.
[213]（美）W. 舒勒尔 . 现代建筑结构, 北京：中国建筑工业出版社，1990.
[214] 沈世钊, 徐崇宝, 赵臣, 武岳 . 悬索结构设计 . 北京：中国建筑工业出版社，2006.
[215]（日)斋藤公男 . 空间结构的发展与展望 . 北京：中国建筑工业出版社，2003.
[216]（日）增田一真 . 结构形态与建筑设计 . 北京：中国建筑工业出版社，1999.
[217]（日）日本建筑构造技术者协会 . 图说建筑结构 . 北京：中国建筑工业出版社，2000.
[218]《网架结构设计手册》编辑委员会 . 网架结构设计手册 . 北京：中国建筑工业出版社，1998.
[219] 杨庆山, 姜忆南 . 张拉索－膜结构分析与设计 . 北京：中国科学技术出版社，2004.
[220]（法）勒内·莫特罗 . 张拉索－膜结构分析与设计 . 北京：中国建筑工业出版社，2007.
[221] 浙江大学建筑工程学院等 . 空间结构 . 北京：中国计划出版社，2003.
[222] 董石麟, 罗尧治, 赵阳 . 新型空间结构分析、设计与施工 . 北京：人民交通出版社，2006.
[223] 哈尔滨建筑工程学院 . 大跨房屋钢结构（第一版）. 北京：中国建筑工业出版社，1985.
[224] 哈尔滨建筑工程学院 . 大跨房屋钢结构 . 北京：中国建筑工业出版社，2003.
[225] 虞季森 . 中大跨建筑结构体系及选型 . 北京：中国建筑工业出版社，1990.
[226] 杜金辉 . 历届世博会经典标志建筑一览 .
http://blog.sina.com.cn
[227] gujianwei. 大跨度结构的发展概况 .
http://bbs.co188.com
[228] 支旭东 . 大跨空间结构 .
http://wenku.baidu.com
[229] 沈世钊, 陈昕 . 网壳结构稳定性 . 北京：科学出版社，1999.
[230] 陈仲颐, 叶书麟 . 基础工程学 . 北京：中国建筑工业出版社，1995.
[231] 陈国兴 . 高层建筑基础设计 . 北京：中国建筑工业出版社，2000.
[232] 朱炳寅, 娄宇, 杨琦 . 建筑地基基础设计方法及实例分析 . 北京：中国建筑工业出版社，2007.
[233]（美）H.F. 温特科恩, 方晓阳 . 基础工程手册 . 北京：中国建筑工业出版社，1981.
[234] 蒋国澄等 . 基础工程 400 例 . 北京：中国

科学技术出版社，1995.
[235] 黄熙龄等 . 高层建筑地下结构及基坑支护 . 北京：宇航出版社，1994.
[236] 张雁，刘金波 . 桩基手册 . 北京：中国建筑工业出版社，2009.
[237] 刘金砺 . 桩基工程设计与施工技术 . 北京：中国建材工业出版社，1994.
[238] 叶书麟，叶观宝 . 地基处理（第二版）. 北京：中国建筑工业出版社，2004.
[239] 刘国彬等 . 基坑工程手册（第二版）. 北京：中国建筑工业出版社，2009.
[240]《地基处理手册》编写委员会 . 地基处理手册（第一版）. 北京：中国建筑工业出版社，1988.
[241] 江波，余天庆 . 房屋建筑上部结构与地基基础的共同作用初探 . 中国水运，2007，5（3）.
[242] 孙澄潮，赵辉 . 上部结构与地基基础共同作用的简化分析 . 建筑结构，2012，42（增）.
[243] 葛春辉 . 钢筋混凝土沉井结构设计施工手册 . 北京：中国建筑工业出版社，2004.
[244]《建筑结构优秀设计图集》编写组 . 建筑结构优秀设计图集（1-10）. 北京：中国建筑工业出版社，1997.
[245] 中华人民共和国住房和城乡建设部 . 建筑结构荷载规范 GB50009—2012. 北京：中国建筑工业出版社，2012.
[246] 中华人民共和国住房和城乡建设部 . 建筑抗震设计规范 GB50011—2010. 北京：中国建筑工业出版社，2010.
[247] 中华人民共和国住房和城乡建设部 . 建筑地基基础设计规范 GB50007—2011. 北京：中国建筑工业出版社，2011.
[248] 中华人民共和国住房和城乡建设部 . 非结构构件抗震设计规范 JGJ339—2015. 北京：中国建筑工业出版社，2015.
[249] 清华大学，中国建筑科学研究院 . 建筑结构抗倒塌设计规范 CECS392—2014. 北京：中国计划出版社，2014.
[250] 中华人民共和国住房和城乡建设部 . 混凝土结构设计规范 GB50010—2010. 北京：中国建筑工业出版社，2010.
[251] 中华人民共和国住房和城乡建设部 . 木结构设计规范 GB50005—2003. 北京：中国建筑工业出版社，2003.
[252] 中华人民共和国住房和城乡建设部 . 砌体结构设计规范 GB50003—2011. 北京：中国建筑工业出版社，2011.
[253] 中华人民共和国建设部 . 钢结构设计规范 GB50017—2003. 北京：中国建筑工业出版社，2003.
[254] 中华人民共和国住房和城乡建设部 . 工程结构可靠性设计统一标准 GB50153—2008. 北京：中国建筑工业出版社，2008.
[255] 中华人民共和国住房和城乡建设部 . 建筑结构可靠度设计统一标准 GB50068—2001. 北京：中国建筑工业出版社，2001.
[256] 中国建筑技术研究院 . 高层民用建筑钢结构技术规程 .JGJ99—98. 北京：中国建筑工业出版社，1998.
[257] 中华人民共和国住房和城乡建设部 . 高层建筑混凝土结构技术规程 JGJ3—2010. 北京：中国建筑工业出版社，2010.
[258] 中华人民共和国住房和城乡建设部 . 建筑抗震试验规程 JGJ/T101—2015. 北京：中国建筑工业出版社，2015.
[259] 朱炳寅 . 建筑结构设计规范应用图解手册 . 北京：中国建筑工业出版社，2005.
[260] 朱炳寅，陈富生 . 建筑结构设计新规范综合应用手册 . 北京：中国建筑工业出版社，2004.
[261] 中国建筑科学研究院结构所 . 美国钢筋混凝土房屋建筑规范 .1993.
[262] ACI. 美国房屋建筑混凝土结构规范 . 重庆：重庆大学出版社，1993.
[263] 佚名 . 欧洲结构设计规范的体系和发展 . http://wenku.baidu.com
[264] ght2023285. 欧洲规范索引 . http://wenku.baidu.com
[265] 贡金鑫等 . 欧洲规范——混凝土结构设计 . 北京：中国建筑工业出版社，2009.
[266] 李慧 . 中、美、欧、日建筑抗震规范地震作用对比研究 . http://cdmd.cnki.com.cn
[267] Akira1016. 中国和美国抗震规范来龙去脉 . http://wenku.baidu.com
[268] 侯建国，李健祥，李洋 . 中美混凝土结构抗震承载力验算安全度设置水平的比较 . 土木工程学报，2010，43（增）.
[269] 宋阳 . 中欧建筑结构抗震设计规范对比 . http://cdmd.cnki.com.cn
[270] 邓小华 . 中日建筑抗震设计标准对比及建筑抗震设计对策 . http://wenku.baidu.com
[271] 佚名 . 浅谈日本建筑抗震技术 . http://blog.hit.edu.cn
[272] 陈国兴 . 中国抗震设计规范的演变与展望 . 防灾减灾工程，2003，23（1）.
[273] 王茂成，邵敏 . 有限单元法基本原理和数值方法（第二版）. 北京：清华大学出版社，1995
[274] zhangxuxtvj500. 结构分析软件的选择 . http://wenku.baidu.com
[275] 陈岱林，金新阳，张志宏 . 钢筋混凝土构件设计原理及算例 . 北京：中国建筑工业出版社，2005.
[276] 佚名 . 建筑结构弹塑性地震响应计算的等价线性化法研究 . http://www.civilcn.com
[277] 宋仁 . 力学分析技巧与程序 . 北京：中国

建筑工业出版社，2006.
[278] 沈聚敏，王传志，江见鲸．钢筋混凝土有限元与板壳极限分析．北京：清华大学出版社，1991.
[279] 佚名．有限元分析 50 年发展之路．http://www.chinabaike.com
[280] 中国有色工程有限公司．混凝土结构构造手册（第一版）．北京：中国建筑工业出版社，1994.
[281] 中国有色工程有限公司．混凝土结构构造手册（第三版）．北京：中国建筑工业出版社，2003.
[282] 中国有色工程有限公司．混凝土结构构造手册．北京：中国建筑工业出版社，2012.
[283]（日）建筑图解事典编集委员会．建筑构造与设计．北京：中国建筑工业出版社，2001.
[284] 同济大学等．房屋建筑学．北京：中国建筑工业出版社，1980.
[285] R.PARK T.PAULAY.Reinforced Concrete Structure.JOHN WILEY SONS.1975.
[286]（美）亚历山大·纽曼．建筑物的细部修复．北京：中国建筑工业出版社，2008.
[287] 黄舒．中外混凝土结构构造措施的对比研究．福建建筑，2011，12.
[288] 佚名．为什么"强柱弱梁"未能在历次地震中体现．http://blog.sina.com.cn
[289] 韦锋，吴雪萍，白绍良．中国钢筋混凝土结构抗震措施优化的思路及示例．天津大学学报，2008，41（8）.
[290] 佚名．日本房屋建筑防震措施初探．中国建材，2008.
[291]（日）日本建筑构造技术者协会．建筑构造与设计．北京：中国建筑工业出版社，1993.
[292] 高立人，方鄂华，钱嫁茹．高层建筑结构概念设计．北京：中国计划出版社，2005.
[293] 罗福午，张惠英，杨军．建筑结构概念设计及案例．北京：清华大学出版社，2006.
[294] 罗福午．建筑结构缺陷事故的分析及防治．北京：清华大学出版社，1995.
[295] 江见鲸等．建筑工程事故分析与处理．北京：中国建筑工业出版社，2003.
[296] 黄世敏，杨沈．建筑震害与设计对策．北京：中国计划出版社，2009.
[297]（新）T. 鲍雷，（美）M.J.N 普里斯特利．钢筋混凝土和砌体结构的抗震设计．北京：中国建筑工业出版社，1999.
[298]（新）T. 鲍雷 .Seismic Design of Reinforced Concrete Structure.1988.
[299]《实用建筑抗震设计手册》编委会．实用建筑抗震设计手册．北京：中国建筑工业出版社，1997.
[300] 胡庆昌．建筑结构抗震设计与研究．北京：中国建筑工业出版社，1999.
[301] 胡庆昌．钢筋混凝土房屋抗震设计．北京：地震出版社，1991.
[302] 刘大海，杨翠如，钟锡根．空旷房屋抗震设计．北京：地震出版社，1991.
[303] 刘大海，钟锡根，杨翠如．房屋抗震设计．西安：陕西科学技术出版社，1985.
[304] 徐永基，刘大海，钟锡根，杨翠如．高层建筑钢结构设计．西安：陕西科学技术出版社，1993.
[305] 北京建筑工程学院．建筑结构抗震设计．北京：地震出版社，1981.
[306] 李国强，李杰，苏小卒．建筑结构抗震设计．北京：中国建筑工业出版社，2002.
[307] 王亚勇，李爱群，崔杰．现代地震工程进展．南京：东南大学出版社，2002.
[308] 中国建筑科学研究院建筑结构研究所．高层建筑转换层结构设计及工程实例 .1993.
[309] 龚思礼．建筑抗震设计手册（第一版）．北京：中国建筑工业出版社，1994.
[310] 龚思礼．建筑抗震设计手册（第二版）．北京：中国建筑工业出版社，2002.
[311] 唐九如．钢筋混凝土框架节点抗震．南京：东南大学出版社，1988.
[313] 郑琪等．钢筋混凝土梁墙节点抗震性能的初步研究．北京：建筑工程学院学报，1999，6.
[314] 郑琪．钢筋混凝土大偏心梁柱节点抗震性能的试验研究．建筑结构学报，2001.
[315] Nigel Priestley. 为什么需要基于位移的分析与设计．http://www.douban.com/note/56917312/.
[316] 周福霖．工程结构减震控制．北京：地震出版社，1997.
[317]（日）武田寿一．建筑物隔震防振与控振．北京：中国建筑工业出版社，1991.
[318] Robert D.Hanson，Tsu T.Soong.Seismic Design With Supplemental Energy Dissipation Devices.EERI.2001.
[319] 日本免震构造协会．图解隔震结构入门．北京：科学出版社，1998.
[320] 胡庆昌，孙金墀，郑琪．建筑结构抗震减震与连续倒塌控制．北京：中国建筑工业出版社，2007.